天然气开发理论与实践

(第八辑)

贾爱林　何东博　郭建林　编著

石油工业出版社

内 容 提 要

天然气开发是油气田开发的重要组成部分。本书分为综合篇、方法篇、地质应用篇和气藏应用篇，汇总了国内一批天然气开发领域专家的最新研究成果与心得，可以为天然气开发提供理论参考和方法借鉴。

本书可供从事天然气开发的科研人员使用，也可以作为高等院校相关专业师生的参考用书。

图书在版编目(CIP)数据

天然气开发理论与实践. 第八辑／贾爱林,何东博,郭建林编著. — 北京：石油工业出版社, 2020.8
ISBN 978-7-5183-4129-0

Ⅰ. ①天… Ⅱ. ①贾… ②郭… ③韩… Ⅲ. ①采气-文集 Ⅳ. ①TE37-53

中国版本图书馆 CIP 数据核字(2020)第 119653 号

出版发行：石油工业出版社
（北京安定门外安华里 2 区 1 号　100011）
网　　址：www.petropub.com
编辑部：(010)64523708
图书营销中心：(010)64523633
经　销：全国新华书店
印　刷：北京中石油彩色印刷有限责任公司

2020 年 8 月第 1 版　2020 年 8 月第 1 次印刷
787×1092 毫米　开本：1/16　印张：19.5
字数：470 千字

定价：180.00 元
（如出现印装质量问题，我社图书营销中心负责调换）
版权所有，翻印必究

前　言

中国天然气开发虽然历史悠久，但规模化工业开发的时间并不长，特别是在相当长的时间内，仅为地区性产业。进入21世纪以来，天然气勘探开发取得了快速发展，探明储量连续快速增加，产量跨过千亿立方米大关，进入世界产气大国的行列。

随着天然气开发的不断深入，常规天然气生产格局基本形成，即以鄂尔多斯盆地、四川盆地、塔里木盆地为核心的三大基地和以南海及柴达木盆地为核心的基地。五个地区的产量占全国总产量的85%以上。

在常规天然气继续作为开发主体的同时，近几年非常规天然气的开发也取得了一定的进展。在常规天然气领域，中国虽然资源基础较为雄厚，但开发对象都比较复杂，主要的气藏类型为低渗透—致密砂岩气藏、高压—凝析气藏、碳酸盐岩气藏、疏松砂岩气藏、火山岩气藏和高含硫气藏。过去10多年，面对日益复杂的开发对象，气田开发工作者坚持"发现一类，攻关一类，形成一套配套技术"的思路，成功开发了各类气藏并形成了系列配套技术与核心专项技术。在非常规天然气开发领域，主要集中在煤层气与页岩气的攻关，虽然目前成本与效益仍困扰着开发步伐，但开发技术思路与手段已日趋清晰，并形成了一定规模的产量。

总结过去的成果，我们认为中国天然气工业在过去10多年的快速发展主要得益于以下三个方面：一是坚持资源战略，储量持续增长；二是技术不断配套完善，使复杂气藏开发成为可能；三是坚持创新驱动，挑战技术极限。

展望未来，天然气工业方兴未艾，天然气产量将继续保持增长势头，但随着开发阶段的深入，天然气工业将由快速上产转变为上产与稳产并重的开发阶段，面对这一开发局面的变化，过去以有效开发主体技术为核心的攻关，将向气田稳产技术、提高采收率技术及不同类型气田的开发方式与开发规律等方向进行转变，天然气开发技术必将进入更加丰富与成熟的阶段。

《天然气开发理论与实践》文集立足于中国天然气开发的最新成果与前瞻技术，收集了国内具有代表性的论文，按照综合篇、方法篇、地质应用篇与气藏应用篇四个类型进行汇编出版。文集的连续出版，希望在对中国天然气开发理论与技术总结的同时，也对广大的科研、生产工作者有所启迪，共同促进中国天然气事业的不断发展。

目 录

综 合 篇

中国致密油气发展特征与发展方向 ·················· 孙龙德 邹才能 贾爱林 等（3）

塔里木盆地库车坳陷深层大气田气水分布与开发对策
·· 贾爱林 唐海发 韩永新 等（21）

大型致密砂岩气田有效开发与提高采收率技术对策——以鄂尔多斯盆地苏里格气田为例
·· 冀 光 贾爱林 孟德伟 等（34）

致密砂岩气藏多段压裂水平井优化部署 ············ 位云生 贾爱林 郭 智 等（49）

苏里格气田差异化井网加密设计方法——以苏 x 井区为例
·· 赵 昕 郭 智 宵 波 等（57）

方 法 篇

An integrated approach to optimize bottomhole-pressure-drawdown management for hydraulically
 fractured well by use of transient Inflow Performance Relationship (IPR)
··································· Junlei Wang Wanjing Luo Zhiming Chen（67）

考虑微观渗流机理的致密气藏水平井产量预测方法 ······ 宵 波 向祖平 刘先山 等（94）

辫状河储层构型规模表征及心滩位置确定新方法——以苏 6 区块密井网区盒 8 段为例
·· 董 硕 郭建林 李易隆 等（110）

鄂尔多斯盆地低渗透—致密气藏储量分类及开发对策
·· 程立华 郭 智 孟德伟 等（125）

机器学习方法在储层分类中的应用 ················ 干 磊 何东博 郭建林 等（136）

地质应用篇

库车坳陷克深 2 气藏综合多资料裂缝描述及分布规律研究
·· 刘群明 唐海发 吕志凯 等（147）

砂质辫状河隔夹层成因及分布控制因素分析——以苏里格气田盒 8 段为例
·· 罗 超 郭建林 李易隆 等（153）

安岳气田龙王庙组颗粒滩岩溶储层发育特征及主控因素
·· 张满郎 郭振华 张 林 等（168）

中国两类岩溶风化壳型碳酸盐岩气藏特征与开发对策对比分析
　　…………………………………………………… 闫海军　贾爱林　徐　伟　等（182）
致密砂岩气藏黏土矿物特征及其对储层性质的影响——以鄂尔多斯盆地苏里格气田为例
　　…………………………………………………… 任大忠　周兆华　刘登科　等（200）
四川盆地高磨地区震旦系岩溶型储层特征及开发建议
　　…………………………………………………… 张　林　李熙喆　张满郎　等（214）
Characteristics of fractures and dissolved vugs of LWM Formation gas reservoir in Moxi Block
　　and its influence on gas well productivity ………………………… Guo Zhenhua et al.（228）
A Dynamic Classification Method of the Sinian Dengying Formation Heterogeneous
　　Carbonate Reservoir ……………………………………………………… Jichen Yu et al.（241）

气藏应用篇

低渗致密气藏开发动态物理模拟实验相似准则………… 焦春艳　刘华勋　刘鹏飞　等（253）
裂缝性边水气藏水侵机理及治水对策实验……………… 徐　轩　万玉金　陈颖莉　等（261）
致密砂岩气藏可动流体分布特征及其控制因素——以苏里格气田西区盒8段及山1段为例
　　…………………………………………………… 柳　娜　周兆华　任大忠　等（275）
裂缝边底水气藏水侵机理及控制水侵技术对策研究
　　…………………………………………………… 胡　勇　梅青燕　陈颖莉　等（289）
多层系低渗—致密砂岩透镜体气藏丛式井组高效开发技术对策
　　…………………………………………………… 王国亭　孙建伟　黄锦袖　等（296）

综合篇

中国致密油气发展特征与发展方向

孙龙德[1,2] 邹才能[1,3] 贾爱林[3] 位云生[3] 朱如凯[1,3] 吴松涛[3] 郭 智[3]

(1. 黑龙江省致密油和泥岩油成藏研究重点实验室；
2. 大庆油田有限责任公司；3. 中国石油勘探开发研究院)

摘要：系统梳理中国致密油气发展历程，提升总结勘探开发理论认识，客观对比中美地质条件及开发技术，明确了中国致密油气的勘探开发进展与所处的发展阶段，并从理论技术、工艺方法、开发政策等方面对中国致密油气的未来发展进行了展望。近10年来，依靠勘探开发实践和科技、管理创新，中国致密油气取得重大突破，探索了致密油气形成与分布等成藏规律，形成了"多级降压""人工油气藏"等开发理论认识，创新集成了富集区优选与井网部署、提高单井产量及采收率、低成本开发等技术系列，推动了致密油气的储量与产量的快速上升。但受控于沉积环境和构造背景，中国致密油气相比于北美，储集层连续性差、开发难度大、经济效益差，在储集层识别精度和压裂改造工艺等方面还存在一定差距。未来中国应进一步优化资源评价方法，攻关高精度三维地震、人工油气藏、智能工程等关键工程技术，创新发展新一代提高单井产量与提高采收率理论技术，积极争取致密油气财税补政策，促进致密油气快速规模发展。

关键词：致密油气；发展历程；理论技术进展；人工油气藏；提高采收率；发展方向

致密油气是当今石油工业的一个新领域，是全球一种非常重要的非常规资源[1,2]，是接替常规油气能源、支撑油气革命的重要力量[3]。目前，国际上一般将储集层覆压渗透率小于0.1mD、赋存在碎屑岩、碳酸盐岩等非页岩中的油气定义为致密油气[4]，并以此为标准判断是否给予生产商税收补贴。该标准的特点一是从开发经济效益的角度去定义，二是选择储集层的渗透率作为关键评价参数。

储集层致密是致密油气的最典型特征。致密油气与常规油气相比，距离烃源岩近，油气大规模连续聚集，没有明显的圈闭界限，受地层构造影响小；储集层物性差，非均质性强，储量密度比（单位岩石体积的油气储量）低，资源品位差，富集区优选及有效储集层预测难度大；渗流能力差，单井产量低，递减率大，油气田采收率低，稳产难度大，经济效益差。致密油气的成功勘探开发依赖于：(1)致密油气形成与聚集等成藏理论的突破、"甜点区"的优选技术的进步；(2)致密储集层的压裂改造工艺升级；(3)低成本开发、提高采收率的技术配套及管理体制创新优化。

致密油气的研究和开发最早起源于北美[5,6]，开发较成功的案例包括圣胡安盆地、阿尔伯达盆地的致密气，威利斯顿盆地Bakken、得克萨斯Eagle Ford的致密油。中国致密油气工业起步较晚，发展较快。本文通过回顾中国致密油气发展历程、梳理致密油气理论技术进展、客观对比中美致密油气产业，洞察中国致密油气的发展特征及动态，明晰中美致密油气在地质条件、开发理念与工艺技术的差异，以期为中国致密油气的未来发展指明方向。

1 中国致密油气发展历程

中国致密气勘探开发始于 1972 年,2006 年进入快速发展阶段。致密油勘探开发起步较晚,目前刚进入先导示范和工业化开发阶段。

1.1 致密气发展历程

中国致密气主要分布在鄂尔多斯、四川、松辽、塔里木、渤海湾、吐哈和准噶尔等盆地。回顾中国致密气发展历程[7,8](图 1),可以分为 3 个阶段:探索起步阶段、规模发现阶段及快速发展阶段。(1)探索起步阶段(2000 年以前):1972 年在四川盆地西北部中坝地区首次发现三叠系须家河组须二段致密气田(中 4 井),随后发现多个小型致密气田,由于当时按照低渗透气藏进行开发,同时缺少有效的富集区优选及储集层改造技术,开发进程缓慢,这个阶段尚未形成致密气的概念。(2)规模发现阶段(2000—2005 年):鄂尔多斯盆地上古生界勘探获得重大突破,集中发现了苏里格、大牛地等气田,受地质认识和技术经济条件制约,产量增长缓慢。(3)快速发展阶段(2006 年至今):以苏里格气田"5+1"合作开发为标志的管理和体制创新、低成本开发思路及主体配套技术的成熟,促进了以苏里格为代表的致密气开发进入大发展阶段,2009 年松辽盆地长岭白垩系登娄库组气田投产,2014 年苏里格气田达产 $235\times10^8m^3$,成为中国最大的天然气田。同时,2014 年 2 月发布了"致密砂岩气地质评价方法"中国标准[9],规定了致密砂岩气为覆压基质渗透率小于或等于 0.1mD 的砂岩类气层,单井一般无自然产能或自然产能低于工业气流下限,但在一定经济条件和技术措施下可获得工业天然气产量(通常情况下,这些措施包括压裂、水平井、多分枝井等);确定了致密气层界定、资源评价与产能评价等标准与规范。这一标准的颁布标志着中国致密气进入规模产业化阶段。"十三五"以来,鄂尔多斯盆地神木、宜川、黄龙等一批致密气的发现和投产,加速了中国致密气开发进程。

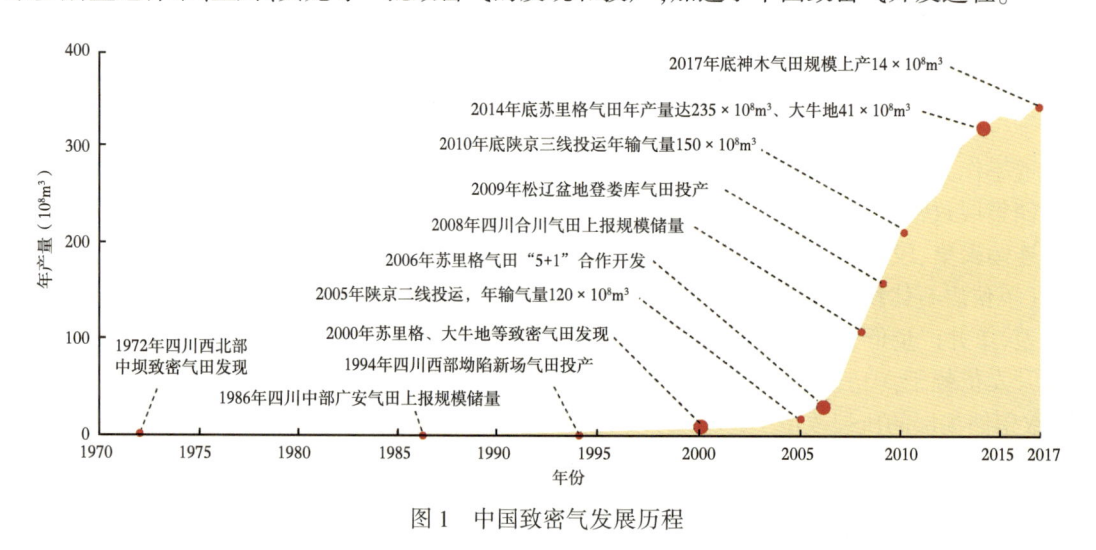

图 1 中国致密气发展历程

1.2 致密油发展历程

中国致密油起步晚,发展快,目前已发现了鄂尔多斯、松辽、准噶尔、渤海湾等多个致密油规模储量区(图 2)。以 2014 年为时间节点可分为探索发现、工业化试验与生产两个阶段。

(1)探索发现阶段(2014年以前):2010年在引入并发展"连续型油气聚集"理念的基础上,明确了致密油是非常规石油的热点与重点领域;2012—2013年中国石油天然气股份有限公司(中国石油)召开两届致密油勘探开发推进会,推动了鄂尔多斯等盆地致密油的探索。(2)工业化试验与生产阶段(2014年至今):鄂尔多斯盆地中生界致密油勘探获得重大突破,发现并开采陆相第1个致密油田——新安边油田,在鄂尔多斯、松辽等盆地相继设立了6个开发示范区,2014年成立国家能源致密油气研发中心,2017年11月发布了"致密油地质评价方法"中国标准。标准规定了致密油为储集在覆压基质渗透率小于或等于0.1mD的致密砂岩、致密碳酸盐岩等储集层中的石油,或非稠油类流度小于或等于0.1mD/(mPa·s)的石油,储集层邻近富有机质生油岩,单井无自然产能或自然产能低于商业石油产量下限,但在一定经济条件和技术措施下可获得商业石油产量,同时建立了致密油"甜点区"三级评价体系(表1)。

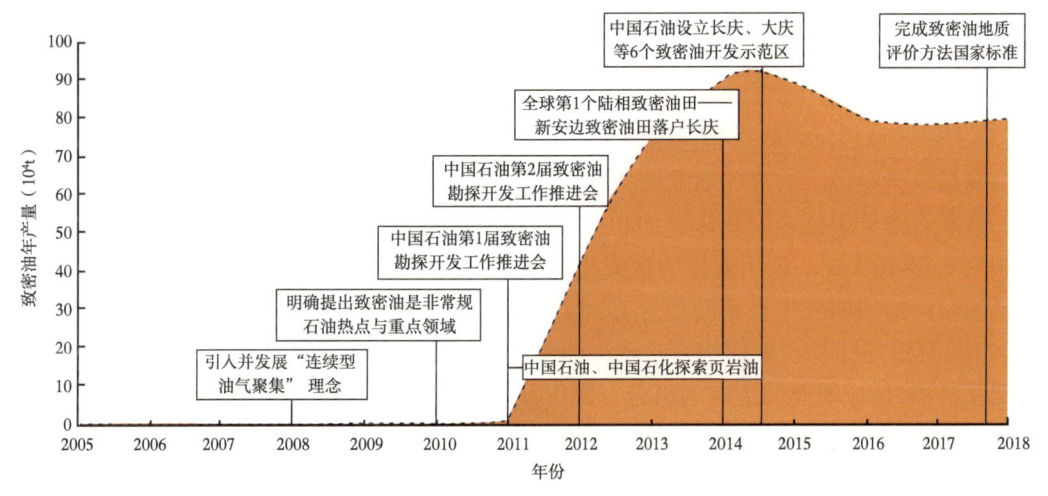

图2 中国致密油发展历程

表1 致密油"甜点区"三级评价体系

甜点区	岩性					物性				含油性		
	储集层有效厚度(m)	储地比(%)		泥质含量(%)	面积(km²)	埋深(m)	孔隙度(%)		覆压渗透率(mD)	含油饱和度(%)	地面原油密度(g/cm³)	气油比
		砂岩	碳酸盐岩				碎屑岩	碳酸盐岩				
Ⅰ级	>15	>80	>70	<15	>50	<3500	>12	>7	>0.1	>65	<0.75	>100
Ⅱ级	10~15	75~80	60~70	15~20	30~50	3500~4500	8~12	4~7	0.1~0.01	50~65	0.75~0.85	10~100
Ⅲ级	5~10	70~75	50~60	20~30	<30	>4500	5~8	1~4	0.01~0.001	40~50	0.85~0.92	<10

甜点区	烃源岩					脆性因子		地应力	
	有效厚度(m)	有机质类型	TOC平均值(%)	R_o(%)	面积(km²)	泊松比	杨氏模量(10^4MPa)	水平两向主应力倍数	孔隙压力系数
Ⅰ级	>20	Ⅰ型、Ⅱ₁型	>2	0.9~1.1	>300	<0.2	>3	约1	>1.2
Ⅱ级	15~20	Ⅱ₁型为主	1~2	0.8~0.9	150~300	0.2~0.3	2~3	1~1.5	1.0~1.2
Ⅲ级	5~15	Ⅱ₂型为主	0.5~1	0.6~0.8	<150	0.3~0.4	1~2	1.5~2	0.8~1.0

2 中国致密油气理论与技术创新

理论与技术创新是支撑中国致密油气快速发展的基石。经过多年的科研攻关,认识到大型盆地稳定斜坡沉积体系、大面积"三明治"源储组合、储集层致密化与主成藏期匹配是致密油气形成与分布的有利条件[10],明确了优质储集层、局部构造与裂缝是控制"甜点区"分布的主要地质要素,针对不同盆地类型形成了成藏理论,勘探重点各不相同。在开发方面,提出了"多级降压""人工油气藏"等开发理论,创新集成了富集区优选与井网部署、提高单井产量及采收率、低成本开发等技术系列,推动了致密油气储量与产量的快速上升。

2.1 理论创新

2.1.1 中国致密油气分布规律

中国致密油气大面积、连续型聚集,突破了传统常规油气地质理论[11]。分布规律主要有以下特点:

(1)大型盆地稳定斜坡沉积体系是致密油气大面积形成分布的基础[12]。例如,鄂尔多斯盆地二叠纪以来为稳定的克拉通盆地,形成了数万平方千米的河流—三角洲沉积体系;致密气层段二叠系石盒子组盒 8 段砂体群面积为 $13.0 \times 10^4 km^2$,致密油层段三叠系延长组 7 段砂体群面积为 $6.0 \times 10^4 km^2$。四川盆地为敞流浅水大型湖盆,发育继承性水系,储集体群规模巨大:三叠系须家河组须四段主水系面积为 $13.5 \times 10^4 km^2$,储集体群面积为 $10.2 \times 10^4 km^2$[13]。

(2)大面积"三明治"源储组合是致密油气规模连续分布的保证。广覆式烃源岩与大规模砂体间互沉积,形成源储共生有利组合。四川盆地须家河组须一段、须三段及须五段烃源岩生气强度大于 $20.0 \times 10^8 m^3/km^2$ 的面积约 $8.0 \times 10^4 km^2$;须二段、须四段和须六段储集层叠合发育面积约 $6.0 \times 10^4 km^2$。

(3)储集层致密化与主成藏期匹配易于致密油气大面积连续分布。致密油气一般具有近源短距离运移,沿相对中高孔渗通道,呈面状持续充注的特征(图3)。若储集层致密化与主成藏期相匹配,则储集层边致密边成藏,致密化虽然一方面降低了储集层的渗透性,但另一方面却提高了油气藏的保存能力,在一定程度上有易于致密油气大面积连续分布。

(4)相对优质储集层、局部构造与裂缝共同控制"甜点区"。其中,烃源岩是形成甜点区的物质基础,储集层分布及距离烃源岩远近影响了成藏范围及质量,构造起伏控制了油、气、水分异,裂缝带在很大程度上改善了致密油气的输导能力,同时在另一方面会造成油气的漏失。

2.1.2 中国致密油气形成理论

纳米级孔喉连通系统是致密油气聚集机理的根本[14]。考虑岩石表面对气体的吸附、气体分子之间的相互作用力,油气充注、运聚成藏要求致密储集层必须具有一定的孔喉直径下限[15]。孔隙、喉道的规模、结构及组合关系是影响储集层渗透性的关键因素。综合环境扫描电镜、高压压汞、核磁共振、纳米技术模拟等多种实验分析方法,认为致密油气孔喉直径下限为 $20\sim50nm$,介于页岩气孔喉直径下限(5nm)与常规油气孔喉直径下限(1000nm)之间[14]。

针对致密气所处的盆地类型的差异,形成不同类型盆地的成藏理论认识,明确了不同类型盆地的勘探重点,对致密气勘探发现具有指导作用。克拉通盆地构造平缓、分布稳定,以垂向

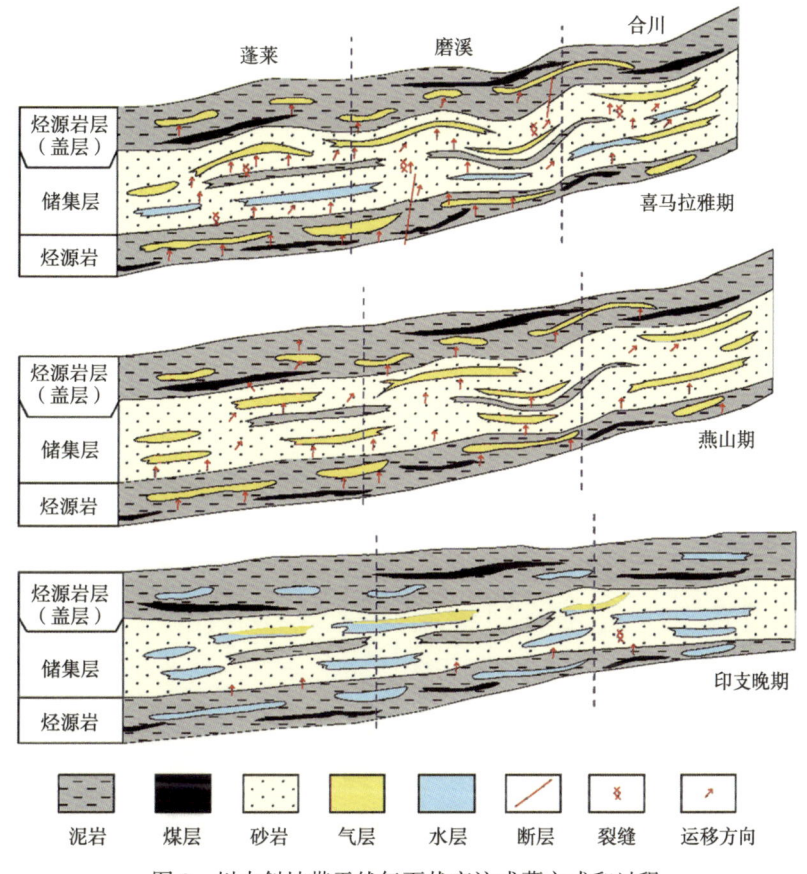

图 3　川中斜坡带天然气面状充注成藏方式和过程

近源充注为主,优选有利充注区是关键,其致密气形成要素组合见表2。例如苏里格中区烃源岩为石炭系—二叠系煤系,生烃强度为$(16\sim28)\times10^8 m^3/km^2$,平均为$24\times10^8 m^3/km^2$,源储叠置,近源聚集,形成了$1.6\times10^4 km^2$的有利充注区,含气饱和度普遍大于60%。而苏里格西区生烃强度较低,为$(10\sim18)\times10^8 m^3/km^2$,平均为$14\times10^8 m^3/km^2$,充注不充分,造成气水分异不明显,具有一定的气水过渡带特征。

断陷盆地断陷集群式分布,烃源岩分布差异大,源储组合是关键,其致密气形成要素组合见表3。例如大庆油田安达地区下白垩统沙河子组烃源岩为湖相泥岩、煤系,源储叠置,近源聚集成藏,无边底水。作为对比,大庆油田兴城地区白垩系营城组营四段源储分离,通过断裂输导成藏,存在边底水。

前陆盆地地层倾角大,油气柱高度高,圈闭和保存条件是致密气形成关键,其致密气形成要素组合见表4。例如准噶尔盆地齐古气田分布在推覆带,逆冲断层及褶皱发育,通过超压充注、断裂高效输导,形成以背斜、断块为主的构造圈闭,气藏分布在构造的高部位,边界受等高线控制,具有边底水,气水界面明显。而塔里木盆地迪北气田位于山前斜坡区,多形成岩性及构造—岩性复合圈闭,气藏边界不受构造等高线控制,无明显气水界面,且水层在上,气层在下。

— 7 —

表 2 克拉通盆地致密气成藏要素组合

气藏类型	代表地层	烃源岩	储集层	盖层	构造类型	成藏类型	圈闭类型	气水关系	成藏特征
有效充注型（苏里格中区）	下石盒子组8段、山1段	石炭—二叠系煤系，生烃强度(16~28)×10^{12} m^3/km^2，平均24×10^{12} m^3/km^2	下石盒子组盒8段，山西组河流相石英砂岩	上石盒子组泥岩	克拉通盆地斜坡	下生上储，自生自储	岩性圈闭	气藏分布边界受岩性控制，含气饱和度大于60%	源储叠置，近源聚集，大面积成藏
充注不充分型（苏里格西区）	下石盒子组8段、山1段	石炭—二叠系煤系，生烃强度(10~18)×10^{12} m^3/km^2，平均14×10^{12} m^3/km^2	下石盒子组盒8段，山西组河流相石英砂岩	上石盒子组泥岩	克拉通盆地斜坡	下生上储，自生自储	岩性圈闭	气水分异不明显，具一定的气水过渡带	源储叠置，微裂隙沟通，近源聚集，大面积成藏

表 3 断陷盆地致密气成藏要素组合

气藏类型	代表地层	烃源岩	储集层	盖层	构造类型	成藏类型	圈闭类型	气水关系	成藏特征	分布位置
源储分离型	大庆：兴城地区营四段	营城组四段和沙河子组湖相泥岩、煤系	营四段厚层段砂砾岩	登娄库组泥岩	青斜及断层遮挡	下生上储	青斜、断块、岩性	气藏分布在构造高部位，边火山岩具有一套气水界面	断裂输导，优质储盖组合	盆地内正向构造发育区
源储共生型	大庆：安达地区沙河子组	沙河子组湖相泥岩、煤系	沙河子组砂砾岩	登娄库组泥岩和沙河子组泥岩	断陷盆地斜坡	自生自储	岩性	无边底水	源储叠置，近源聚集成藏	断陷盆地斜坡发育区

表 4 前陆盆地致密气成藏要素组合

气藏类型	代表气田	烃源岩	储集层	盖层	构造类型	成藏类型	圈闭类型	气水关系	成藏特征	分布位置
推覆带—构造主导型	准噶尔—齐古	中—下侏罗统湖相泥岩、煤系	中—下侏罗统辫状河（扇）三角洲砂岩	侏罗系泥岩	逆冲断层及褶皱	下生上储	背斜、断块	气藏分布在构造高部位，边界受等高线控制，具有边底水，气水界面明显	超压充注，断裂高效输导，优质储盖组合	推覆带构造发育区
斜坡区—岩性主导型	塔里木迪北	三叠系和侏罗系湖相泥岩、煤系	下侏罗统阿合组和阳霞组河流—三角洲砂岩	侏罗系泥岩	山前斜坡、断块	下生上储、自生自储	岩性、构造—岩性复合圈闭	气藏边界不受构造高线控制，无明显气水面，且水层在上，气层在下	源储叠置，近源聚集，大面积成藏	山前斜坡区

致密油发育在黑色页岩沉积体系中,赋存在微纳米孔喉系统中。大面积成藏背景下局部存在工业富集的"甜点区段"。"甜点区"为平面上具有工业价值的非常规油气高产富集区,"甜点段"为在剖面上源储共生的黑色页岩层系内,人工改造可形成工业价值的非常规油气高产层段。提出"六特性"评价方法分析陆相致密油"甜点区段"质量,即以储量密度比(单位体积岩石内的储量)和脆性指数等关键参数为依据,综合评价"甜点区段"烃源岩特性、岩性、物性、电性、脆性及地应力特性等"六特性"[16],将"甜点区段"划分为不同级次和类型,为致密油资源有效动用提供依据。

2.1.3 中国致密油气开发理论

一方面,致密油与致密气都需要压裂改造提高储集层的渗透性和流体的流动性,均强调以人工干预的方式实现油气的规模开发;另一方面,致密油与致密气在开发方式上又存在较大差异性。油藏多采用补充能量开发,注采系统决定了储集层连续性、连通性和非均质性是研究的核心内容,精细注水、化学驱、深部调驱等开发技术需要精细小层对比,从平面、层间非均质性向层内非均质性和单砂体内部表征不断发展。气藏多采用衰竭式开发,压降波及范围是描述的核心,储渗单元体的规模大小、几何形态是研究的重点,决定着泄气面积、井网井距等。形成了致密气"多级降压"开发理论及致密油气"人工油气藏"开发理论。

鄂尔多斯盆地致密气多为陆相辫状河沉积,在沉积和成岩双重作用下,有效砂体分布局限,与分布相对广泛的基质砂体呈"砂包砂"二元结构。有效储集层具有连续性差、渗透率低、压降传导能力弱的特点,压裂改造后提高了近井带的渗透性,但加剧了储集层的非均质性。基于致密气地质特征及开发模式形成"多级降压"开发理论认识,充分利用地层能量,通过由人工裂缝区向基质区、由有效砂体向表外砂体、由微米级孔隙向纳米级孔隙多级次压降,逐步扩大压降波及体积,以相对高渗透区的气体流动带动低渗透区的气体流动,实现不同部位气体的分级动用。气井动态储量随生产时间的延长表现出明显的3段式变化趋势:快速上升段、缓慢上升段、稳定生产段,分别反映了气井近井人工裂缝、远井基质及边界波及的流动控制状态。基于该理论,提出前期控压、合理配产生产方式,实现近井裂缝带储集层、远井基质储集层及表外储集层的相对均衡压降,提高了单井产量和开发效益,助推了致密气效益开发的规模化进程。

针对致密油气渗流能力差、无自然稳定商业产量、能量衰减快、能量补充难度大等特点,2016—2017年邹才能院士提出了"人工油气藏"理论,系统论述了其理论内涵、关键技术和应用实践[17]。"人工油气藏"是指以油气"甜点区"为目标单元,通过合理井群部署,用压裂、注入与采出一体化方式,"人造高渗透区、重构渗流场",改变岩石的应力场、温度场、化学场,以及其油气的润湿性与流动性,通过人工干预的方式实现非常规油气规模有效开发。在造缝过程中,地下渗流场发生变化,裂缝内流体压力的变化改变了裂缝宽度和长度,而这种改变也产生了应力场的变化,而远场应力和裂缝诱导应力的变化也对缝宽和缝内流体压力形成约束。在压裂过程中酸—岩反应形成热源,影响"人工油气藏"温度场的变化,而温度的变化也影响化学反应速率及与矿物反应进程的化学稳定性。随压裂液进入地层的热源与储集层温度有差异,温度变化引起热应力以及与温度有关的岩石力学性质变化。压裂液在裂缝和基质中的渗流带动热量的迁移,形成对流换热,影响温度场的变化。温度场的变化影响流体性质,如流体密度、黏度随温度而变化。

通过渗流场、应力场、温度场、化学场"四场"的变化关系建立大井群式缝网控藏流动系统是"人工油气藏"的重要途径。在"甜点区"单元特定面积体积范围内,通过井群式的"四场"联合变化,实现大区域范围内的裂缝控藏。在单井影响范围内,通过"人造高渗透区"的体积改造实现井控区域内的"人工造藏";在单缝范围内,通过渗吸置换、流体改质等措施实现提高采收率目的。经过攻关与实践,"人工油气藏"开发已形成5项核心技术系列:基于大数据的三维地震地质甜点区评价技术、井群大平台"人工造藏"技术、体积改造人工智能造缝技术、置换驱油与能量补充开采技术、基于云计算的"人工油气藏"智能管理技术。其中,人工智能造缝技术将人工裂缝精细改造与智能材料相结合,形成两种压裂改造方式:第1种是以"快钻桥塞组合分簇射孔"为主的细分切割改造方式,主要针对不利于形成复杂裂缝的致密油储集层,通过分段多簇压裂,实现细分切割储集层改造;第2种是复杂裂缝压裂改造方式,主要针对天然裂缝发育的脆性储集层,采用大排量、暂堵转向等方式,通过水平井裂缝间距优化形成复杂裂缝系统,在不同特征储集层的缝端、缝内、缝口加入多种储集层改造智能材料体系,改变储集层岩石润湿性,实现定点位置的人工裂缝转向。

"人工油气藏"是一项勘探—开发—工程—生产—信息一体化集成技术系统,探索了大规模注液、能量补充和渗吸置换压裂的工业化试验,开展了235井次先导性试验,致密油的开采效果比以往常规技术提高了两倍,展示出良好应用前景,对推动非常规、低品位油气资源有效益、可持续开发有重要意义。

2.2 技术创新

在致密油气勘探开发理论突破的基础上,创新集成了富集区优选、甜点区评价与井网部署、提高单井产量、提高采收率、低成本开发等4套技术系列,大幅度提高了致密油气的产量和开发效益。

2.2.1 富集区优选、"甜点区"评价与井网部署技术系列

针对致密气的储集层特征形成了以地震含气性检测为核心的富集区优选技术[18,19]、以大型复合砂体分级构型描述为核心的开发井网部署技术[20]。开发实践表明,苏里格致密气田有效砂体多分布在心滩中下部及河道充填底部等粗砂岩相。大型复合砂岩分级构型描述适用于辫状河体系沉积背景下,迁移性强的河流相储集层表征,其内涵是结合多技术手段,逐级开展区域河道体系、辫状河体系、河道复合带、单河道、沉积微相等储集层精细解剖工作,识别储集层外部岩性边界及储集层内部物性边界,划分储集层内部"阻流带"级次,研究不同级次的隔夹层对流体渗流的影响,分析井网与有效砂体分布、规模及频率的匹配关系。在开发过程中,获得的资料不断丰富,研究精度逐步提高,得到的认识趋于准确。但气井的井距相比于油井依然偏大,井网对储集层控制程度有限,井间的分级构型表征存在一定的主观性。因此,通过复合砂体分级构型描述和地震含气性检测等手段相互约束、预测有效储集层分布,取得了较好的应用效果,在苏里格气田优选富集区$1.6×10^4 km^2$,覆盖储量为$2.0×10^{12} m^3$,部署开发井数约为$1.2×10^4$口,助推了大型致密砂岩气田的规模有效开发,Ⅰ+Ⅱ类井比例由投产初期40%提高到2017年的75%以上[21],骨架井网由600m×1200m调整为600m×800m,采收率由早期的20%提升至目前的32%[22]。大庆油田通过攻关高分辨率三维地震资料处理与解释技术,大幅度提高了地震资料的分辨率和储集层预测精度,目前可识别出3m的断距、3m厚的薄层及22m宽的河道。

2.2.2 提高单井产量技术系列

致密气形成了有限级裸眼封隔器+滑套、无限级水力喷射+环空加砂等直井多层、水平井多段压裂改造技术。水平段长度一般为1000~2000m,最高实现了20段以上分段改造,压裂后单井初期日产量由直井的$1\times10^4m^3$提高到$5\times10^4m^3$以上,水平井累计产量达到$(0.6\sim1.0)\times10^8m^3$,为直井的3倍以上。

致密油井采用水平井体积压裂形成缝网,同时利用微地震监测"人造"体积改造效果。松辽盆地大庆油田典型致密油井——垣平1井,井深4300m,水平段长度2660m,共压裂11段,总液量为$1.5\times10^4m^3$,总砂量1724m^3,改造效果好。该井压后日产油71.3t,目前日产油3.4t,已累计产油2.58×10^4t。

2.2.3 提高采收率技术系列

形成了以井网加密、重复改造、老井侧钻及低压低产井排采为核心的提高采收率技术。结合地质解剖、干扰试井及生产动态资料分析,认为苏里格气田直井平均控制范围0.20~0.25km^2,目前骨架井网600m×800m对储量控制不足,存在加密空间。气田富集区井网可由2口/km^{2}加密到3~4口/km^2,采收率可由方案的32%提高到45%以上。结合排水采气、查层补孔、重复改造、老井侧钻、生产措施优化等提高采收率配套技术,预测采收率可提高到50%。

2.2.4 低成本开发技术系列

致密油气资源品位差,开发效益差,要坚持低成本开发战略。形成了以聚晶金刚石复合片钻头(PDC钻头)为核心的快速钻井、以井下节流为核心的中低压集气、大井丛多井型工厂化作业、数字化生产管理等技术。低成本开发技术使苏里格气田直井综合成本由早期的1400万元降低到800万元,在储集层品质逐渐变差的条件下,支撑致密油气持续规模效益开发。吉林油田新立地区扶杨致密油区凭借48口井工厂化生产大平台,有效降低了成本,节约了资源,提高了效益。

3 中国致密油气勘探开发进展

在理论与技术的推动下,2005年以来中国致密气发展迅猛[23],储量和产量高峰增长,探明并开发了鄂尔多斯盆地万亿立方米级致密气区[24]。2014年以来中国致密油勘探开发也取得了重大突破。

3.1 致密气勘探开发进展

根据中国石油第4次资源评价,中国致密气有利区面积$32.46\times10^4km^2$,地质资源量为$21.85\times10^{12}m^3$,技术可采资源量为$10.92\times10^{12}m^3$(表5)。"十二五"以来,致密气年均新增探明储量约$0.32\times10^{12}m^3$,截至2017年底,全国致密气探明储量为$4.6\times10^{12}m^3$,占天然气总储量的33%;2017年致密气产量为$350\times10^8m^3$,占天然气总产量的24%。其中鄂尔多斯盆地是中国最大的致密气生产基地,上古生界致密气探明储量为$3.3\times10^{12}m^3$,苏里格、大牛地、神木、延长、鄂尔多斯盆地东部等致密砂岩气田2017年产量达到$310\times10^8m^3$,占中国致密气产量的89%。

表5 中国致密气重点领域资源量、储量及产量

重点领域	有利面积 ($10^4 km^2$)	资源量 ($10^{12} m^3$)	可采资源 ($10^{12} m^3$)	探明储量 ($10^{12} m^3$)	2017年产量 ($10^8 m^3$)
鄂尔多斯盆地上古生界	12.01	13.30	7.13	3.30	310.1
四川盆地须家河组	12.89	3.98	1.79	1.25	37.5
松辽盆地营城组、沙河子组、火石岭组	1.93	2.25	0.92	0.05	2.1
塔里木盆地阿合组	0.32	1.23	0.66		
吐哈盆地水西沟群组	3.18	0.51	0.19	0.01	0.2
渤海湾盆地歧口凹陷、南堡凹陷	1.99	0.43	0.18		
准噶尔盆地佳木河组	0.14	0.15	0.05		

3.2 致密油勘探开发进展

中国目前发现了鄂尔多斯、松辽、准噶尔、渤海湾等多个致密油规模储量区(图4)。根据中国石油第4次油气资源评价,全国致密油地质资源量$125×10^8 t$,可采资源量$13×10^8 t$,探明储量约$3×10^8 t$。鄂尔多斯盆地和松辽盆地是致密油的主要生产基地[25]。鄂尔多斯盆地致密油资源量$34.2×10^8 t$,三级储量$9.2×10^8 t$,截至2017年底,盆地建成致密油产能$137.8×10^4 t$,年产油$53.8×10^4 t$[21](表6)。松辽盆地致密油主要分布在大庆、吉林两个探区,已部署92口水平

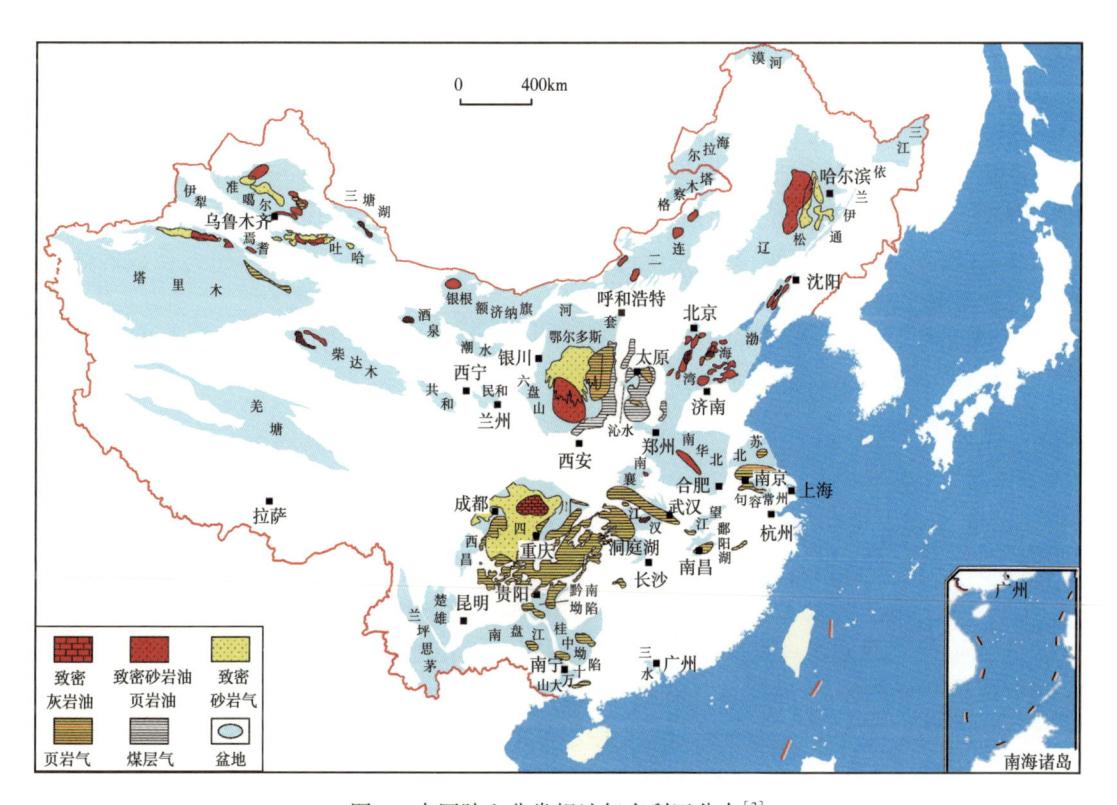

图4 中国陆上非常规油气有利区分布[3]

井、23口直井,平均单井日产油为8~10t,其中扶余油层2017年产量为28.6×10⁴t。截至2017年,全国致密油建成产能约200×10⁴t,产量达到103.1×10⁴t(表6)。

表6 中国致密油重点领域资源量、储量及产量

重点领域	资源量 (10^8t)	可采资源量 (10^8t)	探明储量 (10^8t)	2017年产量 (10^4t)
鄂尔多斯盆地三叠系延长组7段	34.2	4.5	1.00	53.8
松辽盆地扶余油层	32.2	3.8	0.32	28.6
准噶尔盆地芦草沟组	20.0	1.6	0.25	7.9
三塘湖盆地条湖组	10.0	0.2		9.3
柴达木盆地扎哈泉地区新近系	8.6	0.7	0.21	3.4
渤海湾盆地辽河—黄骅—冀中坳陷古近系	20.0	2.2		0.1

4 中国致密油气未来发展方向

4.1 中国与北美致密油气对比

4.1.1 地质条件和资源量

北美致密油气以海相大型宽缓的克拉通沉积背景为主,构造稳定,源储大面积分布;烃源岩TOC值较高,成熟度较高;储集层连通性较好,规模较大;物性相对较好,孔隙度较高,储量丰度较高;地层埋深适中,以超压为主,局部裂缝较发育[26-29]。相比之下,中国致密油气一般具有多旋回构造演化的特征,以陆相沉积环境为主(表7、表8),岩相变化大,地层分布不稳定;地表条件复杂,多为山地、丘陵、荒漠,施工难度大;烃源岩多为湖相页岩,TOC值变化大,成熟度较低,致密油的密度和黏度相对较大;储集层薄,非均质性较强,变化大,分布范围局限;储集层物性较差,孔隙度偏低,储量密度比较低;埋深较大,裂缝发育性差,压力系数偏低。综合来看,中国致密油气开发的经济性偏差,对效益开发提出了更大挑战。

据EIA资料,美国致密气资源量为28.0×10¹²m³,可采资源量为12.6×10¹²m³,与中国基本相当。美国致密油技术可采资源量约81.2×10⁸t[30],是中国的6倍多。

4.1.2 开发技术

中国与北美的致密油气开发技术在储集层识别精度和"甜点"预测领域还存在一定差距,在快速钻井、大丛式水平井、多层多段压裂等工艺改造方面还有待完善[31]。储集层识别及甜点预测回答了在哪里开采油气的问题,快速钻井及储集层压裂改造解决了如何有效开发的问题。

在储集层识别及"甜点"预测方面,北美通过高精度三维地震勘探技术已经可以识别出5m以上的薄砂体,并逐步将大数据云计算、虚拟现实等先进前沿技术应用到地质建模中,"甜点"预测成功率为65%~95%。中国通过模拟三维砂体预测和地震叠前反演技术,目前可识别5~10m断层,10m厚砂体的识别准确率达到70%~80%[32],甜点预测准确率为50%~85%。

在钻井方面,北美EOG公司在Eagle Ford的日均进尺由2011年的291m提升至2018年的786m,大大缩短了钻井周期,气井平均井深5500m(直井段2500~3500m,水平段1100~3200m),

综合篇

表 7 北美与中国致密气地质条件对比

对比指标	储集层厚度及分布	沉积类型	天然裂缝	储集条件	埋深(m)	压力系数	含气饱和度(%)	储量丰度(10^8m³/km²)	储集层分布	单井最终累计产量(10^8m³)
美国圣胡安盆地致密气	4套气层，厚40~100m	海相滨岸平原砂坝为主	局部裂缝发育	有效孔隙度3%~12%，有效渗透率0.001~0.100mD	750~2650	1.4~1.7	>60	>5	分布稳定，连续性好	直井0.2~1
西加拿大盆地Montney致密气	气层厚60~180m，横向稳定	海相滨岸平原、风成砂为主	裂缝不发育	有效孔隙度3%~8%，有效渗透率0.001~0.030mD	2100~3000	1.4~1.9	>70	6~9	非均质性强	水平井>1
鄂尔多斯盆地苏里格致密气	含气砂体小而分散，气层厚约10m	陆相辫状河	裂缝不发育	基质孔隙度3%~10%，有效渗透率0.001~0.100mD	3000~3500	0.87	55~60	1.3	非均质性强	直井0.1~0.3

表 8 北美与中国致密油地质条件对比

地区	沉积盆地				烃源岩特征			流体特征		
	构造背景	分布范围(km²)	岩性	TOC(%)	R_o(%)		原油密度(g/cm³)	压力系数	地层压力	
美国	构造稳定	(1~7)×10^4	以海相页岩为主	2~20，TOC值较高	0.6~1.7，成熟度较高		0.75~0.85	1.35~1.78	以超压为主	
中国	晚期构造活动强烈	几百至几千	湖相泥页岩	0.4~16.0，TOC值变化大	0.4~1.4，成熟度较低		0.75~0.92	0.70~1.80	压力系数偏低	

地区	储集层特征				经济性	
	集中段厚度(m)	孔隙度(%)	主要岩性	物性	气油比	单井累计产量(10^4t)
美国	5~20	5~13	碳酸盐岩、砂岩、混积岩	物性相对较好，孔隙度较高，连通性好	几十	2~10
中国	10~80	3~12	碳酸盐岩、混积岩、致密砂岩、沉凝灰岩	物性较差，孔隙度偏低，非均质性强，油层薄	几百至几千	1~4

埋深及储量丰度
埋深适中，储量丰度较高
埋深差异大，储量丰度变化大

— 15 —

目前仅用6~8天即可完钻。由于钻速的提升,钻井成本逐年下降,目前单位钻井成本为2500元/m,单井平均1400万元[33]。对比来看,中国苏里格气田水平井井深约5000m(直井段3000~3500m,水平段500~1500m),水平井钻井周期为25~35天,日均进尺167m,钻井单位成本5000元/m,单井平均2500万元。

在储集层压裂改造方面,北美通过大井丛、多井簇、密切割极大地改善了储集层渗透性,提高了单井产量。Bakken致密油双分支井分段压裂数量已达80段,初期产量达100t/d,稳产期约为20t/d[34]。Rulison和Jonah气田直井分层压裂可达50~80层,单平台钻丛式水平井20~30口,气田采收率为48%~55%,动用率大于70%[35,36]。对比来看,中国鄂尔多斯盆地长7段致密油层,应用大型混合水压裂方法,单井日产超过20t。苏里格气田直井分层压裂一般小于10层,水平井最多压裂20段,单平台钻丛式水平井5~20口,采收率为32%,动用率小于50%。

4.1.3 产量规模

致密油气藏具有储集层物性差、气井产量低、递减速度快、能量补充慢、开发成本高的特点。低成本开发是致密油气规模开发的关键。

美国于20世纪70年代探索致密油气的开发,经过30年的探索准备,成功突破常规地质开发理论技术,实现常规油气到非常规油气的"第1次革命",2008年致密气高峰产量超过1913×10^{8}m^3(图5a),占美国天然气年产量的34%。近年来,在油价低位徘徊的态势下,以页岩气和致密油为代表的美国非常规油气正通过科技与管理创新,进行"第2次革命",具体体现在:一是大力研发提高单井产量和采收率的主体及配套技术,实现技术创新降成本;二是采用打井不压井和只释放"甜点区"中的高产井等措施,实现施工方法创新降成本;三是规模裁人与全面市场机制,实现管理创新降成本。美国页岩气革命方兴未艾,使得致密气产量略有下降,然而致密气2017年产量仍有1200×10^{8}m^3。美国致密油2017年产量超过2.4×10^{8}t,占总产量的50%。事实上,正是由于致密油产量的大幅提升才扭转了美国石油产量下降的趋势[37]。

中国致密气由2000年不到10×10^{8}m^{3}上产至2017年的350×10^{8}m^3,取得了长足的进步,占全国天然气产量的23.5%,是目前中国非常规天然气中开发效果最好的一类资源(图5b),是中国天然气年产量迈进1500×10^{8}m^{3}大关的有力支撑,但对比来看,只占美国同期致密气产量的29%。中国致密油储集层规模小、单井产量低、开发成本高,2017年产量为1.0×10^{6}t,仅占全国石油年产量的0.5%,尚处在起步阶段,与美国差距明显,若原位改质、体积压裂等技术取得突破,未来发展潜力巨大。

受控于地质条件和开发技术、改造工艺及开发理念,中国致密油气单井产量和油气田产量远小于美国。地质条件、开发技术及改造工艺对比前已述及。在开发理念方面,北美市场化程度高、体制机制灵活,同时有上千家公司参与到致密油气的开发中[38],企业以追求经济效益为核心目标,生产井多采用定压放产生产模式;而中国油气领域准入门槛高、开发程度较低,有资质、有实力的企业较少,鉴于油气田前期投入大、占用社会资源多,投产后需要一定时间的稳产,生产井多采用控压稳产生产模式。需要指出的是,中国的油气行业担负着保障国家能源安全和维护社会稳定的重任,不以营利和经济效益为唯一目的,通过只释放"甜点区"中的高产井及大规模裁员等手段来降低成本,显然是不现实的,需要探索适合中国国情的致密油气发展之路。

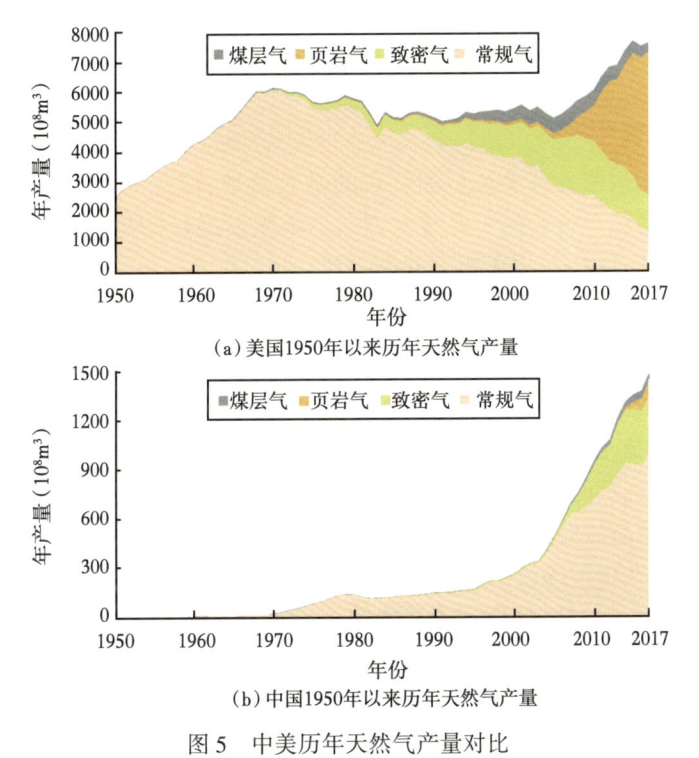

(a) 美国1950年以来历年天然气产量

(b) 中国1950年以来历年天然气产量

图 5 中美历年天然气产量对比

4.2 中国致密油气未来发展潜力与对策

中国致密油气开发面临着资源品质趋于劣质化、有效开发及提高采收率技术有待提升、开发成本较高等问题。未来，中国应该坚持低成本开发战略不动摇，在资源、技术、组织管理等方面重点开展工作，与国际先进水平对标，推动致密油气跨越式发展。预计致密气在2020年产量可达$(400\sim430)\times10^8m^3$，2035年可达$(550\sim800)\times10^8m^3$。致密油2020年产量可达$(150\sim200)\times10^4t$，2035年可达$1500\times10^4t$。

4.2.1 加强资源评价

系统揭示致密油气富集规律，加强老区拓边及新区、新层系的资源勘探，客观分级评价中国致密油气资源[39]，明确战略地位。不同于常规油气藏的毫米—微米级孔喉系统，致密油气藏主要为纳米级孔喉系统，较致密的储集层限制了浮力在油气运聚中的作用，油气以渗流扩散作用为主，为非达西渗流，运移距离短，距离烃源岩近，资源规模大，但可供开发的有效资源比例低。需要深化和细化资源规模和结构评价，开展资源综合分类，建立有序接替序列，明确各类资源的可动用性和动用条件。

4.2.2 推动开发及工程技术进步

技术突破与规模化应用，是支撑致密油气效益开发的关键。一是完善储集层分级构型描述、高精度三维地震勘探技术，精细刻画和表征储集层；二是优化小井眼完井、水平井优快钻井、数字化智能管理等技术，加快产建节奏和国产化材料应用水平，降低开发成本；三是升级储集层改造技术，推动小段距密切割、可溶桥塞、平台工厂化作业等技术的成熟配套，大幅提升储集层改造效果;四是攻关提高采收率技术,加强致密油气提高采收率的室内机理研究,同时在油田现场开辟密井网先导试验区,优化调整开发井网,落实干扰率、单井 EUR 等开发指标,配合查层补孔、重复改造、水平井侧钻、生产制度优化等综合手段挖潜剩余储量,提高储量动用程度和采收率。

针对鄂尔多斯、四川等发育多类型油气藏的两大盆地,深化和丰富"人工油气藏"立体开发理论与技术,是提高综合效益的主要技术方向。未来发展目标是根据纵向不同类型气藏按压力、流体性质优化开发顺序,共享地下井网系统、地上井场及集输系统[40],实现采收率和开发效益的最大化。

4.2.3 优化组织管理模式,争取国家有利开发政策支持

在油气企业内部,创新机制体制,提升企业能效和员工积极性。通过矿权流转,盘活资产;配套科技攻关激励政策,提升员工使命担当和工作热情,迸发时代新活力。在国家层面,强化产、运、销国家政策中利润的切割与引导,力争上游利润在产业链的比例,同时争取优惠财税补贴,最大限度地解放低品位储量。税收源于人民,用于人民,是国家调配社会资源、支撑国民经济建设的有力工具。在中国的政治体制下,合理的税收及优惠政策,既表现为"集中力量办大事",又体现了宏观政策层面对部分行业领域的支持和倾斜。以致密气为例,中国剩余可动用储量在无补贴的条件下,可支撑稳产 $350\times10^8m^3/a$;若补贴 0.2 元$/m^3$,通过在剩余可动用储量区加密,可支撑上产 $400\times10^8m^3/a$;若补贴 0.4 元$/m^3$,可动用低丰度Ⅰ类储量区,上产 $500\times10^8m^3/a$;若补贴 0.6 元$/m^3$,可动用低丰度Ⅱ类储量区,支撑上产 $600\times10^8m^3/a$。

5 结论

近 10 年来,中国创新发展了致密油气勘探开发理论,集成了提高单井产量、低成本开发等多套技术系列,助推了致密油气储量与产量的快速攀升。与世界致密油气开发先进水平相比,中国在"甜点"识别预测、大井丛长水平井钻井、压裂改造等技术工艺方面还有一定的差距。

需要特别指出的是,从时间上看中国致密气发展晚于美国。但从阶段看,中国致密气大幅上产是在常规气上产的阶段就开始了,而美国是在常规气进入递减阶段后才开始发展的。这个叠加效应需要充分重视。未来中国致密油气发展应关注以下几点:深化致密油气富集规律认识,优化资源评价方法;发展高精度三维地震勘探、大井丛水平井、人工油气藏、智能工程等关键工程技术,为致密油气发展提供支撑;优化组织管理模式、申请致密油气财税补贴减免政策,最大限度地解放低品位储量;创新发展新一代提高单井产量与提高采收率理论技术,推动致密油气跨越式发展。

参 考 文 献

[1] 邹才能,杨智,何东博,等. 常规—非常规天然气理论、技术及前景[J].石油勘探与开发,2018,45(4):575-587.

[2] 孙龙德,李峰,等. 中国沉积盆地油气勘探开发实践与沉积学研究进展[J].石油勘探与开发,2010,37(4):385-396.

[3] 邹才能,陶士振,侯连华,等. 非常规油气地质学[M].北京:地质出版社,2014.

[4] 邹才能,朱如凯,李建忠,等. 致密油地质评价方法:GB/T 34906—2017[S].北京:中国标准出版社.

[5] 胡素云,朱如凯,吴松涛,等.中国陆相致密油效益勘探开发[J].石油勘探与开发,2018,45(4):737-748.

[6] US Energy Information Administration (EIA). Outlook for shale gas and tight oil development in the US[EB/OL].(2013-05-21)[2017-12-01].https://www.eia.gov/pressroom/presentations/sieminski_05212013.pdf

[7] 谭中国,卢涛,刘艳侠,等.苏里格气田"十三五"期间提高采收率技术思路[J].天然气工业,2016,36(3):30-40.

[8] 卢涛,刘艳侠,武力超,等.鄂尔多斯盆地苏里格气田致密砂岩气藏稳产难点与对策[J].天然气工业,2015,35(6):43-52.

[9] 邹才能,李熙喆,朱如凯,等.致密砂岩气地质评价方法:GB/T 30501—2014[S].北京:中国标准出版社.

[10] 庞雄奇.中国西部叠合盆地深部油气勘探面临的重大挑战及其研究方法与意义[J].石油与天然气地质,2010,31(5):517-541.

[11] Levorsen A I. Geology of petroleum [M].2nd Ed. San Francisco:W.H. Freeman and Company,1967.

[12] 杨华,付金华,刘新社,等.鄂尔多斯盆地上古生界致密气成藏条件与勘探开发[J].石油勘探与开发,2012,39(3):295-303.

[13] 李鹭光.四川盆地天然气勘探开发技术进展与发展方向[J].天然气工业,2011,31(1):1-6.

[14] 邹才能,朱如凯,吴松涛,等.常规与非常规油气聚集类型、特征、机理及展望:以中国致密油和致密气为例[J].石油学报,2012,33(2):173-187.

[15] 邹才能,杨智,陶士振,等.纳米油气与源储共生型油气聚集[J].石油勘探与开发,2012,39(1):13-26.

[16] 赵政璋,杜金虎.致密油气[M].北京:石油工业出版社,2012:100-128.

[17] 邹才能,丁云宏,卢拥军,等."人工油气藏"理论、技术与实践[J].石油勘探与开发,2017,44(1):144-154.

[18] 吴胜和.储层表征与建模[M].北京:石油工业出版社,2010.

[19] 贾爱林.中国储层地质模型20年[J].石油学报,2011,32(1):181-188.

[20] 贾爱林,程立华.数字化精细油藏描述程序方法[J].石油勘探与开发,2010,37(6):623-627.

[21] 中国石油天然气股份有限公司.长庆油田分公司2017年度气田开发工作报告[R].西安:长庆油田分公司,2018

[22] 郭建林,郭智,崔永平,等.大型致密砂岩气田采收率计算方法[J].石油学报,2018,39(12):1389-1396.

[23] 李海平,贾爱林,何东博,等.中国石油的天然气开发技术进展及展望[J].天然气工业,2010,30(1):5-7.

[24] 马新华,贾爱林,谭健,等.中国致密砂岩气开发工程技术与实践[J].石油勘探与开发,2012,39(5):572-579.

[25] 杨华,牛小兵,徐黎明,等.鄂尔多斯盆地三叠系长7段页岩油勘探潜力[J].石油勘探与开发,2016,43(4):511-520.

[26] Zhang Hualiang, Janson Xavier, Liu Li, et al. Lithofacies, diagenesis, and reservoir quality evaluation of Wolfcamp unconventional succession in the Midland Basin, West Texas[R].Houston, Texas:AAPG Annual Convention and Exhibition,2017.

[27] Olmstead R, Kugler I. Halftime in the Permian:An IHS energy discussion[EB/OL].(2017-06-01)[2018-01-01].

[28] Dyni R J. Geology and resources of some world oil-shale deposits:Scientific investigations report 2005-5294

[EB/OL].(2006-06-01)[2017-12-01].

[29] US Geological Survey(USGS). Assessment of undiscovered oil resources in the Bakken and Three Forks Formations, Williston Basin Province, Montana, North Dakota, and South Dakota, Fact Sheet 2013-3013[EB/OL].(2013-04-01)[2017-12-01].

[30] IEA. International energy outlook 2017[EB/OL].(2017-09-14)[2017-12-20]. http:/www.eia.gov/ieo.

[31] Slatt R M, O'Brien N R, Romero A M, et al. Eagle Ford. condensed section and its oil and gas storage and flow potential[EB/OL].(2012-05-27)[2017-12-01].

[32] 郭智, 孙龙德, 贾爱林, 等. 辫状河相致密砂岩气藏三维地质建模[J]. 石油勘探与开发, 2015, 42(1): 76-83.

[33] US Energy Information Administration(EIA). Annual energy outlook 2017 with projection to 2050[EB/OL].(2017-01-05)[2017-12-01].

[34] US Energy Information Administration(EIA). Drilling productivity report for key tight oil and shale regions[EB/OL].(2018-03-01)[2018-03-01].

[35] Skinner O, Canter L, Sonnenfeld D M, et al. Discovery of "Pronghorn" and "Lewis and Clark" fields: Sweet-spots within the Bakken petroleum system producing from the Sanish/Pronghorn Member NOT the Middle Bakken or Three Forks[EB/OL].(2015-04-01)[2017-12-01].

[36] Rebecca L J. The Pronghorn Member of the Bakken Formation, Williston Basin, USA: Lithology, stratigraphy, reservoir properties[EB/OL].(2013-05-01)[2017-12-01].

[37] National Energy Board. Energy briefing note, tight oil developments in the western Canadian Sedimentary Basin[R]. Calgary: National Energy Board, 2011.

[38] US Energy Information Administration(EIA). Technically recoverable shale oil and shale gas resources: An assessment of 137 shale formations in 41 countries outside the United states[EB/OL].(2013-06-01)[2017-12-01].

[39] 冉富强, 李雁, 陈显举, 等. 致密油气藏储层评价技术[J]. 中国石油和化工标准与质量, 2017(18): 177-178.

[40] 武力超, 朱玉双, 刘艳侠, 等. 矿权叠置区内多层系致密气藏开发技术探讨：以鄂尔多斯盆地神木气田为例[J]. 石油勘探与开发, 2015, 42(6): 826-832.

塔里木盆地库车坳陷深层大气田气水分布与开发对策

贾爱林 唐海发 韩永新 吕志凯 刘群明
张永忠 孙贺东 黄伟岗 王泽龙

（中国石油勘探开发研究院）

摘要：库车坳陷深层碎屑岩气田是近年来塔里木盆地天然气勘探开发的热点，该类气田具有储量规模大、埋藏深、高温高压、区块间裂缝发育差异大、边底水普遍存在等特点。气藏非均匀水侵导致气井产能快速下降，严重制约气田开发效果，是目前气田高效开发面临的普遍难题。文章从静态气水分布、微观水侵机理和动态水侵评价入手，系统建立了气水分布描述、水侵规律和控水开发技术对策为一体的静动态评价技术。研究认为，库车坳陷深层大气田气水分布受基质物性和缝网发育的共同控制，气水分布模式可划分两类：薄气水过渡带型（含基质物性好型和裂缝特别发育型两个亚类）和厚气水过渡带型。气水分布和裂缝发育的差异性，直接导致了气田水侵部位与水侵动态特征的不同，表现为3种水侵类型：边底水整体抬升侵入型、边底水沿微细裂缝带锥进型和边底水沿大裂缝纵窜型。基于不同气水分布模式及水侵动态，提出了构造高部位布井避水、降速控压控水和边部水淹井强排等开发技术对策，为塔里木库车深层大气田的高效开发和调整提供技术支撑，并为国内同类气田的开发提供方法借鉴。

关键词：塔里木盆地；库车坳陷；深层气田；裂缝；水侵；开发对策

近年来，随着中国对油气能源需求的增长以及中浅层油气勘探开发程度的日益成熟，中浅层新的勘探发现难度越来越大，深层甚至超深层领域逐渐成为油气勘探开发的重点和热点[1-6]。特别是伴随着深层油气勘探理论和工程技术的进步，更加速了深层油气资源向产能转化的进程。目前，在塔里木盆地库车坳陷深层碎屑岩和塔中碳酸盐岩[5]、四川盆地川中深层碳酸盐岩[6]等领域，均取得了重要的勘探突破和规模开发，成为盆地未来油气增储上产的主战场。

塔里木盆地库车坳陷深层—超深层碎屑岩领域是中国乃至世界上都罕见的大型陆相碎屑岩气田群，继克拉2气田（埋深3500~4100m）发现及成功开发后[7]，近年来在库车坳陷超深层（埋深大于4500m）又相继发现和开发了大北、克深、博孜等系列气田[8]，目前已有13个气田陆续投入开发和试采，累计探明天然气地质储量近万亿立方米[9]，建成天然气产能规模近$150 \times 10^8 m^3$，成为塔里木盆地天然气开发的主要领域，也是"西气东输工程"的主力气源。

库车坳陷深层气田群主要含气层系为白垩系巴什基奇克组，气藏埋深跨度大（除了克拉2气田外，埋深超过了4500m）、高温超高压、储层厚、区块间裂缝发育差异大[10,11]、边底水普遍存在、气水关系复杂[12]。气田投入开发2~3年后，构造低部位、高部位气井不同程度产水，气井见水后产能快速下降，导致储量动用不均衡，部分气田开发指标达不到方案设计要求，严重制约气田开发效果，亟需开展水侵动态评价与控水开发对策研究。前人研究多集中在深层气田成藏机理、储层致密成因、裂缝分布及定量描述、气水分布影响因素等[10-18]地质研究方面，对气田开发研究的文章相对较少[19-23],且主要针对单个气田的产能和水侵动态研究,而对库车坳陷气田群水侵特征的差异性尚未开展系统研究。文章以塔里木盆地库车坳陷深层气田群为主要研究对象,基于气田群内部不同气田储层、裂缝及气水分布的特点,通过静态气水分布描述、微观水侵机理与动态水侵评价研究相结合,针对性提出控水开发技术对策,为塔里木库车坳陷深层气田群的高效开发和调整提供技术支撑,并为国内同类气田的科学开发提供方法借鉴。

1 库车坳陷深层气田群地质特征

1.1 地质概况

库车坳陷位于塔里木盆地北部,南天山褶皱带的南缘,南为塔北隆起,东起阳霞凹陷,西至乌什凹陷,以中—新生代沉积为主,整体呈北东东向展布,面积约为 $3.7×10^4 km^2$。库车坳陷可进一步划分为克拉苏构造带、依奇克里克构造带和秋里塔格构造带,以及北部单斜带和南部斜坡带等次级构造单元[12]。近年来发现的库车坳陷深层气田群主要分布在克拉苏构造带,该带为天山南麓第一排冲断构造,依据主控断裂构造特征的不同,由北向南划分为克拉区带和克深区带。其中克深区带自西向东按构造特征又被细分阿瓦特段、博孜段、大北段及克深段,由北向南被克拉苏断裂派生的多条次级逆断裂切割成 6~7 排构造,形成大范围的冲断叠瓦构造,加之上覆区域性膏盐盖层的有效封堵[13,14],形成了克拉、克深、大北、博孜等呈东西向排列的多个深层大气田(图1)。

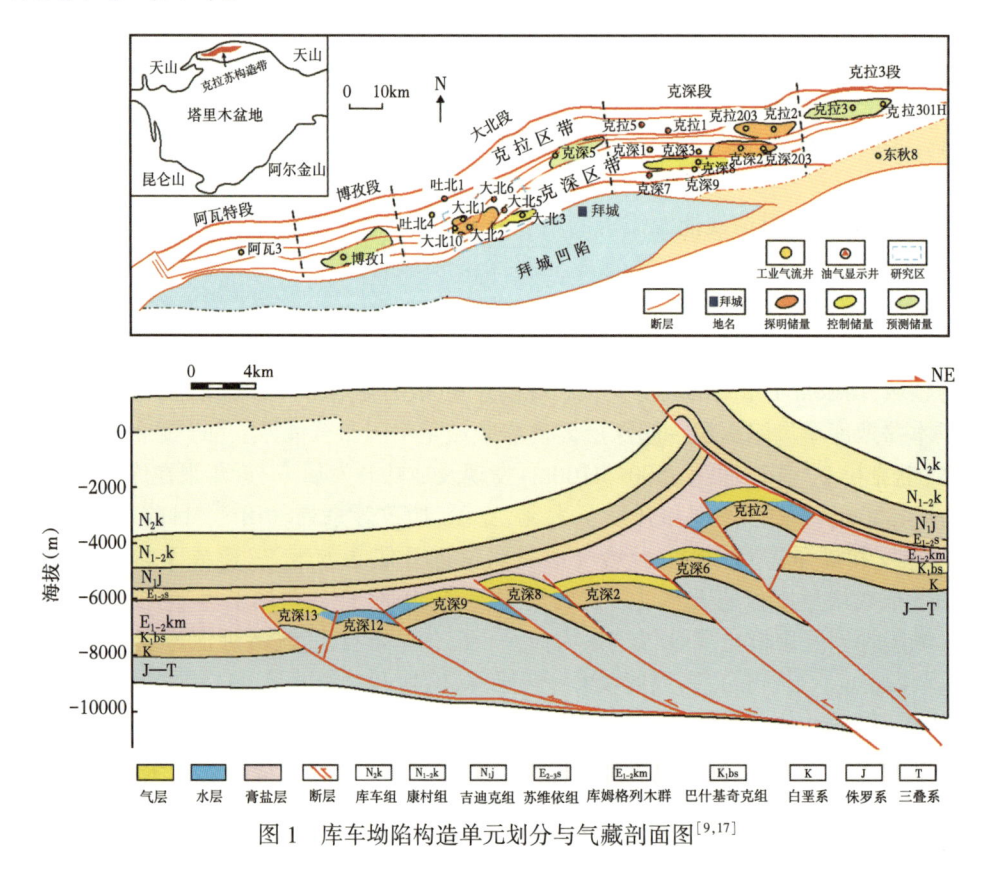

图 1 库车坳陷构造单元划分与气藏剖面图[9,17]

1.2 基本地质特征

库车坳陷深层气田群主要含气层系为白垩系巴什基奇克组,该组自上而下发育3个岩性段,第一岩性段(巴一段)遭受不同程度的剥蚀,与上覆古近系库姆格列木群膏盐层呈角度不整合接触,第二(巴二段)、第三岩性段(巴三段)发育较好。巴什基奇克组沉积时期北部南天山存在多个物源出口,物源供应充分,湖盆宽缓,山前由北向南沉积相依次为冲积扇、扇三角洲或辫状和三角洲、滨浅湖[14]。巴三段古气候干旱炎热,盆地高差较大,沉积物快速堆积入湖,在库车坳陷形成扇三角洲沉积,巴一段、巴二段构造互动减弱,地势变平坦,扇三角洲演化为辫状河三角洲。巴什基奇克组砂体垂向上多期切割叠置、横向连片,形成巨厚砂体(300～500m),砂地比高(40%～65%)。

储集层岩性以中砂岩、细砂岩和粉砂岩为主,碎屑颗粒中岩屑、长石含量较高,岩石类型以岩屑砂岩,岩屑长石砂岩和长石岩屑砂岩为主,储集空间以原生粒间孔、粒间溶孔、粒内溶孔为主,微孔隙及微裂缝局部发育(图2)。受埋藏深度、沉积成岩作用及后期构造挤压运动改造程度的不同[10,17],库车坳陷深层气田群储集物性在空间上表现出一定的规律性,即沿克拉苏构造带自东向西、自北向南,随着埋深的增加,储层越致密,从克拉2、大北、克深到博孜气田,由常规储层演变为致密储层,6000m以深埋深基质孔隙度一般在1.5%～8%,空气渗透率0.01～0.2mD(图3)。

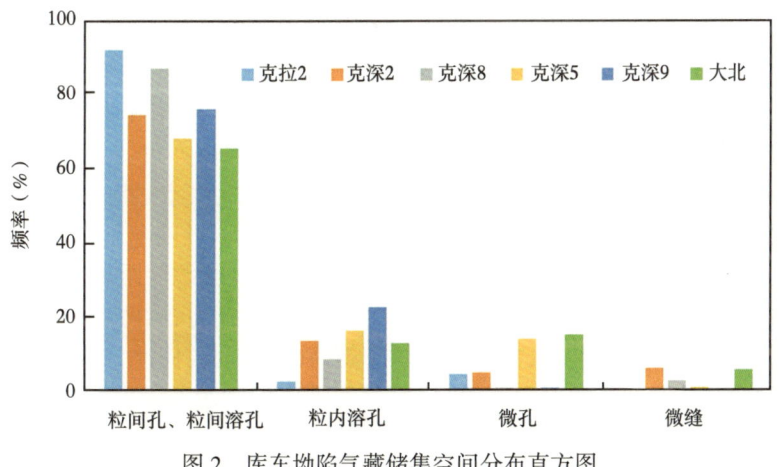

图2 库车坳陷气藏储集空间分布直方图

受强烈的南北两侧及垂向构造挤压作用影响,库车坳陷深层气田群断裂(裂缝)普遍发育,平面上呈"南北分带、东西分段"的特征[10]。"南北分带"即在克拉苏断裂以北的山前带为垂向裂缝强发育带,克拉苏断裂与克深断裂之间为零星裂缝发育带,克深断裂与拜城断裂之间为网状裂缝和高角度裂缝强发育带,拜城断裂以南为零星裂缝发育带,"东西分段"表现为克深段以高角度垂向裂缝为主,大北—博孜段主要发育网状裂缝。相较而言,库车坳陷东部的克拉2气田区内三级断裂更为发育[24],可识别240余条,成为气藏流体流动的"高速通道"。不同级次断裂(裂缝)及其空间组合,是深层气田气井高产的主控因素,同时也是开发过程中水体侵入的主要通道。

图 3 库车坳陷气藏埋深与储层物性分布关系图

2 气水分布及其主控因素

2.1 气水分布主控因素

常规气藏因储层物性好，气藏成藏过程中气驱水较为彻底，气水关系简单，气水分布主要与构造有关，高部位产气低部位产水，试气测试不存在气水同出的现象，通常具有统一的气水界面。致密砂岩气藏由于储层物性致密，多级次孔喉发育不均一，成藏过程中当连续性气柱高度产生的浮力不足以克服毛细管阻力驱替孔隙内可动水时，往往在气顶纯气区下部形成一段含气饱和度向上逐渐升高的气水过渡带[25]，在该带内射孔测试产气一般为气水同出，测井解释及试气结论从下到上依次为含气水层、气水同层、含水气层，气水过渡带下部为纯水区。

气水过渡带在苏里格气田西区[26]、广安须家河组气藏[27]、吐哈盆地巴喀气田[28]等国内多个致密砂岩气藏中均有发育，气水过渡带厚度主要受生烃强度、源储距离、构造幅度、基质物性及裂缝发育程度五大因素控制，其中前三者提供了成藏气柱浮力，后两者决定了成藏毛细管阻力。生烃强度越强、源储距离越近、构造闭合幅度越高，则成藏气柱浮力越大，在储层物性一致且裂缝不发育的情况下，气层相对越发育，气水过渡带厚度则越小甚至消失。相比之下，在成藏气柱浮力一定的前提下，储层物性越致密，孔喉条件越差，则毛细管阻力越大，气水过渡带厚度越厚，而裂缝缝网提供了气驱水的渗流通道，降低了毛细管阻力，缝网发育的地方气水分异一般相对彻底。

苏里格气田西区、须家河组作为"源储共生型"岩性气藏，生烃强度及源储距离控制了气水分布的总体宏观格局，如须家河组须六段气藏因烃源岩厚度较大、生烃强度强，气水分异程度明显好于下伏须四段气藏。塔里木库车坳陷深层气田群作为"源储显著分离型"[12]构造气藏，烃源岩与储层被巨厚隔层分隔开距离较远，生烃强度、源储距离对气水分布影响可以忽略不计，且考虑构造幅度一般都为数百米甚至上千米，构造幅度基本一致，所以控制深层气田群气水分布的主控因素主要为基质物性与裂缝发育程度。

2.2 气水分布模式及特征

依据"储层基质物性、裂缝缝网发育程度、气水分布特征"的不同，将深层气田气水分布模式划分为薄气水过渡带型和厚气水过渡带型两大类,其中薄气水过渡带型可进一步细分为基质物性好型和裂缝特别发育型两个亚类(图4)。

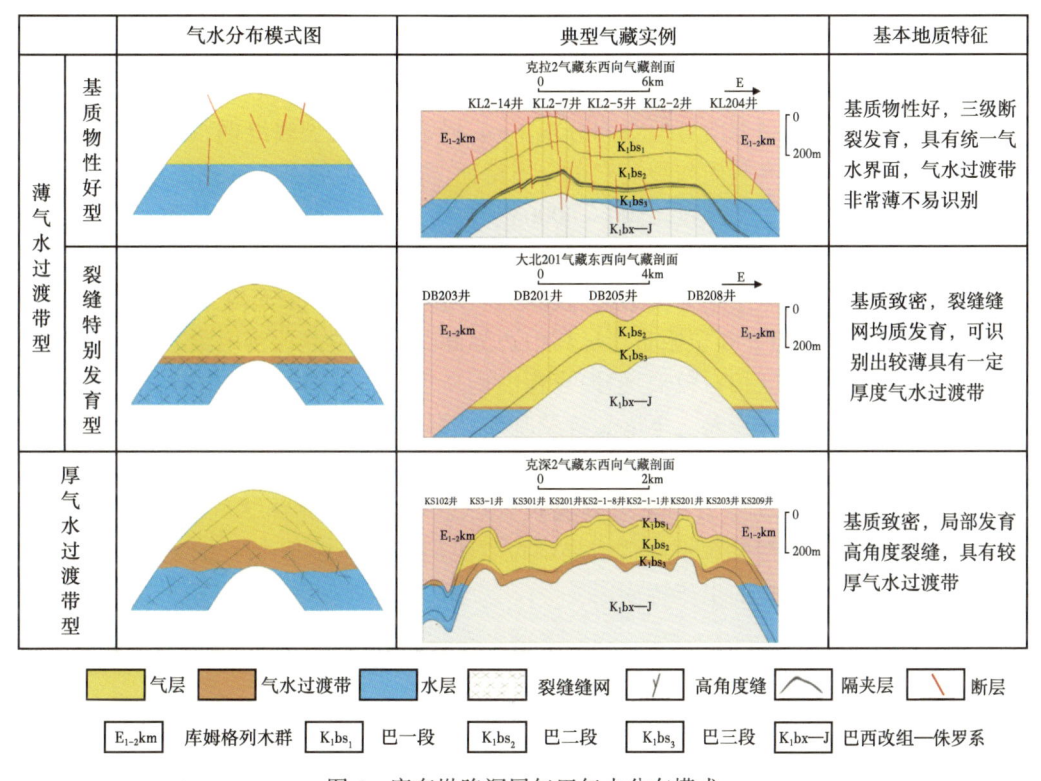

图 4 库车坳陷深层气田气水分布模式

2.2.1 薄气水过渡带型

(1)基质物性好型:气藏储层物性好,裂缝基本不发育或呈零星分布状态,不构成裂缝网络体系,裂缝的存在主要起到改善局部储层物性的作用,基质孔隙仍然是流体渗流的主要通道,试井曲线表现为单孔单渗孔隙型均质储层特征,气藏类型属孔隙型气藏。典型代表气藏为克拉2气藏,气藏埋藏深度3500~4100m,平均孔隙度为12.44%,平均渗透率为49.42mD,为中孔中渗储层,储集空间以粒间溶孔和残余原生粒间孔为主,裂缝少量发育,岩心及成像测井统计裂缝密度小于0.05条/m,且裂缝多被膏泥质或云质充填—半充填。该类气藏成藏过程中因储层物性较好,气驱水较充分,气水正常分异,气水过渡带厚度一般较薄。在不同开发阶段评价的该类气藏动静态储量基本一致,气井稳产时间较长,见水时间较晚,后期水侵主要因为次级断裂沟通边底水所致。

(2)裂缝特别发育型:气藏储层基质致密,但裂缝比较发育,多级次裂缝组合形成裂缝缝网体系,空间上分布相对均匀,流体渗流具有基质与裂缝双重介质特征,气藏类型属裂缝—孔隙型气藏。典型代表气藏如大北201气藏,埋深5500~6500m,平均孔隙度为7.3%,基质平均渗透率为0.08mD,为致密储层,储集空间为多类型、多级次裂缝—孔隙复合空间,高角度构造缝裂缝缝网发育,岩心及成像测井统计裂缝密度1.67~16.67条/m。该类气藏成藏过程中因均质裂缝系统的存在,水体驱替相对较为彻底,往往形成统一的气水界面或较薄的气水过渡带,厚度一般在米至十米级。该类气藏在不同开发阶段评价的动静态储量相差不大,误差基本在10%以内。该类型气藏生产过程中不存在高部位出水的情况,裂缝发育均质,一般不存在裂缝形成的水侵高速通道。

2.2.2 厚气水过渡带型

气藏储层基质致密,裂缝发育但空间分布不均,局部可形成裂缝缝网,裂缝发育的非均质性较强,流体渗流同样具有基质与裂缝双重介质特征,气藏类型属裂缝—孔隙型气藏。典型代表气藏如克深2气藏,埋藏深度6500~8000m,平均孔隙度为4.4%,基质平均渗透率为0.05mD,孔隙类型以粒间溶孔和粒内溶孔为主,裂缝较为发育,岩心及成像测井统计裂缝线密度为2~10条/m,裂缝类型主要为构造缝,且多为高角度半充填—未充填裂缝。平面上裂缝主要分布在构造高部位及边界断层附近[16],其中边界断层附近裂缝线密度最高,其次为次级断层控制区,背斜高点控制区相对较低,但发育程度仍高于其他部位。纵向上裂缝主要分布在目的层中上部,下部裂缝发育较差。下部裂缝及基质孔喉发育的非均质性导致过渡带界面起伏不平,厚度大小不一,过渡带厚度80~200m[9]。气水过渡带认识不清是导致气藏开发不同阶段,尤其是中后期评价的动静态储量差异仍较大的主要原因。克深2气藏动静储量比小于40%,并且该类气藏因裂缝发育不均造成局部位置纵向形成水侵高速通道,导致气井见水早,产量递减严重,稳产期较短的生产特征。

3 水侵动态特征

3.1 微观水侵特征

气藏微观水侵特征受基质物性和裂缝发育程度共同控制,基质致密时,裂缝既是气藏高产的主要因素,也是水侵的主要通道。水侵入裂缝后,边底水会沿断裂、裂缝快速突进,封堵基质中的气相渗流通道,产生"水封气"效应,降低气井产量和气藏采收率[29-32]。微观上天然气主要以绕流封闭气、卡断封闭气和水锁封闭气的形式存在,宏观上表现为水对气的封闭、封隔和水淹3种水侵现象[29]。裂缝性储层发生水窜后,边、底水沿裂缝水侵推进的速度受多种因素影响,水沿裂缝推进过程中与基质的作用机理差异明显。水在基质中呈活塞式推进,水侵前缘推进速度慢;在裂缝中呈快速非均匀突进,水侵速度随裂缝导流能力、水体大小、驱替压差的增加而增大[32]。

库车坳陷深层气田群埋藏深,裂缝不同程度发育,边底水发育,地层高温、超高压条件下渗流机理复杂,常规物模实验方法很难揭示气水两相渗流规律,通过高温、超高压条件下全直径岩心的渗流实验装置,实现了模拟地层条件下(最高温度为160℃、最高压力为116MPa)的水驱气相渗模拟实验[30]。选取库车坳陷深层气田具有代表性的全直径致密岩心,经人工造缝处理,进行无裂缝、有微裂缝和有大裂缝的岩心相渗实验:基质无裂缝岩心(#1)、含有微裂缝岩心(#2)、含有大裂缝岩心(#3),其中#1、#2直接选取,#3需要进行人工造缝。实验结果表明,带裂缝的岩心在地层条件下驱替效率较低,见水后气相相对渗透率急剧下降,且含大裂缝的岩心这种特征更加明显(图5),说明裂缝性气藏快速水侵,气井在见水以后产气量会快速下降,从而使累计产气量降低。

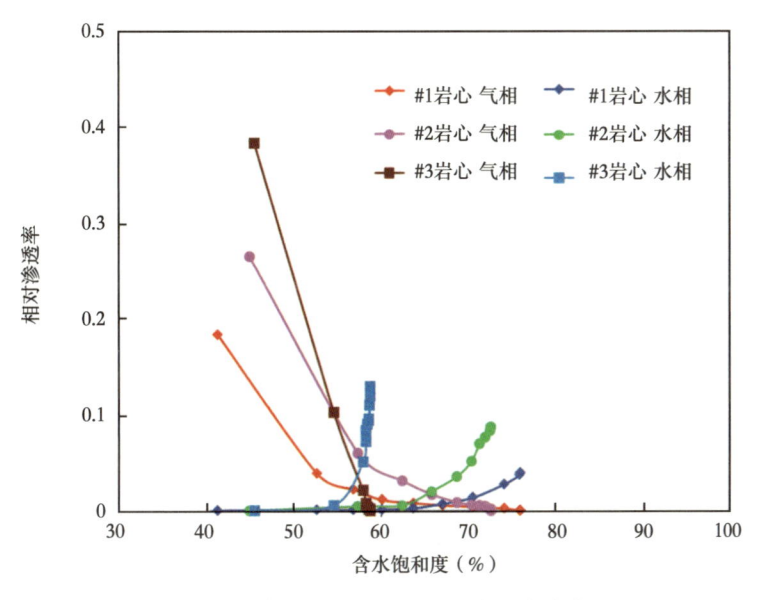

图 5　地层条件下不同岩心的气水相渗曲线图

3.2　水体活跃程度

边底水气藏在一定水体规模条件下,储层物性的差异决定了水从原始水区向原始气区侵入的难易程度,一般用水侵替换系数来表示,它的物理意义是在地层压降条件下,到某一生产时间,天然有效累计水侵量与气藏亏空体积之比,反映了地层水的活跃程度。水体倍数为与气藏连通水体体积与气区孔隙体积之比,反映了气藏周围水体规模的大小。

$$I = \frac{\omega}{R} = \frac{W_e - W_p B_w}{G_p B_{gi}} \tag{1}$$

$$n = \frac{V_{pw}}{G_p B_{gi}/(1 - S_{wi})} \tag{2}$$

基于考虑水侵的高压气藏物质平衡方程[21],评价塔里木库车坳陷深层气田群水侵替换系数普遍小于 0.3(图 6),动态水体倍数 2~3 倍(图 7),属于次活跃水体。但与常规有水气藏不同的是,裂缝性气藏气井生产所形成的压力降首先沿大裂缝传到远处,在大裂缝中形成低能带,如果大裂缝与水体连通则水沿大裂缝迅速到达井底,形成裂缝水窜,严重影响气井生产。因此,即使裂缝性气藏水侵替换系数不高,但不代表水体活跃程度低,边底水对气井生产的影响仍极其严重。

3.3　气藏水侵规律

一般来说,由于储层类型、不同部位裂缝发育程度的差异,气藏水侵活动表现出多种多样的水侵模式,如水锥型、纵窜型、横侵型和复合型等[31]。裂缝性有水气藏大裂缝发育区水侵形式主要表现出"水窜"特征,即生产压差使底水很快沿高渗裂缝窜至局部气井,生产压差越大水窜越快。裂缝性水窜可导致很多气井投产短时间内出现地层水或气水同产,不久就被水淹。

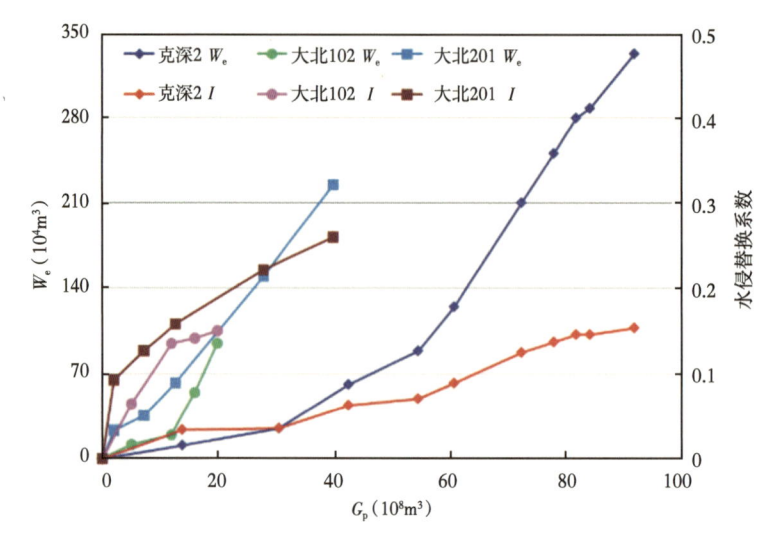

图 6　库车深层气田累计水侵量与水侵替换系数

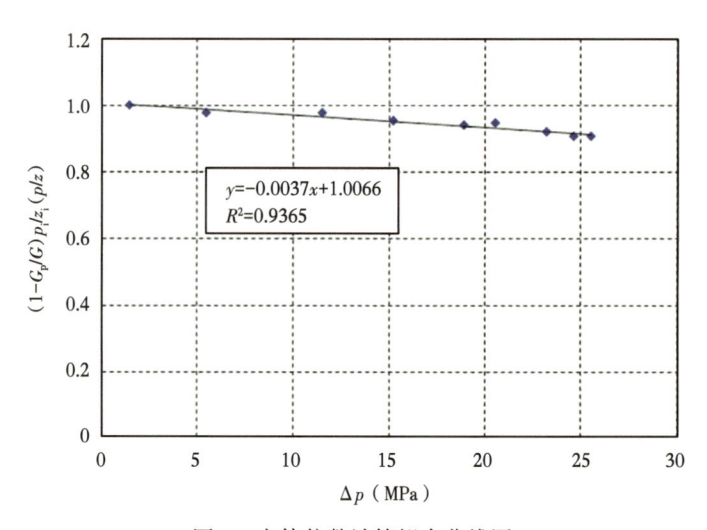

图 7　水体倍数计算拟合曲线图

水侵活跃程度取决于储层裂缝发育程度、边底水水体能量的大小以及气藏配产的高低。库车坳陷深层气田群由于储层基质物性、不同部位裂缝发育程度以及基质与裂缝组合方式的差异,导致气田生产动态与水侵特征明显不同。基于气水分布模式,库车坳陷深层气田群水侵表现为 3 种类型(表 1):边底水整体抬升侵入型、边底水沿微细裂缝带指进型和边底水沿大裂缝锥进型。

(1)边底水整体抬升侵入型:以克拉 2 气田为代表,储层物性较好,裂缝基本不发育,流体主要渗流通道仍是基质孔喉,试井曲线中径向流段导数曲线表现为 0.5 的水平直线,反映出单孔单渗储层特征。边底水整体抬升侵入井筒,构造低部位气井见水后产出液氯离子含量在 $10×10^4$ mg/L 以上,油压快速下降,出水量大,水气比急剧上升,气井暴性水淹,产能下降至 0。

(2)边底水沿微细裂缝带锥进型:以大北气田为代表,储层基质致密,但裂缝比较发育,多级次裂缝组合形成裂缝缝网,试井曲线表现为基质与裂缝双重介质特征。弹性储容比表示裂缝中天然气的储存比例,控制下凹深度;窜流系数表示基质部分采出难易程度,决定了下凹段出现的时间。气藏投入开发2年后,边底水沿微细裂缝带渗入井筒,均匀推进,气井见水后油压基本稳定,气量逐渐下降,水气比较稳定,氯离子含量$(5\sim6)\times10^4$mg/L,可长期带水生产,产能下降30%~50%。

(3)边底水沿大裂缝纵窜型:以克深2气田为代表,储层基质致密,裂缝发育非均质性较强,试井压力曲线表现长期线性流特征,对应导数曲线斜率为1/2,晚期拟径向流不易观测到,反映出双孔单渗大裂缝储层特征。气藏投入开发2年后,边底水沿大裂缝快速窜入井筒,构造低部位及高部位裂缝发育区气井很快见水,油压、气量快速下降,产能下降45%以上。水气比见水初期快速上升,生产一段时间后水气比趋于稳定,氯离子含量$(8\sim10)\times10^4$mg/L,构造高部位气井可长期带水生产。

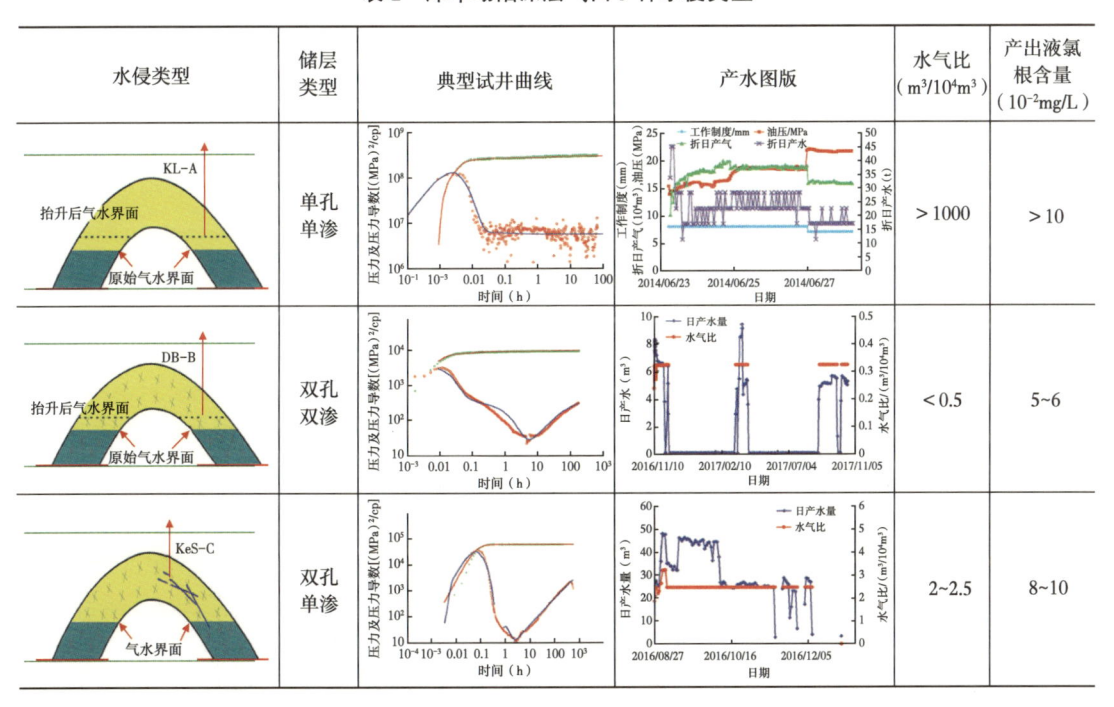

表1 库车坳陷深层气田3种水侵类型

水侵类型	储层类型	典型试井曲线	产水图版	水气比($m^3/10^4m^3$)	产出液氯根含量(10^{-2}mg/L)
KL-A 抬升后气水界面 / 原始气水界面	单孔单渗			>1000	>10
DB-B 抬升后气水界面 / 原始气水界面	双孔双渗			<0.5	5~6
KeS-C 气水界面	双孔单渗			2~2.5	8~10

4 控水开发技术对策

气藏开发过程中如果气井与边底水之间存在裂缝沟通,边、底水会沿裂缝快速向井筒突进,同时水在裂缝运移过程中,储层基质会渗吸一部分水,基质渗吸水后减少或封堵气相渗流通道,从而增加储层基质气相渗流阻力,降低气藏稳产能力和最终采出程度[31,32]。因此,为了延长裂缝性有水气藏无水采气期、提高气藏采收率,需要在气藏开发全生命周期内采取一切防水、控水和排水措施。基于库车坳陷深层气田群不同的基质物性、裂缝发育、气水分布及水侵动态特征,从3个方面提出了深层气田群控水开发技术对策。

4.1 精细化地质研究,构造高部位布井避水,延长气藏无水采气期

库车坳陷深层气田群气藏类型均为边、底水构造气藏,埋藏深到超深,加之顶部巨厚膏盐屏蔽效应,地震资料信噪比低,构造落实难,裂缝分布、水体规模准确预测难度更大。为了有效规避见水风险,提高开发井成功率,在井位部署中逐渐形成了"沿轴线高部位集中布井"的部署思路,即在裂缝发育、远离边、底水的轴线部位集中布井,增加气井避水高度,优化打开程度,有效规避构造偏移风险和水侵风险。两者结合使库车深层气田的钻井成功率由早期的 50% 提高到 100%,产能到位率由 64% 提高到 100%,实现了高效布井。

4.2 差异化气井配产,气藏整体降速控压控水,实现水驱气藏均衡开发

边底水发育对气藏开发具有双重影响,一方面可以弥补因采气过程中压力下降而损耗的地层能量;另一方面由于裂缝的沟通和疏导作用,容易发生快速水侵,严重影响气田开发效果。因此,在气田开发过程中需要在两者之间建立一种动态平衡,合理优化气田采气速度,控制合理压降,延缓水侵速度,实现气田均衡开发。对于克拉 2 型孔隙性气藏,气水分布正常分异,气水过渡带薄,边、底水近似于活塞式水侵,水侵速度缓慢,边底水界面缓慢抬升,通过降低采气速度,回归合理开发制度后,气藏压降趋于平稳,气田生产指标转好(图 8)。对于大北、克深 2 型裂缝—孔隙型气藏,基质致密,具有一定厚度的气水过渡带,裂缝非均匀水侵严重,边底水沿裂缝快速水侵,开发过程中需要根据水侵前缘动态不断优化采气速度,同时考虑裂缝分布、水体能量等因素进行差异化气井配产,实现气井与气藏之间动态均衡开发。构造高部位见水气井按照临界携液流量配产带水生产,降低裂缝水窜风险;无水采气井兼顾气藏采气速度进行合理配产,延长气井无水采气期。

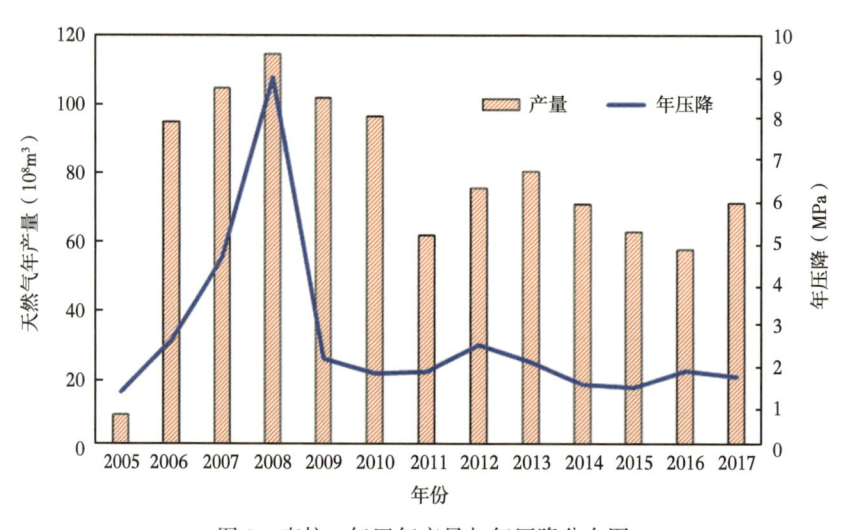

图 8 克拉 2 气田年产量与年压降分布图

4.3 系统化水侵监测,气藏边部水淹井强排,延缓递减提高气藏采收率

对于裂缝性边底水气藏,水侵是其主要开发特征,因此,动态监测是贯穿气藏开发整个生命周期的一项重要工作[33]。加强动态监测,及早制定控排水对策,可以避免气藏大幅度水淹。

前苏联奥伦堡气田岩心一维和三维毛细管渗吸、径向水驱气以及高压水驱气采收率实验表明[33]：封闭气须在发生膨胀且占据50%以上孔隙空间时才能流动。由此得出，气藏部分气井水淹后，继续降压开采，使被水封闭的天然气不断膨胀，冲破水封，进入生产井底。因此，提高有水气藏采收率的方法是从水淹井中强化排水采气，地层能量逐渐消耗后，借助压力差和水在基质孔隙的渗吸驱气作用，使"死气区"的天然气逐渐"复活"释放，能够提高采收率10%～20%。

库车坳陷深层克拉2、大北、克深2气田开发2～3年后，构造边部、低部位气井快速见水。为控制边、底水侵入速度，一方面通过降低气田采气速度，减缓水侵；另一方面采取主动排水措施，利用边部、构造底部位水淹井强排水，降低水区与气区的压力差，从而达到降低水侵量、延缓见水时间、降低废弃压力、提高采收率的目的。克深2区块是目前水侵最严重的气田，产能下降幅度大。通过数值模拟优化设计了综合治水方案，与见水关井相比，通过利用边部位老井排水（合计日排水600m³），高部位井见水时间延缓明显（推迟2～3.6年），采收率由29.22%升至43.69%，提升14.47%（图9）。

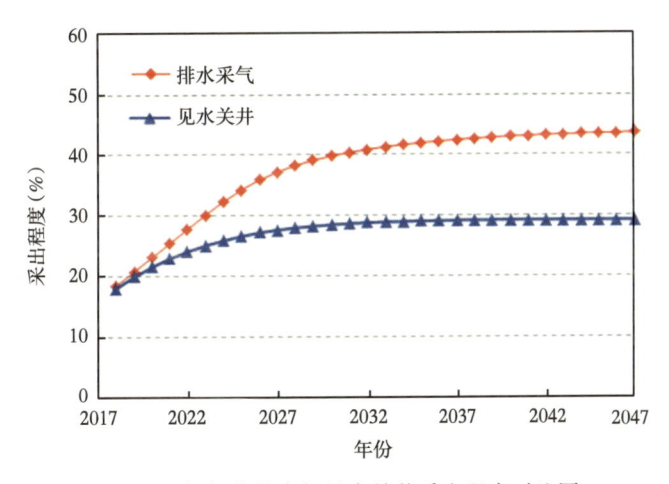

图9 边部气井排水与见水关井采出程度对比图

5 结论

库车深层大气田埋藏深、区块间裂缝发育差异大，气水分布受储层基质物性和裂缝缝网发育程度共同控制，可划分为两大类三亚类气水分布模式：薄气水过渡带型（基质物性好型、裂缝特别发育型）和厚气水过渡带型。基质物性好型薄气水过渡带主要分布在物性好的孔隙性储层，裂缝特别发育型薄气水过渡带型和厚气水过渡带型则主要分布在埋藏6000m以下、基质致密、裂缝发育的裂缝—孔隙性储层。

库车坳陷深层大气田边底水发育，水侵替换系数普遍小于0.3，动态水体倍数2～3倍，整体属于次活跃水体，但是由于裂缝的存在，气藏呈非均匀水侵，气井在见水后产气量快速下降。气水分布及缝网发育程度的差异性，导致深层气田表现为3种水侵类型：边底水整体抬升侵入型、边底水沿微细裂缝带锥进型和边底水沿大裂缝纵窜型。

基于不同的气水分布及水侵特征，提出了3种控水开发技术对策：(1)精细化地质研究，构造高部位布井避水,延长气藏无水采气期;(2)差异化气井配产,气藏整体降速控压控水,实现水驱气藏均衡开发;(3)系统化水侵监测,气藏边部水淹井强排,延缓递减提高气藏采收率。从"构造高部位布井避水、降速控压控水和边部水淹井强排"等方面形成控水开发技术对策,可有效延长气井无水采气期,降低气藏水侵风险,减缓水侵前缘推进速度,同时研发与深层气田相配套的新型排水采气工艺,可进一步提升气田开发效益和最终采收率,实现深层大气田的科学高效均衡开发。

符号注释:

I 为水侵替换系数,无因次;ω 为水侵体积系数,无因次;R 为地质储量的采出程度,小数;W_e 为累计天然水侵量,$10^8 \mathrm{m}^3$;W_p 为累计产水量,$10^8 \mathrm{m}^3$;G_p 为累计产气量,$10^8 \mathrm{m}^3$;B_w 为地层压力下的地层水体积系数,一般可取为 1.0;B_{gi} 为原始地层压力下的气体体积系数,V_{pw} 为水体在地层条件下的体积,$10^8 \mathrm{m}^3$;S_{wi} 为原始含水饱和度,小数。

参 考 文 献

[1] 贾承造,庞雄奇. 深层油气地质理论研究进展与主要发展方向[J]. 石油学报,2015,36(12):1457-1569.

[2] 张光亚,马锋,梁英波,等. 全球深层油气勘探领域及理论技术进展[J]. 石油学报,2015,36(9):1156-1166.

[3] 白国平,曹斌风. 全球深层油气藏及其分布规律[J]. 石油与天然气地质,2014,35(1):19-25.

[4] 冯佳睿,高志勇,崔京钢,等. 深层、超深层碎屑岩储层勘探现状与研究进展[J]. 地球科学进展,2016,31(7):718-736.

[5] 孙龙德,邹才能,朱如凯,等. 中国深层油气形成、分布与潜力分析[J]. 石油勘探与开发,2013,40(6):641-649.

[6] 邹才能,杜金虎,徐春春,等. 四川盆地震旦系—寒武系特大型气田形成分布、资源潜力及勘探发现[J]. 石油勘探与开发,2014,41(3):278-293.

[7] 李保柱,朱忠谦,夏静,等. 克拉2煤成大气田开发模式与开发关键技术[J]. 石油勘探与开发,2009,36(3):392-397.

[8] 杜金虎,王招明,胡素云,等. 库车前陆冲断带深层大气区形成条件与地质特征[J]. 石油勘探与开发,2012,39(4):385-393.

[9] 江同文,孙雄伟. 库车前陆盆地克深气田超深超高压气藏开发认识与技术对策[J]. 天然气工业,2018,38(6):1-8.

[10] 张惠良,张荣虎,杨海军,等. 超深层裂缝—孔隙型致密砂岩储集层表征与评价——以库车前陆盆地克拉苏构造带白垩系巴什基奇克组为例[J]. 石油勘探与开发,2014,41(2):158-167.

[11] 刘春,张荣虎,张惠良,等. 库车前陆冲断带多尺度裂缝成因及其储集意义[J]. 石油勘探与开发,2017,44(3):463-472.

[12] 赵力彬,张同辉,杨学君,等. 塔里木盆地库车坳陷克深区块深层致密砂岩气藏气水分布特征与成因机理[J]. 天然气地球科学,2018,29(4):500-509.

[13] 付晓飞,贾茹,王海学,等. 断层—盖层封闭性定量评价——以塔里木盆地库车坳陷大北—克拉苏构造带为例[J]. 石油勘探与开发,2015,42(3):300-309.

[14] 初广震,石石,邵龙义,等. 库车坳陷克深2气藏与克拉2气田白垩系巴什基奇克组储层地质特征对比研究[J]. 现代地址,2014,28(3):604-610.

[15] 朱光有,张水昌,陈玲,等. 天然气充注成藏与深部砂岩储集层的形成——以塔里木盆地库车坳陷为例

[J]. 石油勘探与开发,2009,36(3):347-357.

[16] 韩登林,李忠,寿建峰. 背斜构造不同部位储集层物性差异——以库车坳陷克拉2气田为例[J]. 石油勘探与开发,2011,38(3):282-286.

[17] 张荣虎,杨海军,王俊鹏,等. 库车坳陷超深层低孔致密砂岩储层形成机制与油气勘探意义[J]. 石油学报,2014,35(6):1057-1069.

[18] 鲁雪松,赵孟军,刘可禹,等. 库车前陆盆地深层高效致密砂岩气藏形成条件与机理[J]. 石油学报,2018,39(4):365-378.

[19] 罗瑞兰,张永忠,刘敏,等. 超深层裂缝性致密砂岩气藏水侵动态特征分析——以库车坳陷克深2气田为例[J]. 浙江科技学院学报,2017,29(5):322-327.

[20] 李保柱,朱玉新,宋文杰,等. 克拉2气田产能预测方程的建立[J]. 石油勘探与开发,2004,31(2):107-111.

[21] 夏静,谢兴礼,冀光,等. 异常高压有水气藏物质平衡方程推导及应用[J]. 石油学报,2007,28(3):96-99.

[22] 李勇,张晶,李保柱,等. 水驱气藏气井见水风险评价新方法[J]. 天然气地球科学,2016,27(1):128-133.

[23] 李勇,李保柱,夏静,等. 有水气藏单井水侵阶段划分新方法[J]. 天然气地球科学,2015,26(10):1951-1955.

[24] 江同文,张辉,王海应,等. 塔里木盆地克拉2气田断裂地质力学活动性对水侵的影响[J]. 天然气地球科学,2017,28(11):1735-1744.

[25] 吴红烛,黄志龙,童传新,等. 气水过渡带和天然气成藏圈闭闭合度下限问题讨论——以莺歌海盆地高温高压带气藏为例[J]. 天然气地球科学,2015,26(12):2304-2314.

[26] 孟德伟,贾爱林,冀光,等. 大型致密砂岩气田气水分布规律及控制因素——以鄂尔多斯盆地苏里格气田西区为例[J]. 石油勘探与开发,2016,43(4):607-635.

[27] 陈涛涛,贾爱林,何东博,等. 川中地区须家河组致密砂岩气藏气水分布规律[J]. 地质科技情报,2014,33(4):66-71.

[28] 王国亭,何东博,程立华,等. 吐哈盆地巴喀气田八道湾组致密砂岩气藏分布特征[J]. 天然气地球科学,2014,33(4):370-376.

[29] 樊怀才,钟兵,李晓平,等. 裂缝型产水气藏水侵机理研究[J]. 天然气地球科学,2012,23(6):1179-1184.

[30] 方建龙,郭平,肖香姣,等. 高温高压致密砂岩储集层气水相渗曲线测试方法[J]. 石油勘探与开发,2015,42(1):84-87.

[31] 冯异勇,贺胜宁. 裂缝性底水气藏气井水侵动态研究[J]. 天然气工业,1998,18(3):40-44.

[32] 胡勇,李熙喆,万玉金,等. 裂缝气藏水侵机理及对开发影响实验研究[J]. 天然气地球科学,2016,27(5):910-917.

[33] 贾爱林,闫海军,郭建林,等. 全球不同类型大型气藏的开发特征及经验[J]. 天然气工业,2014,34(10):33-46.

大型致密砂岩气田有效开发与提高采收率技术对策
——以鄂尔多斯盆地苏里格气田为例

冀 光 贾爱林 孟德伟 郭 智 王国亭 程立华 赵 昕

(中国石油勘探开发研究院)

摘要：以致密气采收率影响因素及储集层地质特征分析为基础，从剩余气成因角度对苏里格气田已开发区致密气剩余储量进行分类，估算不同类型剩余气储量，并提出相应提高采收率技术对策。苏里格气田致密气剩余储量可划分为4类：井网未控制型、水平井漏失型、射孔不完善型和复合砂体内阻流带型，其中，井网未控制型和复合砂体内阻流带型井间未动用剩余气是气田挖潜提高采收率的主体，井网加密调整是主要手段。综合考虑储集层地质特征、生产动态响应和经济效益要求，建立定量地质模型法、动态泄气范围法、产量干扰率法、经济技术指标评价法4种直井井网加密技术，以及直井与水平井联合井网优化设计方法，论证气田富集区在现有经济技术条件下，合理井网密度为4口/km²，可将采收率由当前的32%提高到50%左右。同时针对层间未动用型剩余储量形成老井挖潜、新井工艺技术优化、合理生产制度优化、排水采气、降低废弃产量5种提高采收率配套技术，可在井网加密的基础上再提高采收率5%左右。研究成果为苏里格气田 $230\times10^8\text{m}^3/\text{a}$ 规模长期稳产及长庆气区上产提供了有效的支撑。

关键词：鄂尔多斯盆地；苏里格气田；致密气；剩余储量；井网加密；提高采收率；配套技术

鄂尔多斯盆地苏里格地区的致密砂岩气田是中国致密气的典型代表，储集层非均质性强、物性差、束缚水饱和度大、气体渗流阻力大、气井能量衰竭快、有效波及范围小、储量动用程度低。苏里格气田发现于1996年，2005年投入开发，目前已经成为中国储量和产量规模最大的天然气田。通过动用富集区，2014年底建成 $250\times10^8\text{m}^3/\text{a}$ 生产能力，年产量达到 $230\times10^8\text{m}^3$。富集区一般是指储量丰度大于 $1.5\times10^8\text{m}^3/\text{km}^2$、储量集中度相对较高、单井最终累计产量大于 $2000\times10^4\text{m}^3$ 的优质储量区。苏里格气田从2015年开始进入稳产阶段，按照开发规划将持续稳产20年以上。不同于常规气藏的气井生产特征，致密气单井基本没有稳产期，需要通过不断地投入新井弥补递减以保持气田长期稳产。通常维持该类气田稳产有两条途径，一是依靠新区块产能建设进行接替稳产，二是在已开发富集区通过井网加密提高储量动用程度和采收率实现接替稳产。从苏里格气田开发现状来看，大部分未动用区块由于储量丰度较低或可动水饱和度大，气井产量普遍低于富集区的加密井，因此富集区提高采收率作为气田稳产的技术手段更为经济可行，而未动用区块开发可作为长期稳产的资源储备。

国内外开发实践表明，井网加密是致密气提高采收率的有效手段之一。关于适宜井网密度的分析，前期侧重于井网与储集层分布的匹配，追求每个有效砂体仅被1口井控制，尽量避免干扰，保证Ⅰ+Ⅱ类井的比例和单井开发效益，设计的井网为最优技术井网，井网密度应该控制在3口/km²以内[1]；目前为了气田最大限度的有效开发及提高采收率，在经济条件允许的范围内接受一定程度的井间干扰，开展了最优经济井网设计，提出了定量地质模型法、动态泄气范围法、产量干扰率法及经济技术指标评价法4种井网密度论证方法,经过循序渐进的详细论证认为气田富集区可由600m×800m骨架井网整体加密至4口/km²的井网密度,采收率可由32%提升至约50%。另外,直井侧钻、重复压裂、排水采气等综合配套措施也可在一定程度上挖潜老井产能,提高采收率约5%。本文围绕致密气田富集区提高采收率的生产需求,详细论述采收率影响因素、剩余储量描述、井网井型优化和提高采收率配套措施等方面的研究成果。

1 致密气储集层基本地质特征

苏里格气田位于鄂尔多斯盆地伊陕斜坡的西北侧,主要产层为二叠系盒8段和山1段。主体沉积环境为陆相辫状河沉积,在宽缓的构造背景下,河道多期改道、叠置,形成几千至上万平方千米的大规模砂岩区,呈片状连续分布。经过强烈的压实和胶结等成岩作用形成致密储集层,孔隙类型以次生孔隙为主。在普遍低渗透—致密砂岩背景下,孔渗值相对高且含气性好的砂体为"有效砂体",是探明储量计算的主体对象和产能主要贡献者。不同于砂体的大规模连续分布,有效砂体发育规模小,在空间上呈多层透镜状分布,与连片的致密砂体呈"砂包砂"二元结构。

致密气储集层孔喉结构复杂,物性差,气体充注程度低,含水饱和度相对较大。苏里格气田的平均含水饱和度约40%,地层水以自由水、滞留水和束缚水的状态赋存在致密气储集层中。除苏里格西区和东区北部外,自由水比例普遍较低,气田主体区块地层水主要为滞留水和束缚水,与天然气同存共储形成气水同层或含气水层,与常规气藏"上气下水"的气水分异现象不同。在生产过程中,致密气井产水是较普遍的现象,由于近井带地层能量下降快,气井产量低,携液能力差,不采取井筒排水措施时井底易快速积液,形成天然气滞留。

2 致密气采收率影响因素

从宏观有效砂体规模尺度与井网匹配关系和微观孔隙结构与流体渗流特征对气井生产的影响两个方面,可将致密气采收率影响因素归结为3个:(1)储集层非均质性:储集层非均质性强,含气砂体连续性和连通性差,开发井网对储量的控制程度不足。(2)储集层渗透率:储集层致密,孔隙连通性差,渗流能力弱。(3)气水两相流:储集层中存在气、水两相流,渗流阻力大,气井产量低,携液能力弱,井筒积液导致气井废弃压力升高。

2.1 储集层非均质性

苏里格致密气储集层沉积环境主要为陆相河流沉积体系,水动力条件变化大,单期河道规模小[2],叠置样式复杂,有效砂体多分布在河道底部与心滩中下部等粗砂岩相内,与基质砂体呈现"砂包砂"的二元结构。气田约80%的有效砂体为单期孤立型,且规模变化较大[3],厚度1~10m,主体分布范围1.5~5.0m,长度和宽度范围均在50~1000m。气藏工程方法拟合计算表明,单井控制泄流面积主体分布在0.15~0.30km²,明显小于当前苏里格气田600m×800m井网下单井的控制面积0.48km²,可见开发井网对储量的控制程度不足。

多期次辫状河河道频繁迁移使含气砂体多以较小规模分布在垂向多个层段中[4],横向切割和垂向加积叠置形成较大的复合有效砂体,其内部通常具有较强的非均质性[5],其中水动力条件减弱时沉积下来的致密细粒或者泥质隔夹层成为"阻流带"阻断流体渗流通道,导致复合有效砂体内储量难以充分动用,降低气藏采收率。根据现代辫状河(永定河)的野外露头解剖,顺流沉积剖面上,在心滩上部及辫状河道与心滩交接处发育多个落淤夹层[6],因此,致密气储集层采用单井高产的技术井网很难充分控制含气砂体[7-10],采收率往往较低。

2.2 储集层渗透率

致密气储集层具有低孔隙度、低渗透率的物性特征,压力传导能力要远弱于常规气藏,流体—岩石的吸附作用导致储集层存在启动压力,在生产压差小、流速低的条件下,天然气无法克服启动压力梯度流向井筒,导致致密气井完钻后几乎没有自然产能。致密气井获得工业气流必须经过储集层压裂改造,通过压裂缝网与近井带储集层沟通,提高储集层渗透率,以增加储集层动用程度和单井产量,实现效益开发。但由于储集层改造规模有限,致密气储集层采收率相比于常规气藏仍较低。

2.3 气水两相流

在岩石孔隙介质中,由于岩石润湿性和毛细管压力作用[11,12],水体优先占据小孔喉和孔隙壁面;气体在含水孔隙中流动时,首先流入大孔隙,随流动压差的增大,逐渐驱动小尺寸喉道的水或将孔隙壁面的水膜驱薄。岩心中的含水饱和度随气体的流动而变化。在低流速时,随压差的增大,气体流量呈非线性增长,气体前缘呈跳跃式前行,且易被水卡断。因此,气体在含水孔隙中流动时,也需要一定的启动压力(临界流动压力);孔隙中含水饱和度越高,气体流动的启动压力越大。

岩心样品气体流动压差与流量关系如图1所示,通过数据拟合可以求出不同初始含水饱和度岩样的启动压力。初始含水饱和度为66.34%、52.69%和39.96%的岩样启动压力分别为0.08640、0.00973、0.00239MPa。启动压力与岩心长度(4.5m)的比值为该岩心的启动压力梯度,分别为0.01920、0.00210、0.00053MPa/m,随着含水饱和度的降低,启动压力和启动压力梯度均减小(表1)。对于地层水活跃或者含水饱和度较高的储集层,受产水影响,气相渗流阻力增大,当产量减小到无法携液生产,井筒开始积液,产量进一步降低,进入恶性循环,必须及时开展排水采气措施以防气井水淹停产。井筒积液将造成气井废弃压力升高,降低采收率,同时排水采气的实施将增加开采成本,降低经济效益。

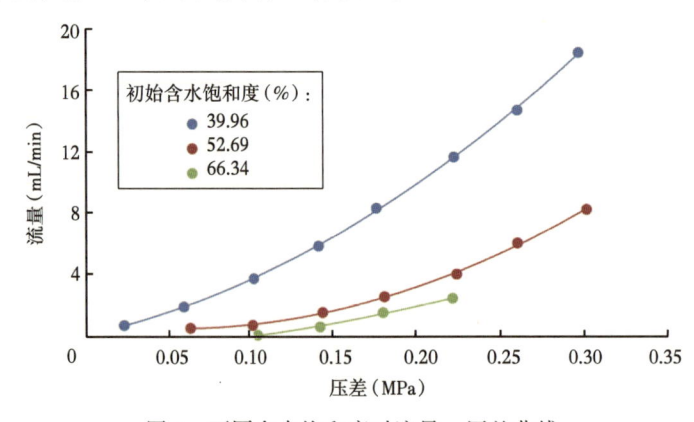

图1 不同含水饱和度时流量—压差曲线

表 1　不同含水饱和度下启动压力梯度数据表

含水饱和度 （%）	平均渗透率 （mD）	渗透率倒数 （mD^{-1}）	启动压力 （MPa）	启动压力梯度 （MPa/m）
66.34	0.3152	3.173	0.08640	0.01920
52.69	0.4560	2.193	0.00973	0.00210
39.96	0.6240	1.603	0.00239	0.00053

3　致密气田已开发区剩余储量评价

由于致密砂岩气储集层的特殊结构，以追求直井产量最大化为目标的技术井网很难充分控制不同尺度的含气砂体，造成储量动用不彻底。开发实践证明，当前苏里格气田 600m×800m 的主体开发技术井网仅能控制主力含气砂体，较小尺度含气砂体难以控制，形成井间和层间剩余储量。应用地质、地球物理、气藏工程等方法，对区块、井间、层位逐级开展剩余储量精细解剖与分析，结合采气工艺技术，可将已开发区剩余储量归纳为4种类型：井网未控制型、复合砂体内阻流带型、射孔不完善型和水平井漏失型（图2）。

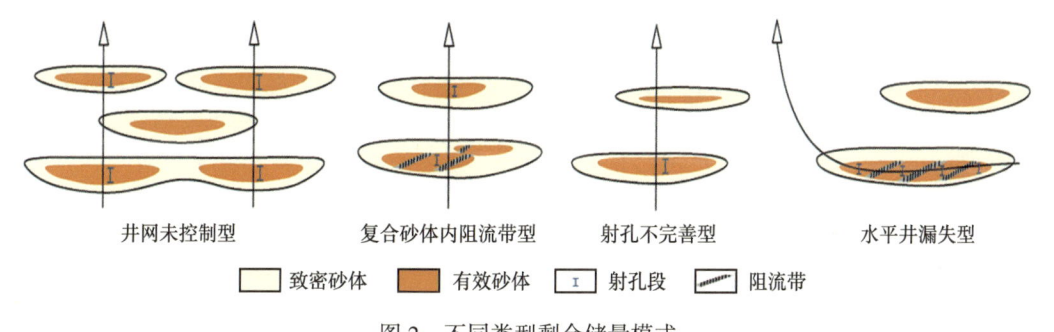

图 2　不同类型剩余储量模式

3.1　井网未控制型

苏里格气田致密气储集层有效砂体规模小，横向连通性差，发育频率低，空间上以孤立分布为主。气田开发早期确定了 600m×1200m 井网，与常规气藏 1~3km 的井距相比，井网密度较大。随着对气田开发的深入，2010 年以后将主体开发井网由早期的 600m×1200m 调整为 600m×800m，井网密度由 1.4 口/km^2 调整为 2 口/km^2，储量动用程度大幅提升，但仍无法充分控制含气砂体。按单井最终累计产量 2400×10^{4}m^3 及储量丰度 1.5×10^{8}m^3/km^2 计算，目前采收率仅为 32%。井网未控制型剩余储量占剩余气总储量的 50%~60%，为剩余气挖潜的主体。

3.2　复合砂体内阻流带型

水平井轨迹地质剖面显示复合砂体内部不连通，发育多个"阻流带"，垂直水流方向展布，宽度 10~30m，间隔 50~150m。试气资料表明直井在砂体范围内存在流动边界，证实"阻流带"可影响复合砂体渗流能力和直井储量动用程度，形成一定规模的剩余气。复合砂体内阻流带型剩余储量占气田总剩余储量的 25%。水平井多段压裂后可克服阻流带的影响。

3.3 射孔不完善型

有效砂体根据物性及含气性差异可分为差气层及纯气层两种类型。差气层与纯气层相比,有效砂体厚度薄,为 1~3m;物性差,孔隙度 5%~7%,覆压渗透率 0.01~0.10mD;含气饱和度小,为 45%~55%;含水饱和度大于 45%,储集层内气体相对渗透率低,流动性差。受开发早期直井分层压裂技术限制,部分差气层射孔不完善或压裂改造不完善形成了剩余气。根据苏里格气田 1200 口井的钻井及测井数据,统计单井钻遇有效砂体的个数及各有效砂体的厚度、孔隙度、含气饱和度等参数,筛选出射孔不完善层,结合宽厚比及长宽比等地质参数,可估算射孔不完善型储集层中的储量及剩余储量占比。统计结果表明,井均射孔不完善型剩余储量占井均控制储量的 14%。该类剩余储量主要分布于早期投产的少量开发井和评价井,2008 年起由于分层压裂技术的进步,基本不再产生该类剩余储量。因此,该类剩余储量可作为有针对性的单井挖潜目标,对于气藏整体采收率的提高幅度不大。

3.4 水平井漏失型

苏里格致密气储集层多层段含气,主力层盒 8 段、山 1 段储量占地质储量的 80% 左右。水平井通过增加与储集层的接触面积,利用多段压裂改造突破阻流带的限制,提升主力层段的储量动用程度。但多层含气的地质特点造成了水平井将不可避免地遗漏纵向上部分层段的储量。据 1300 余口实钻水平井钻遇有效储集层统计,水平井可控制区域地质储量的 60%~70%,约 30%~40% 形成剩余储量。单井控制面积按约 $1km^2$ 测算,水平井漏失型剩余储量总量为 $(600~800)\times10^8m^3$,剩余储量平均丰度 $0.5\times10^8m^3/km^2$,挖潜措施的经济效益难以保证。

4 致密气储集层提高采收率主体技术

将苏里格气田不同区块地质储量与完钻井累计的动用储量相减,得到气田剩余储量。根据 39 条气藏连井剖面解剖分析,计算各类剩余储量,继而可得各类剩余储量占剩余总储量的比例。开发井网未控制的孤立含气砂体和复合砂体内阻流带控制的滞留气,本质原因均是井网不能满足控制储量的要求,因此将两者统一划归为井间未动用型剩余储量;直井射孔不完善与水平井漏失型均源于纵向层间遗留,统一划归为层间未动用型剩余储量。其中,井间未动用型剩余储量占 82%,层间未动用型剩余储量占 18%(表2)。因此,井网加密优化提高井间剩余储量动用程度是提高采收率的主体技术,分为直井井网加密和直井与水平井联合井网技术。

表 2 苏里格气田中区富集区剩余储量分类占比统计表

剩余储量类型	成因类型	比例(%)
层间未动用型	直井射孔不完善遗留的薄层或含气层	9
	水平井控制区内遗留的非主力层	9
井间未动用型	开发井网未控制的孤立含气砂体	57
	复合砂体内阻流带控制的滞留气	25

4.1 直井井网加密提高采收率技术

直井井网加密适用于多个气层分散分布的区块,核心是确定经济有效的井网密度,并优化井网几何形态。致密砂岩气储集层具有广覆式生烃、连续型成藏的特点,含气面积大,物性差,储集层结构微观上表现出极强的非均质性。笔者团队长期致力于致密气稳产与提高采收率研究,前期认识主要包括:在储集体地质评价方面不仅要研究储量规模,还要分析储集层空间分布结构及含气性对产量的影响[1];在加密指标方面要优选、综合多参数,明确科学的加密原则,建立系统的评价指标体系[13]。前期研究的特点之一是分储量类型开展井网加密,不同的储量类型对应不同的井网密度。

近年来随着开发程度的深入,对气田的认识也在不断深化,甚至与前期产生了较大的改变:利用多个孤立砂体在纵向上多期叠置的地质特征,可将储集层微观结构上的强非均质性等效成富集区储集层宏观分布上的均质性,大量生产井表现出的"井井不落空,井井难高产"特性可证明这一观点。基于此开发理念,首先通过地震资料解释和沉积相带约束落实富集区分布,将富集区看成相对均质的整体,通过"工厂化作业"大规模布井、一次井网成型,无须额外优选井位,节约钻井施工成本,降低后期管理难度,提升开发效益。2008—2015 年,苏里格气田在苏6、苏14、苏36-11 等富集区开展了 8 个密井网区的生产试验,为井网加密分析提供了资料。不分储量类型进行加密研究的另一优点是,数据分析样本大幅增加(以往 8 个密井网区被分成了 5 类储量),研究的可靠性和准确性得到了提升。

在前期研究成果的基础上,经过进一步的梳理、总结、提炼,建立了定量地质模型法、动态泄气范围法、产量干扰率法及经济技术指标评价法 4 种井网密度论证方法。4 种方法考虑因素依次增多,限制条件不断增强,综合研究表明苏里格大型致密砂岩气田富集区可整体加密至 4 口/km^2。与前期研究成果相比,本次取得的进展主要表现在:(1)结合产量干扰率分析,形成了采收率随井网密度变化的 4 个阶段,并确定了各阶段对应的井网密度;(2)深化了单井最终累计产量、加密井增产气量、井网加密的理论内涵,将原有的概念模型逐步定量化、具体化,在现场具备了更强的应用价值;(3)紧随致密气开发形势,加强了经济方面的评价,面对致密气内部收益率标准由 12% 下调至 8% 的现状,探讨了不同气价条件下的适宜井网密度。

4.1.1 定量地质模型法

定量地质模型法的核心是确定有效单砂体的规模尺度、分布频率,根据有效单砂体的主体规模尺度(厚度、宽度、长度等)评价当前井网有效控制的砂体级别及储量动用程度。岩心精细描述是有效单砂体厚度分析的重要手段,在岩电关系标定的基础上,结合测井资料对非取心井进行有效单砂体厚度解剖。分析表明,苏里格气田孤立型有效单砂体厚度主要为 1.5~5.0 m。有效单砂体宽度、长度规模分析可通过密井网解剖进行,或根据野外露头观测和沉积物理模拟统计相应沉积环境下沉积体的宽厚比和长宽比,结合砂体厚度计算有效砂体长度和宽度。研究表明鄂尔多斯盆地二叠系盒 8 段、山 1 段心滩、河道充填宽厚比为 50~120,长宽比为 1.2~4.0;苏里格气田孤立型有效单砂体主要宽度为 200~500 m,分布占比 65%;主要长度为 300~700 m,占比 69%(图3)。气田有效单砂体展布面积主要为 0.08~0.32 km^2,平均为 0.24 km^2。根据储量丰度与有效单砂体平均规模折算,1 km^2 地层内平均发育有效砂体 20~30 个。80%的有效砂体呈孤立状分布,规模小,平均尺寸小于 400 m×600 m;20%呈垂向叠置、侧向搭接,规模较大,储量占总储量的 45%。

在当前 600 m×800 m 主体开发井网下,气井覆盖的开发面积为 0.48 km^2,是有效单砂体平均规模的 2 倍,井间遗漏大量有效砂体,因此储量动用程度较低。根据定量地质模型法分析,井网密度需要达到 4 口/km²（0.24km² 的倒数）。

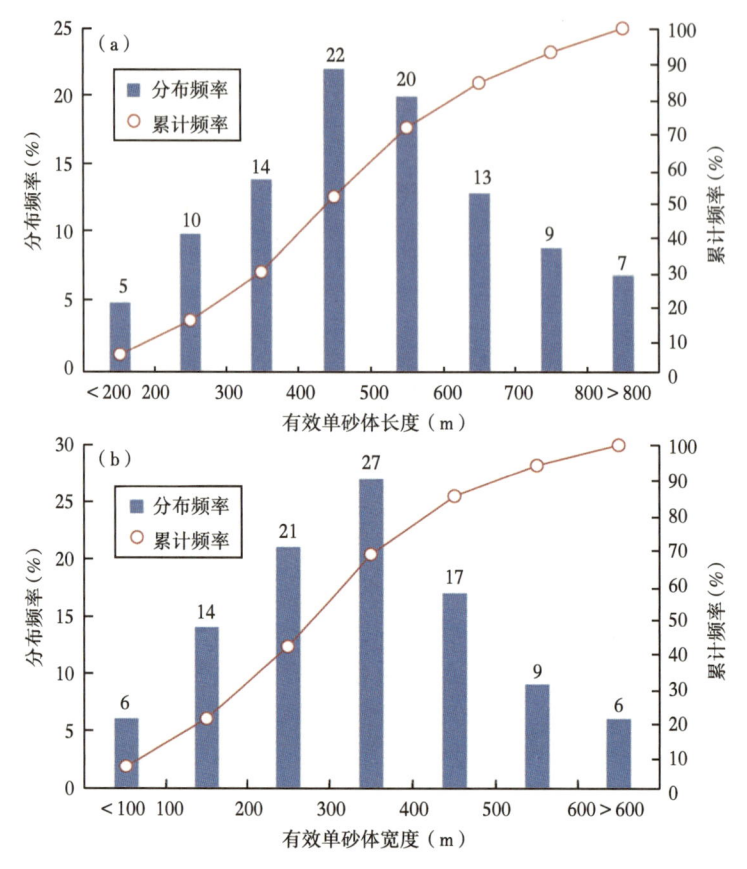

图 3　苏里格气田有效单砂体宽度与长度分布频率

4.1.2　动态泄气范围法

低流速下致密气启动压力的存在使气井的无阻流量变小、气藏的废弃压力升高,采收率降低。前人通过岩心实验分析,根据启动压力梯度和地层渗透率的关系,测算了合理井距[14]：在原始地层压力为 40MPa、地层渗透率为 0.1mD 时,认为气井最大井距为 88.6m,即气井泄气半径不超过 44.3m。致密气的成功开发离不开储集层改造工艺的进步,致密气储集层也可称为"人工气藏",其储集层渗透率包括基质渗透率及人工渗透率两部分,而人工渗透率的数值及分布是难以准确度量的,这就造成了前人方法得出的合理井距与实际情况差别较大。

开发过程中的压力和产量数据是分析泄气范围的可靠依据。事实上在气井生产过程中,启动压力梯度的存在引起了气井压力和产量的变化。动态泄气范围法通过选取生产时间超过 500 天且基本达到拟稳态的气井,利用压力和产量数据,在综合考虑人工裂缝、储集层物性等参数的基础上拟合确定气井泄压范围、动用储量、气井最终累计产量等重要指标,统计分析气井泄气范围的分布频率,评价当前井网对储量的动用程度。Blasingame 和流动物质平衡等方法拟合计算表明,气田直井泄流面积差异较大,最小不足 0.1km²,最大在 1.0km² 以上,主体分布在 0.1～0.5km²,平均为 0.27km²,与地质分析的结论基本一致,同样反映了现有 600m×

800m骨架井网对储量控制不足。按照泄气范围分析,井网密度需要达到3.7口/km²。实际上,气井泄气范围受储集层规模、储集层叠置样式、阻流带分布、人工裂缝形态等因素影响,一般为不规则的多边形,即井网密度不足3.7口/km²时,井与井的泄气范围已经发生了重合,所以"泄气半径"的提法是不准确的。

4.1.3 产量干扰率法

气田生产现场主要根据干扰试井评价井间距离是否合理。干扰试井通过开关井等方式调节激动井生产制度,跟踪观测井压力和产量的变化,来确定测试井组中是否存在井间干扰现象。气井平均钻遇3~5个有效砂体,通过新井钻遇新储集层的同时,会造成部分规模较大、连通性较好的有效砂体被2口及以上的井控制,提高了干扰井的比例;而此时大部分规模尺度较小的孤立储集层尚未产生干扰。另外,苏里格气田气井采用分压合采、井下节流的采气工艺,但干扰试验难以开展分层产量测试,不能分层系确定井间连通情况。因此,仅依据"干扰井比例"这一参数无法真实揭示气井间产量受影响的程度,在苏里格气田的应用具有明显的局限性。

针对这个问题,提出"产量干扰率"指标,用以定量表征致密气储集层一定区域内井网加密对气井平均产量的影响程度,合理评价井网加密的可行性。产量干扰率定义为一定区域内井网加密前后平均单井累计产量差值与加密前平均单井累计产量的比值。

$$I_R = \frac{\Delta Q}{Q} \tag{1}$$

式中 I_R——产量干扰率,%;

ΔQ——加密前后平均单井累计产量差,$10^4 m^3$;

Q——加密前平均单井累计产量,$10^4 m^3$。

气田42个井组的干扰试验表明,当井网密度达到4口/km²,约60%的气井产生了干扰,按照原有的观念认为干扰严重,而产量干扰率仅为20%~30%,反映出实际上干扰轻微。通过选取典型区块,结合地质建模与数值模拟的方法,研究苏里格致密气储集层储量丰度、井网密度与产量干扰率三者之间的关系(图4)。结果显示,产量干扰率随井网密度的增加而增大,井网

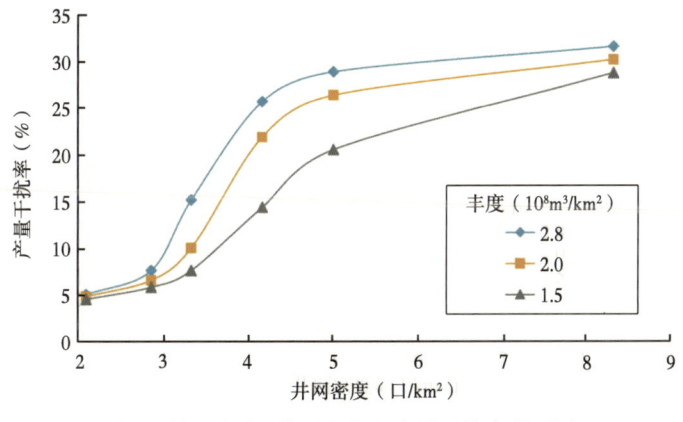

图4 储量丰度、井网密度和产量干扰率关系图

密度在 2.5~4.5 口/km² 时,产量干扰率增速较快,反映出大部分气井的泄气范围为 0.22~0.40km²,验证了前文的结论;当井网密度达到 4.5 口/km² 以后,产量干扰率增幅变慢。通常区块的平均储量丰度越大,储集层发育个数和累计厚度越大,井间连续性越强,越容易产生干扰,越早出现拐点。苏里格气田富集区平均储量丰度为 $1.5\times10^8 m^3/km^2$,即苏里格气田井网密度具备加密到 4~5 口/km² 的潜力。

以气田 8 个密井网试验区的实际生产数据为依据,建立了采收率、井均最终累计产量、加密井增产气量等指标随着井网密度变化的关系图版(图5)。加密井增产气量定义为井网密度每增加 1 口/km²,相对于原井网密度下每平方千米的增产气量。笔者认为,"加密井增产气量"比"加密井最终累计产量"更具科学意义:加密井最终累计产量与加密时间有关,加密时间越晚,加密井最终累计产量越低;而加密井增产气产自井间非连通有效储集层,与加密时间无关,与最终采收率关系较为密切。随着井网密度增加,井间从不干扰到干扰,再到干扰程度愈加严重,单井平均累计产量不断降低,采收率增加幅度越来越小,可分为 4 个阶段(图5):阶段Ⅰ,井网密度 0~1.6 口/km²,井间未产生干扰,加密井增产气量等于老井累计产量,采收率随井网密度的增加呈线性增长;阶段Ⅱ,井网密度 1.6~4.5 口/km²,井间产生一定的干扰,加密井增产气量小于老井累计产量,但干扰尚不严重,采收率随着井网密度的增加而提高的幅度较大;阶段Ⅲ,井网密度 4.5~8.4 口/km²,井间干扰逐步增强,加密井增产气量与井均累计产气量的差距不断扩大,采收率随着井网密度的增加而提高的幅度明显降低;阶段Ⅳ,井网密度大于 8.4 口/km²,井网基本将储集层完全控制,加密井很难再钻遇新的储集层,新井增产较低,采收率已达到利用井网加密手段所能达到的极限。根据渗流试验模拟和建模、数值模拟,苏里格致密气田通过井网加密所能达到的技术极限采收率为 63%[15]。

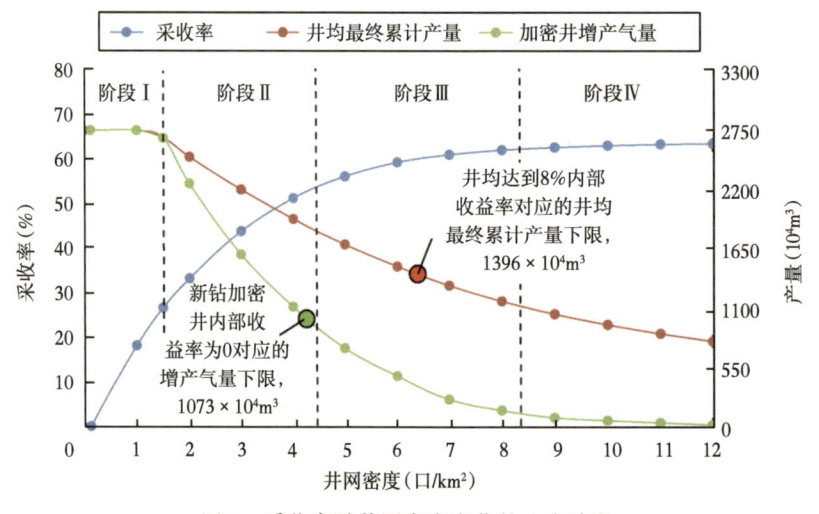

图 5 采收率随井网密度变化的 4 个阶段

4.1.4 经济技术指标评价法

低渗—致密气储集层物性差,有效储集层预测难度大,储集层改造技术工艺要求高、投入大,单井产量低,开发效益差,降低成本、追求经济有效性是致密气储集层开发的关键。前文所述的 3 种方法多是从地质或气藏角度切入,对经济因素考虑有所欠缺。经济技术指标评价法是以开发效益为导向,以内部收益率为核心评价参数来确定井网密度的综合方法。内部收益率是国际上评价投资有效性的关键指标,指资金流入现值总额与资金流出现值总额相等、净现值(NPV)等于零时的折现率,可理解为项目投资收益能承受的货币贬值、通货膨胀的能力。内部收益率为 0 对应盈亏平衡点。近年来,天然气处于蓬勃发展期,国内油气行业将致密气开发的内部收益率由之前的 12% 调整到 8%,目前正在积极申请开发优惠政策,未来 3 年内部收益率标准有望下调到 6%。按照固定成本 800 万元,银行贷款 45%,利率 6%,操作成本 120 万元、折旧 10 年,并综合考虑城市建设、资源税等相关税费,研究了在不同气价条件下,气井满足内部收益率为 8%、6%、0 时开发所对应的最低 EUR(估算单井最终累计产量)。气价越高,达到内部收益率标准所需的气井 EUR 越低(图 6)。气价为 1.15 元/m³ 时,气井满足内部收率为 8%,6%,0 时对应的 EUR 下限分别为 $1396 \times 10^4 m^3$,$1289 \times 10^4 m^3$ 及 $1073 \times 10^4 m^3$。未来随着技术进步、气价上涨或者内部收益率标准下调,气田的开发效益有望进一步提高。

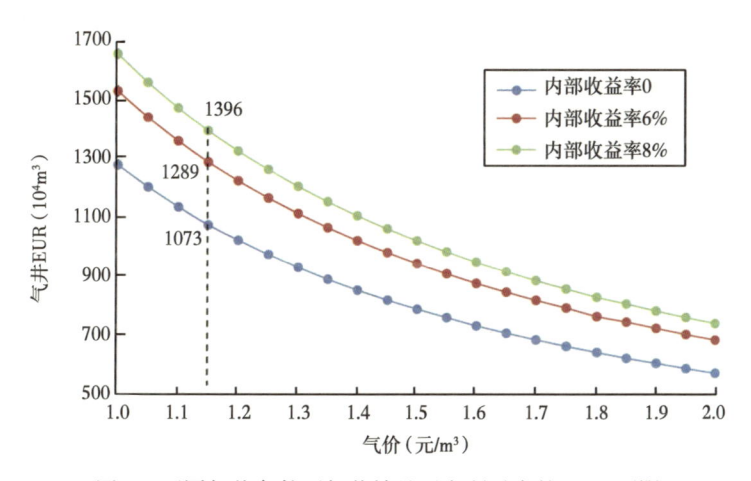

图 6 不同气价条件下气井效益开发所对应的 EUR 下限

确定适宜井网密度,需要平衡采收率、单井产量和开发效益。井网稀,储量得不到有效动用,采收率低;井网密,受控于地质条件和产能干扰,影响开发效益。本文提出"采收率显著提高,所有井整体有效益,新钻加密井能够盈亏平衡"3 条加密调整基本原则:(1)较大程度地提高采收率,可接受一定程度的井间干扰,根据上述分析,确定可调整加密的井网密度为 1.6~8.4 口/km²;(2)区块内所有井平均达到 8% 内部收益率标准,对应井均最终累计产量不小于 $1.396 \times 10^7 m^3$,井网密度小于等于 6.3 口/km²;(3)每口加密井均不亏本,满足内部收益率为 0,加密井起到提高采收率的作用,可以达不到 8% 内部收率,但不能亏本,即加密井增产气量不小于 $1073 \times 10^4 m^3$,合理井网密度小于等于 4.2 口/km²。

综合上述分析,当前经济技术条件下,满足 3 条加密调整基本原则,同时结合现骨架井网分布,认为井网调整的适宜密度为 4 口/km²。模型中应用 600m×800m 井网模拟苏里格气田平均单井最终采气量为 $2420 \times 10^4 m^3$,加密后平均气井产量约 $1920 \times 10^4 m^3$,仍满足开发方案要求的经济效益,加密井增产气量为 $1110 \times 10^4 m^3$,高于内部收益率为 0 对应的气井经济极限产量,加密后采收率约为 50%(图 5)。

考察不同经济条件下适宜的井网密度。从地质条件和气藏动态角度分析,若满足大幅提高采收率的要求,气田适宜的井网密度应保持在 1.6~8.4 口/km² 且不随气价变化;从经济评价的角度分析,若满足井均达到 8%内部收益率并考虑加密井不亏本的原则,随着气价升高,适宜井网密度逐渐增大。在气价为 1.0~1.1 元/m³ 时,气田适宜井网密度为 3 口/km²;气价为 1.1~1.5 元/m³ 时,适宜井网密度为 4 口/km²;当气价达到 1.5~2.0 元/m³,适宜井网密度为 5 口/km²(表 3)。

表 3 不同气价条件下适宜井网密度

气价 (元/m³)	井均达到 8%内部收益率		加密井不亏本		综合判断
	井均 EUR (10^4 m³)	井网密度 (口/km²)	加密井增产气 (10^4 m³)	井网密度 (口/km²)	井网密度 (口/km²)
1.00	≥1659	≤5.1	≥1278	≤3.4	3
1.11	≥1396	≤6.3	≥1073	≤4.2	4
1.30	≥1206	≤7.5	≥928	≤4.4	4
1.50	≥1020	≤9.0	≥785	≤4.8	4
1.80	≥826	≤11.5	≥637	≤5.3	5
2.00	≥736	≤12.8	≥566	≤5.6	5

4.2 直井与水平井联合井网提高采收率技术

直井与水平井联合井网提高采收率技术适用于主力气层较为明显的区块(主力气层剖面储量占比大于 60%),可有效发挥水平井突破阻流带、层内采收率较高的优势,节约开发投资,获得更高经济收益。实际布井采用网格化形式,首先将布井区域按照水平井井距划分网格单元(苏里格气田网格单元为 600m×1600m),然后通过储集层精细描述确定每个网格单元的储集层结构,最后根据储集层结构特点部署对应井型。典型区块分析显示,苏里格气田适合水平井部署的网格单元约占 30%,其余约 70%的区域需要采用直井开发。

在苏 6 区块 150km² 区域内按照基础井网(600m×800m 直井井网)、直井加密井网(1km² 加密到 4 口直井)、联合井网(1km² 钻 1 口水平井或 4 口直井)设计 3 套开发方案开展数值模拟对比试验。采用直井加密方案,由 600m×800m 基础井网加密到 400m×600m 加密井网,单井累计产量下降 21.9%,采收率由 31.94%提高至 49.89%,提高了约 18%,且井均能达到经济有效。采用直井与水平井联合井网方案,采收率指标与直井加密井网基本相当,但考虑到苏里格地区水平井井均投资约为直井的 3 倍,水平井井网密度约为直井井网的 1/4,即布水平井的区域内每平方千米节省了 1 口直井的开发投资。与直井加密方案相比,采收率由 49.89%提升至 50.70%,开发投资由 49.14 亿元降为 45.61 亿元,节省了约 7%(表 4)。近年来,长庆油田提出"二次加快发展"战略,根据规划,3 年内气田须新部署 5000 口以上的直井及 1000 口以上水平井。该研究成果可为油田现场产能建设提供有力支撑。

表 4　联合井网与直井加密井网指标模拟结果对比

模拟方案	直井数（口）	直井平均单井累计产量（$10^4 m^3$）	水平井数（口）	水平井平均单井累计产量（$10^4 m^3$）	采收率（%）	开发投资（亿元）
基础开发井网	300	2306	0	0	31.94	24.57
直井加密井网	600	1801	0	0	49.89	49.14
联合井网	432	1771	42	7932	50.70	45.61

5　致密气储集层提高采收率配套技术

针对致密气储集层 4 种类型的剩余气，直井加密井网与直井—水平井联合井网两项主体技术主要挖潜井间未动用型剩余气，将富集区采收率从 32%提高到 50%左右。其余类型剩余气需通过相关配套技术挖潜改善储集层渗透性、提高气井泄流能力，进一步提高采收率，根据剩余气成因类型，在已开发的富集区，主要形成了老井挖潜、新井工艺技术优化、合理生产制度优化、排水采气、降低废弃产量 5 种提高采收率配套技术措施，以增加非主力剩余气的有效动用，预计可提高采收率约 5%。

5.1　老井挖潜

老井挖潜技术措施主要包括老井新层系动用、老井侧钻水平井、老井重复改造 3 种。其中老井新层系动用通过开展老井含气层位复查，由当前盒 8 段、山 1 段的主力层段向上拓展到盒 6 段，向下拓展到马 5 段，评价未动用层位潜力，实施遗漏层改造增产。老井侧钻水平井主要针对气田有利区块的Ⅱ、Ⅲ类气井，评价气井井况，对满足侧钻条件的气井开展三维井间储集层预测，分析与生产井间的连通性，并通过数值模拟预测侧钻水平段的累计产量，对符合经济有效开发的气井进行剩余气挖潜，增加井间遗留储量的有效动用。老井重复改造的对象主要是在动态、静态评价方面有较大差异的气井，分析原射孔层位压裂及完井施工情况，同时对比气井与周围气井的泄压情况，评价重复改造的可行性，动用因工程因素导致的剩余储量，同时复查漏失层位。

5.2　新井工艺技术优化

经过近 10 年的探索发展，基于储集层压裂改造技术的不断优化和升级，苏里格气田实现了规模有效开发，成为中国最大的天然气田，同时如大牛地气田、登楼库气田等致密气田也获得了成功开采[16-18]。直井或定向井改造已由机械封隔器向连续油管分层压裂技术发展，该技术集成精确定位、喷砂射孔、高排量压裂、层间封隔 4 大功能为一体，在增加改造层数、大幅提高致密气纵向储量动用程度的同时，井筒条件更便于后期措施作业，解决了苏里格气田多层系致密气直井分层压裂工艺排量受限、井筒完整性差、丛式井组作业效率低等问题。水平井段内多缝压裂技术取得突破，通过研发不同粒径可降解暂堵剂和纤维组合材料，使承压性能和降解时间等技术指标均接近国外同类产品水平，大幅提高了致密气水平井有效改造体积，解决了苏里格气田水平井裸眼封隔器分段压裂工艺封隔有效性差和桥塞分段压裂工艺分段多簇改造程度低等问题。

5.3　合理生产制度优化

低孔渗、强非均质性、次生孔隙发育且喉道细小、气水关系复杂等致密气储集层特征,导致了地下流体渗流机理的复杂性,生产上通常表现为气井压力波及范围小,压力下降快,自然产能低、递减率高[19-21]。要保证气井长期有效开采,合理制定生产制度对于提高单井累计产量及延长相对稳产期至关重要。低渗—致密砂岩气储集层放压和控压开采动态物理模拟试验表明,放压开发采气速度快,采气时间短,但累计产气量和采收率相对较低;控压开采能有效利用地层压力,单位压降采气量和最终采收率也更高。对于气水同产气井,如苏里格气田西区气井普遍产水,储集层水体对气相渗流能力影响显著。气体通过释压膨胀,挤压水体流动,在压力梯度的影响下,气相渗流能力降低,水相渗流能力升高[22-25]。此时,需综合考虑控压程度和气井携液能力,设置合理的产量,以达到气井的平稳开采和较高的采收率。李颖川等[26]提出的动态优化配产方法综合考虑物质平衡原理、气井产能、井筒温压分布及连续携液理论,在气井投产初期保持所配气量略高于井口临界携液流量,充分发挥气井的携液潜能,降低排水采气量,降低开采成本的同时提高气井最终采收率。将其应用于苏里格气田西区产水气井配产,平均连续携液采气井约占90%,排水采气井仅有10%左右,保证采收率的同时提高了开发效益。

5.4　排水采气

致密气井通常产量低、携液能力弱,地层水相对活跃,几乎没有真正意义的纯气富集区[27],自投产开始产水且产水量不断上升,气井不具备依靠自身能量排除井底积液的能力,截至2018年底,气田积液井数比例超过60%。为确保最大限度发挥气井产能,延长气井有效生产期,提高气井最终累计产气量,针对苏里格气田开展了大量研究及应用试验,形成了适合气田地质及工艺特点的排水采气技术系列。

在产水井助排方面,形成了以泡沫排水为主,速度管柱、柱塞气举为辅的排水采气工艺;在积液停产井复产方面,形成了压缩机气举、高压氮气气举排水采气复产工艺[28-30]。其中,泡沫排水采气通过将井底积液转化为低密度易携带的泡沫状流体,提高气流携液能力,达到将水体排出井筒的目的,适用于产气量大于 $0.5×10^4 m^3/d$ 的积液气井,具有设备简单、施工容易、不影响气井正常生产等优势;速度管柱排水采气通过在井口悬挂小管径连续油管作为生产管柱,提高气体流速,增强携液生产能力,依靠气井自身能量将水体带出井筒,适用于产气量大于 $0.3×10^4 m^3/d$ 的积液气井,具有一次性施工,无须后续维护的优势;柱塞气举排水采气将柱塞作为气液之间的机械界面,利用气井自身能量推动柱塞在油管内进行周期举液,能够有效阻止气体上窜和液体回落,适用于产气量大于 $0.15×10^4 m^3/d$ 的积液气井,具有排液效率高、自动化程度高、安全环保等优势;压缩机气举排水采气是利用天然气的压能排出井内水体,气举过程中,压缩机不断将产自油管的天然气沿油套环空注入气井,注入的天然气随后沿油管向上从井筒采出,经过分离器分离处理后再由压缩机压入井筒,循环往复排出井筒积液;高压氮气气举是将高压氮气从油管(或套管)注入,将井内积液通过套管(或油管)排出,达到气井复产的目的。

5.5　降低废弃产量

气井废弃产量是气田开发的一项重要经济和技术指标,是评价气田最终采收率的主要依据[31]。废弃产量的确定取决于气价的高低和成本费用,致密气井投产后短时间内进入递减期,产量不断下降,最后结合地层、井筒及外输管线压力系统匹配关系,以定压生产方式进行更大幅度的递减生产,直至生产井的年现金流入与现金流出持平,气井生产到达废弃,对应产量即为气井废弃产量。气井最终废弃产量的大小对气井、气田采收率具有较大影响,苏里格气田废弃产量从 $0.14×10^4 m^3/d$ 降至 $0.10×10^4 m^3/d$,单井累计采气量可增加 $150×10^4 m^3$,提高采收率 2% 左右。目前气田主要通过井筒排水采气和井口增压来降低气井废弃压力,进而降低气井废弃产量,实现提高气井最终累计产量和采收率的目的。

6 结论

储集层非均质性强、渗流能力差、存在气水两相流是导致致密气储集层技术极限采收率(60%~70%)低于常规气藏(80%~90%)的3大因素。结合储集层地质和气藏开发动态分析,将苏里格致密气田剩余储量划分为井网未控制型、水平井漏失型、射孔不完善型和复合砂体内阻流带型4种类型。其中,井网未控制型和复合砂体内阻流带型皆为井间未动用剩余储量,占总剩余储量的82%,是剩余气挖潜的主体,井网调整优化是提高该类储量动用程度和采收率的主体技术。

针对提高气田采收率和气井开发效益,提出直井井网加密及直井与水平井联合井网优化调整方法。建立井均最终累计产量、加密井增产气量、井间干扰程度随井网密度变化的关系图版,提出采收率随井网密度变化的4阶段,并明确了各阶段对应的井网密度。苏里格致密气在现有气价 1.1~1.5 元/m^3 条件下合理的井网密度为 4 口/km^2,在气价 1.5~2.0 元/m^3 条件下,适宜井网密度可达 5 口/km^2;联合井网较直井加密井网提高采收率幅度相当,但可节约 7% 的开发投资。总体上,直井加密井网和直井—水平井联合井网两项主体技术可将富集区采收率从当前的 32% 提高到 50% 左右。

针对水平井漏失型、射孔不完善型层间未动用型剩余气,形成了老井挖潜、新井工艺技术优化、合理生产制度优化、排水采气、降低废弃产量等提高采收率的配套技术系列,预计可在井网优化调整的基础上再提高采收率约 5%。

参 考 文 献

[1] 郭智,贾爱林,冀光,等. 致密砂岩气田储量分类及井网加密调整方法:以苏里格气田为例[J]. 石油学报, 2017, 38(11): 1299-1309.

[2] 马新华,贾爱林,谭健,等. 中国致密砂岩气开发工程技术与实践[J]. 石油勘探与开发, 2012, 39(5): 572-579.

[3] 何东博,王丽娟,冀光,等. 苏里格致密砂岩气田开发井距优化[J]. 石油勘探与开发, 2012, 39(4): 458-464.

[4] 何文祥,吴胜和,唐义疆,等. 地下点坝砂体内部构型分析:以孤岛油田为例[J]. 矿物岩石, 2005, 25(2): 81-86.

[5] 何东博,贾爱林,冀光,等. 苏里格大型致密砂岩气田开发井型井网技术[J]. 石油勘探与开发, 2013, 40(1): 79-89.

[6] 裘怿楠,贾爱林. 储集层地质模型 10 年[J]. 石油学报, 2000, 21(4): 101-104.

[7] 刘行军,张吉,尤世梅. 苏里格中部地区盒8段储集层沉积相控测井解释分析[J]. 测井技术, 2008, 32(3): 228-232.

[8] 王峰,田景春,陈蓉,等.鄂尔多斯盆地北部上古生界盒8储集层特征及控制因素分析[J].沉积学报,2009,27(2):238-245.

[9] 李红,柳益群.鄂尔多斯盆地西峰油田白马南特低渗岩性油藏储集层地质建模[J].沉积学报,2007,25(6):954-960.

[10] 贾爱林.中国储集层地质模型20年[J].石油学报,2011,32(1):181-188.

[11] 叶泰然,郑荣才,文华国.高分辨率层序地层学在鄂尔多斯盆地苏里格气田苏6井区下石盒子组砂岩储集层预测中的应用[J].沉积学报,2006,24(2):259-266.

[12] 胡先莉,薛东剑.序贯模拟方法在储集层建模中的应用研究[J].成都理工大学学报(自然科学版),2007,34(6):609-613.

[13] 贾爱林,王国亭,孟德伟,等.大型低渗—致密气田井网加密提高采收率对策:以鄂尔多斯盆地苏里格气田为例[J].石油学报,2018,39(7):802-813.

[14] 吴凡,孙黎娟,乔国安,等.气体渗流特征及启动压力规律的研究[J].天然气工业,2001,21(1):82-84.

[15] 郭建林,郭智,崔永平,等.大型致密砂岩气田采收率计算方法[J].石油学报,2018,39(12):1389-1396.

[16] 张金武,王国勇,何凯,等.苏里格气田老井侧钻水平井开发技术实践与认识[J].石油勘探与开发,2019,46(2):370-377.

[17] 刘乃震,张兆鹏,邹雨时,等.致密砂岩水平井多段压裂裂缝扩展规律[J].石油勘探与开发,2018,45(6):1059-1068.

[18] 李进步,白建文,朱李安.苏里格气田致密砂岩气藏体积压裂技术与实践[J].天然气工业,2013,33(9):65-69.

[19] 戴强,段永刚,陈伟,等.低渗透气藏渗流研究现状[J].特种油气藏,2007,14(1):12-14.

[20] 杨建,康毅力,李前贵,等.致密砂岩气藏微观结构及渗流特征[J].力学进展,2008,38(2):229-234.

[21] 李奇,高树生,叶礼友,等.致密砂岩气藏渗流机理及开发技术[J].科学技术与工程,2014,14(34):79-84.

[22] 周克明,李宁,张清秀,等.气水两相渗流及封闭气的形成机理实验研究[J].天然气工业,2002,22(z1):122-125.

[23] 高树生,叶礼友,熊伟,等.致密砂岩气藏阈压梯度对采收率的影响[J].天然气地球科学,2014,25(9):1444-1449.

[24] 高树生,叶礼友,熊伟,等.大型低渗致密含水气藏渗流机理及开发对策[J].石油天然气学报,2013,35(7):93-99.

[25] 叶礼友,高树生,杨洪志,等.致密砂岩气藏产水机理与开发对策[J].天然气工业,2015,35(2):41-46.

[26] 李颖川,李克智,王志彬,等.大牛地低渗透气藏产水气井动态优化配产方法[J].石油钻采工艺,2013,35(2):71-74.

[27] 孟德伟,贾爱林,冀光,等.大型致密砂岩气田气水分布规律及控制因素:以鄂尔多斯盆地苏里格气田西区为例[J].石油勘探与开发,2016,43(4):607-614.

[28] 余淑明,田建峰.苏里格气田排水采气工艺技术研究与应用[J].钻采工艺,2012,35(3):40-43.

[29] 张春,金大权,李双辉,等.苏里格气田排水采气技术进展及对策[J].天然气勘探与开发,2016,39(4):48-52.

[30] 朱迅,张亚斌,冯彭鑫,等.苏里格气田数字化排水采气系统研究与应用[J].钻采工艺,2014,37(1):47-49.

[31] 毛美丽,李跃刚,王宏,等.苏里格气田气井废弃产量预测[J].天然气工业,2010,30(4):64-66.

致密砂岩气藏多段压裂水平井优化部署

位云生　贾爱林　郭　智　孟德伟　王国亭

(中国石油勘探开发研究院)

摘要:国内致密砂岩气藏普遍存在含气砂体分布零散、储集体内非均质性强的特征,含气砂体准确预测的难度较大。对于水平井开发方式而言,两口相向水平井靶点 B 之间留有较大间距,将造成储量平面控制和动用程度降低。本文从国外致密气开发实践调研入手,基于苏里格致密砂岩气藏有效砂体空间展布、规模尺度及开发动态特征分析,结合数值模拟方法,论证水平井在不同部署方式下的开发效果,提出水平井的优化部署方案。研究表明:相向两口水平井靶体 B 点接近重合、压裂段等间距部署,可以大幅度提高水平井对储量的控制和动用程度,同时有效提高气田整体开发经济效益。研究成果在致密气实际开发中具有可操作性和推广应用前景。

关键词:致密砂岩气藏;多段压裂水平井;井距设计;数值模拟;采出程度;经济效益

致密砂岩气藏在地层条件下平均渗透率小于 0.1mD(不包括裂缝渗透率),气井没有自然产能或自然产能低于工业标准[1],分段压裂水平井是目前国内外最常用的增产增效及提高采收率的技术手段[2-5]。鉴于国内致密气藏普遍存在含气砂体分布零散、储集体内非均质性强的特点,水平井设计和部署时,需首先开展有效储层或有效砂体预测,进而在有效储层预测基础上钻遇水平井并选择性实施压裂改造,针对非有效砂体段一般不实施压裂改造,受有效砂体分布预测可靠性的限制,对于相向的两口相邻水平井而言,靶体 B 点之间留有较大的间距必将造成储量平面控制和动用程度的降低,这也是国内致密砂岩气藏水平井开发方式下采收率较低的主要原因之一。本文通过借鉴国外致密气开发实践经验,分别从苏里格致密砂岩气藏有效砂体空间分布及规模尺度、生产动态特征(静、动态两个层面)分析水平井井距存在的合理性,同时利用数值模拟手段预测两种水平井部署方式对提高采收率及经济效益两个方面的效果,最终提出致密砂岩气藏水平井井距和压裂间距部署新思路,为提高致密气藏水平井对储量的控制和动用程度及降低开发评价成本提供技术支撑。

1 致密砂岩气藏有效储层分布特征

国内致密砂岩气藏普遍具有含气面积大,主力含气砂体分布零散,储集体非均质性强的特征。苏里格致密气田属陆相辫状河或辫状河三角洲沉积体系,砂体大面积连片分布,数万平方千米范围内整体含气,但有利相带心滩微相为非连续相,导致气藏内部存在很强的储集层非均质性,平面上有效砂体呈透镜状零散分布,表现为"孤立甜点"特征,甜点规模一般小于 2km^2;垂向上有效储层呈多层叠置或分散分布,盒 8 上、盒 8 下、山 1、山 2 小层均有发育,单层厚度 1~5m,总厚度 10m 左右。储集体具有"砂包砂"二元结构特征,心滩相沉积的主力含气砂体孤立分布于连续发育的辫状河河道充填沉积的基质储层中[6,7](图1),总体上,天然气富集甜点规模小、厚度薄、高度分散、横向连通性差、预测难度大。针对这一特点,国内普遍采用较为稳妥的水平井部署方法,即首先利用直井作为骨架井预测有效砂体展布,进而以骨架井作为出发井和目标井,在井间预测的有效砂体展布位置部署水平井,根据钻遇有效砂体气测显示,进行非均匀压裂设计,即只对钻遇气层实施压裂,而对含气层、差气层和泥岩干层不压裂。

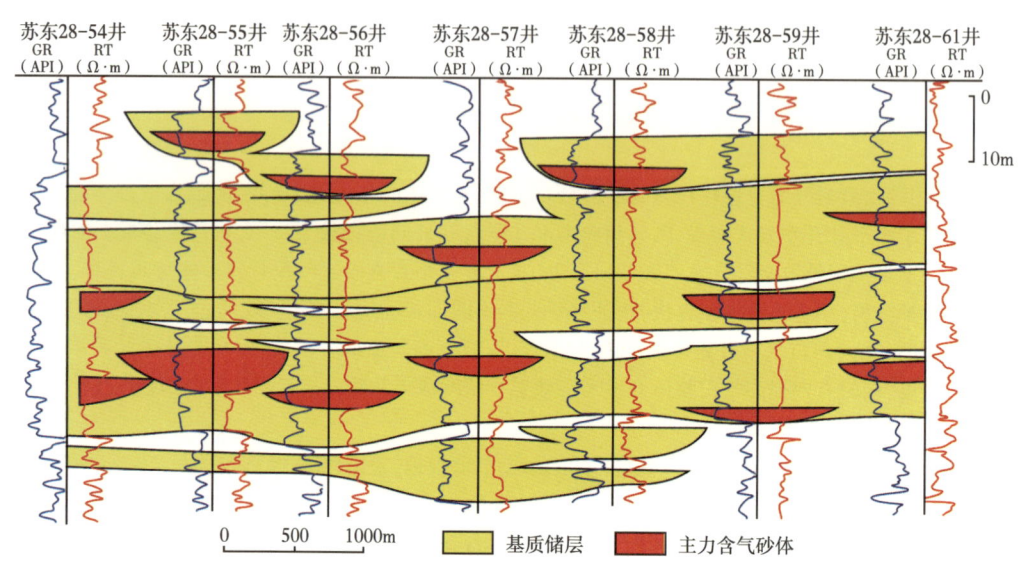

图1 苏里格气田东部试验区储层"二元"结构分布剖面

2 国外致密砂岩气藏水平井开发设计思路

致密砂岩气藏水平井开发方式下,储层流体渗流机理复杂[8,9],难以建立适用的产能评价模型。同时,致密气藏普遍整体含气、主力含气砂体预测难度大,因此,国外水平井开发普遍采用均匀分段压裂措施进行增产[4,5,10,11],且两口水平井的末端靶点B尽可能靠近或重合(图2),进而通过单压裂段产能(图3)和压裂段数来评价气井及整个气藏的产能[12],即气藏的可

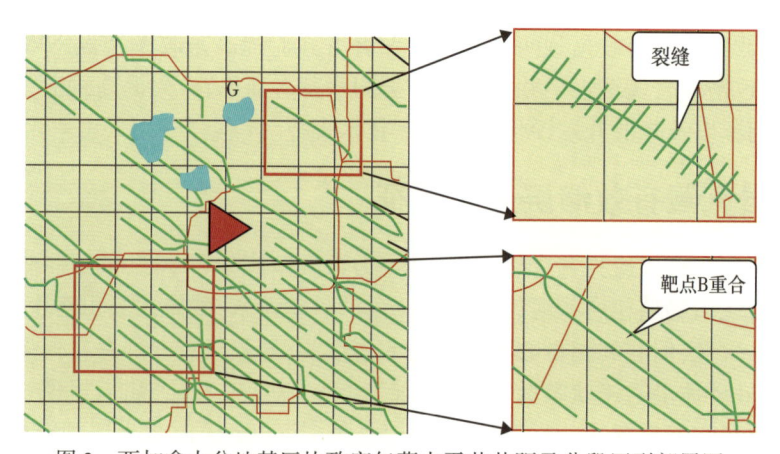

图2 西加拿大盆地某区块致密气藏水平井井距及分段压裂部署图

采储量(EUR)＝单压裂段最终可采储量×总压裂段数。该评价方式避免了以气井为评价单元时所导致的不同压裂段数气井产能差异大的问题。从气藏整体压力分布和储量动用程度的角度考虑，人工裂缝在水平段和气藏中均匀分布最为合理。

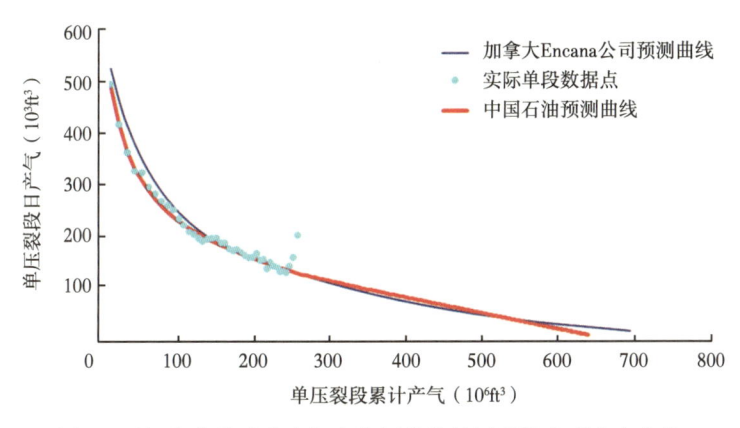

图3 西加拿大盆地致密气产能评价的单压裂段典型生产曲线

3 目前国内水平井井距设计与本文的设计对比

目前国内致密气藏水平井井排距设计思路仍沿用直井的部署思路[13~17]，如苏里格致密砂岩气藏南北向水平井水平段长1000m，东西向排距600m，两口相向水平井的靶点B间距与直井排距一致，为800m（图4）。这对于苏里格气田致密气藏有效砂体规模小，横向连通性差，发育频率低，空间上以孤立分布为主的特征，势必会造成储量的遗漏。通过实钻井钻遇有效砂体解剖，苏里格气田有效单砂体宽度范围100~500m，长度范围300~700m（图5）。从最小井距400m的苏6区块加密井排精细解剖来看，在可识别的有效储层个体范围内，600m井距仅可动用其中的61%（图6），可见，在两口相向水平井靶点B间距800m的情况下，将有一定数量的有效砂体，即天然气储量无法有效动用。同时，针对水平井部署方式，鉴于钻井和压裂施工条件限制，后期剩余储量挖潜也将存在很大困难，无论通过水平井还是直井进行井网加密，均会面临较大挑战，最终导致气田整体的采收率降低。

鉴于致密气藏水平井产量主要靠多段裂缝改造贡献，本文研究提出在目前经济技术和装备条件下，A点的靶前距尚不可避免外，但两口相向水平井的靶点B间距应尽量缩短或直至到

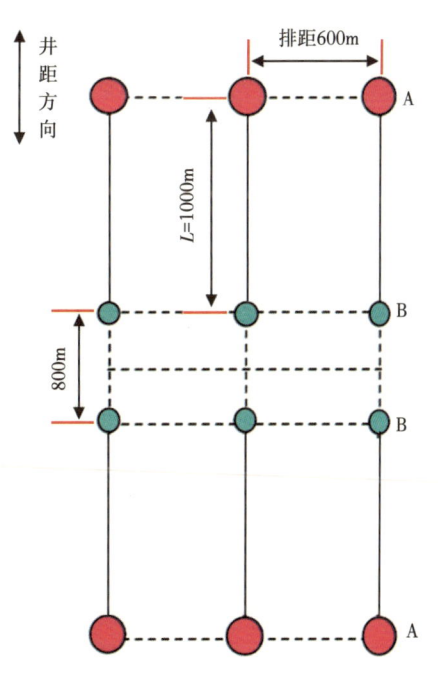

图4 目前的井距设计

— 51 —

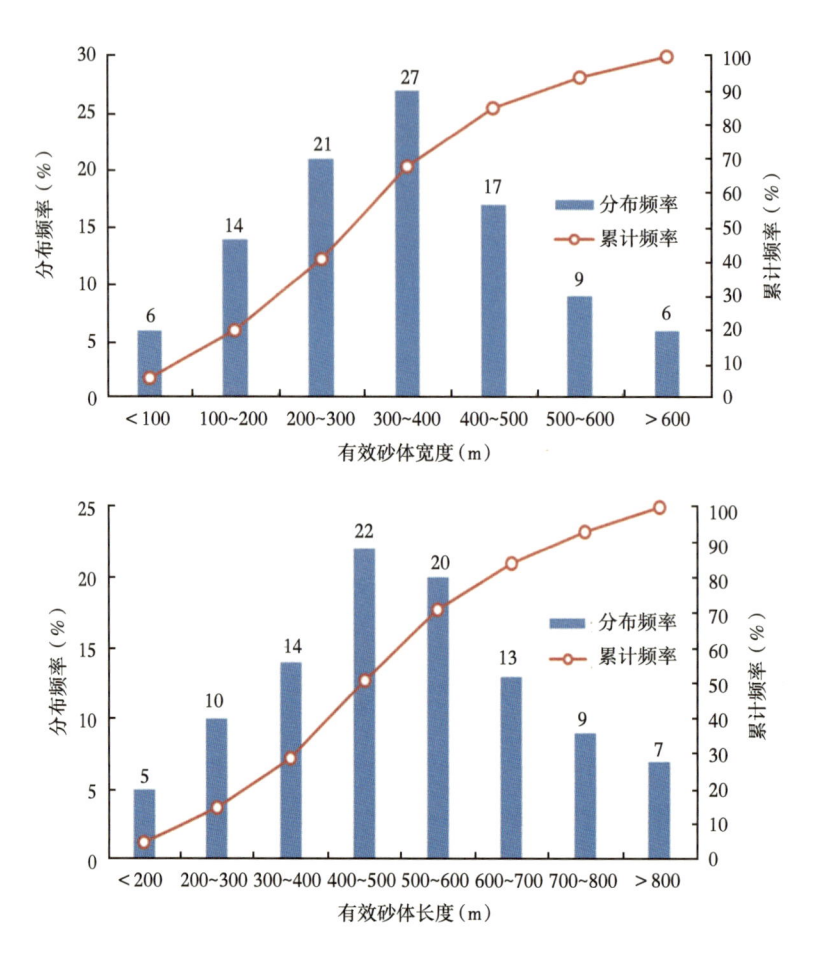

图 5　苏里格气田有效单砂体宽度与长度分布频率

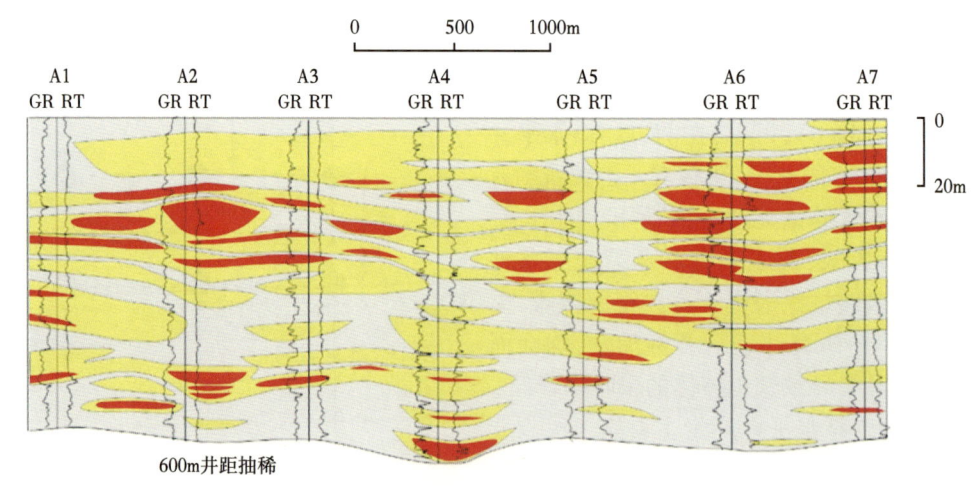

图 6　苏里格气田苏 6 区块加密井排有效砂体动用分析

0,即 B 点重合(图 7),进而通过设置合理的裂缝间距有效动用原间距下的天然气储量。理由有以下两点:(1)靠近 B 点的末端裂缝在 B 点方向上压降最大波及范围为一个压裂间距,国内外研究成果表明:致密气藏水平井压裂间距,范围 75~200m,苏里格气田气井动态分析显示,气井泄流范围主要分布在 0.15~0.25km²,即等效圆形的平均泄流半径在 250m 左右。(2)由于水平井筒和压裂工具限制,靠近 B 点的末端垂直裂缝不可能与 B 点重合,一般与 B 点仍有几十至上百米的距离。因此,即使两相向水平井的靶点 B 重合,靠近 B 点的两条末端裂缝之间仍有一定距离,这个距离与裂缝间距相等时即为最优。

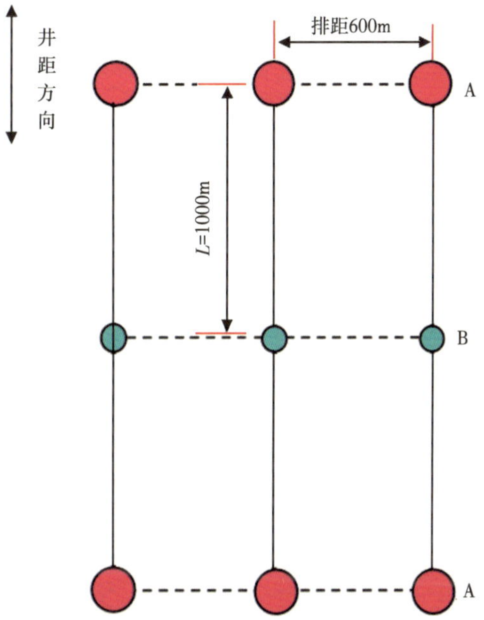

4 实例分析与对比

以苏里格致密气田为例,定量分析两种井距设计产生的差异。苏里格致密气田有效储层

图 7 本文的井距设计

具有明显的"二元"结构,以苏里格某区块实际的井组地质模型为基础开展水平井开发数值模拟分析,模型面积 2.64km²,在模型中部署两口相向钻进的水平井,水平段长度均为 1000m,均匀压裂 6 段,压裂间距为 160m,靶前距为 400m。以两种井距设计思路进行部署(表 1):一种是两口水平井靶点 B 间距为 800m;另一种是 B 点重合。结合苏里格地区水平井的实际开发情况,设定气井配产 $5×10^4m^3/d$,稳产期 3 年,经数值模拟预测:靶点 B 间距 800m 的条件下,平均单井累计产量为 $7963×10^4m^3$;B 点重合条件下,平均单井累计产量 $7744×10^4m^3$,单井累计产量降低约 2.8%(图 8、图 9)。

表 1 地质模型及数值模拟参数表

网格尺寸 (m)	地质模型参数			水平井 部署方式	数模预测 EUR (10^4m^3)
	平均孔隙度 (%)	平均渗透率 (mD)	平均含水饱和度 (%)		
I:50 J:50 K:1	含气砂体:11.7 基质:6.5	含气砂体:0.05 基质:0.001	含气砂体:31.5 基质:46.8	靶点 B 间距 800m	7963
				B 点重合	7744

苏里格致密气田水平井部署区平均地质储量丰度约为 $1.3×10^8m^3/km^2$,靶点 B 间距 800m 部署方式单井控制面积 1.08km²,水平井开发层段采出程度约为 56.7%;B 点重合部署方式单井控制面积 0.84km²,水平井开发层段采出程度约为 70.9%,较靶点 B 间距 800m 部署方式提高了 14.2%,从提高气田采收率的角度看,效果十分明显。从中国致密气藏巨大的储量规模

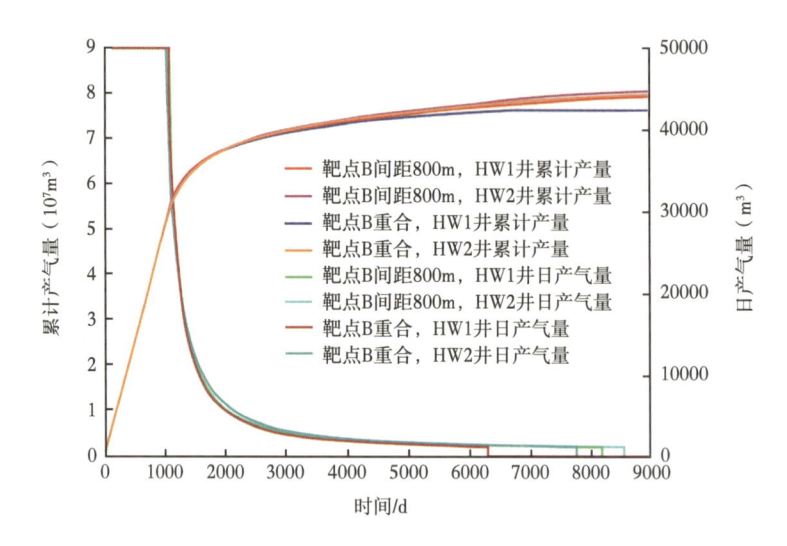

图 8　两种井距设计思路气井产量对比

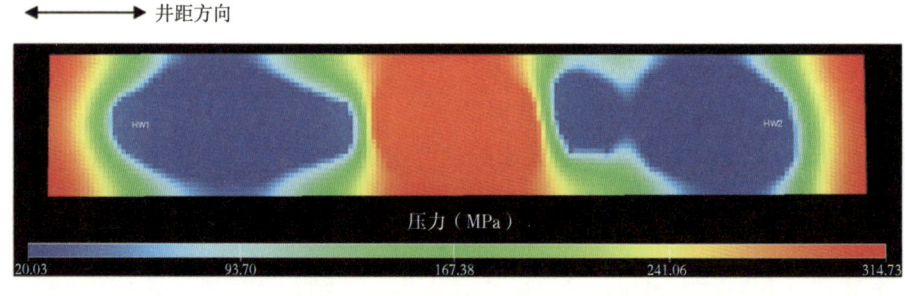

（a）靶点B间距800m数值模拟开采末期压力等值图

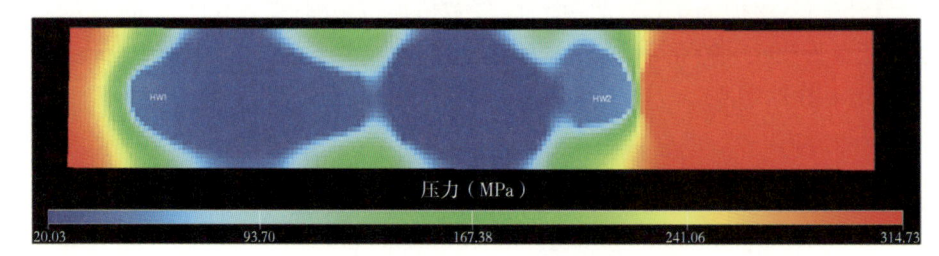

（b）B点重合设计下数值模拟开采末期压力等值图

图 9　两种井距设计下生产期末压力分布图

（中国石油四次资评全国致密气可采资源 $10.92×10^{12}m^3$）来考虑，该井距设计方式的实施将为气田长期稳产及未来持续上产提供有力的技术支持。从单井效益角度看，本文井距设计下的经济效益稍差，但从整体效益角度考虑，苏里格致密气田含气面积约 $35000km^2$，去除富水区和当前经济条件尚无法经济开发的低丰度区，按 10% 面积部署水平井，单井投资 2400 万元、气价 1000 元/10^3m^3，采用静态法计算经济效益，结果表明：本文井距设计思路的整体效益有所上升（表 2），且随着气价的提高，经济效益将更加明显。

表2 不同井距设计下的经济效益对比(静态法)

不同井距	靶点B间距800m	B点重合
可布井数(口)	3241	4167
投入(亿元)	778	1000
累计产气($10^8 m^3$)	2581	3227
收入(亿元)	2581	3227
毛利润(亿元)	1803	2227
投入产出比	0.308	0.302

5 结论

基于致密气藏普遍整体含气、主力含气砂体预测难度大的特点,从提高采收率的角度出发,借鉴国外致密砂岩气藏水平井设计经验,创新性提出国内致密砂岩气藏水平井井距设计的新思路,即在裂缝间距合理的前提下,两口相向水平井的靶点B间距缩短至零,即B点重合。

以我国最为典型的致密气田——苏里格气田为例,综合考虑有效储层静态规模尺度和动态泄气范围,同时借助数值模拟手段,分析对比两种水平井井距部署方式在提高气田采收率和整体开发效益两个角度的优劣,本文所提出的B点重合井距设计思路既可以避免天然气储量遗漏后期挖潜难的问题,有效提高气田最终采收率,又可提高气田开发整体经济效益,同时对同类气藏规模水平井部署支撑气田稳产及上产具有指导意义。

参考文献

[1] Stephen A Holditch. Tight gas sands[A]. SPE 103356, 2006.

[2] Giger F M. Low-permeability reservoirs development using horizontal wells[C]. SPE 6406, 1985.

[3] Joshi S D. Horizontal well technology[M]. Tulsa: Penn Well Publishing Company, 1991.

[4] Bruce R Meyer, Lucas W, Bazan R, Henry Jacot, et al. Optimization of multiple transverse hydraulic fractures in horizontal wellbores[C]. SPE 131732, 2010.

[5] Rasheed O Bello, Robert A Wattenbarger. Multi-stage hydraulically fractured shale gas rate transient analysis [C]. SPE 126754, 2010.

[6] 贾爱林,唐俊伟,何东博,等. 苏里格气田强非均质致密砂岩储层的地质建模[J]. 中国石油勘探, 2007,(1):12-16.

[7] 何东博,贾爱林,冀光,等. 苏里格大型致密砂岩气田开发井型井网技术[J]. 石油勘探与开发, 2013, 40(1):79-89.

[8] 李军诗,侯建锋,胡永乐,等. 压裂水平井不稳定渗流分析[J]. 石油勘探与开发, 2008, 35(1):92-96.

[9] 李树松,段永刚,陈伟. 中深致密气藏压裂水平井渗流特征[J]. 石油钻探技术, 2006, 34(5):65-69.

[10] 王瑞和,张玉哲,步玉环,等. 射孔水平井产能分段数值计算[J]. 石油勘探与开发, 2006, 33(5): 630-633.

[11] 吴晓东,隋先富,安永生,等. 压裂水平井电模拟实验研究[J]. 石油学报, 2009, 30(5):740-748.

[12] 位云生,贾爱林,何东博,等.致密气藏分段压裂水平井产能评价新思路[J].钻采工艺,2012,35(1):32-34.
[13] 何东博,王丽娟,冀光,等.苏里格致密砂岩气田开发井距井网优化[J].石油勘探与开发,2012,39(4):458-464.
[14] 刘月田.各向异性油藏水平井开发井网设计方法[J].石油勘探与开发,2008,35(5):619-624.
[15] 凌宗发,王丽娟,胡永乐,等.水平井注采井网合理井距及注入量优化[J].石油勘探与开发,2008,35(1):85-91.
[16] 王振彪.水平井地质优化设计[J].石油勘探与开发,2002,29(6):78-80.
[17] 刘月田.水平井整体井网渗流解析解[J].石油勘探与开发,2001,28(3):57-66.

苏里格气田差异化井网加密设计方法
——以苏 x 井区为例

赵 昕 郭 智 宵 波 莫邵元

(中国石油勘探开发研究院)

摘要:苏里格气田是中国致密砂岩气的典型代表,储层低渗致密,具有强非均质性,区块间差异显著,采用主体开发井网较难实现区块储量的整体有效动用,由于采收率低,故针对不同分类储量区分别进行加密调整。该研究优选气田中部苏 x 区块为研究区,通过分析该区块砂体分布特征等因素分析,以储量分类指数为主要依据,将研究区储量分为 5 类,在同时考虑技术和经济条件的前提下,对该区块进行井网加密设计。

关键词:致密砂岩气;苏里格气田;有效砂体分布特征;储量分类评价;井网加密设计

低孔、低渗、低丰度[1],储层连续性及连通性差[2],非均质性强,为苏里格气田的主要特征。经过十几年的科研及生产攻关,苏里格气田从储量及产量规模上,已成为中国最大的气田[3,4]。目前条件下,苏里格气田的储量动用程度很低,采收率仅为32%左右,迫切需要进行现场高效开发试验。

井网加密是致密气田高效开发的重要手段之一,加密区域部署及加密方式选择是井网加密需要解决的两个主要问题[5,6]。苏里格气田储层致密,非均质性较强,各区块之间甚至同一区块内部储层特征差异明显,因此加密区域部署的前提是对储量进行分类及筛选。由于不同类型储量构成、分布及动用程度不同,井网加密密度不能一概而论[7]。提高加密井数能够增加累计采出程度,但逐渐增强的井间干扰会对累计采出程度产生较大的影响,因此加密方式选择的关键是针对不同的储量类型进行合理的井网密度设计。

苏 x 区块是苏里格中区的主力区块之一,已建成 $18×10^8 m^3/a$ 的产能规模。2006—2009 年分别在苏 x 井附近和三维区进行变井距加密实验,加密区共59口直井,实验井井距在 300~600m、排距在 400~800m 之间变化,成为井网加密重要的试验区。同时,苏 x 区块是中区产能和面积最大的区块,储层条件相对好,井数多,开发时间长,动态、静态资料相对完备。

1 有效砂体分布特征

1.1 有效砂体单元规模

根据地质统计结果,苏 x 区块有效单砂体厚度主要分布在 1~5m,平均 3.2m。研究区有 80% 的有效单砂体厚度小于 4m,90% 的有效单砂体厚度小于 5m。根据野外露头观测、沉积物理模拟,鄂尔多斯盆地二叠系盒 8 段、山 1 段心滩、河道充填宽厚比为 50~120,长宽比为 1.5~4。按有效单砂体厚度 1~5m 计算,得有效砂体宽度 100~600m,长度 300~900m。同时,苏里格气田在苏 x 三维区、苏 x 加密区等区块共进行了 42 个井组的干扰试验,其中排距方向 21 组,井距方向 21 组,共 16 组见干扰(图 1、图 2)。根据统计,干扰试验井距在 300~800m 之间,排距在 500~900m 之间,随着井排距增加,干扰概率逐渐降低。井距方向大于 600m,试验了 3 组,未见干扰;排距方向大于 800m,试验了 5 组,干扰 1 组,可以判断苏里格中区有效砂体主体规模小于 600m×800m。

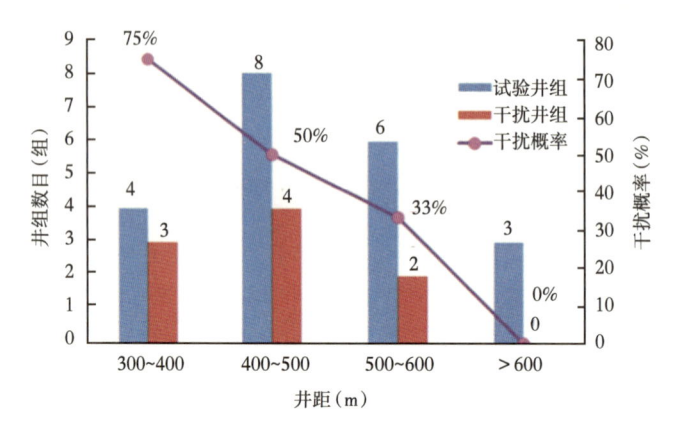

图 1　苏里格气田井距方向干扰试验统计直方图

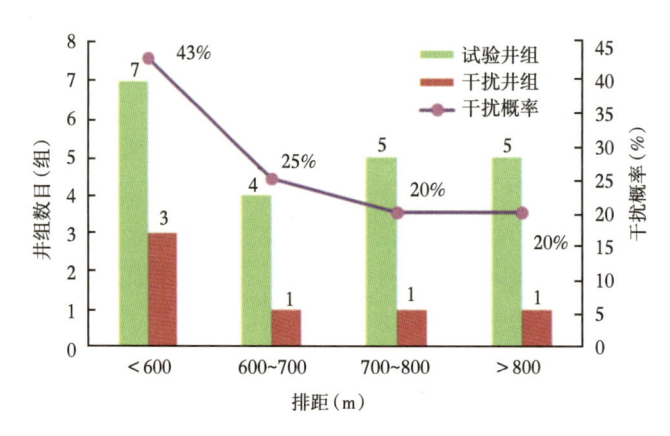

图 2　苏里格气田排距方向干扰试验统计直方图

以野外露头观测、沉积物理模拟获得的长宽比、宽厚比为依据,结合干扰试井分析,在密井网区进行精细地质解剖,明确了有效砂体的规模、叠置样式及分布频率。大于 400m 的有效砂体仅占 20%~25%,大于 600m 仅占 5%。有效单砂体宽度为 200~500m,平均 380m,长度为 300~700m,平均 560m,平均分布面积 0.21km^2。1km^2 发育有效砂体 20~30 个。

1.2　有效砂体组合模式

结合地质条件和开发效果,认为区块发育 5 种有效砂体组合模式(图 3)。一类有效砂体呈块状厚层型、多期叠置型,厚度大,连续性强,有效砂体中气层比例大于 70%,物性好,含气饱和度高,是研究区开发最有利的一种有效砂体组合模式;二类有效砂体呈多期叠置,厚度较大,连续性较强,与一类有效砂体相比含气层比例有所增加,占到30%~50%;三类有效砂体较分散,厚度薄,含气层比例为50%~60%;四类有效砂体更分散,含气层比例高,约为60%~70%;五类有效砂体分布零星,基本不发育,有效单砂体厚度小于3m,在现有的经济技术条件下,开发潜力差。

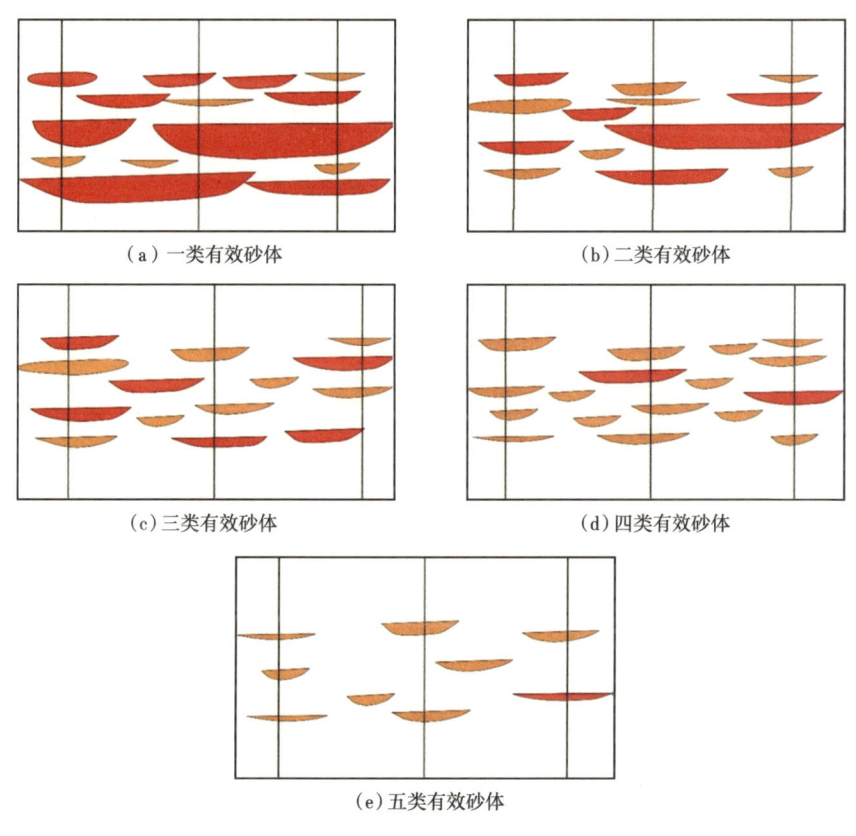

(a) 一类有效砂体

(b) 二类有效砂体

(c) 三类有效砂体

(d) 四类有效砂体

(e) 五类有效砂体

图3　5类有效砂体组合模式

2　储量综合分类评价

2.1　影响生产动态的地质因素

由于苏里格气田地质条件复杂、储层非均质性强,储量丰度虽然是决定气井产量的重要因素,但较高的储量丰度,仍然对应一定比例的低产井,可见储量丰度绝不是唯一因素。

2.1.1　厚层发育程度

当有效厚度、储量丰度接近时,储层叠置样式不同,各井累计产气量差异较大。以苏x-12-41井和苏x-17-40井为例,苏x-12-41井储量丰度$1.61\times10^8 m^3/km^2$,单井累计有效厚度16.4m,发育有效单砂体4个,有效单砂体平均厚度4.1m,有效储层分布模式以块状厚层型为主,预测最终累计产量$4952\times10^4 m^3$。苏x-17-40井储量丰度$1.64\times10^8 m^3/km^2$,单井累计有效厚度16.8m,发育有效单砂体6个,有效单砂体平均厚度2.8m,有效储层分布模式以孤立薄层型为主,预测最终累计产量 3007×10⁴m³。两井有效厚度、储量丰度相差无几,而最终累计产量有较大差距。

有效储层为地下三维地质体,具有一定长宽比和宽厚比[8],假设砂体为椭圆柱体,若厚砂体厚度为薄砂体的 2 倍,可达到薄砂体体积的 8 倍。同时,厚砂体井所控制的储层延伸面积为薄砂体井的 4 倍。

苏 x 区块约 80% 的有效单砂体小于 4m,因此将大于 4m 的单砂体定为厚砂体。大于 4m 有效单砂体(厚砂体)平均厚度 5.58m,小于 4m 有效单砂体(薄砂体)平均 2.46m。厚砂体平均厚度为薄砂体的 2.27 倍,在同样累计厚度下,延伸面积为薄砂体的 5.2 倍。

2.1.2 差气层比例

差气层与气层相比,孔隙度、渗透率低,含气饱和度小,气体流动性差。区块仅发育气层井 15 口,平均储量丰度 0.856×10⁸m³/km²,仅发育差气层井 62 口,从中挑选了 23 口井,平均储量丰度 0.862×10⁸m³/km²。对比这两组井预测累计产量的差异发现,仅发育差气层井的井均预测累计产量为 1873×10⁴m³,而仅发育气层井的井均预测累计产量为 2492×10⁴m³,认识到在储量丰度接近及有效厚度接近时,差气层仅为气层产能的 75%。

2.2 储量分类标准及评价

通过储量丰度、厚层发育程度、差气层比例等因素分析,建立了储量分类指数,如式 1 所示。

$$I = \left[a \times \frac{(h_h + h_b/5.2)}{h_s} + b \times \frac{(h_q + h_{hq} \times 0.75)}{h_s} \right] \times A_s \tag{1}$$

式中 I——储量分类指数;
h_h——厚层累计厚度;
h_b——薄层累计厚度;
h_q——气层累计厚度;
h_{hq}——含气层累计厚度;
A_s——储量丰度;
a、b——相关系数,之和为 1。

其中 $a \times \frac{(h_h + h_b/5.2)}{h_s}$ 项为厚层系数,反映了储层的叠置程度及平面的连通性;$b \times \frac{(h_q + h_{hq} \times 0.75)}{h_s}$ 项为气层系数与物性及气相的流动性密切相关。系数 a,b 通过试算得出。

通过储量分类指数修正了储量丰度,与生产动态相关性显著提升。经过试算当 $a=0.8$,$b=0.2$ 时,单井累计产量与分类指数相关性最高,累计产量与储量丰度的相关性由 0.5 提升至 0.8(图 4、图 5)。得到累计产量与修正指数的关系式为

$$G_p = 1215.4 \times I + 1135.3 \tag{2}$$

式中 G_p——累计产量;
I——修正指数。

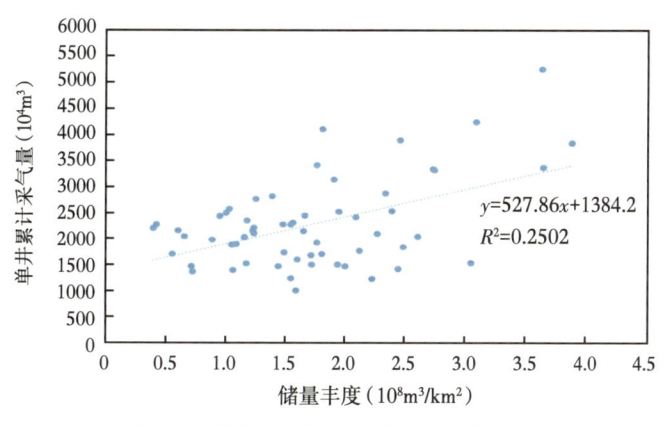

图 4 累计产量与储量丰度关系(修正前)

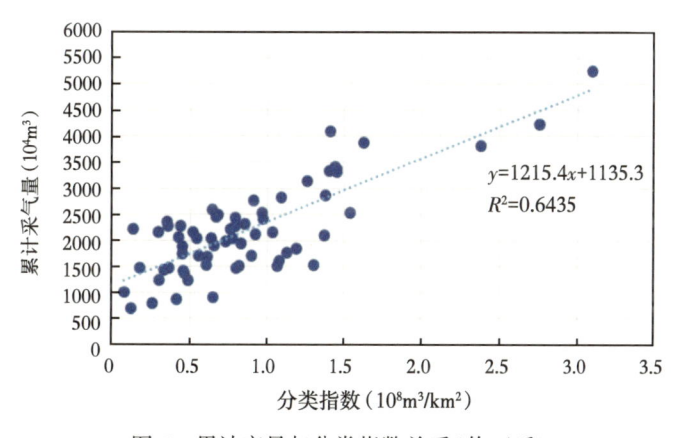

图 5 累计产量与分类指数关系(修正后)

以储量分类指数为主要依据,综合考虑储层规模、储层叠置样式、含气层影响、开发动态特征,将研究区储量分为5类,对应上文的5种有效砂体组合模式。从一类储量到五类储量,储量逐渐分散,有效厚度逐渐变薄,气层比例逐渐减小,储层品质逐渐变差,单井累计产量逐渐变低(表1)。

表 1 储量综合分类标准

储层类型	分类指数	有效厚度 (m)	储量丰度 (10^8m³/km²)	单井预测累计产量 (10^4m³)
一类	>1.6	>18	>2.0	>3500
二类	1.1~1.6	14~18	1.5~2.0	2500~3500
三类	0.6~1.1	10~14	1.1~1.5	1900~2500
四类	0.2~0.6	6~12	1.1~1.4	1350~1900
五类	<0.2	<6	<1.1	<1350

一类储量区位于高能主砂带主体,砂地比高,储层连续性强,有效砂体规模大,块状厚层型、多层叠置型比例高,有效砂体分布较集中,气层比例较高,大于70%,是研究区开发潜力最好的一类储层,分布面积143km², 储量 328.9×10⁸m³。区内平均有效厚度大于18m,储量丰度大于 $2.0×10^8m^3/km^2$,储量分类指数一般大于1.6,单井最终累计产量在 $3500×10^4m^3$ 以上。

二类储量区位于高能主砂带翼部及次高能主砂带主体,砂地比较高,储层连续性较强,有效砂体规模较大,分布面积206km², 储量 362.6×10⁸m³。区内平均有效厚度分布在 14~18m,储量丰度分布在$(1.5~2.0)×10^8m^3/km^2$,储量分类指数在1.1~1.6,预测累计产量在$(2500~3500)×10^4m^3$。与一类储量相比,块状厚层比例低,多期叠置比例高,气层少,含气层比例在 30%~50%。

三类储量区主要分布在低能砂带,是研究区分布最广泛的一类储层,分布面积254km², 储量363.2×10⁸m³。有效砂体较为孤立,局部为多层叠置型,有效厚度在10~14m,储量丰度在$(1.1~1.5)×10^8m^3/km^2$,储量分类指数在0.6~1.1,井均预测累计产量在$(1900~2500)×10^4m^3$。与一、二类储量区相比,储层连续性差,气层比例减小。

四类储量区主要分布在砂带边部,砂地比低,有效砂体基本为孤立型,厚度薄,储层物性差,净毛比低,含气层比例进一步提高,达到60%~70%。四类储量区分布面积126km², 储量170.1×10⁸m³,区内有效厚度 6~12m,储量丰度$(1.1~1.4)×10^8m^3/km^2$,储量分类指数在0.2~0.6,井均预测累计产量在$(1300~1900)×10^4m^3$,仅有边界效益。

五类储量区主要分布在区块的边部及砂带间,分布面积121km², 储量63.8×10⁸m³,有效砂体厚度薄,规模小,在空间零星分布。区内有效厚度一般小于6m,储量丰度小于$1.1×10^8m^3/km^2$,井均发育有效砂体1~2层,储量分类指数小于0.2,井均预测累计产量小于$1300×10^4m^3$。在现有的经济及技术条件下,区内井达不到经济下限标准。

对各类储量区的开发潜力进行了评价。从一类储量到五类储量区,随着储层品质的降低,区内井的动储量、单井累计产量、泄气面积依次减小(表2)。根据五类储量在平面的分布情况,一、二、三类储量占研究区面积的71%,占总储量的82%,是区块开发及加密调整的重点对象。

表2 各类储量综合评价统计表

储量类型	分布面积(km²)	有效厚度(m)	储量丰度(10⁸m³/km²)	储量(10⁸m³)	分布相带	井数(口)	井数占比(%)	动储量(10⁴m³)	单井累计产量(10⁴m³)	泄气面积(km²)
一类	143	19.7	2.3	328.9	高能砂带	68	13	6020	5117	0.29
二类	206	17.1	1.76	362.6	次高能砂带	156	29	3582	3045	0.23
三类	254	13.8	1.43	363.2	低能砂带	142	27	2620	2228	0.21
四类	126	13.1	1.35	170.1	砂带边部	112	21	1856	1578	0.16
五类	121	11	1.01	63.8	砂带间	57	11	1129	880	0.12
总计	850	15.1	1.52	1288.6		535	100	3007	2554	0.21

3 井网加密调整政策

3.1 井网加密原则

加密要同时考虑技术和经济条件,应遵循以下原则:
(1)达到相对较高的产量规模和一定的采收率;
(2)所有井整体达到12%内部收益率($>1785\times10^4 m^3$);
(3)每口加密井能够达到经济效益,可自保($>1277\times10^4 m^3$)。

以密井网解剖、有效砂体规律研究,储量分级分区评价为依据,选取一类至四类储量区最具代表性的区块建立地质模型。在分别建立各类储量区地质模型的基础上,利用数值模拟方法模拟井网密度为1~8口/km² 的生产过程,预测气井开发指标和生产期末最终采收率。

3.2 井网密度和指标预测

井网密度低,对储量控制不足;井网密度高,井间产生干扰,影响开发效益。Ⅰ类储量区储层质量相对好,从区块整体效益来看,达到8口/km² 时,区块仍具经济效益,井均最终累计产量 $1923\times10^4 m^3/km^2$。但从新井自保的角度,井网密度3口/km² 时,新井最终累计产量为 $2936\times10^4 m^3/km^2$,而井网密度4口/km² 时,新井最终累计产量为 $1132\times10^4 m^3/km^2$。综合考虑避免严重井间干扰、所有井整体有效及新井自保,推荐Ⅰ类储量区井网密度为3口/km²。

二类至四类储量区模拟结果显示,井间严重干扰时的井网密度分别为5口/km²、6口/km²、7口/km²。再次根据上述原则,研究了二类至四类储量区的合理井网密度。总体推荐的合理井网密度及预测的指标为:一类和三类储量的合理井网密度为3口/km²;二类储量的合理井网密度为4口/km²;四类储量的合理井网密度为1口/km²;五类储量在现有经济技术条件下不适合开发。建议从一类至四类储量逐次开发。研究区还可打1716口加密井,区块最终累产 $626.2\times10^8 m^3$,采收率48.6%。

4 结论

通过以上分析,可得出如下结论:

(1)以动、静态参数为基础,采用分类指数分类法,将研究区储层分为5类。从一类到五类,储层品质逐渐变差,单井累计产量逐渐变低,生产动态特征差异明显,每类储层内的单井对储量的控制程度不同,应该有相适应的开发对策。五类储层中,一、二、三类储层占研究区面积的71%,占总储量的82%,是区块开发及加密调整的重点对象。

(2)一类和三类储层的合理井网密度为3口/km²;二类储量的合理井网密度为4口/km²;四类储量的合理井网密度为1口/km²;五类储量在现有经济技术条件下不适合开发;建议开发动用顺序从一类至四类逐次开发。

(3)在气田其他区块应用本储量分类及井网加密设计方法时,储量分类标准不变,5类储量区的具体比例与本研究区块有所不同,相应的加密指标亦会有所差异。

参 考 文 献

[1] 李建忠,郑民,陈晓明,等.非常规油气内涵辨析、源—储组合类型及中国非常规油气发展潜力[J].石油学报,2015,36(5):521-532.
[2] 赵靖舟,曹青,白玉彬,等.油气藏形成与分布:从连续到不连续——兼论油气藏概念及分类[J].石油学报,2016,37(2):145-159.
[3] 卢涛,刘艳侠,武力超,等.鄂尔多斯盆地苏里格气田致密砂岩气藏稳产难点与对策[J].天然气工业,2015,35(6):43-52.
[4] 马新华,贾爱林,谭健,等.中国致密砂岩气开发工程技术与实践[J].石油勘探与开发,2012,39(5):572-579.
[5] 李建奇,杨志伦,陈启文,等.苏里格气田水平井开发技术[J].天然气工业,2011,31(8):60-64.
[6] 何东博,贾爱林,冀光,等.苏里格大型致密砂岩气田开发井型井网技术[J].石油勘探与开发,2013,40(1):79-89.
[7] 杨华,付金华,刘新社,等.鄂尔多斯盆地上古生界致密气成藏条件与勘探开发[J].石油勘探与开发,2012,39(3):295-303.
[8] 赵文智,汪泽成,朱怡翔,等.鄂尔多斯盆地苏里格气田低效气藏的形成机理[J].石油学报,2005,26(5):5-9.

方法篇

An integrated approach to optimize bottomhole-pressure-drawdown management for hydraulically fractured well by use of transient Inflow Performance Relationship (IPR)

Junlei Wang[1] Wanjing Luo[2] Zhiming Chen[3]

(1. PetroChina Research Institute of Petroleum Exploration & Development;
2. China University of Geosciences; 3. China University of Petroleum)

Summary

The purpose of this paper is to quantify an optimum strategy of BHP-drawdown management in a hydraulically fractured well with pressure-sensitive conductivity to remain conductive while maintaining a high enough drawdown to maximize estimated ultimate recovery (EUR). In this work, a novel permeability decay coefficient accounting for dynamic conductivity effect (DCE) is proposed to represent the pressure sensitivity in fracture based on experimental results. By use of an existing fundamental modeling method, the constant/variable BHP conditions and the hydraulic fractures with DCE are considered in the model. Then, the mechanism of fracture closure and its effect on production performance are investigated by using semi-analytical solution, and the interplay between pressure drawdown and productivity loss is captured by generating a set of type curves for transient IPR. Next, an easy-to-use approach is developed to find the optimum path of BHP decline verse time, and the practical optimum drawdown is calibrated by capturing the time-lapse behavior, with consideration of the effect of production history on transient IPR. It is found that if the decay coefficient in the fracture with DCE is a linear function of pressure, there will be a reversal behavior on transient IPR as BHP-drawdown increases. That is to say, an operating point exists on the transient IPR curves, beyond which the production rate decreases, otherwise, the production rate increases. The operating point is defined as the optimum BHP-drawdown at that given time and the optimum profile of BHP-drawdown is then achieved by integrating operating points on transient IPR curves over time. Subsequently, a synthetic case generated by a coupled geomechanical reservoir simulator is defined to demonstrate that the optimum BHP-drawdown schedule developed by semi-analytical approach has the ability of enhancing ultimate recovery by reducing the effective stress on stress-sensitive fractures and maintaining the well productivity.

1 Introduction

In some unconventional reservoirs, hydraulic fracturing stimulation is widely performed to maximize the surface connected area with the reservoirs available for production of hydrocarbons. Because unconventional reservoirs are often overpressured, the productivity loss is a remarkable feature that is characterized by an extremely high initial production rates followed by steep decline. Productivity loss is often attributed to geomechanics-related factors in conductivity of propped/unpropped fractures due to proppant embedment, crushing and fracture-face creep[1-3]. Thus, it is of great significance to maintain sufficient conductivity and mitigate conductivity deterioration throughout production lifecycle. It is believed that the long-term performance in stress/pressure-sensitive formation could be improved by restricting a production practice such as BHP-drawdown management[4,5]. A significant improvement on production performance due to restricted drawdown management is observed in several field studies. For example, in Haynesville shale, production wells on less drawdown have an average performance with a first year decline of only 38%, lower than 83% for these wells on large drawdown[6]. Inversely, an aggressive drawdown management may cause a reduction in EUR of up to 20% in Vaca Muerta shale[7].

The mechanisms on whether restricting production rate or applying a lower drawdown yields a higher EUR compared with the well producing at unrestricted management have been widely investigated by numerous researchers using various models including coupled geomechanical-flow model and non-coupled reservoir model. Coupled geomechanical-flow models enable capturing the stress evolution during pressure depletion of the reservoir. Many authors have utilized geomechanics reservoir simulation to model the effect of drawdown management on production performance. Okouma et al[8] used a horizontal well with multiple fractures numerical simulation model coupled with geomechanics to study the evolution of effective stress under several drawdown conditions, and demonstrated that low drawdown case yielded higher recovery. Wilson[1] simulated the effective stress over time for both high and managed BHP-drawdown scenarios and found that EUR in Haynesville shale has the potential of being improved up to 15%. Likewise, Mirani et al[2] reproduced the field-observed trend that higher drawdown contributed to lower long-term production and EUR for fractured horizontal well in shale gas formations. Wilson and Hanna[3] calibrated an analytical reservoir model based on geomechanical-flow model to establish a relation between BHP-drawdown and the stress on fracture network over time. Kumar et al[4] simulated production from complex fracture network based on a coupled geomechanical reservoir simulator and found an optimum drawdown rate using the Net Present Value (NPV) vs. BHP decline rate plot.

It is noted that the degradation of fracture conductivity has a direct link to the effective stress, not pore pressure. Coupled-geomechanical model provides insight into the change of effective stress in the reservoir depletion and captures the stress path that results from different drawdown schedules. In other words, the effective stress is a nonlinear function of flowing bottomhole pressure[8]. Wilson[1] used coupled-geomechanics model to demonstrate that compared with the high-drawdown case, the managed-drawdown case reduces the effective stress on the fracture by minimizing the difference between the total stress and pore pressure, which in turn maintain the fracture conductivity. As shown in Fig. 1, the effective stress curve reaches a peak after the BHP-drawdown reaches the stable flowing condition, where the maximum effective stress is approximately 8000 psi in the managed-drawdown case while the maximum effective stress is 4000 psi in the high-drawdown case. As a result, the high drawdown schedule with relatively high initial production rate would cause severe decrease of EUR as a consequence of rapid fracture closure and productivity loss.

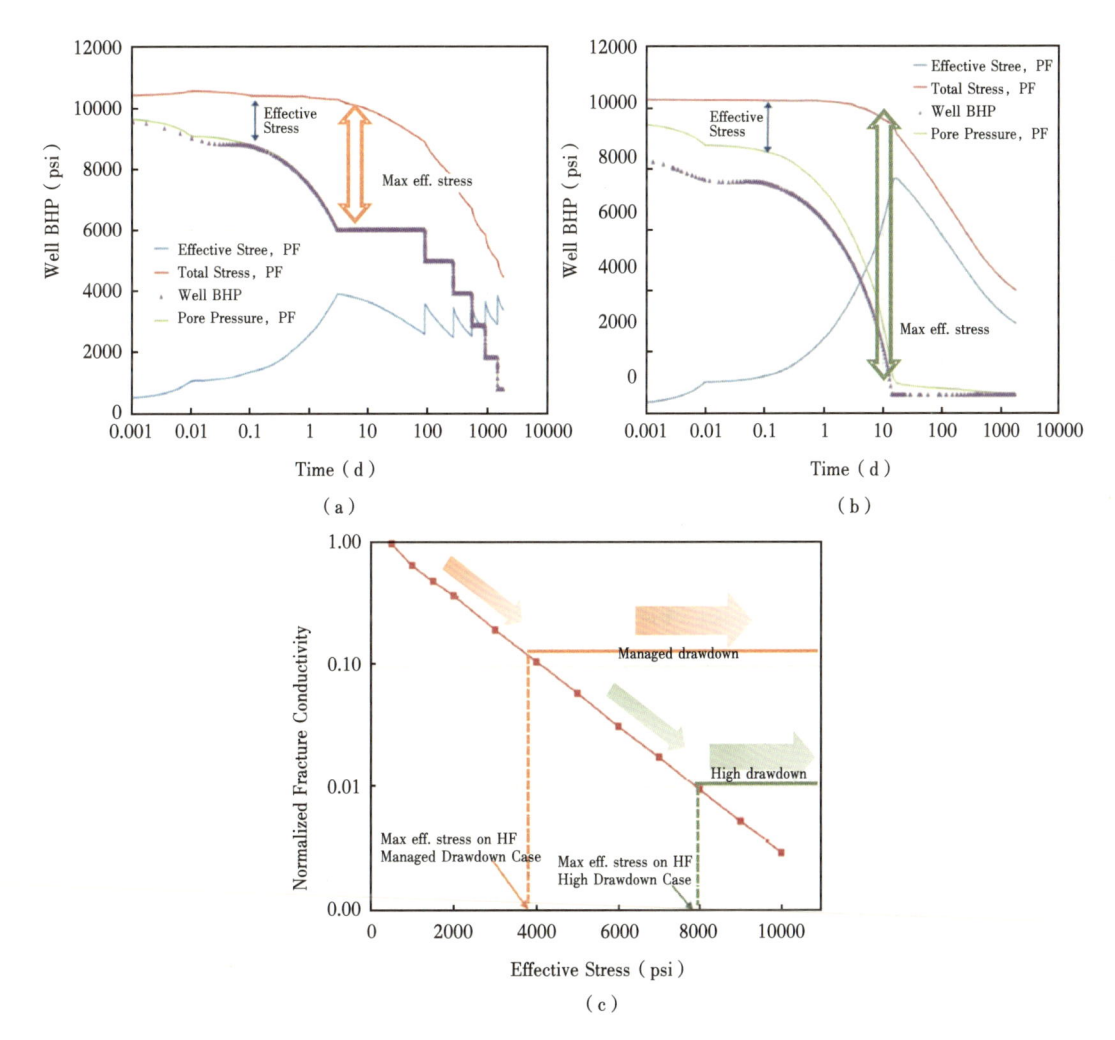

Fig. 1 Effective stress in the primary fracture during the (a) managed drawdown case and (b) high drawdown case; (c) the way of fracture conductivity decline during different cases (modified from Wilson 2015)

Nevertheless, there is still a challenge in wide application of coupled-geomechanical model to optimize drawdown management because of considerable fracture-gridding and expensive computation cost[2,4]. As an alternative, non-coupled reservoir models, less computationally intensive, can provide approximate simulations by solving diffusivity governing equation with pressure-sensitive permeability[9-13]. It is worth noting that it is not possible to assign permeability vs. effective stress relationships directly to the non-coupled simulation. However, it is possible to assign permeability vs. pressure relationships, because the effective stress can be converted to pressure by the relationship[14] that

$$\Delta\sigma_{\text{eff}} = -\alpha \frac{1+v}{3(1-v)} \Delta p \tag{1}$$

where $\Delta\sigma_{\text{eff}}$ is the change in effective stress, Δp is the change in pressure, v is the Possion's ratio and α is the Biot's constant in the range of 0~1. A popular approach is to relate permeability with pore pressure by using the permeability decay coefficient[15]. Afterwards, the relationship between permeability and pore pressure is developed and entered into the non-coupled model to forecast production performance. However, this approach assumes that the in-situ stress in the non-coupled model is regarded as a constant, so the stress path dependency that governs the change of effective stress is ignored. As a consequence, it is suggested that different permeability decay coefficients should be artificially assigned to the simulations controlled by different drawdown schedules[7,13,16]. Okouma et al[8] demonstrated that for modeling the unrestricted rate case a higher value for the permeability modulus is used and correspondingly a lower permeability modulus value is used for the restricted rate case. However, it gives rise to a question: what is the value of permeability decay coefficients under different BHP-drawdown schedules? The key question is not well addressed by now.

As analysis mentioned previously, the optimum BHP-drawdown strategy has a significant influence on the dynamic behavior of fracture closure and the production performance, which directly depends on the stress sensitivity in the fracture. However, the method of quantifying the optimum drawdown management is still not well-defined, and operators have to use a trial-and-error schedule to select the optimum chock management based on either BHP-decline rate or target-production rate associated with NPV maximization[4,5] as shown in Fig. 2. In this paper our main objective is to provide an efficient approach of optimizing BHP-drawdown in well producing from the reservoir stimulated by a hydraulic fracture with DCE without the constraint of NVP. It provides a possibility to find an optimum management across a wide range of drawdown strategies without being involved in the complexity of coupled geomechanics reservoir modeling.

方　法　篇

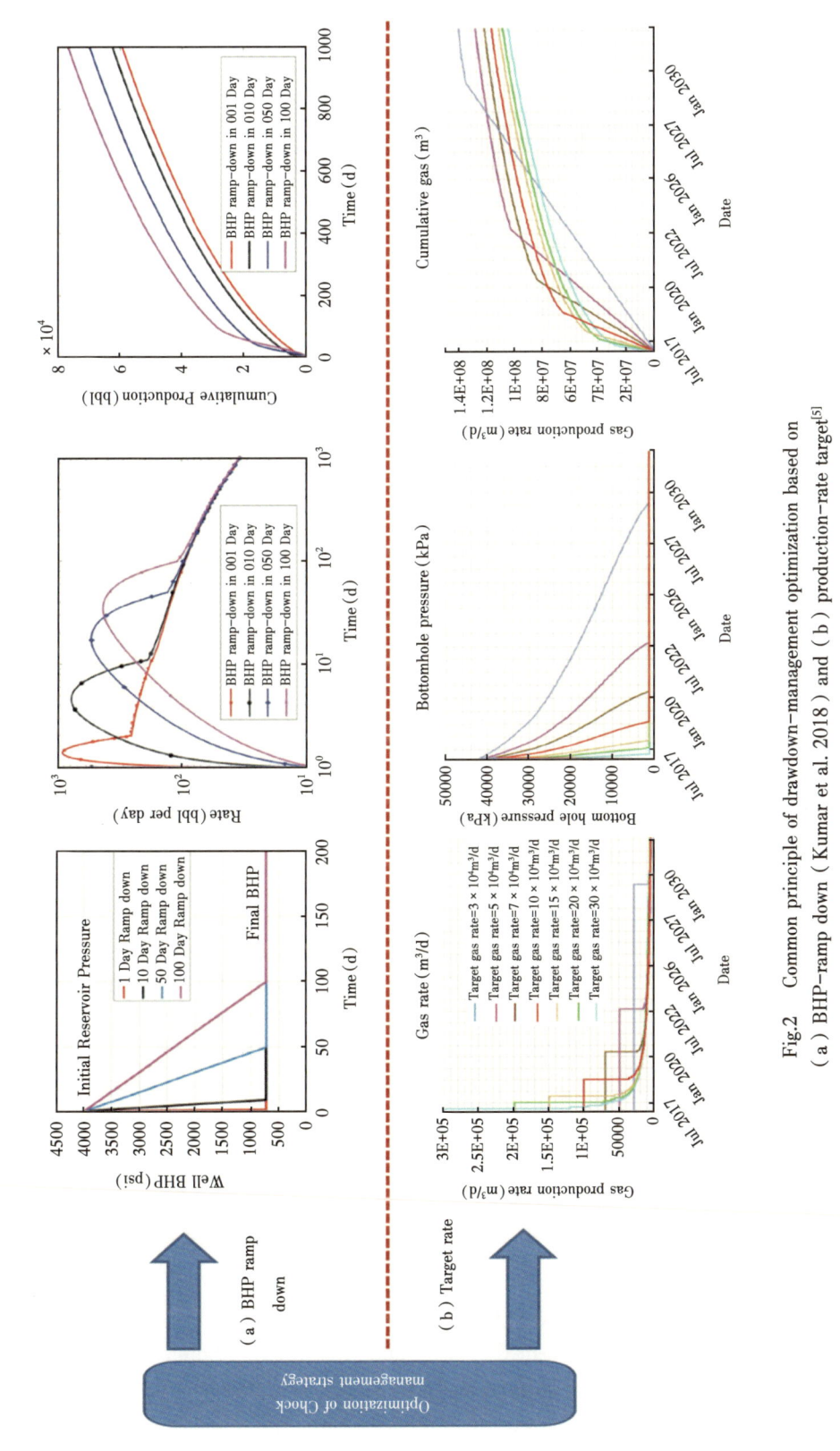

Fig.2　Common principle of drawdown-management optimization based on
(a) BHP-ramp down (Kumar et al. 2018) and (b) production-rate target[5]

2 Model Development

2.1 Pressure-sensitive Conductivity

Permeability is directly linked with effective stress, which is frequently modeled using the Bechman correlation:

$$K_f = K_{fi} \exp[b_k(\sigma_{eff,i} - \sigma_{eff})] \qquad (2)$$

where k_{fi} is absolute permeability at initial stress, b_k is the permeability modulus accounting for stress-dependence of permeability, and σ_{eff} is effective stress. The parameter of b_k is generally regarded as a constant. Effective stress reflects the relation with regard to pore pressure ($\sigma_{eff} = \sigma - \alpha_B p$, σ is in-situ stress, p is pore pressure and α_B is effective stress coefficient or Biot's coefficient), so a popular approach to account for permeability change is to relate permeability to pressure changes using Yilmaz and Nur approach:

$$K_f = K_{fi} \exp[-\gamma_f(p_i - p)] \qquad (3)$$

where the relationship between permeability decay coefficient (γ_f) and the rock characteristic parameter for stress state is given by $\gamma_f = b_k \alpha \left[1 - \frac{2}{3}\left(\frac{(1-2v)}{(1-v)}\right)\right]$ [9]. In traditional uncoupled reservoir simulation, the permeability decay coefficient is also regarded as a constant in the stress/pressure-sensitive rock. However, Eq. 3 contributes to overestimation of long-term cumulative production rate for the well in soft formations such as shale[2]. The reasons are explained that the change in effective stress is given as

$$\underbrace{(\sigma_{eff,i} - \sigma_{2ff})}_{\text{change in effective stress}} = \underbrace{(\sigma_i - \sigma)}_{\text{change in in-situ stress}} - \alpha_B \cdot \underbrace{(p_i - p)}_{\text{change in pore pressure}} \qquad (4)$$

and the change in in-situ stress is so significant that it cannot be ignored in unconventional reservoirs. As a result, the relationship between the change in effective stress and the change in pore pressure is not linear as seen from Fig. 1.

Zhang et al[17] presented the laboratory measurement data about the relationship between normalized fracture conductivity and effective stress for shale samples (Fig. 3). There exists a linear relationship between $\ln(K_f/K_{fi})$ and effective stress as seen in Fig. 3a; put another way, the parameter of bk is a constant. As comparison, the relationship between $\ln(K_f/K_{fi})$ and the difference of pore pressure is nonlinear as seen in Fig. 3b. According to the findings of Wilson[1] that the change in in-situ stress can be expressed as a function of pore pressure, a non-linear relationship is obtained in terms of pressure drawdown, this is $(\sigma_{eff,i} - \sigma_{eff}) = \lambda(p_i - p)$. Thus, it is reasonable to assume the permeability decay coefficient in Eq. 3 as a function of pressure drawdown[18-20]. If the relationship between $\ln(K_f/K_{fi})$ and pressure drawdown is fitted as a polynomial expression, it can be match well with the experimental data (Fig. 3b). Consequently, the permeability decay coefficient is satisfied as a straight-linear function of pressure drawdown (Fig. 3c), which is given as:

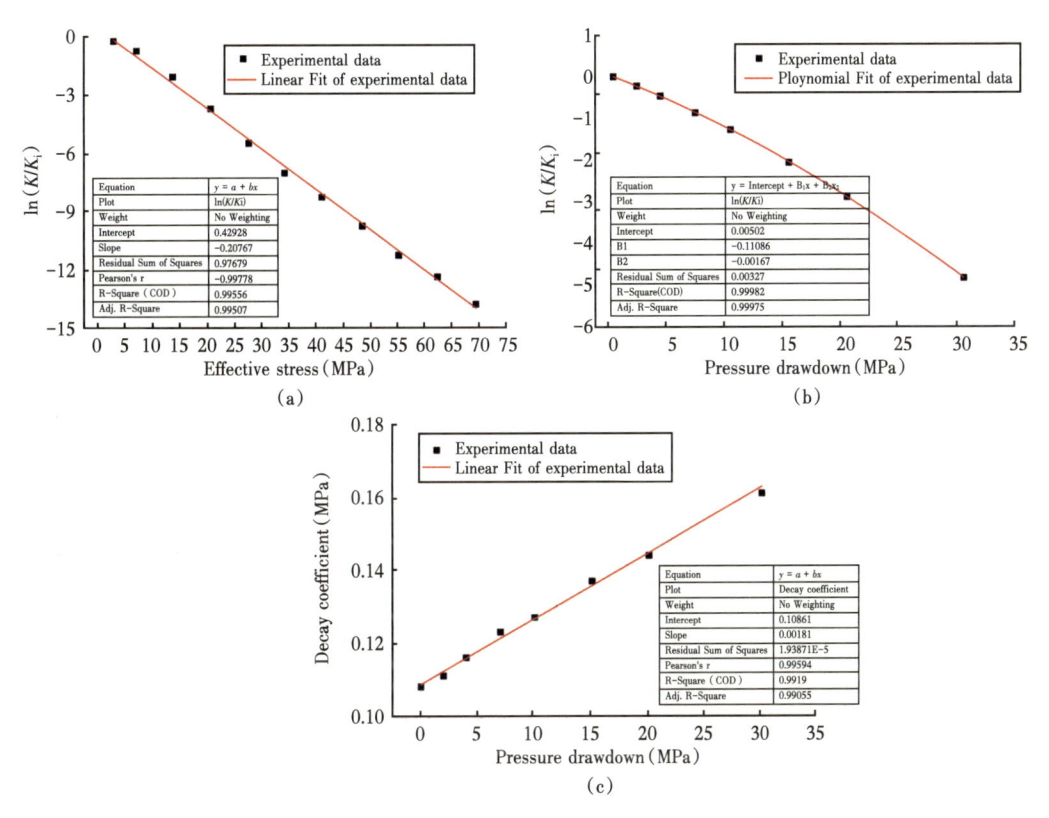

Fig. 3 The relationship beween normalized fracture conductivity and pore pressure based on laboratory measurement data

$$\gamma_f = a\Delta p + b \tag{5}$$

where $\Delta p = p_i - p$, a and b are characteristic parameters that are determined from experimental data. It is noted that Eq. 5 is also consistent with the hypothesis of Okouma et al[8] given as:

$$\underbrace{\overbrace{(a\Delta p + b)}^{\gamma_{f,\text{unrestricted}}}}_{\text{a larger BHP-drawdown}} > \underbrace{\overbrace{(a\Delta p + b)}^{\gamma_{f,\text{restricted}}}}_{\text{a lower BHP-drawdown}} \tag{6}$$

Besides, it needs to be emphasized that the part of conductivity of hydraulic fracture can be still retained because of the mismatch of asperities even after fracture wall have come into contact, and a general model presented by Zhang et al[21] is introduced to describe the relationship between fracture permeability and pore pressure next:

$$\frac{K_f(p_f) - K_{fmin}}{K_f(p_i) - k_{fmin}} = \exp[-\gamma_f(p_f) \cdot (p_i - p_f)] \tag{7}$$

where K_{fmin} is the minimum/residual fracture permeability. After using dimensionless conductivity

(Appendix A), Eq. 7 can be rewritten in term of dimensionless conductivity with DCE:

$$\frac{C_{fD}}{C_{fDmin}} = \frac{C_{fDmin}}{C_{fDi}} + \left(1 - \frac{C_{fDmin}}{C_{fDi}}\right) \cdot \exp[-\gamma_{fD}(p_{fD}) \cdot p_{fD}] \quad (8)$$

and dimensionless permeability decay coefficient is expressed as $\gamma_{fD} = a_D \cdot p_D + b_D$.

2.2 Semi-analytical Modeling

The physical model used in this paper is described as a classical process that one-phase compressible fluid is extracted by the well intercepted by a hydraulic fracture with DCE in a homogeneous reservoir surrounded by rectangular closed boundaries. A plan view of the model is shown in Fig. 4. The problem statement can be divided into two successive processes in reservoir flow domain and fracture flow domain. With semi-analytical approach, the solutions for unknown variables of dimensionless inflow flux along fracture face are given by

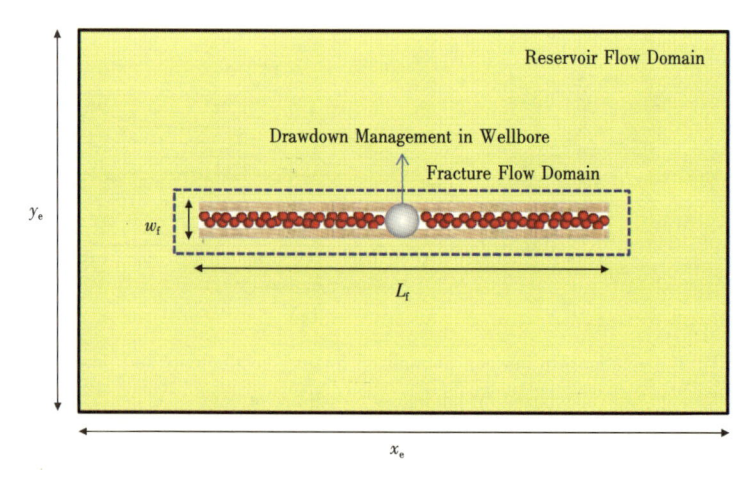

Fig. 4 Plan view of a hydraulical fractured well with DCE in the center of a rectangular reservoir

$$\underbrace{\widetilde{p}_{wD}}_{\substack{\text{BHP-drawdown}\\\text{managemen}}} - \underbrace{\widetilde{p}_{mD}(\xi_D)}_{\substack{\text{Flow in}\\\text{reservoir domain}}} = \left(\frac{2\pi}{\underbrace{\hat{C}_{fD}}_{\text{DCE}}}\right) \cdot \left(\underbrace{\widetilde{\widetilde{q}}_{wD} \cdot G(\xi_D, \xi_{wD})}_{\substack{\text{Production-rate}\\\text{management}\\\text{Fluid extracted}\\\text{through wellbore}}} - \underbrace{\int_{\xi_{wD}}^{\xi_D} d\xi \int_0^{\xi} \overbrace{\widetilde{q}_{fD}(\xi)}^{\substack{\text{Unknowns}\\\text{variables}}} d\xi}_{\text{Flow in fracture domain}}\right) \quad (9)$$

More detailed illustration is found in our recent work[22].

The well is produced by controlling BHP-drawdown management or production-rate management. Most studies put the focus on the production simulation in the constant-BHP condition and constant rate condition. During restricted management, the BHP-drawdown is not a constant with time, reducing from an initial pressure (p_i) to a finial pressure (p_{wf}) over the duration of ramp-up process (t_B). The difference between p_i and p_{wf} is user specified. After $t > t_B$, BHP keeps a constant of p_{wf}. Here, a universal dimensionless expression is introduced to describe the variation of BHP over time, which is given as

$$p_{wD}(t_D) = \frac{p_i - p_w}{p_i - p_{wf}} = \begin{cases} F_D(t_D, t_{BD}), t_D \leqslant t_{BD} \\ 1, t_D > t_{BD} \end{cases} \quad (10)$$

In Eq. 10, the dimensionless BHP-drawdown equals zero (initial pressure) at $t_D = 0$ and unity at $t_D = t_{BD}$. As shown in Fig. 5, these curves represent different strategies of BHP-drawdown management. All curves are grouped into "conservative" and "aggressive" scenarios, and the upper-left triangular section is targeted optimization region because the optimum BHP configuration falls above the linear diagonal in practice[23,24].

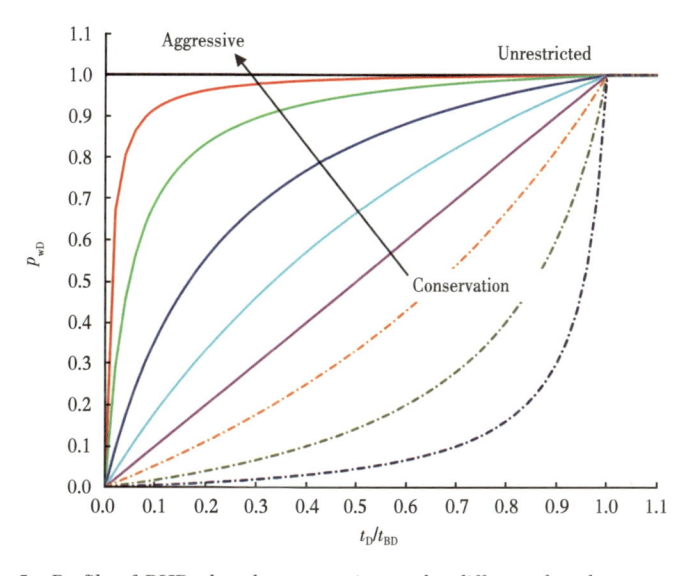

Fig. 5 Profile of BHP-drawdown over time under different drawdown scenarios

Eq. 10 is a discontinuous function and can be transferred as a continuous function by incorporating the Heaviside unit function. Furthermore, time domain can be divided into n time-steps in management strategy (Fig. 6), and Eq. 9 can be rewritten as the sum of stepwise function with constant BHP-drawdown:

$$\begin{aligned} p_{wD}(t_D) &= F(t_D, t_{BD}) - H(t_D, t_{BD})[F(t_D, t_{BD}) - 1] \\ &= \sum_{\kappa=1}^{n} (p_{wD\kappa} - p_{wD\kappa-1}) H(t_D - t_{pD\kappa-1}) \end{aligned} \quad (11)$$

Taking Laplace transformation, Eq. 11 can be rewritten as follows:

$$\tilde{p}_{wD}(s) = \int_0^{t_D} p_{wD}(t_D) \exp(-st_D) dt_D = \sum_{\kappa=1}^{n} (p_{wD\kappa} - p_{wD\kappa-1}) \frac{\exp(-t_{pD\kappa-1}s)}{s} \quad (12)$$

Once the BHP-drawdown is assigned, the production rate can be calculated. According to Duhamel's principle in the Laplace-transformation domain, the solutions for unknowns under varying-BHP condition can be achieved by substituting Eq. 12 into Eq. 9, which are given by:

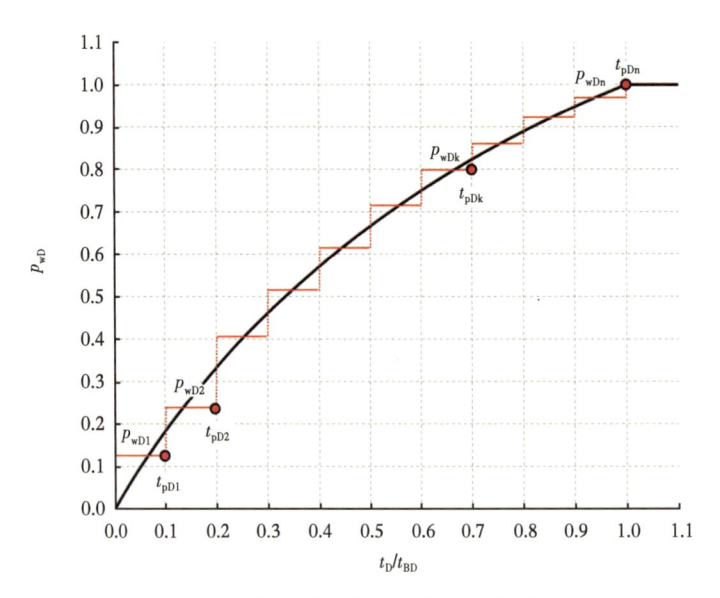

Fig. 6 Stepwise schematic of dimensionless BHP-drawdown

$$\widetilde{X}^T(s) = \sum_{\kappa=1}^{n} \left[(p_{wD\kappa} - p_{wD\kappa-1}) \exp(-t_{pD\kappa-1}s) \cdot \widetilde{X}_u^T(s) \right] \tag{13}$$

with $p_{wD0} = 0$ and $t_{pD0} = 0$. The unknown vector is presented as follows:

$$\widetilde{X}^T = \left[\underbrace{\widetilde{q}_{fD1}, \widetilde{q}_{fD2}, \cdots, \widetilde{q}_{fDN}}_{\vec{q}_{fD}}, \widetilde{q}_{wD} \right], \text{and } \widetilde{X}_u^T = \left[\underbrace{\widetilde{q}_{fDu1}, \widetilde{q}_{fDu2}, \cdots, \widetilde{q}_{fDuN}}_{\vec{q}_{fDu}}, \widetilde{q}_{wDu} \right] \tag{14}$$

where q_{fDu} and q_{wDu} are the unit constant-BHP solutions. Because Stehfest's algorithm is strictly limited to continuous functions[25], Stehfest's algorithm cannot be directly applied to Eq. 13 in the consideration of stepwise-BHP problems. An improved procedure is introduced to incorporate the existence of discontinuities (Heaviside unit function) in the construction of inverse transforms by Stehfest algorithm (seen in Appendix B). Using the suggested equivalence relation, Eq. 13 is transformed to be

$$\widetilde{X}^T(s) = \sum_{\kappa=1}^{n} \left[\left(\frac{p_{wD\kappa} - p_{wD\kappa-1}}{t_D - t_{pD\kappa-1}} t_D \right) \cdot \widetilde{X}_u^T(s_\kappa) \right] \tag{15}$$

where s_κ is Laplace variable based on $t_D - t_{pD\kappa-1}$. Eq. 15 can be calculated according to the iterative algorithm presented in Appendix C.

3 Results and Discussions

3.1 Verification of the model

To the best of our knowledge, there are no existing examples of performance simulation for hydraulic fracture with DCE in a closed rectangular reservoir. To verify the semi-analytical solution, the transient-BHP simulations under constant-rate condition and the transient-rate simulations under constant-BHP condition are calculated and compared with the numerical simulation. As a base case, a rectangular reservoir of size 4598×4598m is established. The half-length of fracture is 114.95m. The porosity and the initial permeability used in the model are set to be 0.1 and 1mD. The model is saturated with oil at an initial pressure of 150MPa. The oil viscosity is assumed to be constant of 1cp, and the total compressibility factor is 4.35×10^{-4} MPa^{-1}.

3.1.1 Variable-rate Production

The results are shown in Fig. 7a. The well is produced at a stepwise rate with 6 durations, where $q=6$m^3/d for lasting 133.07d, $q=1.5$m^3/d for lasting 532.27d, $q=0$ for lasting 665.33d, $q=2.1$m^3/d for lasting 5.32×10^3d, $q=3$m^3/d for lasting 5.98×10^4d, and $q=0$ for lasting 5.98×10^5d. Here, the referenced rate is set to be $q=3$m^3/d, and the relation between permeability and pressure is given by Eq. 3 with $a=0.275$MPa^{-2} and $b=0.525$MPa^{-1}.

3.1.2 Variable-BHP Production

The comparison between the numerical and analytical solutions is presented in Fig. 4b when the well is produced at a stepwise BHP with 6 durations ($p_w=50, 70, 100, 70, 40$ and 50MPa respectively). The referenced pressure of p_{wf} is 50MPa. The characteristic parameters of pressure sensitivity satisfy: $a=001$MPa^{-2} and $b=0.01$MPa^{-1}. It is noted that the values of characteristic parameters ensure the dimensionless variables of a_D and b_D equal to unity in constant-rate and constant-BHP productions in analytical modeling. Close agreements between the analytical solutions and numerical solutions are obtained under two scenarios as shown in Fig. 7.

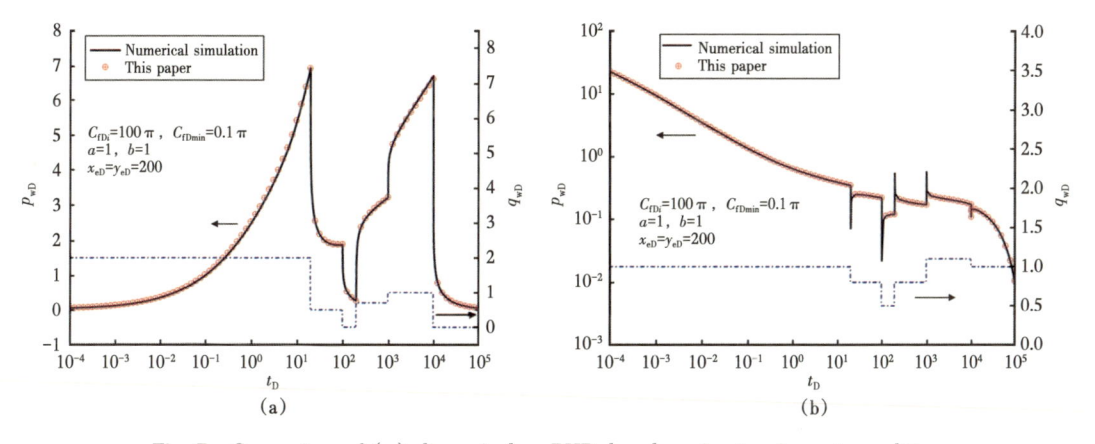

Fig. 7 Comparison of (a) dimensionless BHP drawdown in stepwise-rate condition and (b) dimensionless rate in stepwise-BHP condition

Impairment of Production Rate. The discussion in this section puts the primary focus on the constant-BHP production scenario. The effects of pressure-sensitivity conductivity and BHP-drawdown management on rate impairment are investigated respectively.

Fig. 8 shows the forecast of rate and cumulative rate in the base case, where $x_{eD} = y_{eD} = 40$, $C_{fDi} = 100\pi$, $C_{fDmin} = 0.1\pi$, and $p_{wD} = 1$. As expected, the rate in the sensitive case (q_{wD}) and the rate in nonsensitive case (q_{wD0}) are declined with time. Correspondingly, cumulative rate in the sensitive case (G_{pD}) and cumulative rate in nonsensitive case (G_{pD0}) are increased with time until reach a maximum value due to the stationary original gas in place (OGIP) in the limited drainage area. In the sensitive cases (solid lines), the rate and cumulative rate are reduced which is attributed to the conductivity degradation compared with nonsensitive case (dashed line), and these curves are distributed in the range of the initial constant-conductivity condition ($C_{fDi} = 100\pi$) and minimum constant-conductivity condition ($C_{fDi} = 0.1\pi$). Besides, the degree of rate impairment depends on the magnitude of permeability decay coefficient (γ_{fD}): the higher the value of γ_{fD}, the higher the degree of rate reduction.

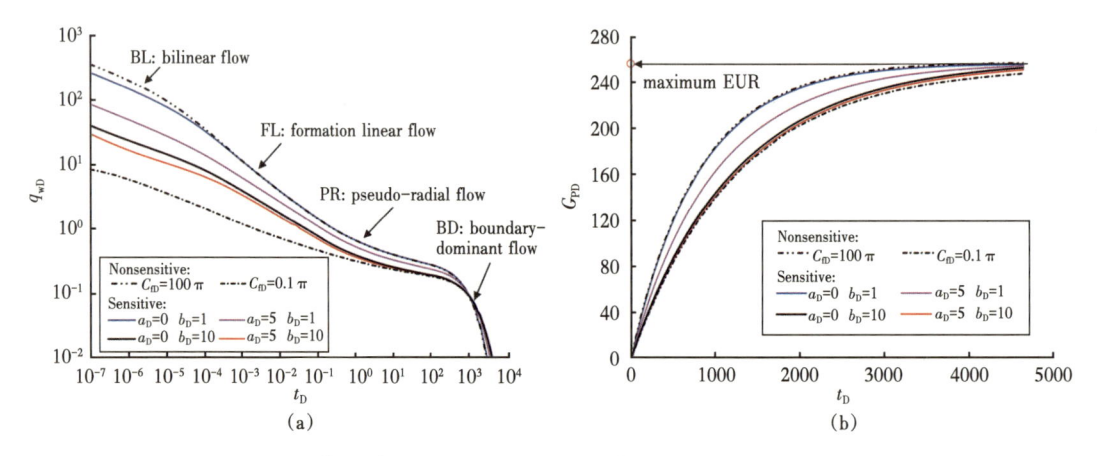

Fig. 8　Effect of pressure-sensitivity conductivity on rate impairment

The effect of BHP-drawdown on rate impairment is illustrated in Fig. 9. There are two types of curve: one is that DCE is characterized by constant permeability decay coefficient, and the other is that DCE is characterized by functional permeability decay coefficient. For Type I in Fig. 9a, at any time point, as BHP-drawdown is increased, the rate/cumulative rate is increasing as well but not proportionately. In Type II in Fig. 9b, the characteristics mentioned above can be observed in intermediate-term and long-term period ($t_D > 0.1$). However, the characteristics are not be observed in the short-term period ($t_D < 0.1$). During the short-time period, there exists a special BHP-drawdown causing a maximum rate at a given time, but the special value does not correspond to the maximum BHP-drawdown. In other words, beyond a certain drawdown, the rate increase with drawdown is essentially equal to the rate decrease with conductivity degradation. In addition, the productivity index ($J_D = q_{wD}/p_{wD}$) is defined to normalize the rate impairment that results from the change of BHP-drawdown. In the nonsensitive cases ($\gamma_{fD} = 0$), all the cases under different drawdowns collapse into a single line (dashed lines in Fig. 9c ~ Fig. 9d), which indicates that the well productivity is independent of the drawdown. Put another way, an increase in BHP-drawdown always results in the increase in rate, proportionately. As comparison, the solid lines do not collapse in the sensitive cases ($\gamma_{fD} > 0$). At any given time within the whole period in addition to extremely long-term period ($t_D > 1000$), the productivity index (PI) decreases as the drawdown increases, but the decreased rate with drawdown is miniscule. It indicates that the gain in production rate as a result of the increased BHP-drawdown is reduced by the decrease in conductivity associated with the pressure-sensitive dependence.

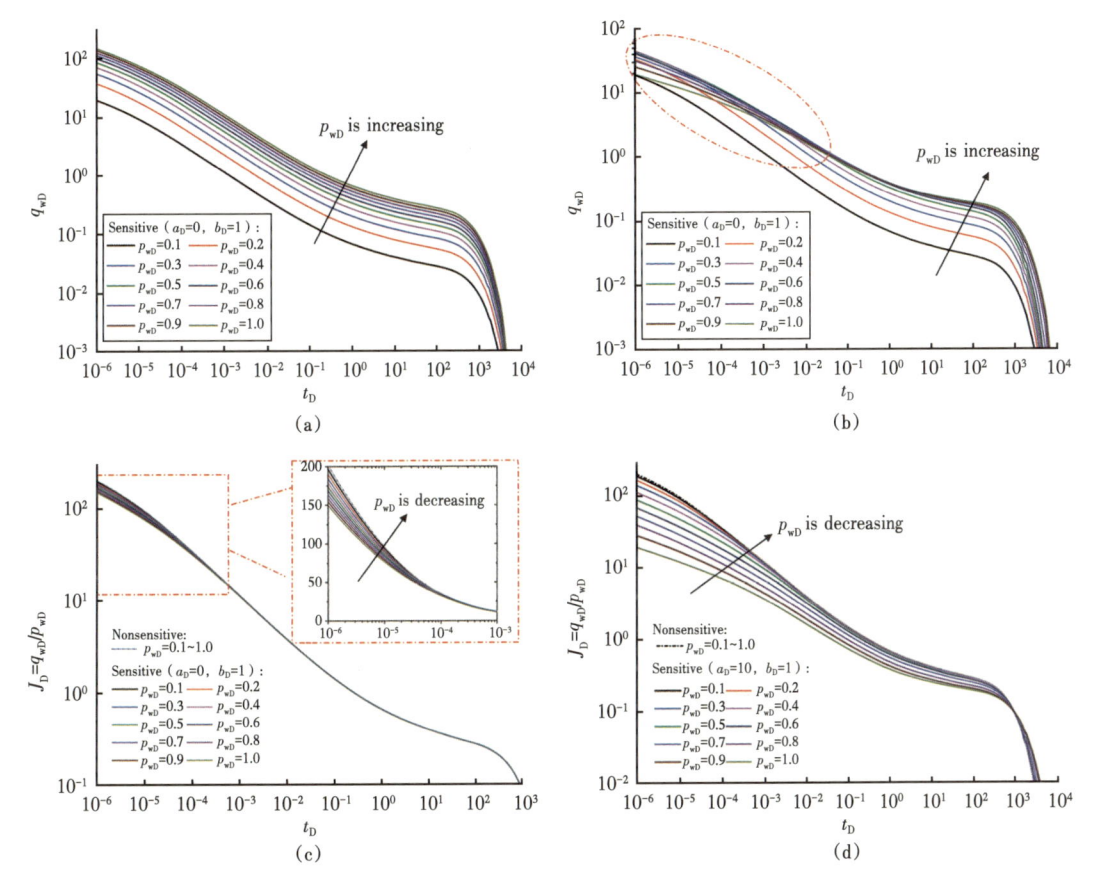

Fig. 9 Effect of BHP-drawdown on rate impairment: (a) dimensionless rate ($a_D = 0$, $b_D = 1$), (b) dimensionless rate ($a_D = 10, b_D = 1$), (c) dimensionless productivity index ($a_D = 0$, $b_D = 1$) and (d) dimensionless productivity index ($a_D = 10$, $b_D = 1$)

3.2 Optimization Approach

The previous analysis implies that a higher BHP-drawdown contributes to a higher driving force but also makes the well choke itself as well. Therefore, it is possible to design an optimum BHP-drawdown management during which the well remains productivity while maintaining a high enough drawdown to maximum production. In this section, the optimum relationship between production rate and BHP drawdown is searched using transient IPR curves, and an integrated approach is then presented to quantify the profile of BHP-drawdown over time.

It is emphasized that the highlight region remarked in yellow in Fig. 10~Fig. 13 is the effective range of BHP-drawdown ($0<p_{wD}<1$). It is of no significance out of the range to optimize drawdown in practice.

3.2.1 Transient IPR Without a Reversal

As a base nonsensitive case (Fig. 10a), the transient IPR curve exhibits a positive correlation between the production rate and BHP-drawdown in the hydraulic fractured well without DCE ($\gamma_{fD}=0$), which indicates that a higher BHP-drawdown always results in a higher production rate. Results are replotted in Fig. 10b by use of productivity index to normalize the effect of rate increase. All the cases collapse into the same value at the given time because the productivity index is irrelevant to BHP-drawdown in the nonsensitive case.

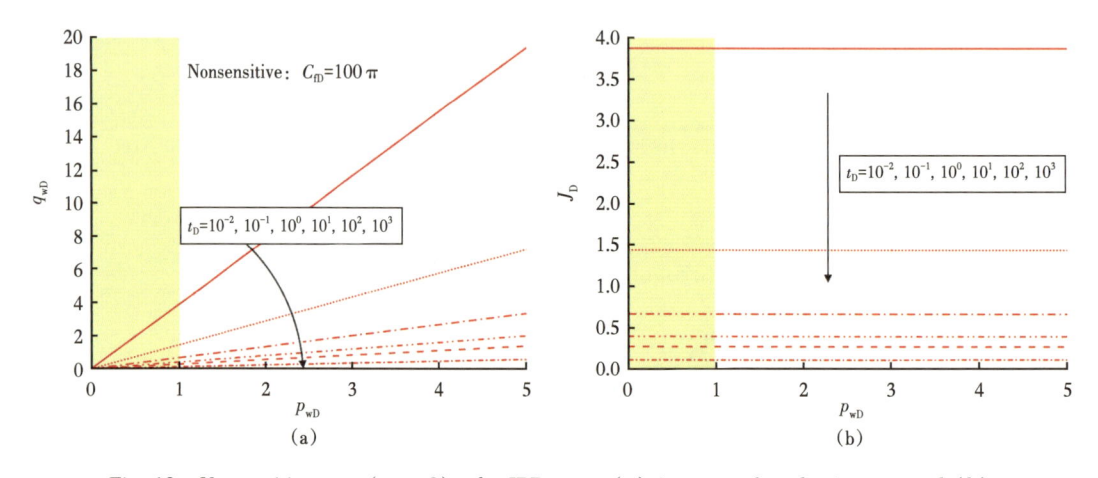

Fig. 10 Nonsensitive case ($\gamma_{fD}=0$): the IPR curve (a) in terms of production rate and (b) in terms of productivity index

As shown in Fig. 11, the pressure sensitivity in fracture is taken into account, and the permeability decay coefficient is assumed to be a constant. Fig. 11a displays a straight linear correlation in small range of BHP-drawdown, but the gain in production rate will be low than the linear prediction with the increasing of BHP-drawdown. Fig. 11b shows that the productivity index degrades from the initial constant-conductivity condition ($C_{fD}=100\pi$, $\gamma_{fD}=0$) to the minimal constant-conductivity condition ($C_{fD}=0.1\pi$, $\gamma_{fD}=0$) with the increase of BHP-drawdown. The gain of production rate is reduced or offset by the conductivity degradation associated with the pressure sensitivity. In addition, the operational window/productivity degradation zone is decreased with time, which is defined as the transition interval of BHP-drawdown between the initial and the minimal condition at a given time. For example, the operational window is located in the range of $1.5<p_{wD}<100$ when $t_D=0.01$, while the window is decreased to the range of $4<p_{wD}<10$ when $t_D=1000$. Because the operational window determines the optimal range of BHP-drawdown, it indicates that there is much room of BHP-drawdown management in earlier-term period.

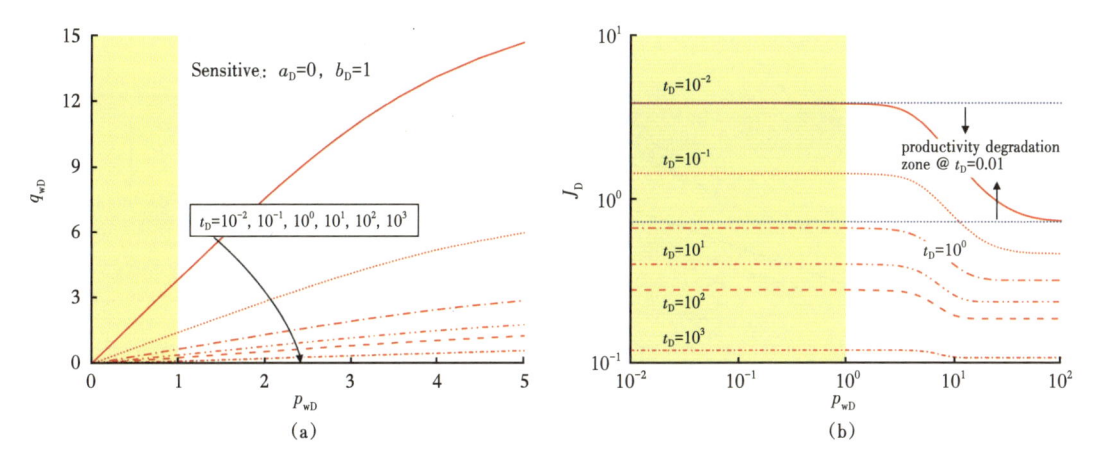

Fig. 11 Sensitive case (γ_{fD} = constant): (a) transient IPR curve in terms of rate;
(b) transient IPR curve in terms of productivity

3.2.2 Transient IPR With a Reversal

The permeability decay coefficient is assumed to be a linear function of pressure in Fig. 12a. With the BHP-drawdown increasing, the outstanding findings are noted as follows: The transient IPR curve transitions from the initial constant-conductivity condition to the minimal constant-conductivity condition, and there is a reversal behavior on transient IPR within the highlight region. That's to say, an operating point exists on transient IPR curves. When the BHP-drawdown is larger than the operating point, the production rate would decrease as the BHP-drawdown increases. When BHP-drawdown is smaller than the operating point, the increase of BHP-drawdown causes the production rate to increase up to a peak value. The operating point is defined as the optimum drawdown at that given time. Fig. 12b demonstrates that the reversal behavior is attributed to the serious degradation of productivity which has a link to the BHP-drawdown. Afterwards, as shown in Fig. 12c, the optimum profile of BHP-drawdown is achieved by integrating operating points on transient IPR curves over time. Here, the phenomenon that the optimum BHP-drawdown is increased with time is consistent with the practices[4,13].

Fig. 13 shows the effect of pressure sensitivity on optimum BHP-drawdown. Fig. 13a illustrates that the more intense the DCE is, the smaller the BHP-drawdown is at a given time. Fig. 13b shows that the case with intense DCE elongates the duration of BHP-drawdown management and the profile of the optimum drawdown always underlies the case with weak DCE. It indicates that the reservoir produced by a hydraulic fractured well with intense DCE requires a more conservative drawdown strategy to maximize production.

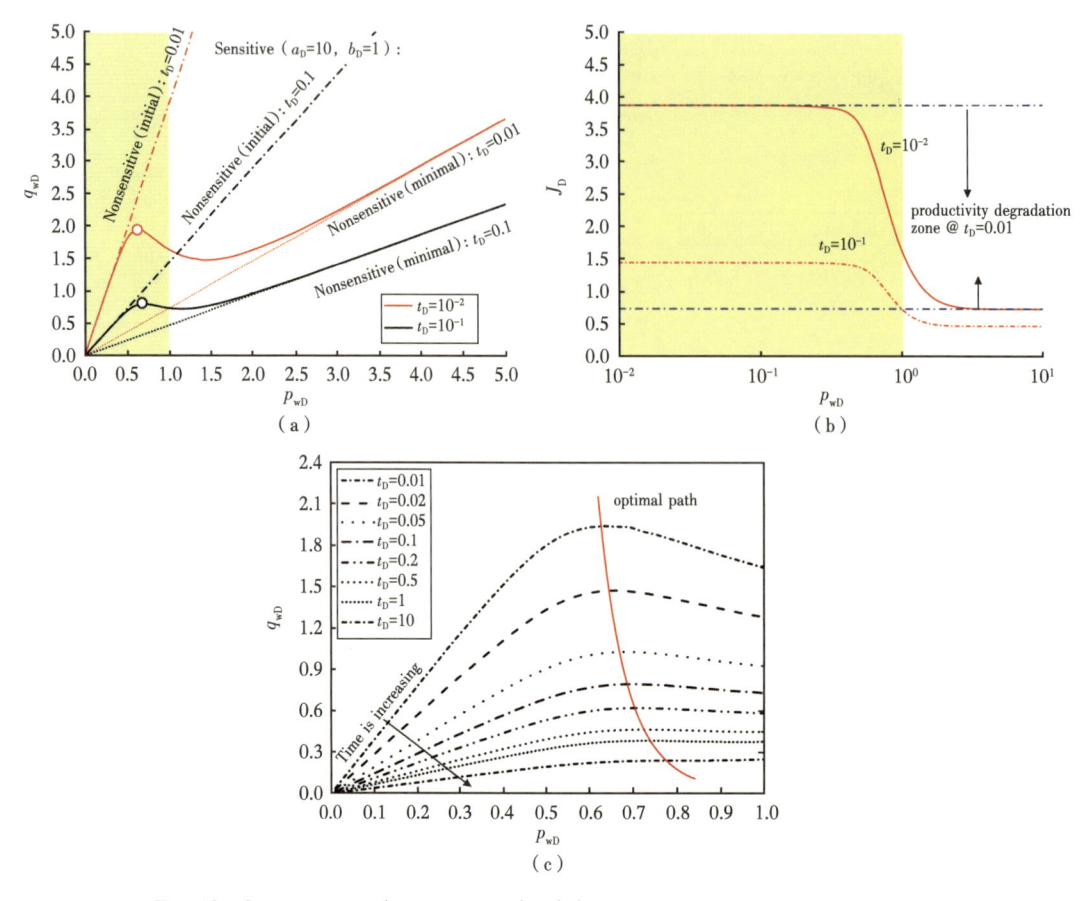

Fig. 12 Sensitive case ($\gamma_{fD} \neq$ constant): (a) transient IPR curve in terms of rate; (b) transient IPR curve in terms of productivity and (c) the optimum BHP-drawdown over time

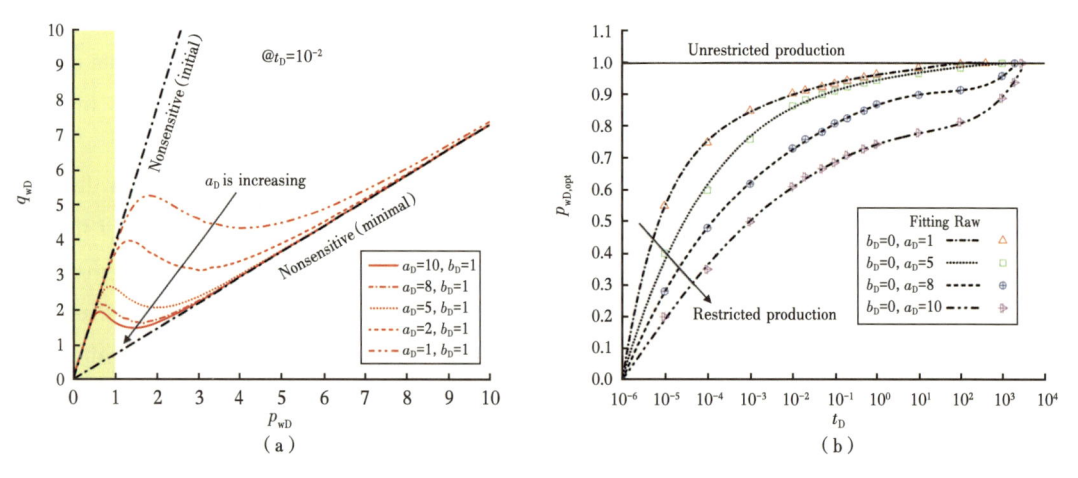

Fig. 13 Effect of the magnitude of DCE on (a) optimum BHP-drawdown at given time and (b) optimum BHP-drawdown over time

4 Synthetic Case Study

In this section, a synthetic case from Zhaotong shale gas in China is defined to illustrate the effect of the optimum BHP-drawdown on production performance. The workflow is outlined as shown in Fig. 14, and a fully coupled-geomechanics reservoir simulator is used. Table 1 summarizes the input parameters used in the synthetic case. The results of the lab measurements of fracture conductivity are first used to build fracture compaction curves with regard to effective stress (F_c vs. σ_{eff}), which is entered into geomechanical reservoir modeling. These data are then transformed to compaction tables with regard to pore pressure (F_c vs. p), which is entered into semi-analytical modeling. In drawdown optimization step, the BHP-drawdown is calibrated by capturing the time-lapse behavior as illustrated in Fig. 15, with consideration of the effect of production history on transient IPR (detailed discussions will be presented in the future work).

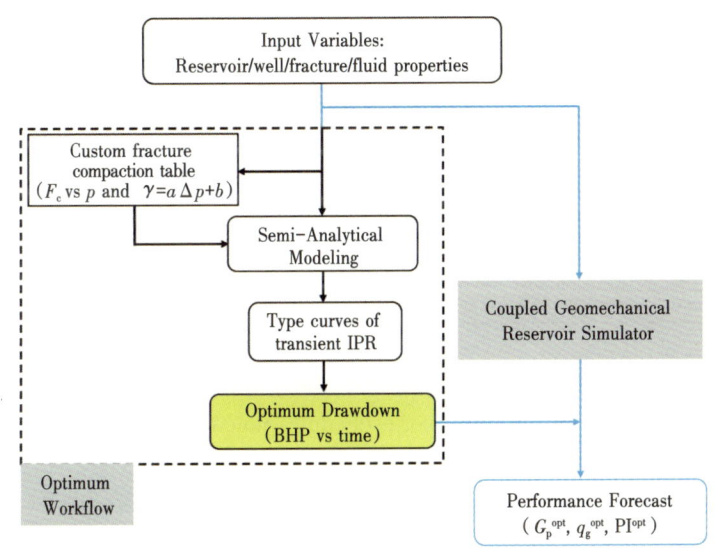

Fig. 14 Overview of workflow in the synthetic case

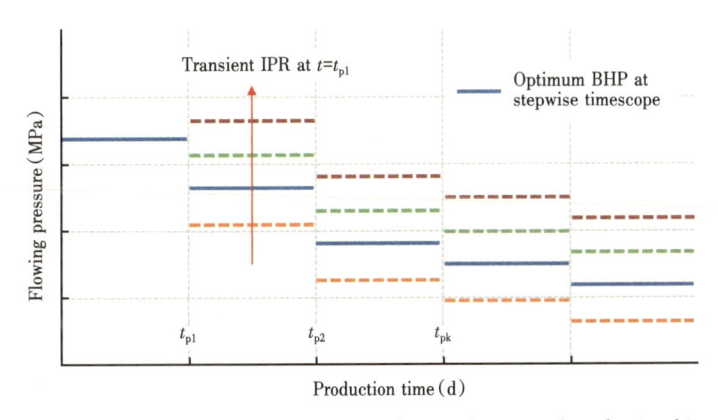

Fig. 15 Calibration of BHP-drawdown with consideration of production history

Table 1 Reservoir and fracture properties used in the sythetic case

Parameter	Value and Unit
Fluid type	Dry gas
Reservior thickness	25
Reservoir initial pressure	37.446MPa
Reservoir temperature	303K
Reservoir compressbility	1×10^{-3} MPa^{-1}
Reservoir permeability	1×10^{-4} mD
Reservoir porosity	0.08
Reservoir dimensions	1500×400
Initial dimensionless conductivity	300
Minimal dimensionless conductivity	0.001
Fracture length	200
Total-fracture number	60
Young's Modulus	3.79×10^{5} MPa
Poisson's ratio	0.15
Initial closure stress	40.226MPa
permeability modulus	0.20767MPa^{-1}
characteristic parameter of a	0.11086MPa^{-1}
characteristic parameter of b	0.00167MPa^{-2}

As seen from Fig. 16a, the optimum drawdown schedule noted by Path 2 is calculated based on transient IPR curves. As comparison, two more schedules noted by Path 1 and Path 3are provided. Specially,

(1) Path1 indicates a unrestricted drawdown schedule with BHP = 5MPa, which is extremely aggressive and declines to the final BHP of p_{wf} immediately;

(2) Path2 indicates a restricted optimum-drawdown schedule, which declines over 540 days to reach the final BHP;

(3) Path3 indicates a restricted ramp-drawdown schedule with a constant BHP-decline rate over 540 days.

Three drawdown schedules are respectively entered into the coupled-geomechanics reservoir model, and 20-year production forecasts are simulated as illustrated in Fig. 16. As expected, as seen in Fig. 16a, the unrestricted scenario (Path 1) induces higher effective stress on wellbore than restricted scenarios (Path 2 and Path 3) during the whole lifecycle in addition to the intermediate-term period (500 day~1200 day). Moreover, the optimum-drawdown scenario reduces the peak effective stress ($\sigma_{eff,peak}$ = 20.0MPa in the case of Path 2) compared to the sub-optimum restricted scenario ($\sigma_{eff,peak}$ = 21.3MPa in the case of Path 3). As a result, from the rate vs. time plot shown in Fig. 16b, we observe that the rate initially increases due to the increasing BHP drawdown and reaches a peak value in the restricted scenarios. However, after the peak, the rate would decrease even when BHP drawdown is decreasing. Based on the cumulative production comparison shown in Fig. 16c, we observe that cumulative rate in unrestricted scenario is higher than restricted scenarios at the early-term period ($EUR_{Path1} > EUR_{Path2}$ when $t < 615$ day; $EUR_{Path1} > EUR_{Path3}$ when $t < 1263$ day), and the optimum schedule of Path 2 is indeed better in enhancing long-term cumulative production or EUR. Fig. 16d shows that the optimum BHP-drawdown could result in a higher productivity index during the whole period. Put another way, optimum drawdown is a mitigating factor in decreasing well productivity over time.

As analysis from Fig. 16, we infer that the restricted-drawdown results in lower effective stress field in fracture, which in turn results in higher well productivity. As a consequence of this hypothesis, the optimum BHP-drawdown minimizes the loss in productivity, but also increases the driving force towards increasing production rate. Therefore, the function of optimum drawdown is to find a tradeoff in which the fracture remains conductive while maintaining a high enough drawdown to maximize production.

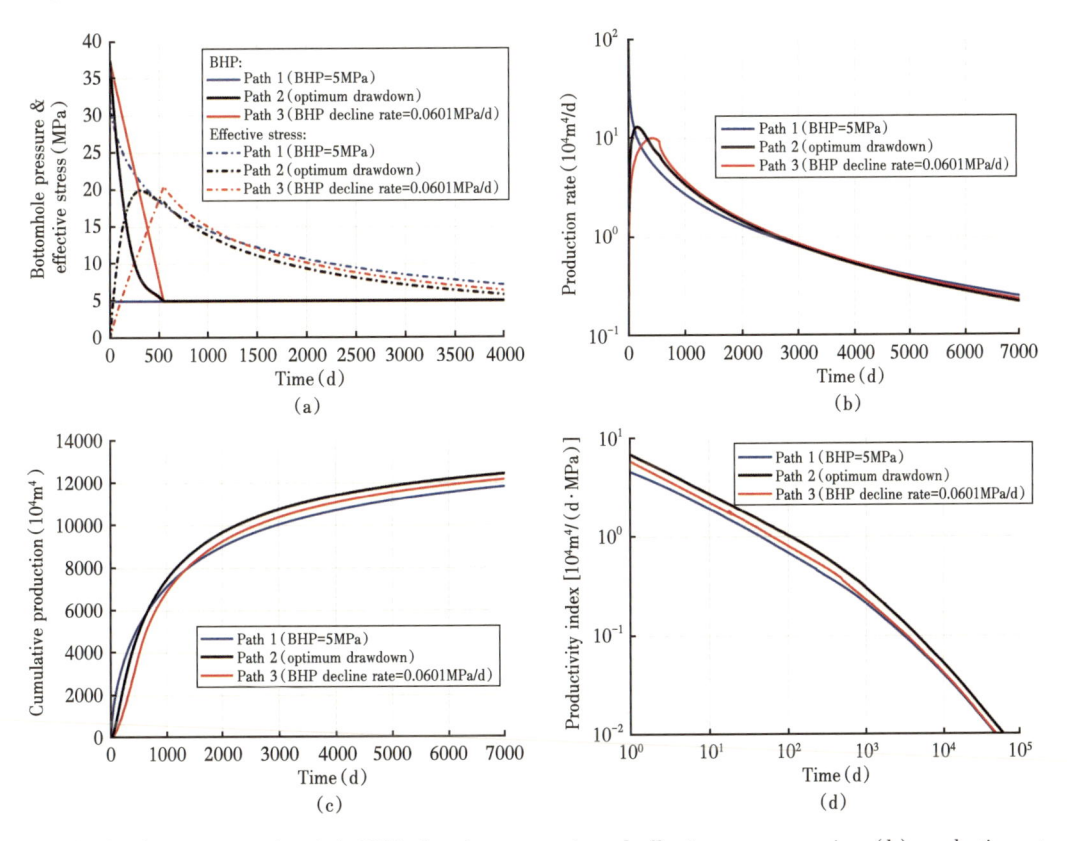

Fig. 16 Synthetic case study, (a) BHP-drawdown scenario and effective stress over time (b) production rate over time (c) cumulative production over time and (d) productivity index over time

5 Conclusions

The closed-form model developed in this paper enables us to study the effect of BHP-drawdown on the performance of the well intercepted by hydraulic fracture with DCE. The transient IPR curves generated by the model provide an integrated framework of the selection of an optimum BHP-drawdown management. The main contributions of this study are summarized as follows:

(1) In hydraulic fracture propped in soft rock, the permeability modulus is a constant in the exponential relationship between conductivity and effective stress. However, correspondingly, the permeability decay coefficient in the exponential relationship between conductivity and pressure is a linear function of pressure drawdown, not a constant.

(2) BHP-drawdown determines the conductivity degradation and the driving force towards increasing rate. The gain in production rate as a result of the increased BHP-drawdown is reduced by the decrease in conductivity associated with the pressure-sensitive dependence. The optimum BHP-drawdown can remain conductive while maintaining a high enough drawdown to maximize production.

(3) The reversal behavior on transient IPR is used to define the optimum BHP-drawdown at given time. The profile of optimum BHP-drawdown schedule is achieved by integrating optimum points together on transient IPRs over time.

(4) The unrestricted drawdown may be the worst strategy in achieving long-term EUR despite its highest initial rate, while the optimum BHP-drawdown is the best tradeoff between the degradation in fracture conductivity, the loss in productivity index and the increase in long-term EUR.

6 Nomenclature

Field variables

c_t = compressibility, Pa^{-1}

h = formation height, m

k_m = formation permeability, m^2

k_f = fracture permeability, m^2

L_{ref} = reference length, m

n = the number of stepwise schedule

p = pressure, Pa

p_{wf} = BHP under constant-BHP condition or finial steady BHP under variable-BHP condition

q_w = production rate of the well, m^3/s

q_f = flux density along fracture face, m^2/s

t = time, s

x_e = length of drainage area, m

x_w = midpoint location of a segment in x coordinate, m

y_e = width of drainage area, m

y_w = midpoint location of a segment in y coordinate, m

w_f = hydraulic fracture width, m

μ = fluid viscosity, Pa·s

Φ_m = reservoir porosity

ρ = fluid density, g/m^3

ξ = dimensionless transformed variable

σ = stress, MPa

Subscripts

D = dimensionless

f = fracture

m = formation

i = initial

eff = effective

References

[1] Wilson K. 2015. Analysis of drawdown sensitivity in shale reservoirs using coupled-geomechanics models. Paper SPE-175029-MS presented at the SPE Annual Technical Conference and Exhibition, Houston, Texas, USA, 28-30 September.

[2] Mirani A, Marongiu-Porcu M, Wang H Y, et al. 2016. Production pressure drawdown management for fractured horizontal wells in shale gas formations. Paper SPE-181365-MS presented at the SPE Annual Technical Conference and Exhibition, Dubai, UAE, 26-28 September.

[3] Wilson K, Alla H. 2017. Efficient stress characterization for real-time drawdown management. Paper URTeC: 2721192 presented at the Unconventional Resources Technology Conference, Austin, Texas, USA, 24-26 July.

[4] Kumar A, Seth P, Shrivastava K, et al. 2018. Optimizing drawdown strategies in wells producing from complex fracture networks. Paper SPE-191419-18IHFT-MS presented at the SPE International Hydraulic Fracturing Technology Conference and Exhibition, Muscat, Oman, 16-18 October.

[5] Yong R, Wu J F, Shi X W, et al. 2018. Development strategy optimization of Ning201 block Longmaxi shale gas. Paper SPE-191452-18IHFT-MS presented at the SPE International Hydraulic Fracturing Technology Conference and Exhibition, Muscat, Oman, 16-18 October.

[6] Stewart G. 2014. Integrated analysis of shale gas well production data. Paper-SPE-171420-MS presented at the SPE Asia Pacific Oil & Gas Conference and Exhibition, Adelaide, Australia, 14-16 October.

[7] Rojas D, Lerza A. 2018. Horizontal well productivity enhancement through drawn management approach in Vaca Muerta shale. Paper SPE-189822-MS presented at the SPE Canada Unconventional Resources Conference, Calgary, Canada, 13-14 March.

[8] Okouma V, Guillot F, Sarfare M, et al. 2011. Estimated ultimate recovery (EUR) as a function of production practices in the Haynesville shale. Paper SPE-147623-MS presented at the SPE Annual Technical Conference and Exhibition, Denver, Colorado, USA, 30 October-2 November.

[9] Clarkson C R, Qanbari F Q, Nobkht M, et al. 2012. Incorporating geomechanical and dynamic hydraulic fracture property changes into rate-transient analysis: example from the Haynesville shale. Paper SPE 162526 presented at the SPE Canadian Unconventional Resources Conference, Calgary, Canada, 30 October-1 November.

[10] Qanbari F, Clarkson C R. 2013. A new method for production data analysis of tight and shale gas reservoirs during transient linear flow period. Journal of Natural Gas Science and Engineering. 14: 55-65.

[11] Aybar U, Eshkalak M O, Sepehrnoori K, et al. 2014. Long term effect of natural fractures closure on gas production from unconventional reservoirs. Paper SPE-171010-MS presented at the SPE Eastern Regional Meeting, Charleston, WV, USA, 21-23 October.

[12] Tabatabaie S H, Pooladi-Darvish M, Mattar L. 2015. Draw-down management leads to better productivity in reservoirs with pressure-dependent permeability-or does it? SPE-175938-MS presented at the SPE/CSUR Unconventional Resources Conference, Calgary, Alberta, Canada, 20-22 October.

[13] Tabatabaie S H, Pooladi-Darvish M, Mattar L, et al. 2016. Analytical modeling of linear flow in pressure-sensitive formation. SPE Reservoir Evaluation & Engineering, 20 (1): 215-227. SPE-181755-PA.

[14] Bachman R C, Sen V, Khalmanova D, et al. 2011. Examining the effects of stress dependent permeability on stimulated horizontal Montney wells. Paper CSUG/SPE 149331 presented at the Canadian Unconventional Resources Conference, Calgary, Alberta, 15-17 November.

[15] Yilmaz O, Nur A, Nolen-Hoeksema R. 1991. Pore pressure in fractured and compliant rock. Paper SPE-22232-MS unsolicited.

[16] Akande J, Spivey J P. 2012. Considerations for pore volume stress effects in over-pressured shale gas under controlled drawdown well management strategy. Paper SPE-162666-MS presented at the SPE Canadian Unconventional Resources Conference, Alberta, Canada, 30 October-1 November.

[17] Zhang R, Ning Z F, Yang F, et al. 2015. Shale stress sensitivity experiment and mechanism. ACTA PETROLEI SINICA, 36 (2): 224-232.

[18] Chen S, Li H, Zhang Q, et al. 2008. A new technique for production prediction in stress-sensitive reservoirs. Journal of Canadian Petroleum Technology, 47(3): 49-54.

[19] Wang J, Liu H Q, Liu R J, et al. 2013. Numerical simulation for low-permeability and extra-low permeability reservoirs with considering starting pressure and stress sensitivity effects. Chinese Journal of Rock Mechanics and Engineering, 32 (2): 3317-3327.

[20] Dou H E, Zhang H J, Yao S L, et al. 2016. Measurement and evaluation of the stress sensitivity in tight reservoirs. Petroleum Exploration and Development, 43 (6): 1-7.

[21] Zhang Z, He S L, Liu, G, et al. 2014. Pressure buildup behavior of vertically fractured wells with stress-sensitive conductivity. Journal of Petroleum Science and Engineering, 122: 48-55.

[22] Wang J L, Jia A L, Wei Y S, et al. 2018. Semi-analytical simulation of transient flow behavior for complex fracture network with stress-sensitive conductivity. Journal of Petroleum Science and Engineering. 171:1191-1210.

[23] Karantinos E, Sharma M M, Ayoub J A, et al. 2015. A general method for the selection of an optimum choke-management strategy. Paper SPE-174196-MS presented at the SPE European Formation Damage Conference and Exhibition, Budapest, Hungary, 3-5 June.

[24] Karantinos E, Sharma M M, Ayoub J A, et al. 2016. Chock-management strategies for hydraulically fractured wells and fra-pack completions in vertical wells. Paper SPE-178973-MS presented at the SPE International Conference and Exhibition on Formation Damage Control, Lafayette, Louisiana, USA, 24-26 October.

[25] Roumboutsos A, Stewart, G. 1988. A direct deconvolution for convolution algorithm for well test analysis. SPE 18157 presented at the 1988 SPE Annual Technical Conference and Exhibition, Houston, Texas, 2-5 October.

[26] Ozkan E, Raghavan R. 1991. New solutions for welltests analysis problmes: part1-analytical considerations. Paper SPE 28419 presented at the SPE Annual Technical Conference and Exhibition, Florence, Italy, 25-26

September.
[27] Stehfest H. 1970. Numerical Inversion of Laplace Transforms. Communications of ACM. 13 (1): 47-49.
[28] Chen C C, Raghavan R. 1994. An approach to handle discontinuities by the Stehfest algorithm. SPE Journal. 12: 363-368.

Appendix A-Dimensionless Definitions of Variables

For the sake of simplicity, the model is presented according to the following dimensionless variables. In the condition of constant- and varying-BHP production, the dimensionless reservoir pressure p_{mD}, dimensionless fracture pressure p_{fD} and dimensionless permeability decay coefficient γ_{fD} are given by

$$p_{mD} = \frac{p_i - p_m}{p_i - p_{wf}}, p_{fD} = \frac{p_i - p_f}{p_i - p_{wf}}, \gamma_{fD} = (p_i - p_{wf})\gamma_f \qquad (A-1)$$

Accordingly, the dimensionless flux density and dimensionless production rate are defined a

$$q_{fD} = \frac{(q_f L_{ref})\mu B}{2\pi k_m z h(p_i - p_{wf})}, q_{wD} = \frac{q_w \mu B}{2\pi k_m h(p_i - p_{wf})} \qquad (A-2)$$

Dimensionless time is given by

$$t_D = \frac{k_m t}{\phi \mu c_t L_{ref}^2} \qquad (A-3)$$

The dimensionless spatial variable is ξ expressed as

$$\xi_D = \frac{\xi}{L_{ref}} \qquad (A-4)$$

The dimensionless conductivity is

$$C_{fD} = \frac{k_f w_f}{k_m L_{ref}} \qquad (A-5)$$

In the condition of constant-rate production, the dimensionless reservoir pressure p_{mD}, dimensionless fracture pressure p_{fD} and dimensionless permeability decay coefficient γ_{fD} are given by

$$p_{mD} = \frac{2\pi k_m h(p_i - p_m)}{q\mu B}, p_{fD} = \frac{2\pi k_m h(p_i - p_f)}{q\mu B}, \gamma_{fD} = \frac{q\mu B \gamma_f}{2\pi k_m h} \qquad (A-6)$$

and the dimensionless flux density along fracture face is defined as

$$q_{fD} = \frac{(q_f L_{ref})}{q} \qquad (A-7)$$

Appendix B-Improved Stehfest's Numerical Inversion

Eq. 10 is discontinuous function with a stepwise reduction in BHP-pressure profile, which can be rewritten as continuous function by use of the Heaviside unit function $H(x,x')$ as follows:

$$p_{wD}(t_D) = F_D(t_D, t_{BD}) - H(t_D, t_{BD})[F_D(t_D, t_{BD}) - 1] \tag{B-1}$$

After using Laplace transformation, Eq. B-1 is written as the following Laplace-domain expression:

$$\tilde{p}_{wD}(s) = \frac{\exp(-st_{BD})}{s} + \int_0^{t_{BD}} F_D(t_D, t_{BD}) \exp(-st_D) dt_D \tag{B-2}$$

The integral could be further discretized into the following stepwise expression:

$$\tilde{p}_{wD}(s) = \frac{\exp(-st_{BD})}{s} + \sum_{\kappa=1}^{K} \left\{ F_{D\kappa-1} \cdot \frac{\exp(-st_{pD\kappa-1}) - \exp(-st_{pD\kappa})}{s} \right\} \tag{B-3}$$

Applying Stehfest's algorithm to Eq. B-3, the corresponding real-time-domain solution is given by

$$p_{wD}(t_D) = \frac{\ln 2}{t_D} \sum_{i=1}^{\Xi} V_i \left[\frac{\exp(-i\ln 2 t_{BD}/t_D)}{i \ln 2/t_D} \right] + $$
$$\sum_{\kappa=1}^{K} \left\{ F_{D\kappa-1} \frac{\ln 2}{t_D} \sum_{i=1}^{\Xi} V_i \left[\frac{\exp(-i\ln 2 t_{BD}/t_{pD\kappa-1})}{i\ln 2/t_D} - \frac{\exp(-i\ln 2 t_{BD}/t_{pD\kappa})}{i\ln 2/t_D} \right] \right\} \tag{B-4}$$

where $F_{D\kappa-1} = F_D[0.5(t_{pD\kappa} + t_{pD\kappa-1}), t_{BD}]$, K is the number of discretized time-step and t_{pD} is the time of pressure-response changing ($t_{pD0} = 0$, $t_{pDK} = t_{BD}$).

Even if Eq. B-3 is exact in a mathematical context, direct Stehfest numerical inversion algorithm is not applicable to discontinuous stepwise-like function. An improved Stehfest algorithm was introduced to overcome the drawback based on the following equivalent relationship (Chen and Raghavan 1994),

$$\exp(-t_{pD\kappa-1}s)\tilde{f}(s) = \frac{t_D}{t_D - t_{pD\kappa-1}} \tilde{f}(s_\kappa) \tag{B-5}$$

For $t_D > t_{pD,\kappa-1}$, where s_κ is Laplace variable based on $t_D - t_{pD\kappa-1}$.

Substituting Eq. B-5 into Eq. B-3, the real-time-domain solution can be obtained again by use of classical Stehfest numerical inversion as follows:

$$p_{wD}(t_D) = \frac{\ln 2}{t_D} \sum_{i=1}^{\Xi} V_i \left[\frac{t_D}{t_D - t_{BD}} \tilde{f}(\frac{i\ln 2}{t_D - t_{BD}}) \right] + \sum_{\kappa=1}^{K}$$
$$\left\{ F_{D\kappa-1} \frac{\ln 2}{t_D} \sum_{i=1}^{\Xi} V_i \left[\frac{t_D}{t_D - t_{pD\kappa-1}} \tilde{f}(\frac{i\ln 2}{t_D - t_{pD\kappa-1}}) - \frac{t_D}{t_D - t_{pD\kappa}} \tilde{f}(\frac{i\ln 2}{t_D - t_{pD\kappa}}) \right] \right\} \tag{B-6}$$

where $\tilde{f}(s) = 1/s$, Ξ is an even integer and V_i is constant.

The accuracy of the proposed scheme is shown in Fig. B1, including analytical continuous function (Fig. B1a) and stepwise discretized function (Fig. B2b). Here, the line plot represents the accurate result in the real-time domain based on Eq. B-1, the triangle plot represents the direct inversion results based on Eq. B-4, and the circle plot represents the modified inversion results based on Eq. B-6. Noted that our method accurately reproduces the responses at every BHP change; this is, it handles each discontinuity without loss in accuracy.

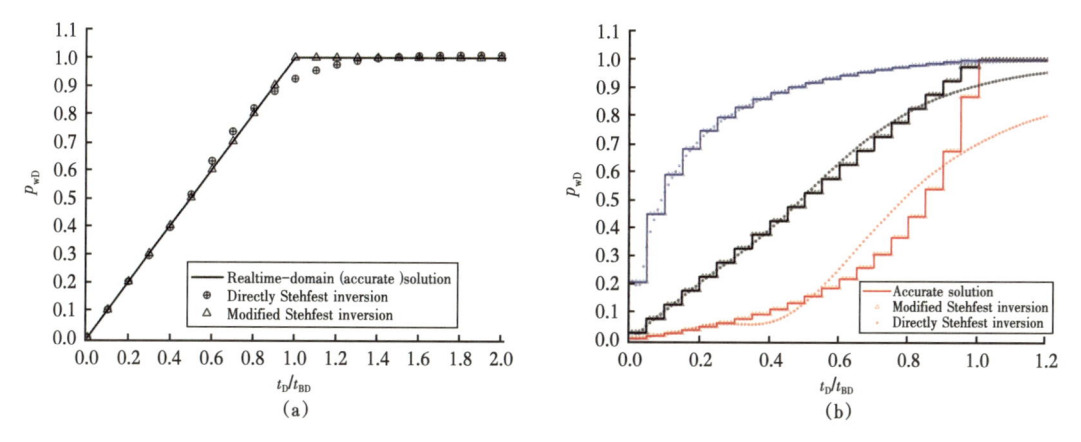

Fig. B1 Stehfest numerical inversion for (a) continuous solution and (b) stepwise solution

Appendix C-Semi-analytical Solution for the Developed Model

This section provides the fundamental solution for $\widetilde{X}_u^T(s_\kappa)$ in in Eq. 15. In κ-th stepwise-time schedule, the solution for constant-BHP condition is provided according to the following apparent linear equations:

$$\widetilde{X}_u^T(s_\kappa) = \begin{bmatrix} \vec{\widetilde{q}}_{fDu}(s_\kappa) \\ \widetilde{q}_{wDu}(s_\kappa) \end{bmatrix} = \left[\begin{pmatrix} A_{R,\kappa}^{(k)} & B^{(k)} \\ I^T & -1 \end{pmatrix} + \begin{pmatrix} A_F^{(k)} & 0 \\ 0 & 0 \end{pmatrix} \right]^{-1} \cdot \begin{bmatrix} J \\ 0 \end{bmatrix} \quad (C-1)$$

Actually, Eq. C-1 is a non-linear equation in which iterative procedure is incorporated, and superscript k in variables represents the k-th iterative at each timestep in the calculation procedure. Here, the coefficient matrix of the new Laplace variable (s_κ) is given by

$$A_{R,\kappa}^{(k)} = \frac{\Delta \xi_D^{(k)}}{\Delta x_{fD}} \begin{Bmatrix} \widetilde{p}_{uD1,1}(s_\kappa) \cdots \widetilde{p}_{uD1,i}(s_\kappa) \cdots \widetilde{p}_{uD1,N}(s_\kappa) \\ \vdots \quad \vdots \quad \vdots \\ \widetilde{p}_{wDj,1}(s_\kappa) \cdots \widetilde{p}_{uDj,i}(s_\kappa) \cdots \widetilde{p}_{uDj,N}(s_\kappa) \\ \vdots \quad \vdots \quad \vdots \\ \widetilde{p}_{uDN,1}(s_\kappa) \cdots \widetilde{p}_{uDN,i}(s_\kappa) \cdots \widetilde{p}_{uDN,N}(s_\kappa) \end{Bmatrix}, A_F^{(k)} = \frac{2\pi}{\hat{C}_{fD}^{(k)}} \begin{Bmatrix} \alpha_{1,1}^{(k)} \cdots \alpha_{1,i}^{(k)} \cdots \alpha_{1,N}^{(k)} \\ \vdots \quad \vdots \quad \vdots \\ \alpha_{j,1}^{(k)} \cdots \alpha_{j,i}^{(k)} \cdots \alpha_{j,N}^{(k)} \\ \vdots \quad \vdots \quad \vdots \\ \alpha_{N,1}^{(k)} \cdots \alpha_{N,i}^{(k)} \cdots \alpha_{N,N}^{(k)} \end{Bmatrix}$$

$$(C-2)$$

The element of $\tilde{p}_{\text{uD}j,i}(s_\kappa)$ is the solution for uniform-flux fracture segment in the closed rectangular drainage area (Appendix D). It is different from the derivation of constant-rate solution in previous work (Wang et al., 2018), the unit constant-BHP solution is achieved by incorporating the following vector, where I is the unit vector, J is the known vector under constant-BHP condition in the κ-th stepwise schedule, and B is the vector of correcting fracture geometry. They are given by:

$$J = \left(\frac{t_D(p_{wD\kappa} - p_{wD\kappa-1})}{t_D - t_{pD\kappa-1}}, \frac{t_D(p_{wD\kappa} - p_{wD\kappa-1})}{t_D - t_{pD\kappa-1}}, \cdots, \frac{t_D(p_{wD\kappa} - p_{wD\kappa-1})}{t_D - t_{pD\kappa-1}}\right)^T \quad (C-3)$$

$$B^{(k)} = (\beta_1^{(k)}, \beta_2^{(k)}, \cdots, \beta_N^{(k)})^T \text{ and } \beta_j^{(k)} = G(\xi_{Dj}^{(k)}, \xi_{wD}^{(k)}) \quad (C-4)$$

The transformed spatial-temporal variable is incorporated to render the original nonlinear diffusivity equation amenable to apparent linear treatment, which is given by

$$\xi_D^{(k)}(x_{fD}) = \underbrace{\frac{L_{fD}}{\int_0^{L_{fD}} C_{fD}^{-1}[p_{fD}^{(k-1)}(x_D)]dx_D}}_{\hat{c}_{fD}^{(k)}} \cdot \int_0^{x_{fD}} C_{fD}^{-1}[p_{fD}^{(k-1)}(x_D)]dx_D \quad (C-5)$$

In reality, Eq. C-5 is a function of pressure (which in turn is a function of time and space). Consequently, the linearization of Eq. C-1 is only approximate, which is calculated by using explicit iterative procedure. When $k=1$, the unknowns in Eq. C-1 could be solved to be the initial guess by use of Gaussian elimination and improved Stehfest numerical inversion algorithm (Steshfest 1970); afterwards, updating transformed variable Eq. C-5, the unknowns are explicitly improved step-by-step with $k=k+1$, until the convergence is achieved.

Appendix D—Uniform-Flux Solution for a Segment in Closed Rectangular Drainage Area

The i-th segment with uniform-flux distribution is parallel with the length direction of a rectangular reservoir with the length x_e, width y_e, and height h. It is located in (x_{wDi}, y_{wDi}) with a length $2\Delta x_{fDi}$. The corresponding dimensionless pressure drop is given as follows (Ozkan and Raghavan 1991):

$$\tilde{p}_{\text{uD}j,i}(x_{wDj}, y_{wDj}) = \frac{2\pi \Delta x_{fDi}}{x_{eD}} \frac{\cosh[\varepsilon_0(y_{eD} - |y_{wDj} - y_{wDi}|)] + \cosh[\varepsilon_0(y_{eD} - |y_{wDj} + y_{wDi}|)]}{\varepsilon_0 \sinh(\sqrt{s} y_{eD})}$$
$$+ 4\sum_{n=1}^{\infty} \left\{\frac{\cos(n\pi x_{wDj}/x_{eD})\sin(n\pi x_{wDi}/x_{eD})\cos(n\pi \Delta x_{fDi}/x_{eD})/n}{\cosh[\varepsilon_n(y_{eD} - |y_{wDj} - y_{wDi}|)] + \cosh[\varepsilon_n(y_{eD} - |y_{wDj} + y_{wDi}|)]}{\varepsilon_n \sinh(\varepsilon_n y_{eD})}\right\} \quad (D-1)$$

where $\varepsilon_n = \sqrt{s + n^2\pi^2/x_{eD}^2}$.

Although the solutions in terms of the Laplace-transformation variable are available, computations might be exceedingly difficulty. It is needed to emphasize that Eq. D-1 is accurate in the mathematical context but essentially intractable from a computational viewpoint.

Throughout numerous calculation analysis, if $y_{wDj} \neq y_{wDi}$, Eq. D-1 could be used to obtain the results based on Stehfest inverse algorithm. However, if $y_{wDj} = y_{wDi}$, the ratio of hyperbolic functions on the right hand side of Eq. C-1 may cause computational problems when their arguments approach zero or infinity. Thus Eq. C-1 is rewritten by

$$\widetilde{p}_{wDj,i} = \frac{2\pi \Delta x_{fDi}}{x_{eD}} \widetilde{H}_0 + \widetilde{F}_{ji} + 4 \sum_{n=1}^{\infty} \frac{\widetilde{H}_n - 1}{n \varepsilon_n} \cos \frac{n \pi x_{wDj}}{x_{eD}} \sin \frac{n \pi x_{wDi}}{x_{eD}} \cos \frac{n \pi \Delta x_{fDi}}{x_{eD}} \quad (D-2)$$

where

$$\widetilde{H}_n = \frac{\cosh[\varepsilon_n(y_{eD} - |y_{wDj} - y_{wDi}|)] + \cosh[\varepsilon_n(y_{eD} - |y_{wDi} + y_{wDi}|)]}{\sinh(\varepsilon_n y_{eD})} \quad (D-3)$$

$$\widetilde{F}_{ji} = 4 \sum_{n=1}^{\infty} \frac{1}{n \varepsilon_n} \cos \frac{n \pi x_{wDj}}{x_{eD}} \cos \frac{n \pi \Delta x_{fDi}}{x_{eD}} \sin \frac{n \pi x_{wDi}}{x_{eD}} = \int_{-\Delta x_{fDi}}^{\Delta x_{fDi}} \left(\frac{2\pi}{x_{eD}} \sum_{n=1}^{\infty} \frac{1}{\varepsilon_n} \cos \frac{n \pi x_{wDj}}{x_{eD}} \cos \frac{n \pi u_D}{x_{eD}} \right) du_D \quad (D-4)$$

Eq. D-2 is a more tractable expression than the Chen and Raghavan (1997) in computing the ratio of the hyperbolic function for both small and large arguments. Noted that the relationship

$$\sum_{n=1}^{\infty} \frac{\cos n \pi u_D \cos n \pi x_{wDj}}{\sqrt{s + n^2 \pi^2 / x_{eD}^2}} = \frac{x_{eD}}{2\pi} \left[\sum_{m=-\infty}^{\infty} K_0(\sqrt{s} |u_D - x_{wDj} - 2n|x_{eD}|) + K_0(\sqrt{s} |u_D + x_{wDj} - 2n|x_{eD}|) \right] - \frac{1}{2\sqrt{s}} \quad (D-5)$$

Thus, Eq. D-4 is rewritten as

$$\widetilde{F}_{ji} = \int_{-\Delta x_{fDi}}^{\Delta x_{fDi}} K_0(\sqrt{s} |x_{wDj} - x_{wDi} - u_D|) du_D + \int_{-\Delta x_{fDi}}^{\Delta x_{fDi}} K_0[\sqrt{s}(x_{wDj} + x_{wDi} + u_D)] du_D - \frac{2\pi \Delta x_{fDi}}{x_{eD} \sqrt{s}} +$$

$$\sum_{n=1}^{\infty} \left\{ \int_{-\Delta x_{fDi}}^{\Delta x_{fDi}} K_0[\sqrt{s}(2nx_{eD} - x_{wDj} + x_{wDi} + u_D)] du_D + \int_{-\Delta x_{fDi}}^{\Delta x_{fDi}} K_0[\sqrt{s}(2nx_{eD} - x_{wDj} - x_{wDi} - u_D)] du_D \right. \\ \left. + \int_{-\Delta x_{fDi}}^{\Delta x_{fDi}} K_0[\sqrt{s}(2nx_{eD} + x_{wDj} - x_{wDi} - u_D)] du_D + \int_{-\Delta x_{fDi}}^{\Delta x_{fDi}} K_0[\sqrt{s}(2nx_{eD} + x_{wDj} - x_{wDi} + u_D)] du_D \right\} \quad (D-6)$$

SI Metric Conversion Factors

cp×1.0	1E-03 = Pa · s
Darcy×1.0	1E-12 = m²
MPa×1.0	1E+06 = Pa
Day×1.0	8.64E+4 = s

考虑微观渗流机理的致密气藏水平井产量预测方法

宵 波[1] 向祖平[2] 刘先山[2] 李志军[2] 陈中华[2] 姜柏材[2] 赵 昕[1]

(1. 中国石油集团科学技术研究院；2. 重庆科技学院石油与天然气工程学院)

摘要：现有的双重介质水平井产量预测模型未综合考虑应力敏感、启动压力梯度对产量的影响，导致其应用于致密气藏水平井产量预测效果较差。本文基于双重介质致密气藏水平井渗流理论，以圆形封闭地层为研究对象，建立了同时考虑应力敏感和启动压力梯度的致密气藏水平井渗流数学模型，并结合摄动理论、Sturm-Liouville 特征值理论、正交变换及点源函数等数学物理方法求解得到产量预测模型，应用苏里格气田的实际生产数据校验表明模型预测产量精度较高。参数敏感性分析表明，水平井产量减小幅度与启动压力梯度和应力敏感效应两者的综合影响表现为抛物线型加大；当分别考虑启动压力梯度或应力敏感效应时，将导致产量分别减小 16.67%、15.0%；同时考虑应力敏感效应和启动压力梯度时，将导致产量减小 30.83%。因此，致密气藏如果不考虑启动压力梯度或应力敏感效应，将会对水平井的初期配产量带来较大偏差，极大影响开发决策。

关键词：双重介质致密气藏；水平井；产量预测；启动压力梯度；应力敏感效应

致密气藏储量大，分布广，开发前景好，但由于储层低孔低渗的特征，采用直井井型，致密气藏将不能获得经济高效的开发，而水平钻井与体积压裂工艺结合，使其得到商业开发[1]。但体积压裂后储层结构十分复杂，作为双重介质渗流通道的裂缝系统中的气体更早产出，然后作为储集空间的基质系统中的气体由于各种渗流机理开始长期生产，这将导致致密气在开发前期产量快速递减，在后期进行缓慢的瞬变流动[2]。因此，在双重介质致密气藏中精确地进行产量预测是巨大的挑战。而在开发过程中，产量预测是认识致密气藏开发规律、制定气藏开发规划决策十分重要而常用的方法之一。现有的 Arps[3]、Fetkovich[4]、Blasingame[5]、NPI[6] 等经典产量预测方法由于未考虑应力敏感效应、启动压力梯度等渗流机理而不能精确地进行致密气藏产量预测及分析。

目前已有国内外学者针对此进行了大量研究。一方面，1940 年库萨柯夫发现流体在已形成水化膜的储层中流动必须要克服束缚层所施加的阻力才能流动[7]；Alvaro Prada[8] 用启动压力梯度修正了达西定律；Wei X[9]、郭红玉[10]、Jing Lu[11]、Dou HongEn[12] 通过理论研究结合恒速压汞、核磁共振等实验从不同角度证实了致密储层由于喉道非常微细及存在固液作用形成的边界层，导致致密储层流体流动需要克服启动压力梯度。另一方面，Raghavan R[13] 提出储层渗透率是压力的函数，随着岩石有效应力增加，裂缝趋于闭合而逐渐降低，Pedrosa[14] 基于此建立了考虑应力敏感效应的径向流动方程，并求解出定产条件下的压力瞬时响应。

在启动压力梯度、应力敏感效应等微观渗流机理都有了一定研究基础后，李晓平等[15]借助 Van Everdingen[16]研究的定产压力与定压产量之间的关系,建立了可基于生产数据反演地层参数的考虑启动压力梯度的致密气藏水平井瞬时产量递减分析模型;Weibing Tian[17]等建立了考虑启动压力梯度的产能模型,并结合实验证实了启动压力梯度造成的产量损失程度随着井底压力的减小而减小;Jz Wang等[18]建立了对压力敏感双孔隙度储层的井试解释数学模型;Dan Wu等[19,20]基于地层损害实验建立了考虑应力敏感效应的非达西新模型,并通过敏感性分析发现应力敏感是早期产量快速下降的主要原因。

以往工程师们没有意识到启动压力梯度、应力敏感效应的存在或因其数据难以获得,加之同时考虑启动压力梯度、应力敏感效应、水平井这一特殊井型的双重介质致密气藏产量预测模型难以求解而选择了忽视其对生产的影响。因此,本文基于不稳定渗流理论建立了可以用生产数据拟合地层参数的综合考虑启动压力梯度和应力敏感效应的双重介质致密气藏水平井产量预测模型。

1 模型建立

1.1 物理模型与假设条件

模型研究的是体积压裂后致密气藏水平井的产量预测,双重介质物理结构基于Warren-Root模型,物理模型如图1所示,假设条件如下:

(1)储层水平方向为圆形封闭边界,垂直方向为顶底为封闭边界,其厚度为h,原始地层压力为p_i,原始地层压力下裂缝系统水平和垂直方向的渗透率分别为K_{fhi}和K_{fvi}。

(2)裂缝渗透率远大于基质渗透率,裂缝作为气体渗流通道,基质作为供给源,基质系统向裂缝系统为拟稳态窜流。

(3)水平井平行于上下边界,处在距离下边界z_w处的任一位置,长度为$2L$,采用定产生产方式生产。

(4)气水两相中,水以束缚水状态存在,气相独立流动,其相互作用以气相相对渗透率K_{rg}形式表现。

(5)裂缝渗透率受到储层应力敏感效应的影响,裂缝r方向与z方向渗透率模量相同,基质考虑启动压力梯度,忽略基质应力敏感、重力和毛细管力的作用。

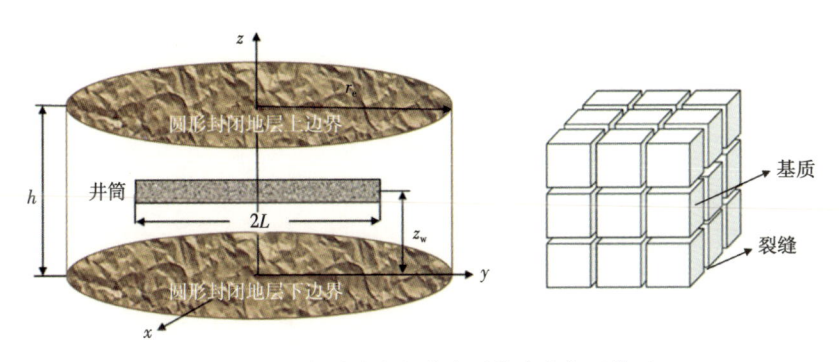

图1 双重介质致密气藏水平井渗流物理模型

1.2 基本变量定义

使用 Pedrosa 定义的渗透率模量 α[14] 来表征渗透率随着致密气藏开采,孔隙压力下降,储层受到的有效应力增加,储层岩石被压实而急剧下降的特性:

$$\begin{cases} \alpha = \dfrac{1}{K}\dfrac{\partial K}{\partial p} \\ K = K_i e^{-\alpha(p_i - p)} \end{cases} \tag{1}$$

处理气体在双重介质中的渗流需引入拟压力函数:

$$\begin{cases} \psi = \displaystyle\int_{p_0}^{p_i} \dfrac{2p}{\mu Z} dp \\ \dfrac{\partial \psi}{\partial r} = \dfrac{2p}{\mu Z} \dfrac{\partial p}{\partial r} \\ \dfrac{\partial \psi}{\partial t} = \dfrac{2p}{\mu Z} \dfrac{\partial p}{\partial t} \end{cases} \tag{2}$$

式中 ψ——任意压力 p 的拟压力函数值,$MPa^2/(mPa \cdot s)$;

p_0——参考压力,MPa;

μ——气体的黏度,$mPa \cdot s$;

Z——气体的偏差系数。

因此,在气藏中需引入基于拟压力定义的表观渗透率模量:

$$\begin{cases} \gamma = \dfrac{1}{K}\dfrac{\partial k}{\partial \psi} \\ K = K_i e^{-\gamma(\psi_i - \psi)} \end{cases} \tag{3}$$

无因次径向距离:

$$r_D = \dfrac{r}{L} \tag{4}$$

式中 r_D——无因次半径;

L——水平井半长,m。

无因次渗透率模量:

$$\gamma_{iD} = \dfrac{T q_g}{0.009114 K_{fhi} h} \gamma_i \tag{5}$$

式中 i、f——裂缝系统、基质系统下标;

γ_{iD}——无因次裂缝、基质渗透率模量;

γ_i——裂缝、基质渗透率模量;

T——气藏地层温度,K;

q_g——产量,$10^4 m^3/d$;

K_{fhi}——水平方向裂缝原始渗透率,mD;

h——储层厚度,m。

无因次井筒半径:

$$r_{wD} = \frac{r_w}{L} \tag{6}$$

式中 r_{wD}——无因次井筒半径;

r_w——井筒半径,m。

无因次裂缝拟压力:

$$\psi_{fD} = \frac{78.489 K_{fhi} h}{T q_{sc}} (\psi_i - \psi_f) \tag{7}$$

式中 ψ_{fD}——无因次裂缝拟压力;

ψ_i——原始地层压力对应的拟压力,MPa²/(mPa·s);

ψ_f——地层裂缝压力对应的拟压力,MPa²/(mPa·s)。

无因次垂向距离:

$$z_D = \frac{z}{h} \tag{8}$$

式中 z——距离储层下边界的垂向位移,m;

z_D——无因次垂向距离。

无因次基质拟压力:

$$\psi_{mD} = \frac{78.489 K_{fhi} h}{T q_{sc}} (\psi_i - \psi_m) \tag{9}$$

式中 ψ_{mD}——无因次基质拟压力;

ψ_m——地层基质压力对应的拟压力,MPa²/(mPa·s)。

无因次井筒半径:

$$z_{wD} = \frac{z_w}{h} \tag{10}$$

式中 z_{wD}——无因次水平井垂向距离;

z_w——水平井垂向距离,m。

无因次时间:

$$t_D = \frac{K_{fhi} t}{(\phi_f C_{ft} + \phi_m C_{mt}) \mu L^2} \tag{11}$$

式中 t——生产时间,h;

ϕ_f——裂缝孔隙度;

ϕ_m——基质孔隙度;

C_{ft}——裂缝系统综合压缩系数,1/Pa;

C_{mt}——基质系统综合压缩系数,1/Pa。

无因次水平井段长度：

$$L_D = \frac{L}{h}\sqrt{\frac{K_{fvi}}{K_{fhi}}} \tag{12}$$

式中　L_D——无因次水平井段长度；
　　　K_{fvi}——垂直方向裂缝渗透率,mD。

无因次气层厚度：

$$h_D = \frac{h}{L}\sqrt{\frac{K_{fhi}}{K_{fvi}}} \tag{13}$$

式中　h_D——无因次储层厚度。

无因次启动拟压力：

$$\psi_{gD} = \frac{78.489 K_{fhi} h}{T q_{sc}} \psi_g \tag{14}$$

式中　ψ_{gD}——无因次拟启动压力；
　　　ψ_g——拟启动压力,MPa²/(mPa·s)。

窜流系数：

$$\lambda = \alpha \frac{K_m}{K_{fhi}} L^2 \tag{15}$$

式中　λ——窜流系数；
　　　α——形状因子；
　　　K_m——基质渗透率,mD。

弹性储容比：

$$\omega = \frac{\phi_f C_{fi}}{\phi_f C_{ft} + \phi_m C_{mt}} \tag{16}$$

式中　ω——弹性储容比。

无因次井筒储集系数：

$$C_D = \frac{0.159 C}{(\phi_f C_{ft} + \phi_m C_{mt}) h L^2} \tag{17}$$

式中　C_D——无因次井筒储集系数；
　　　C——井筒储集系数,m³/MPa。

无因次产量：

$$q_D = \frac{T q_g}{78.489 K h (\psi_i - \psi_{wf})} \tag{18}$$

式中　q_D——无因次产量；

ψ_{wf}——井底流压对应的拟压力,MPa²/(mPa·s)。

Pedrosa 代换式子:

$$\psi_{fD}(r_D, z_D, t_D) = -\frac{1}{\gamma_{fD}} \ln[1 - \gamma_{fD}\xi_D(r_D, z_D, t_D)] \tag{19}$$

式中 $\xi_D(r_D, z_D, t_D)$——中间变量,也称为摄动变形函数。

1.3 数学模型的构建

1.3.1 质量守恒方程

(1)裂缝系统:

$$\frac{\partial(\rho_f \phi_f)}{\partial t} + \nabla(p_f v_f) - q_{ex} = 0 \tag{20}$$

(2)基质系统:

$$\frac{\partial(p_m \phi_m)}{\partial t} + q_{ex} = 0 \tag{21}$$

当考虑基质启动压力时,基质与裂缝间的压差由 $p_m - p_f$ 修正为 $p_m - p_f - G_{mgl}$,则窜流量表达式为

$$q_{ex} = \frac{3.6\alpha K_m \rho_o}{\mu}(p_m - p_f - G_{mg}l) \tag{22}$$

其中启动压力梯度表达式为

$$G_{mg} = 10^{-11} e^{24.2 S_w} [K_{mi} e^{-\gamma(\psi_i - \psi)}]^{(3.5 S_w - 3)} \tag{23}$$

1.3.2 流动方程

(1)径向流动方程:

$$v_{fr} = -\frac{K_{fhi} K_{rg}}{\mu} e^{-\gamma_f(\psi_i - \psi_f)} \frac{\partial(p_f)}{\partial r} \tag{24}$$

(2)垂向流动方程:

$$v_{fz} = -\frac{K_{fvi} K_{rg}}{\mu} e^{-\gamma_f(\psi_i - \psi_f)} \frac{\partial(p_f)}{\partial z} \tag{25}$$

(3)状态方程:

$$\rho = \frac{Mp}{RTZ} \tag{26}$$

1.3.3 初始条件

在气田生产中,一般开采初期采用定产量生产。当井底流压下降到某一规定值(p_c)时,改变生产制度,采用定井底流压生产。而根据 Van Everdingen 和 Hurst[16]的研究可知,定压生产阶段的产量是根据定产生产阶段的压力进行求解,见公式(27),因此将生产分为定产生产第

一阶段与定产生产第二阶段,第一阶段用于求取定产生产阶段的压力,第二阶段用于求取定压生产阶段的产量,第二阶段初始条件即为第一阶段结束时的地层状态(图2)。

$$\bar{q}_{\mathrm{D}}(s) = \frac{1}{s^2 \bar{\psi}_{\mathrm{fD}}(s)} \tag{27}$$

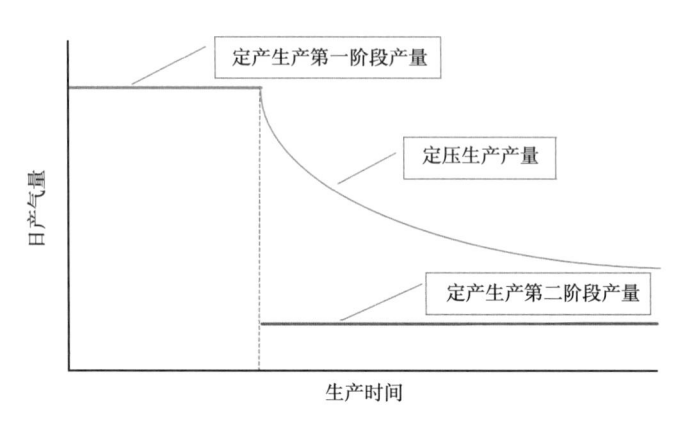

图 2 定产、定压阶段产量示意图

(1)定产生产第一阶段初始条件:

$$p_{\mathrm{f}_1}\big|_{t_1=0} = p_{\mathrm{m}_1}\big|_{t_1=0} = p_{\mathrm{i}} \tag{28}$$

式中 p_{f_1}——定产生产第一阶段地层裂缝压力;

p_{m_1}——定产生产第一阶段地层基质压力;

p_{i}——原始地层压力;

t_1——定产生产第一阶段时间。

(2)定产生产第二阶段初始条件:

$$\begin{cases} p_{\mathrm{f}_2}\big|_{t_2=0} = p_{\mathrm{f}_1\text{-end}} \\ p_{\mathrm{m}_2}\big|_{t_2=0} = p_{\mathrm{i}} \end{cases} \tag{29}$$

式中 p_{f_2}——定产生产第二阶段地层裂缝压力;

p_{m_2}——定产生产第二阶段地层基质压力;

t_2——定产生产第二阶段时间;

$p_{\mathrm{f}_1\text{-end}}$——定产生产第一阶段结束时刻地层裂缝压力。

1.3.4 边界条件

水平方向外边界条件:

$$\left.\frac{\partial p_{\mathrm{f}}}{\partial r_{\mathrm{e}}}\right|_{r=r_{\mathrm{e}}} = \left.\frac{\partial p_{\mathrm{m}}}{\partial r_{\mathrm{e}}}\right|_{r=r_{\mathrm{e}}} = 0 \tag{30}$$

垂直方向顶底封闭外边界条件:

$$\left.\frac{\partial p_{\mathrm{f}}}{\partial z}\right|_{z=0} = \left.\frac{\partial p_{\mathrm{m}}}{\partial z}\right|_{z=0} = 0 \tag{31}$$

$$\left.\frac{\partial p_{\mathrm{f}}}{\partial z}\right|_{z=h} = \left.\frac{\partial p_{\mathrm{m}}}{\partial z}\right|_{z=h} = 0 \tag{32}$$

定产生产第一阶段内边界条件：

$$q_{\mathrm{sc}}(t_1)\big|_{r=r_{\mathrm{w}}} = q_{\mathrm{sc1}} \tag{33}$$

定产生产第二阶段内边界条件：

$$q_{\mathrm{sc}}(t_2)\big|_{r=r_{\mathrm{w}}} = q_{\mathrm{sc2}} \tag{34}$$

定产生产第二阶段对应的定压生产阶段内边界条件：

$$p_{\mathrm{f}_2}\big|_{r=r_{\mathrm{w}}} = p_{\mathrm{c}} \qquad p_{\mathrm{m}_2}\big|_{r=r_{\mathrm{w}}} = p_{\mathrm{i}} \tag{35}$$

1.4 产量预测模型推导

将状态方程、运动方程带入连续性方程，结合气体拟压力进行无因次化，引入 Pedrosa 代换式子，取零阶摄动，并将 t_{D} 进行拉氏变换于 s，结合 Sturm-Liouville 特征值理论、正交变换及点源函数等数学物理方法（数学模型求解见附录 A），可得拉氏空间下同时考虑裂缝应力敏感和基质内启动压力对窜流量影响的水平井拟压力表达式：

$$\begin{aligned}
\overline{\xi}_{\mathrm{wDN}} = & \int_{-1}^{1} \frac{\frac{1}{2s}K_1\left(\frac{r_{\mathrm{e}}}{L}\sqrt{u_0}\right) + \Theta_n K_1\left(\frac{r_{\mathrm{e}}}{L}\sqrt{u_0}\right)\int_0^{\frac{r_{\mathrm{e}}}{L}} I_0(t\sqrt{u_0})\mathrm{d}\tau - \Theta_n I_1\left(\frac{r_{\mathrm{e}}}{L}\sqrt{u_0}\right)\int_{\frac{r_{\mathrm{e}}}{L}}^{+\infty} K_0(\tau\sqrt{u_0})\mathrm{d}\tau}{I_1\left(\frac{r_{\mathrm{e}}}{L}\sqrt{u_0}\right)} I_0(|x_{\mathrm{D}}-\alpha|\sqrt{u_0})\mathrm{d}\alpha \\
& + \frac{1}{2s}\int_{-1}^{1} K_0(|x_{\mathrm{D}}-\alpha|\sqrt{u_0})\mathrm{d}\alpha + \frac{1}{s}\sum_{n=1}^{\infty}\int_{-1}^{1}\frac{K_1\left(\frac{r_{\mathrm{e}}}{L}\sqrt{u_n}\right)}{I_1\left(\frac{r_{\mathrm{e}}}{L}\sqrt{u_n}\right)} I_0(|x_{\mathrm{D}}-\alpha|\sqrt{u_n})\cos n\pi z_{\mathrm{wD}}\cos n\pi z_{\mathrm{D}}\mathrm{d}\alpha \\
& + \frac{1}{s}\sum_{n=1}^{\infty}\int_{-1}^{1} K_0(|x_{\mathrm{D}}-\alpha|\sqrt{u_n})\cos n\pi z_{\mathrm{wD}}\cos n\pi z_{\mathrm{D}}\mathrm{d}\alpha + \int_0^{+\infty}\int_{-1}^{1} G(|x_{\mathrm{D}}-\alpha|,\tau)\mathrm{d}\alpha\mathrm{d}\tau
\end{aligned} \tag{36}$$

定产生产第一阶段与定产生产第二阶段井底压力响应的形式皆为式（64），但是其中参数代表的意义不同：

（1）第一阶段 Θ_n、u_n 分别为

$$\Theta_n = \frac{(1-\omega)s\lambda\overline{\psi}_{\mathrm{gD}}}{K_{\mathrm{rg}}[(1-\omega)s+\lambda]} = \frac{(1-\omega)\lambda\psi_{\mathrm{gD}}}{K_{\mathrm{rg}}[(1-\omega)s+\lambda]} \tag{37}$$

$$u_n = s(h_{\mathrm{D}}L_{\mathrm{D}})^2\left(\frac{\lambda+(1-\omega)s\omega}{K_{\mathrm{rg}}[(1-\omega)s+\lambda]}\right) + n^2\pi^2 L_{\mathrm{D}}^2 \tag{38}$$

（2）第二阶段 Θ_n、u_n 分别为

— 101 —

$$\Theta_n = \frac{\left\{(1-\omega)s\lambda\dfrac{\psi_{gD}}{s} - \omega c[(1-\omega)s+\lambda]\right\}}{K_{rg}[(1-\omega)s+\lambda]} \tag{39}$$

$$u_n = s(h_D L_D)^2\left\{\frac{\lambda+(1-\omega)s\omega}{K_{rg}[(1-\omega)s+\lambda]}\right\} + n^2\pi^2 L_D^2 \tag{40}$$

根据 duhamel 原理，考虑井筒储集和表皮效应影响的水平井拟压力摄动解的表达式如下：

$$\bar{\xi}_{wD} = \frac{s\bar{\xi}_{wDN} + S}{s + C_D s^2(s\bar{\xi}_{wDN} + S)} \tag{41}$$

通过 stehfest 数值反演，可得到同时考虑裂缝应力敏感效应和基质内启动压力对窜流量的影响的双重介质致密气藏水平井无因次拟压力解为

$$\psi_{fD} = -\frac{1}{\gamma_{fD}}\ln(1-\gamma_{fD}\xi_{wD}) \tag{42}$$

根据 Van Everdingen 和 Hurst(1949)的研究，拉氏空间下定压产量解与定产压力解的关系如下：

$$\bar{q}_D(s) = \frac{1}{s^2\bar{\psi}_{fD}(s)} \tag{43}$$

根据无因次裂缝拟压力定义式可知，当 $r_D = 0$（即 $r = r_w$）时，$r = r_w$，q_{sc} 为井筒产量，即地面产量，此时裂缝压力等于井底流压，其数学表达式为 $\psi_f = \psi_{wf}$。

(1) 气井定产第一阶段生产时，$\psi_{1f} = \psi_{1wf} > \psi_c$（规定的最小井底拟压力），此时定产生产第一阶段产量 q_{sc1} 为定值，井底拟压力表达式为

$$\psi_{wf} = \psi_{1f} = \psi_i - \frac{\psi_{f_1D}Tq_{sc1}}{0.009114K_{fhi}h} \tag{44}$$

(2) 而随着生产进行，进入到定产第二阶段生产，即当 $\psi_{2f} = \psi_{2wf} = \psi_c$（规定的最小井底拟压力）时，通过拉氏空间下定废弃产量 q_{sc2} 下的拟生产压力 ψ_{fD} 与定拟井底流压 ψ_c 下的产量解 q_D 的关系，则此时气井定产生产第二阶段的定压生产产量如下：

$$\bar{q}_D(s) = \frac{1}{s^2\bar{\psi}_{f_2D}(s)}q_g = \frac{0.009114q_D Kh(\psi_i - \psi_{2wf})}{T} \tag{45}$$

综上所述，整个生产制度下的产量曲线由定产生产第一阶段的产量及定压生产阶段的产量组合而成，井底流压曲线由定产生产第一阶段的压力及定压生产阶段的压力组合而成：

$$\begin{cases}\begin{cases}q_g = q_{sc} \\ \psi_{wf} = \psi_i - \dfrac{\psi_{fD}Tq_{sc}}{0.009114K_{fhi}h}\end{cases} & \text{定产生产} \\ \begin{cases}q_g = \dfrac{0.009114q_D Kh(\psi_i - \psi_{wf})}{T} \\ \psi_{wf} = \psi_c\end{cases} & \text{定压和平}\end{cases} \tag{46}$$

式中 q_{sc}——定产生产第一阶段产量;
ψ_c——定压生产阶段拟压力。

2 模型校验与应用

根据双重介质致密气藏水平井产量预测模型,研制相对应的计算程序,结合苏里格气藏某区块地层参数及一口压裂水平井相关参数(表1),采用产量拟合方法,即将气井生产动态资料划分为两段,通过模型所计算的产量与前半段拟合,解释关键地层参数(表2),用该参数修正产量预测模型,将预测结果与后半段生产资料进行对比分析,通过计算可得该水平井产量预测相对误差为5.18%,由此可知产量预测模型拟合效果较好,预测产量的精度较高。

表1 物性参数

物性参数	参数值	物性参数	参数值
天然气相对密度	0.5956	井筒半径(m)	0.062
地面标准压力(MPa)	0.101	单井控制半径(m)	200
地面标准温度(K)	273.15	水平井长度(m)	350
地层温度(K)	377.95	水平井中心位置(m)	11
储层厚度(m)	22	孔隙压缩系数(1/MPa)	$1.82×10^{-3}$
原始地层压力(MPa)	30.54	地层水压缩系数(1/MPa)	$1×10^{-4}$
通用气体常数[MPa·m³/(kmol·K)]	0.008314	气体黏度(mPa·s)	$2.2245×10^{-2}$
基质渗透率(mD)	0.5	气体偏差因子	0.9996
束缚水饱和度	0.43	孔隙度(%)	6.8
定产阶段产量(10^4m³/d)	7.3	定压生产阶段井底流压(MPa)	4

表2 7H1井数据拟合解释结果

水平裂缝渗透率(mD)	992
垂直裂缝渗透率(mD)	553
启动压力梯度(MPa/m)	0.0523
渗透率模量(1/MPa)	0.0418
表皮系数	1.45
井筒储集系数(m³/MPa)	2.2
弹性储容比	0.03
窜流系数	$1.2×10^{-7}$

图 3　7H1 井模型校验

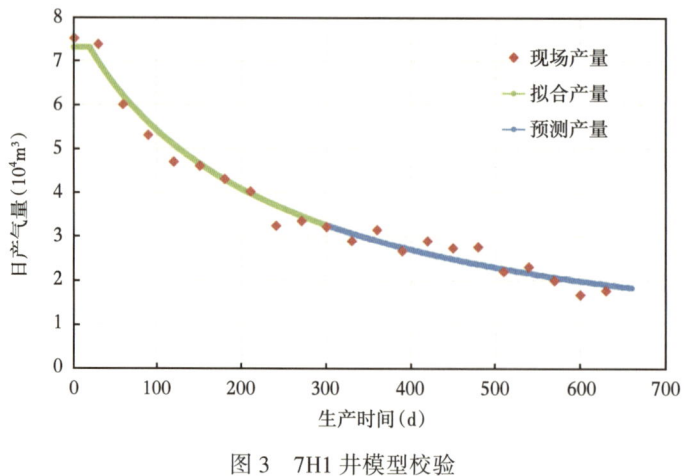

3　参数敏感性分析

3.1　启动压力梯度对生产的影响

通过模拟一口水平井在致密气藏中生产来分析启动压力梯度对生产的影响,储层流体等详细参数见表3。

表 3　基本参数

物性参数	参数值	物性参数	参数值
天然气相对密度	0.5956	水平井中心垂向位置(m)	11
地面标准压力(MPa)	0.101	孔隙压缩系数(1/MPa)	1.82×10^{-3}
地面标准温度(K)	273.15	地层水压缩系数(1/MPa)	1×10^{-4}
地层温度(K)	377.95	气体黏度(mPa·s)	2.2245×10^{-2}
储层厚度(m)	22	气体偏差因子	0.9996
原始地层压力(MPa)	30.54	稳产期(a)	8
通用气体常数[MPa·m³/(kmol·K)]	0.008314	孔隙度(%)	6.8
基质渗透率(mD)	0.136	束缚水饱和度	0.43
废弃产量(10^4m³/d)	0.4	水平井控制半径(m)	700
水平井长度(m)	1000	定压阶段井底流压(MPa)	6
渗透率模量(MPa^{-1})	0	启动压力梯度(MPa/m)	待定
井筒半径(m)	0.062		

图 4 是不同启动压力梯度下水平井日产气量随时间的变化曲线,由图 4 可得气井产量减小幅度随启动压力梯度的变化曲线,从图 5 可知,气井产量减小幅度与启动压力梯度表现为抛物线型加大,当分别考虑启动压力梯度为 0.02MPa/m、0.04MPa/m 时,将导致气井产量分别减小 16.67%、29.17%。

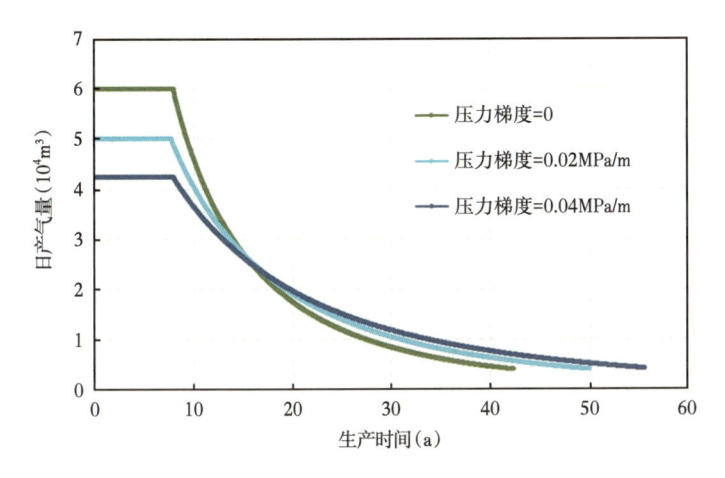

图 4 启动压力梯度对日产气量的影响

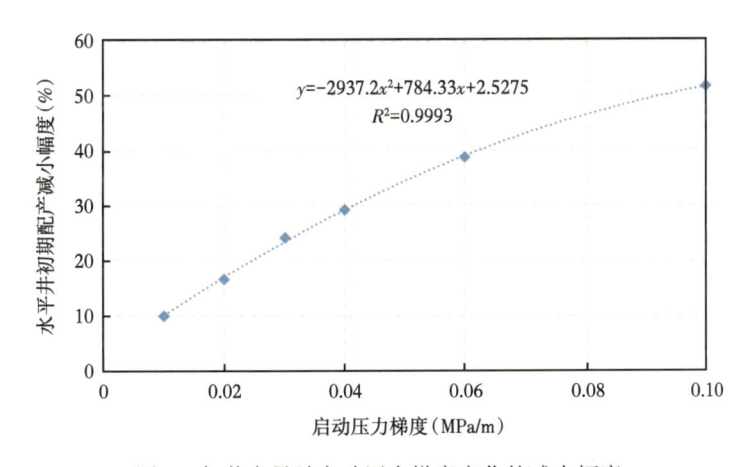

图 5 气井产量随启动压力梯度变化的减小幅度

3.2 应力敏感对生产的影响

通过模拟一口水平井在致密气藏中生产来分析应力敏感效应对生产的影响,储层流体等详细参数见表 4。

图 6 是不同应力敏感效应下水平井日产气量随时间的变化曲线,由图 6 可得气井产量减小幅度随应力敏感效应的变化曲线,从图 7 可知,气井产量减小幅度与渗透率模量表现为抛物线型加大,当分别考虑渗透率模量为 0.02MPa^{-1}、0.04MPa^{-1},将导致气井产量分别减小 15.0%、27.5%。

表4 基本参数

物性参数	参数值	物性参数	参数值
天然气相对密度	0.5956	水平井中心垂向位置(m)	11
地面标准压力(MPa)	0.101	孔隙压缩系数(1/MPa)	$1.82×10^{-3}$
地面标准温度(K)	273.15	地层水压缩系数(1/MPa)	$1×10^{-4}$
地层温度(K)	377.95	气体黏度(mPa·s)	$2.2245×10^{-2}$
储层厚度(m)	22	气体偏差因子	0.9996
原始地层压力(MPa)	30.54	稳产期(a)	8
通用气体常数[MPa·m^3/(kmol·K)]	0.008314	孔隙度(%)	6.8
基质渗透率(mD)	0.136	束缚水饱和度	0.43
废弃产量(10^4m^3/d)	0.4	水平井控制半径(m)	700
水平井长度(m)	1000	定压阶段井底流压(MPa)	6
渗透率模量(MPa^{-1})	待定	启动压力梯度(MPa/m)	0
井筒半径(m)	0.062		

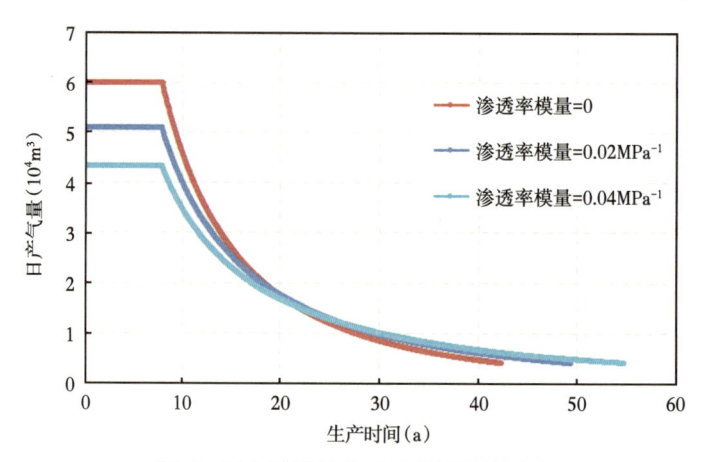

图6 应力敏感效应对日产气量的影响

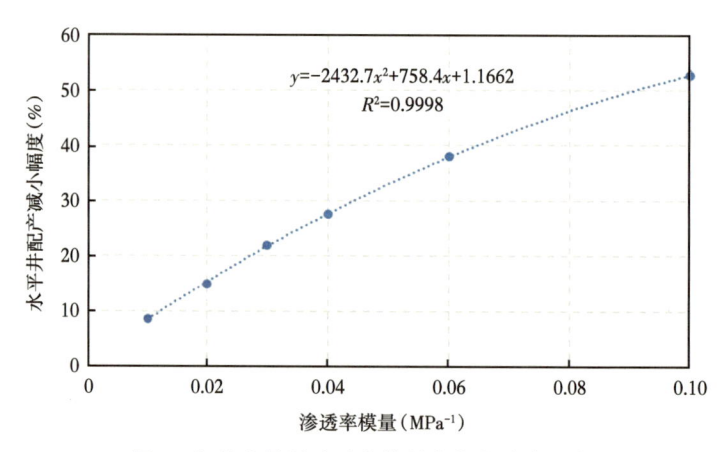

图7 气井产量随渗透率模量变化的减小幅度

3.3 启动压力梯度和应力敏感共同作用对生产的影响

通过模拟一口水平井在致密气藏中生产来分析启动压力梯度和应力敏感效应共同作用对生产的影响,储层流体等详细参数见表5。

表5 致密气藏物性参数

物性参数	参数值	物性参数	参数值
天然气相对密度	0.5956	水平井中心垂向位置(m)	11
地面标准压力(MPa)	0.101	孔隙压缩系数(1/MPa)	1.82×10^{-3}
地面标准温度(K)	273.15	地层水压缩系数(1/MPa)	1×10^{-4}
地层温度(K)	377.95	气体黏度(mPa·s)	2.2245×10^{-2}
储层厚度(m)	22	气体偏差因子	0.9996
原始地层压力(MPa)	30.54	稳产期(a)	8
通用气体常数[MPa·m³/(kmol·K)]	0.008314	孔隙度(%)	6.8
基质渗透率(mD)	0.136	束缚水饱和度	0.43
废弃产量(10^4m³/d)	0.4	水平井控制半径(m)	700
水平井长度(m)	1000	定压阶段井底流压(MPa)	6
渗透率模量(MPa^{-1})	待定	启动压力梯度(MPa/m)	待定
井筒半径(m)	0.062		

由启动压力梯度与应力敏感效应共同作用对日产气量的影响图(图8)可得气井产量减小幅度随两者的变化曲线,从图9可知,气井产量减小幅度与两者的综合影响表现为抛物线型加大。分别考虑渗透率模量、启动压力梯度为0.02MPa^{-1}、0.02MPa/m,将导致气井产量分别减小15.0%、16.67%;同时考虑渗透率模量、启动压力梯度为0.02MPa^{-1}、0.02MPa/m,将导致气井产量减小30.83%。因此,致密气藏如果不考虑启动压力梯度或应力敏感效应,将会对水平井的初期配产量带来较大偏差,极大影响开发决策。

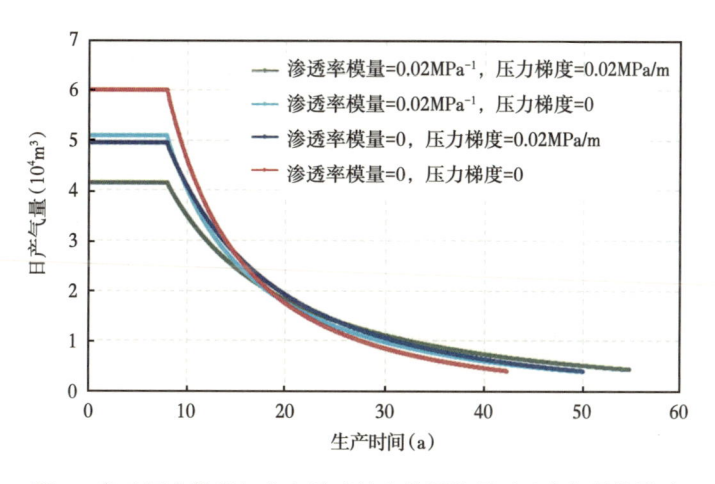

图8 启动压力梯度与应力敏感效应共同作用对日产气量的影响

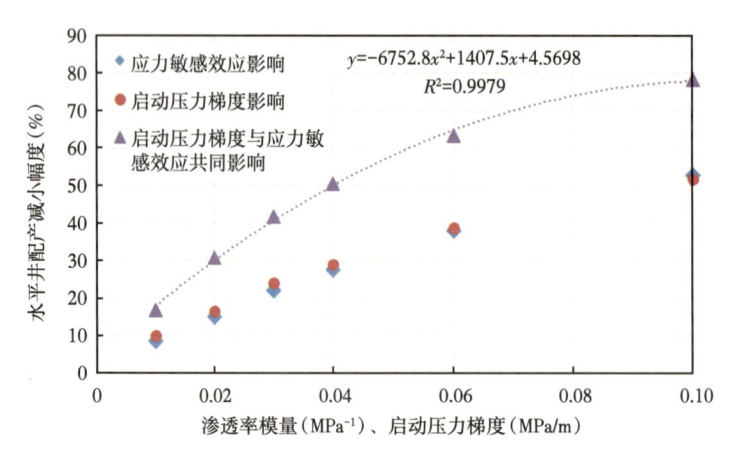

图 9　气井产量随启动压力梯度、渗透率模量变化的减小幅度

4　结论

（1）本文基于圆形封闭边界的双重介质致密气藏渗流模型，建立了考虑启动压力梯度和应力敏感的致密气藏水平井产量预测模型，对苏里格气田某区块压裂 7H1 水平井的产量预测数据和产量历史数据拟合效果好，预测精度较高。

（2）参数敏感性分析表明气井产量减小幅度与启动压力梯度、应力敏感效应两者的综合影响表现为抛物线型加大，两者单独作用对配产量的影响效果相当。分别考虑渗透率模量、启动压力梯度为 0.02MPa^{-1}、0.02MPa/m，将导致气井产量分别减小 15.0%、16.67%；同时考虑两者时，将导致气井产量减小 30.83%。

（3）启动压力梯度及应力敏感效应对生产的影响不容忽视，如果不考虑启动压力梯度或应力敏感效应，将对水平井的初期配产量带来较大偏差，会导致规定时间内不能完成预计产气量目标，极大影响开发决策。

参 考 文 献

[1] Wang W, Yu W, Hu X, et al. A semianalytical model for simulating real gas transport in nanopores and complex fractures of shale gas reservoirs[J]. AIChE Journal, 2017.

[2] Wang H Y. What Factors Control Shale-Gas Production and Production-Decline Trend in Fractured Systems: A Comprehensive Analysis and Investigation[J]. Spe Journal, 2017, 22(2):562-581.

[3] Arps J J. Analysis of decline curves[C]// Petroleum Transactions. 1945:228-247.

[4] Fetkovich M J. Decline Curve Analysis Using Type Curves[J]. Journal of Petroleum Technology, 1980, 32(6):1065-1077.

[5] 孙贺东，朱忠谦，施英，等．现代产量递减分析 Blasingame 图版制作之纠错[J]．天然气工业，2015，35(10):71-75.

[6] 刘晓华，邹春梅，姜艳东，等．现代产量递减分析基本原理与应用[J]．天然气工业，2010，30(5):50-55.

[7] 王恩志，韩小妹，黄远智．低渗岩石非线性渗流机理讨论[J]．岩土力学，2003，(S2):120-124+132.

[8] Prada A, Civan F. Modification of Darcy′s law for the threshold pressure gradient[J]. Journal of Petroleum Sci-

ence & Engineering, 1999, 22(4):237-240.

[9] Wei X, Qun L, Shusheng G, et al. Pseudo threshold pressure gradient to flow for low permeability reservoirs[J]. Petroleum Exploration and Development, 2009, 36(2):232-236.

[10] 郭红玉,苏现波. 煤储层启动压力梯度的实验测定及意义[J]. 天然气工业,2010,30(06):52-54+127.

[11] Lu, J. (2012, January 1). Pressure Behavior of a Hydraulic Fractured Well in Tight Gas Formation with Threshold Pressure Gradient. Society of Petroleum Engineers. doi:10.2118/152158-MS.

[12] Dou H E, Ma S Y, Zou C Y, et al. Threshold pressure gradient of fluid flow through multi-porous media in low and extra-low permeability reservoirs[J]. Science China Earth Sciences, 2014, 57(11):2808-2818.

[13] Raghavan R, Scorer J D T, Miller F G(1972, June 1). An Investigation by Numerical Methods of the Effect of Pressure-Dependent Rock and Fluid Properties on Well Flow Tests. Society of Petroleum Engineers. doi:10.2118/2617-PA.

[14] Pedrosa O A. (1986, January 1). Pressure Transient Response in Stress-Sensitive Formations. Society of Petroleum Engineers. doi:10.2118/15115-MS

[15] Li Xiao-Ping, Cao Li-Na, Luo Cheng, et al. Characteristics of transient production rate performance of horizontal well in fractured tight gas reservoirs with stress-sensitivity effect[J]. Journal of Petroleum Science & Engineering, Accepted.

[16] Van-Everdingen A F, Hurst W. The application of the Laplace transformation to flow problem in reservoirs[J]. Journal of Petroleum Technology, 1949, 1(12): 305-324.

[17] Tian W, Li A, Ren X, et al. The threshold pressure gradient effect in the tight sandstone gas reservoirs with high water saturation[J]. Fuel, 2018, 226:221-229.

[18] Jian-Zhong W, Jun Y, Kai Z, et al. Variable permeability modulus and pressure sensitivity of dual-porosity medium[J]. Journal of China University of Petroleum, 2010, 34(3):80-84.

[19] Wu D, Ju B, Brantson E T. Investigation of productivity decline in tight gas wells due to formation damage and Non-Darcy effect: Laboratory, mathematical modeling and application[J]. Journal of Natural Gas Science & Engineering, 2016, 34: 779-791.

[20] 窦宏恩,张虎俊,姚尚林,等. 致密储集层岩石应力敏感性测试与评价方法[J]. 石油勘探与开发,2016,43(6):1022-1028.

辫状河储层构型规模表征及心滩位置确定新方法
——以苏6区块密井网区盒8段为例

董 硕　郭建林　李易隆　郭 智

（中国石油勘探开发研究院）

摘要：针对辫状河储层构型研究中对构型规模表征及心滩位置不确定性较大的问题，以苏6区块为例，结合Miall河流相构型划分及鄂尔多斯盆地东部柳林地区盒8段露头解剖，将辫状河储层构型划分为五个级次：(1)复合河道带；(2)单一辫流带；(3)心滩与河道充填；(4)心滩内增生体及冲沟；(5)层系组。根据岩心及测井数据，划分单井构型级次，通过辫流带定界原则确定单一辫流带展布范围，提出"高程定中边，形态定前后，冲沟近中线，落淤层辅助"的心滩位置判别方法，干扰试验表明该划分方法具有较强的可靠性，适合大井距辫状河储层构型表征及心滩位置确定。采用经验公式约束、井间精细对比统计法，确定了研究区构型展布规模：心滩厚度主要分布于4~12m，单一辫流带宽度600~1400m，心滩长度500~800m，心滩宽度250~400m。

关键词：苏6区块；辫状河；储层构型；规模；心滩

储层构型的研究即对储层内部结构进行的精细划分，对不同级次储层构成单元的形态、规模、展布、叠置关系等进行精确描述。储层内部结构影响油气的分布，因而储层构型的研究对于有效储层的预测及开发后期剩余油气的挖潜都具有重要的意义。辫状河储层作为一种重要的油气储层，其内部构型的解剖成为研究重点。目前对于辫状河构型解剖的方法主要有露头解剖、现代沉积解剖、密井网解剖、基于Google Earth软件的测量研究、沉积模拟实验等。随着多种方法研究的逐渐深入，辫状河内部构型表征取得了丰硕的成果。于兴河[1]等通过对大同中侏罗统辫状河露头解剖，详细阐述了辫状河构型界面划分、沉积特征及沉积模式；Kelly[2]利用现代沉积和野外露头建立了心滩长度、宽度及心滩内增生体规模的经验公式；Bridge[3]通过大量数据统计，建立了辫流带最小宽度和最大宽度的经验公式；徐东齐等[4]通过Google Earth软件，测量了9个典型辫状河沉积区心滩坝及辫流带规模数据，建立了经验公式；孙天健等[5]在识别沉积微相的基础上，通过测井和岩心资料分级划分辫流带、单砂体和心滩内增生体3个构型单元，并利用经验公式得出各级构型的展布规模；邢宝荣等[6]利用密井网测井、岩心、卫星照片等资料，构建了大庆长垣油田喇萨区块葡一组辫状河储层地质知识库；牛博等[7]统计分析了辫状河储层中夹层的产状和平面几何参数，建立了落淤层地质知识库；孙天健等[8]采用灰色理论进行单井隔夹层识别，结合辫状河现代沉积测量，建立不同类型隔夹层规模的定量计算关系式。

虽然前人对于辫状河构型的研究取得了较多成果，但对于心滩的发育位置仍具有较强的推断性，且在不同沉积环境下，辫状河发育规模具有较大差异，经验公式可做参考，但直接套用经验公式推算研究区构型展布特征，稍欠考虑。因此，本文以苏6区块为例，研究辫状河内部构型划分方法,定量描述其展布特征。

1 地质背景

苏里格气田位于鄂尔多斯盆地西北部[9](图1),上古生界自下而上发育上石炭统本溪组,下二叠统太原组、山西组、中二叠统下石盒子组、上石盒子组及上二叠统石千峰组,沉积岩总厚度约为700m,主要含气层段位于山西组和下石盒子组[10]。其中,下石盒子组8段为典型的辫状河沉积,受北部物源控制,砂体呈南北展布,沉积物主要为岩屑石英砂岩、岩屑砂岩及石英砂岩。苏6区块位于苏里格气田中部,总面积约484km²,探明地质储量1038.82×10⁸m³,密井网区面积24km²,布井48口,平均井距543m。在较大的井距下识别河道、心滩的位置和规模,是本次研究的重点。

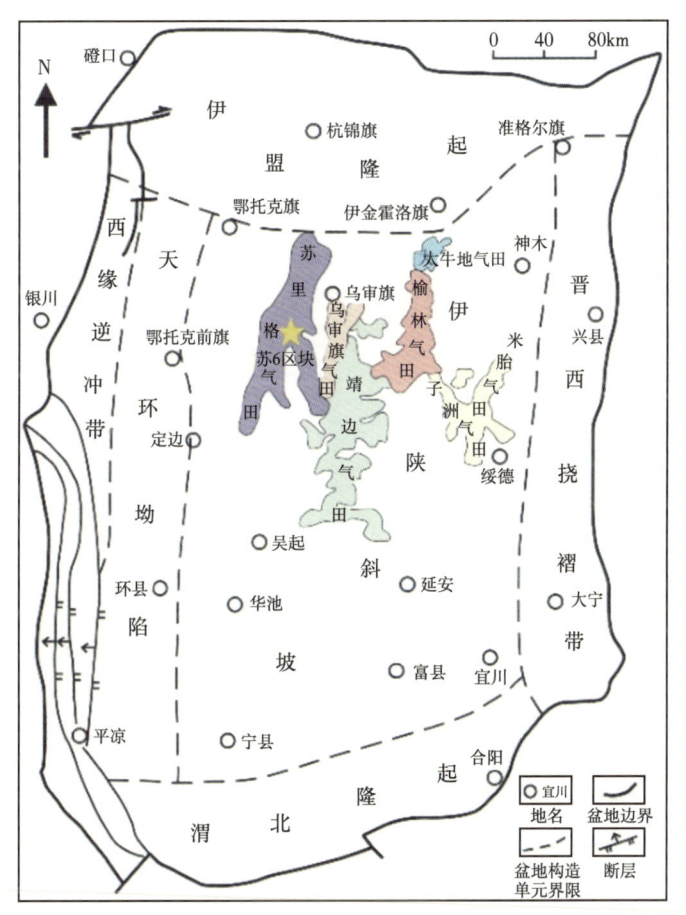

图1 苏6区块位置图

2 辫状河储层构型单元划分

储层构型研究以Miall提出的河流相构型分级为理论基础,该理论提出以来,国内外学者对不同沉积环境下的储层进行了构型解剖,尤其体现在曲流河构型表征中。对于辫状河构型表征,近年来也取得了一定的进展,但辫状河由于其频繁的改道,导致储层在纵向上多期叠置,沉积特征复杂,其构型级次划分尚未形成统一的理论。孙天建等[5]将砂质辫状河划分为辫流带、单砂体和心滩内增生体3个级次;李易隆等[11]根据成因机理与规模,将辫状河划分为5级构型单元;邱隆伟等[12]提出了辫状河储层6级构型单元划分方法。

2.1 构型单元划分

综合前人研究成果,辫状河储层构型的划分以Miall的河流相构型分级为指导,结合鄂尔多斯盆地东部柳林地区盒8段露头解剖及苏6区块密井网区资料分析,将辫状河储层构型划分为五个级次:(1)复合河道带;(2)单一辫流带;(3)心滩与河道充填;(4)心滩内增生体及冲沟;(5)层系组。其中,①级构型界面为复合河道带与泛滥平原泥岩的界面,构型单元由垂向上多期叠置、平面上交错变迁的单一辫流带组成;②级构型单元在垂向上表现为单砂体,构型界面即为单砂体之间的切割面或者单砂体与泛滥泥岩的接触面;③级构型界面为心滩、河道沉积之间的界面,常表现为心滩与河道沉积在侧向相邻的接触面;④级构型界面为心滩内部落淤层等夹层及心滩顶部小型冲刷面;⑤级构型界面为层系组的接触面,代表水流流向变化或流动条件变化,该级构型常由槽状交错层理、楔状交错层理组成(图2)。

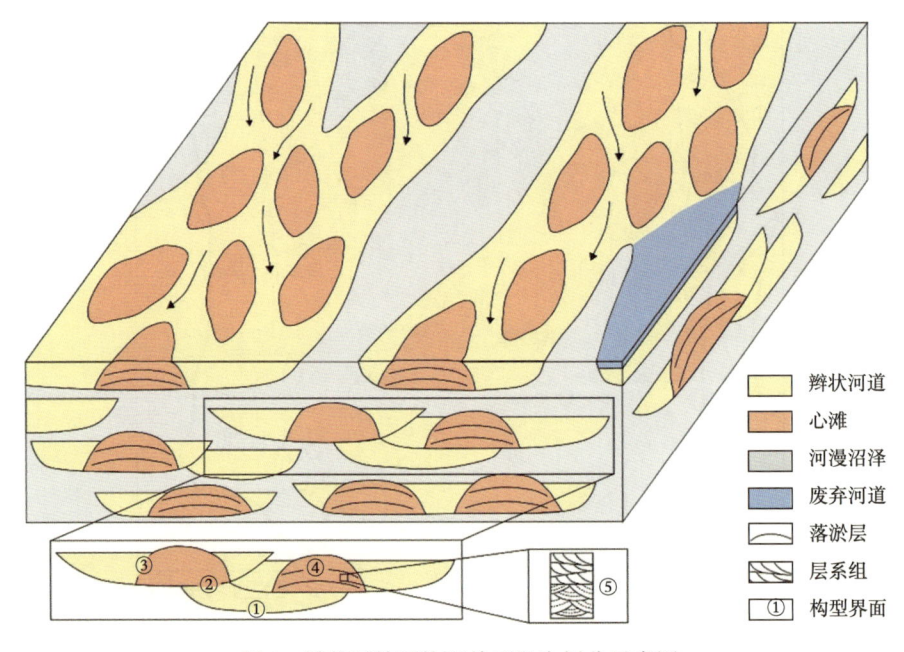

图2 辫状河储层构型单元级次划分示意图

2.2 野外露头分析

鄂尔多斯盆地东部柳林地区盒8段露头位于鄂尔多斯盆地东缘晋西挠褶带,与苏里格地区盒8段沉积物物源相同,且均为辫状河沉积,因而选取该地区的露头进行解剖,用以指导苏里格盒8段辫状河构型划分。

图3(a)为一复合河道带露头,由两期单一辫流带叠置而成。可见单一辫流带界面(2级构型界面)出露,两期辫流带砂体皆呈正旋回沉积特征。上覆辫流带可见河道充填沉积,底部

方 法 篇

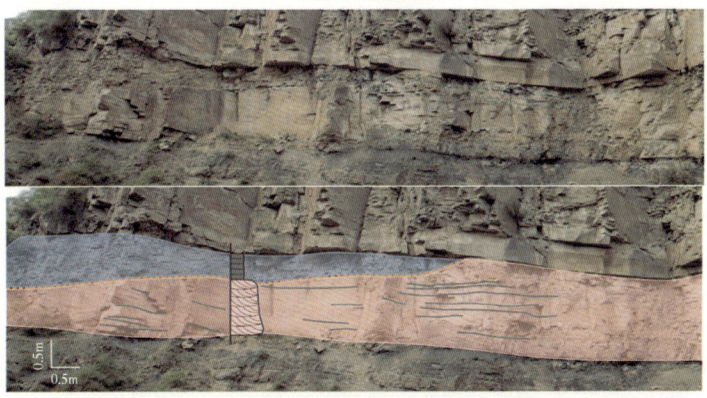

(a) 单河道剖面

(b) 废弃河道剖面

(c) 心滩剖面

河道　心滩　沟道　废弃河道　②级构型界面　③级构型界面
④级构型界面　槽状交错层理　波纹层理　泥岩

图 3　野外露头构型解剖

发育中粒砂岩,可见槽状交错层理,向上层面减薄,粒度变细,为粉砂岩与粉砂质泥岩沉积,可见小型波纹层理,顶部发育泥岩。下伏辫流带左侧为心滩沉积,为典型的底平顶凸形态,粒度相较于河道充填沉积粗,为中粗粒砂岩,发育槽状交错层理;右侧为河道沉积,呈顶平底凸形态,河道充填沉积与心滩沉积体在侧向上相临,接触面即为3级构型界面。因上覆河道的冲刷作用,上覆河道底部可见河道带底侵蚀面,下伏心滩披覆泥岩遭受冲刷侵蚀作用遗留下来,因而厚度较薄。

图3(b)左侧可见废弃河道,即河道逐渐因改道而被废弃时,水动力减弱、沉积泥质,形成的废弃河道,呈楔状,与右侧的心滩沉积体相邻,二者的接触面为3级构型界面。

图3(c)为心滩出露剖面,可见3个心滩内部增生体发育,内部多为槽状交错层理,呈叠瓦状排列。该心滩在露出水面后遭受水流冲刷形成冲沟[13],冲沟底部见冲刷面构造,冲沟内沉积物多为正韵律,底部可见小型槽状交错层理,顶部为泥质沉积。增生体之间可见薄层泥岩发育,为季节性洪水间歇期发育的泥质沉积,称为"落淤层"[14],该界面即为4级构型界面。

2.3 构型界面单井识别

在辫状河构型单元的研究中,核心问题是如何利用有限的资料识别地下各级构型界面,而第1至第4级次构型界面常在油气田开发过程中表现为隔层与夹层,因而是研究的重点。

复合河道带构型界面(1级构型界面)为多期叠置砂体与河漫泥岩的接触面,在GR测井曲线上表现为箱形—钟形复合形态的曲线底部(顶部)出现大段的泥岩回返(图4)。而箱形—钟形复合形态的GR曲线代表多期砂体的叠置,GR曲线形态、幅度出现突变的界面即为多期砂体间的接触面。在岩心观察中(图5a),可见砂体叠置于泛滥泥岩之上,由于砂体沉积时水流的冲刷作用,卷起了已固结的泥岩形成泥砾,包裹在了砂体底部,砂岩与底部泥岩的接触面即为冲刷面,也是1级构型界面。

单一辫流带构型界面(2级构型界面)为单砂体的顶底面(图4),或单砂体之间的切割面,在GR曲线上具有分离型、相邻型、切截型等3种表现形式。分离型构型界面为河道与泥岩的接触面,河道发育完整,且两期河道之间夹有小段泥岩,GR曲线在泥岩段回返至泥岩基线附近;相邻型构型界面表示为两期完整的河道在垂向上相邻发育,无泥岩夹层,GR曲线在两期河道间出现回返,且回返幅度约为1/2;切截型构型界面为两期河道在垂向上切割叠置而成,上覆河道较完整,下伏河道的顶部被冲刷侵蚀,GR曲线在界面附近出现回返,且回返幅度小于1/2。在岩心观察中(图5b),可见两套颜色、结构均不同的砂体叠置而成,上覆砂体颜色较深,粒度较细,泥质含量较高,呈平行层理;下伏砂岩颜色较浅,粒度较粗,泥质含量少,发育交错层理。两套砂体物源不同,分属于两期河道,上覆河道对下伏河道具有冲刷作用,二者的接触面即2级构型界面,为切截型构型界面。

心滩与河道砂体的接触面(3级构型界面)常表现为砂体的侧向相邻,因而在单井上不易识别。

由测井及岩心资料分析发现,心滩在GR曲线上多为箱形、锯齿状箱形(图4),因而心滩内增生体构型界面(4级构型界面)常出现于箱形GR曲线段内,表现为GR曲线出现轻微的回返,回返程度由落淤层的厚度决定。对应测井曲线,可从岩心上识别出落淤层的位置,图5(c)中,底部为心滩内增生体沉积,为灰白色砂岩,顶部发育落淤层,为灰黑色泥岩,二者的接触面

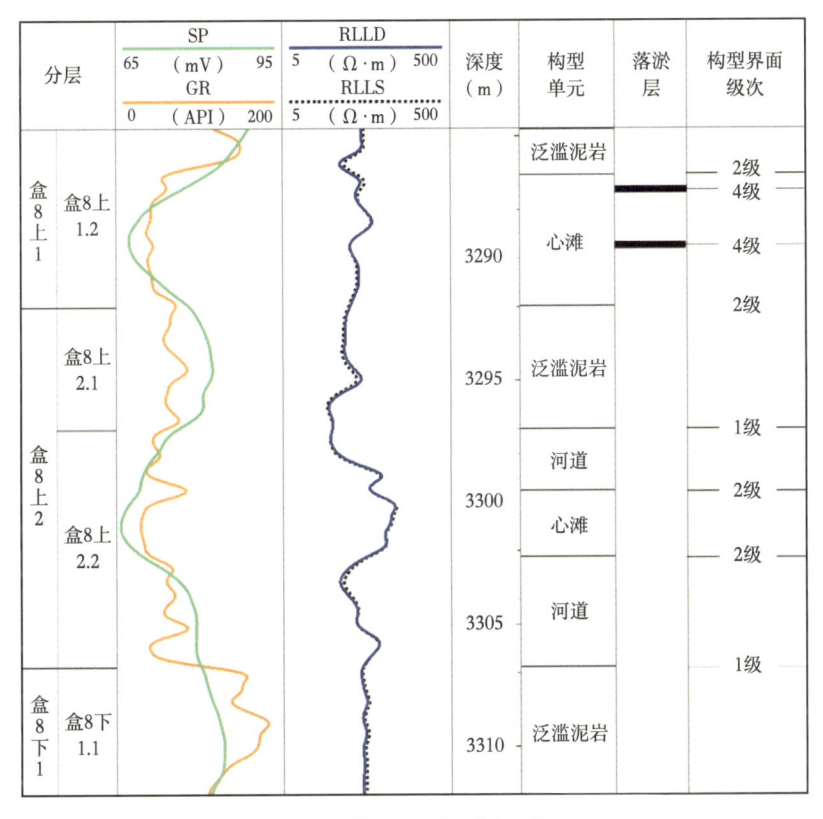

图 4 构型单元测井识别

即为 4 级构型界面。

图 5(c)可见平行层理与交错层理,上下层系组的接触面即为 5 级构型界面,代表水流流向变化或流动条件变化。

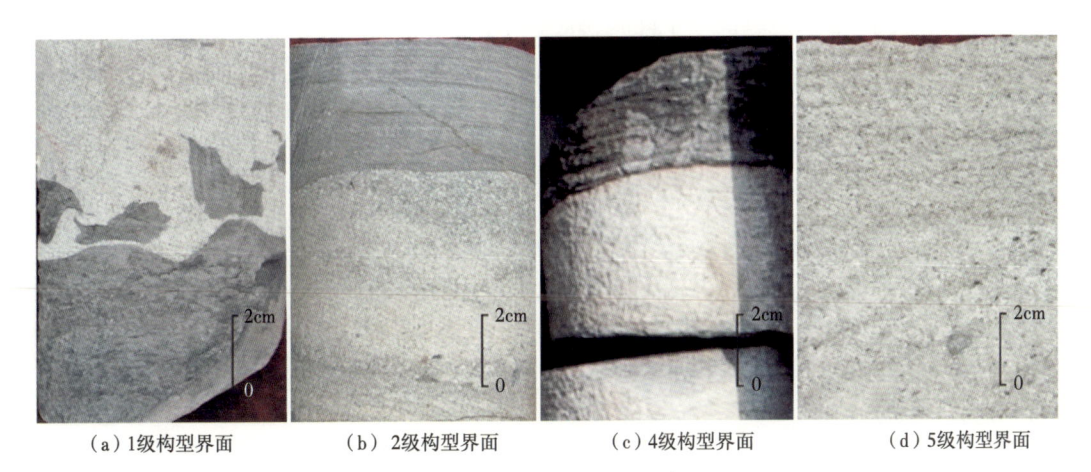

(a) 1级构型界面　　(b) 2级构型界面　　(c) 4级构型界面　　(d) 5级构型界面

图 5　构型界面岩心识别

3 构型单元展布特征

在识别各级构型单元界面的基础上,需进一步开展构型单元展布特征研究,本文采用单一辫流带边界识别法,确定单一辫流带的展布;利用测井曲线形态识别心滩、河道砂体沉积;采用"高程定中边,形态定前后,冲沟近中线,落淤层辅助"的判断方法,确定心滩的发育位置。

3.1 单一辫流带

在单井上识别单一辫流带的前提下,以盒8上1.2小层为例,对研究区的辫流带平面展布进行分析。首先要根据测井资料确定河道的边界,辫流带边界通常位于井间,需要对比相邻井的测井曲线,来决定两口井在同一层内钻遇的砂体是否属于同一辫流带,继而判断两口井间是否发育辫流带边界。辫流带边界的划分应遵循以下原则:(1)砂体尖灭。井 a 钻遇砂体,临井 b 未钻遇砂体,砂体在 a、b 两井间发生尖灭;(2)高程差异大。井 a 钻遇的砂体顶面距小层顶面的高程,与井 b 钻遇的砂体顶面距小层顶面的高程,两者相差较大;(3)旋回性质差异。井 a 钻遇两套厚度较小的正旋回砂体,井 b 钻遇一套厚度大的正旋回砂体;(4)废弃河道阻隔。在单一河道的边部,常发育有废弃河道,代表该河道的消亡,在测井曲线上表现为 a 井钻遇砂体厚度大,b 井钻遇砂体顶部发育细粒沉积,导致钻遇砂岩厚度小。

运用以上原则,在平面上将辫流带边界绘出,继而将同一期辫流带侧向上相连,最后结合砂体厚度图,可将完整的辫流带绘制出来。由图6可知,研究区在盒8上1.2小层可划分为上下两期砂体。

3.2 心滩及落淤层识别

前人研究表明,在单一辫流带内部,发育心滩和辫状河河道沉积,二者皆由砂质充填且发育规模相近,心滩呈底平顶凸形,河道沉积呈顶平底凸形[13]。于兴河等[1]认为,心滩内部发育多期垂向增生体,是洪水期作用的产物,每个增生体皆为正韵律段,洪水退却后,心滩露出水面,其后部形成一个受心滩保护的静水区,细粒沉积物沉积,导致增生体之间由细粒沉积物分隔,界面近水平展布,顺水流方向向下倾斜,称为"落淤层";吴胜和等[15]认为,心滩的发育演化可分为心滩坝的形成、生长及向下游方向迁移,心滩坝的侧向迁移,"坝尾沉积"及复合心滩坝的形成等三个阶段;牛博等[7]认为,心滩坝具有"纵向平缓前积、横向多期增生体加积"的特点,落淤层一般发育在心滩坝的后部。

心滩在 GR 曲线上多为箱形、锯齿状箱形(图4),发育大型槽状交错层理、板状交错层理等。因形成时水动力较强,多发育粗砂岩、中粗砂岩,且物性较好,常形成有效砂体。心滩的识别相对较容易,但如何根据测井曲线识别心滩的位置,一直是研究的重点,尤其是在本区井距较大的情况下,因此,本文利用 GR 测井曲线,提出"高程定中边,形态定前后,冲沟近中线,落淤层辅助"的判断方法(图7)。

3.2.1 高程判别法

心滩在沉积末期常露出水面,因而沉积厚度稍大于同期河道充填沉积。将盒8上1.2小层沿顶部拉平,心滩顶部将稍高于同期河道充填沉积。而由于钻遇心滩的井可能钻在心滩边部的位置,因心滩底平顶凸的形态,边部较薄,使得心滩砂体顶部略低于同期河道充填砂体,因

方 法 篇

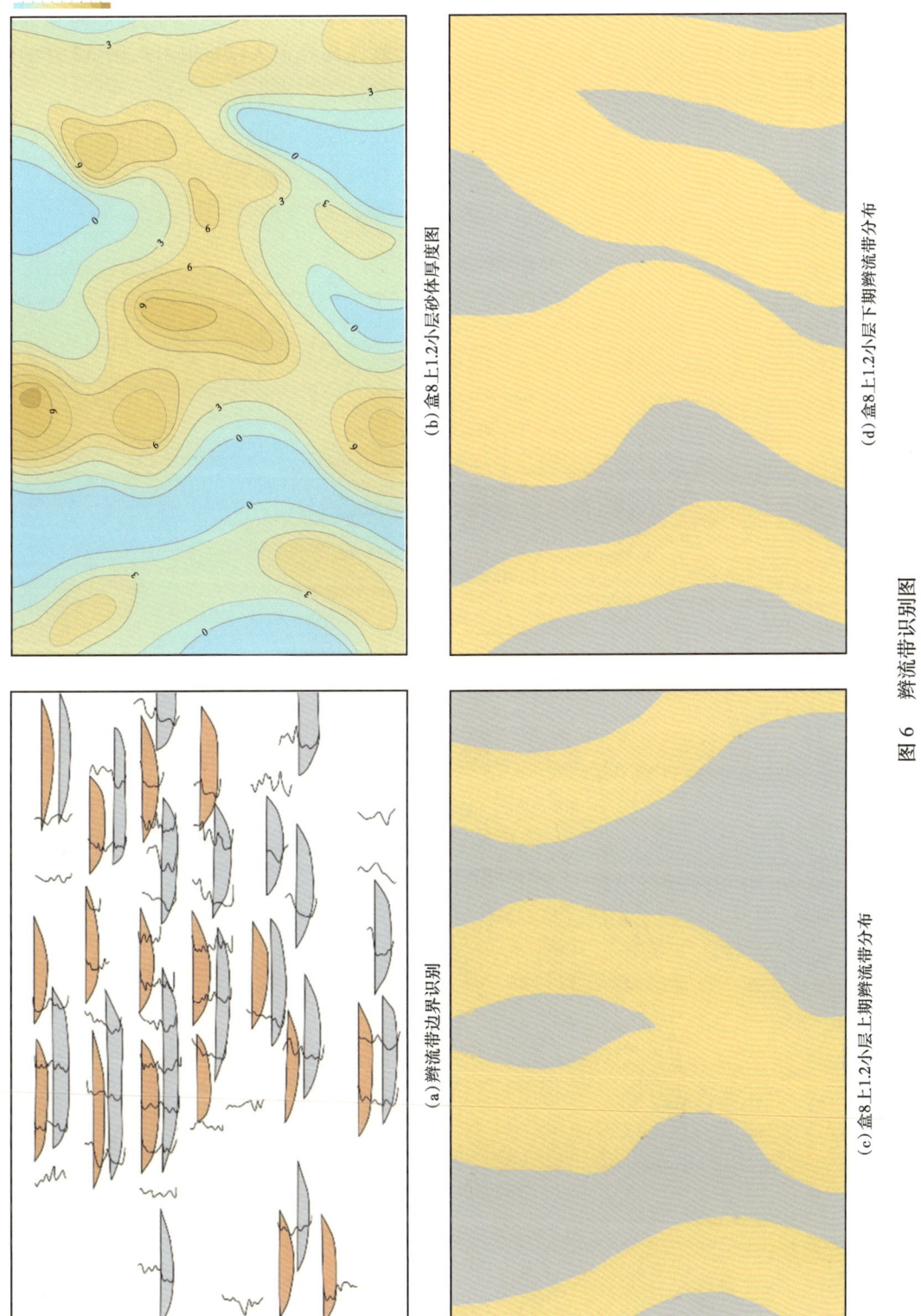

(b) 盒8上1.2小层砂体厚度图

(d) 盒8上1.2小层下期滩流带分布

(a) 滩流带边界识别

(c) 盒8上1.2小层上期滩流带分布

图 6 滩流带识别图

— 117 —

此,可判断钻遇心滩的井,是位于心滩的边部还是中间部位,如图7所示,A1井与A3井同钻遇心滩砂体,A2井与A4井钻遇河道充填砂体。A1井的砂厚大于A2井的砂厚,即心滩顶部高于河道充填砂体,则A1井的位置为心滩中部;A3井的砂厚约等于A4井的砂厚,则A3井的位置为心滩边部。

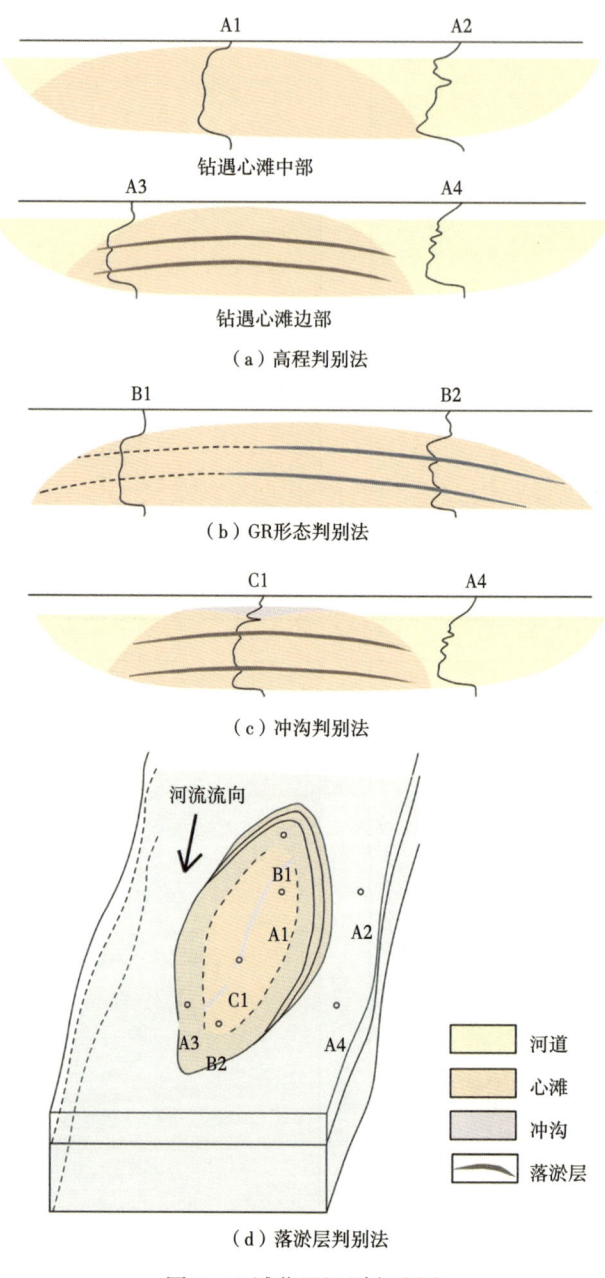

(a) 高程判别法

(b) GR形态判别法

(c) 冲沟判别法

(d) 落淤层判别法

图7 心滩位置识别方法图

3.2.2 GR 形态判别法

此外,因心滩迎水流方向水流作用强,沉积粒度较粗,背水流面常形成静水面,沉积细粒沉积物,而在心滩的发育过程中,顺着水流方向逐渐推进叠置,沉积增生体,导致心滩尾部出现反旋回沉积[16],GR 曲线呈现轻微的漏斗形,而心滩头部垂向粒度变化不大,GR 曲线常呈现箱形。如图 7 所示,B1 井与 B2 井同钻遇心滩砂体,B1 井的 GR 曲线形态为箱形,B2 井的 GR 曲线形态呈现轻微的漏斗形,则 B1 井位于心滩前部,B2 井位于心滩尾部。

3.2.3 冲沟判别法

心滩顶部因露出水面遭受水流的冲刷而发育冲沟,冲沟的延伸方向多为顺水流方向,因而,钻遇冲沟的井,位置应在心滩中部靠近中线附近。冲沟在测井曲线上较容易识别,表现为心滩砂体顶部发育冲刷面,有一个小规模的正旋回沉积,向上逐渐过渡为泥岩。如图 7 所示,C1 井钻遇冲沟,则其位置应接近于心滩沿长轴方向的中线。

3.2.4 落淤层判别法

因滩头水动力较强,沉积的细粒泥质不易保存,因而心滩头部(迎水面)多不可见落淤层,而尾部(背水面)及两翼部位可见落淤层展布[7,17]。图 7 中,A1 井与 B1 井 GR 曲线皆未见回返,表示无落淤层发育,因而 A1 井与 B1 井位于心滩头部;A3 井、B2 井与 C1 井 GR 曲线可见回返特征,表示有落淤层发育,因而 A3 井、B2 井与 C1 井位于心滩尾部。

根据上述原则,可较好地确定心滩的位置与展布(图 8、图 9),同时,利用单期河道划分成果,按照盒 8 上 1.2 小层的上下两期河道展布,分别识别其内部心滩发育位置,得出上下两期沉积微相展布图,如图 8 所示。

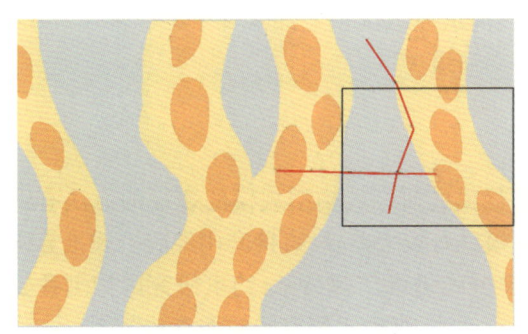

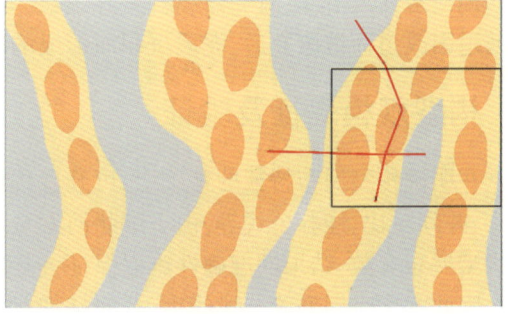

(a)盒8上1.2小层上期沉积微相展布　　　　　　(b)盒8上1.2小层下期沉积微相展布

图 8　盒 8 上 1.2 小层沉积相平面分布图

3.3 河道充填识别

河道在 GR 曲线上多为钟形、齿状钟形(图 4),发育板状交错层理、小型槽状交错层理,顶部可见波纹层理等。河道充填沉积的粒度小于心滩沉积,多为中砂岩、中细砂岩,底部发育冲刷面及滞留沉积,由下及上为典型的正旋律,顶部发育泥岩。

在构型连井剖面上,还可以识别废弃河道。河道在废弃过程中继续有粗的沉积物供应,但曲线显示出幅度相对下部较小,表明沉积物中细粒成分增加,物性变差[14]。同时,根据等高程

图 9 构型连井剖面

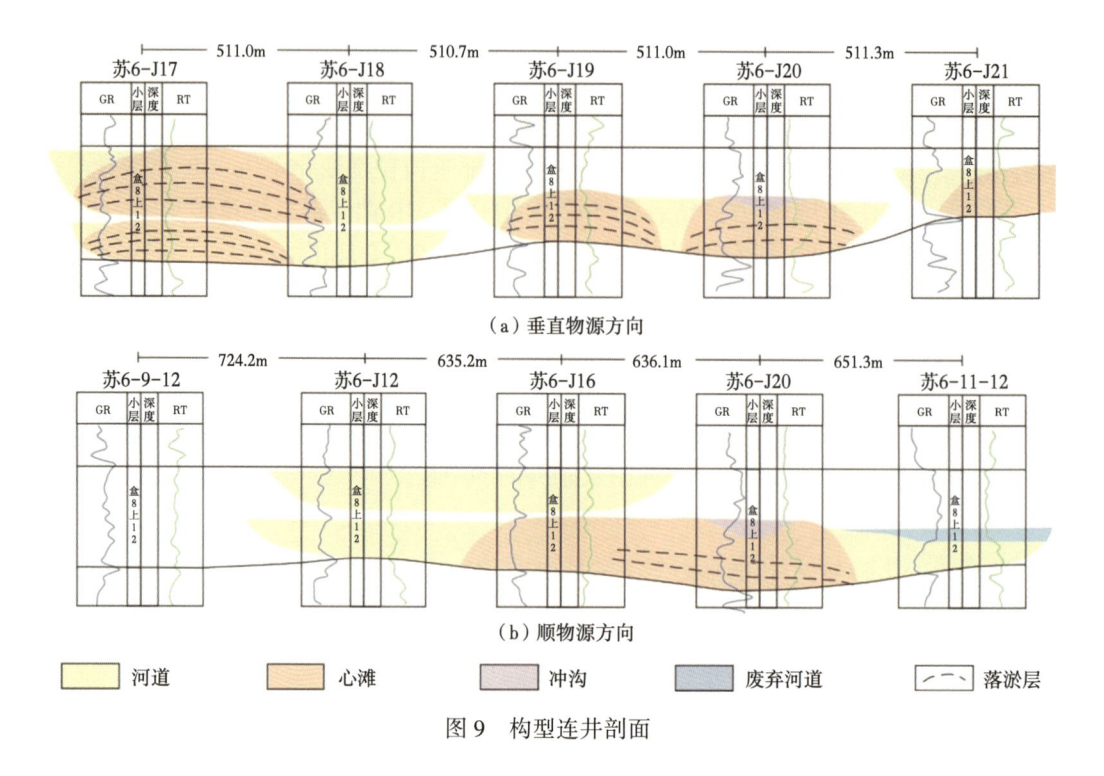

原理,在顶部拉平的剖面上,同期河道充填应具有相同的高程,据此可判断出废弃河道的发育位置。苏 6-11-12 井钻遇了一套河道充填沉积,在 GR 曲线上表现为钟形,但河道充填的顶部较同期河道充填沉积,有一段高程差异,表现为该河道充填沉积上部发育了一套细粒沉积物,为河道因改道而被废弃后,泥质沉积而形成的废弃河道。

4 构型规模表征及验证

在明确构型展布特征的基础上,可开展构型规模的研究。构型规模的表征的方法有野外露头、井间对比、经验公式等,由于辫状河发育规模具有较大差异,直接套用经验公式推算研究区构型展布参数,结果的准确性难以保证,但经验公式仍可作为参考,约束研究区构型参数展布。因此本文采用经验公式约束、井间精细对比统计法,来确定研究区构型参数范围。

4.1 构型参数表征

Bridge 等[3]根据大量实测数据建立了单一辫流带最小宽度及最大宽度的预测公式:

$$w_{cbmin} = 59.9 \times h_a^{1.8} \tag{1}$$

$$w_{cbmac} = 192 \times h_a^{1.37} \tag{2}$$

$$h_a = 0.55 \times h_d \tag{3}$$

式中 w_{cbmin}——单一辫流带最小宽度,m;
w_{cbmax}——单一辫流带最大宽度,m;

h_a——平均单河道满岸深度,m;

h_d——单河道满岸深度,m。

前人研究结果表明,单河道满岸深度与心滩的厚度相当[18],则可用单井统计出的心滩厚度代替单河道满岸深度(图9)。统计结果表明,研究区心滩厚度主要分布于4~12m,利用公式(3)可得,平均单河道满岸深度为2.2~6.6m,平均值为4.4m,由公式(1)、(2)可得,单一辫流带最小宽度为862m,单一辫流带最大宽度为1462m。

Kelly等[2]建立起辫状河心滩宽度与单河道满岸深度、心滩长度与心滩宽度之间的经验公式:

$$w_b = 11.413 \times h_d^{0.14182} \tag{4}$$

$$L_b = 4.9517 \times w_b^{0.9676} \tag{5}$$

式中 w_b——心滩宽度,m;

L_b——心滩长度,m。

根据统计得到的单河道满岸深度,利用公式(4)、公式(5)可得,心滩宽度分布于81~387m,心滩长度分布于350~1580m。

据井间精细对比绘制出的单一辫流带展布图(图6),以及根据上述心滩识别方法,绘制出的小层沉积相平面图(图8),测量辫流带宽度、心滩宽度及长度等相关参数,统计统计出研究区盒8段辫流带宽度、心滩长度、心滩宽度柱状图如下(图10)。

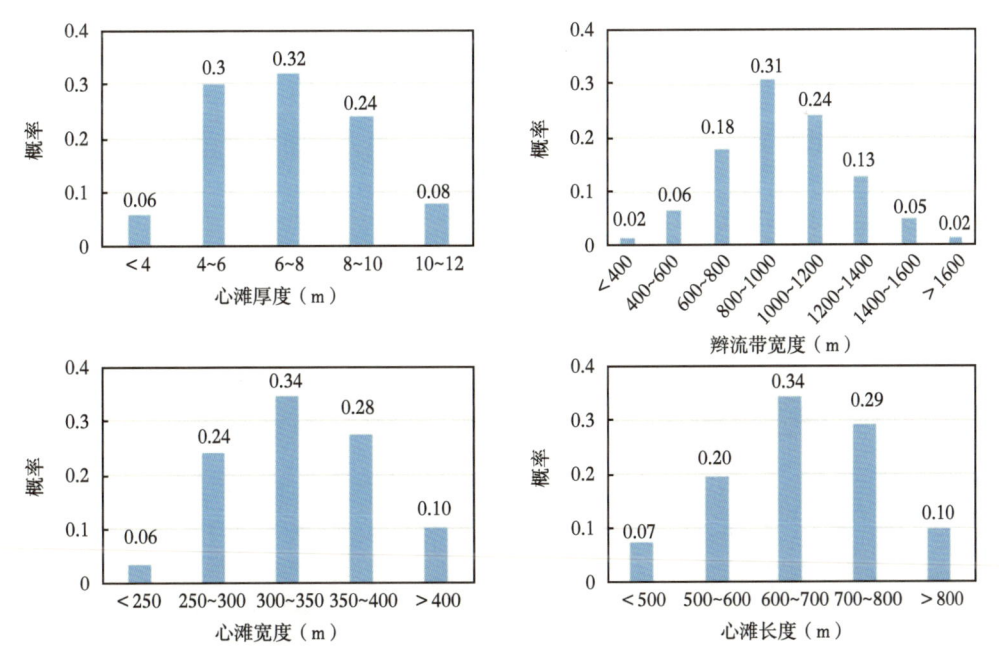

图10 苏6区块密井网区辫状河构型单元参数

由数据统计可知,辫流带宽度主要分布于600~1400m,心滩长度主要分布于500~800m,心滩宽度主要分布于250~400m。该统计数据与经验公式法计算得出的参数分布具有较好的吻合性,因经验公式法得出的数据区间较大,精确度较差,可将井间精细对比统计出的参数作为研究区构型参数分布范围。

4.2 构型展布准确性验证

为检验上述构型表征方法是否准确,选取干扰试井的方法,以盒8上1.2小层为例,验证其构型展布的准确性。

干扰试井试验是验证两口井是否连通的有效方法,其原理是,改变一口井的工作状态,使地下压力产生一个波动,在临井中监测是否发生压力变化,即是否发生干扰,若产生了干扰,则代表两井连通,反之亦然。

由于两口井的射孔层段可能不同,在判断两井在目的层是否连通时,需要先确定两口井的射孔层位。若两口井具有多个相同的射孔层段,如果干扰试井显示干扰,则不能确定两口井在目的层段是连通的,如果干扰试井显示未见干扰,则两口井在目的层段不是连通的;若两口井只有一个相同的射孔层段,如果干扰试井显示干扰,则两口井在目的层段连通,如果干扰试井显示未见干扰,则两口井在目的层段是不连通的;若两口井没有共同的射孔层段,则两口井之间大概率为不连通。

在准确判断目的层是否连通后,可进一步判断沉积相带的划分是否准确,在通常情况下,其判别标准为:处于不同河道带的井,由于泛滥泥岩的阻隔,两口井不连通;位于同一心滩内的井,或位于同一河道充填且距离较近的井,由于受同一沉积微相控制,岩性相近且砂体展布具有连续性,因而大概率是连通的;分属于心滩与河道充填的两口井,虽同为砂岩储层且连续分布,但因受不同沉积微相的控制,岩性略有差异,所以井间连通性无法确定[11]。

为验证上述河道带及河道充填、心滩位置划分的准确性,以盒8上1.2小层为例,选取若干口井做干扰试验(图11)。苏38-16-5与苏6-J21井,目的层为其唯一的共同射孔段,且干扰试验结果显示为未见干扰,则两口井在目的层不连通,根据相图可知(图8),两口井在目的层段钻遇了不同的心滩,符合判别标准。苏6-J20井与苏6-J21井具有包括目的层在内的多个射孔段,但井间干扰试验表明,井间未发生干扰,即目的层段不连通,根据相图可知,两口井分属于不同的河道,符合判断标准。苏38-16-5井与苏6-J16井,目的层为其唯一的共同射

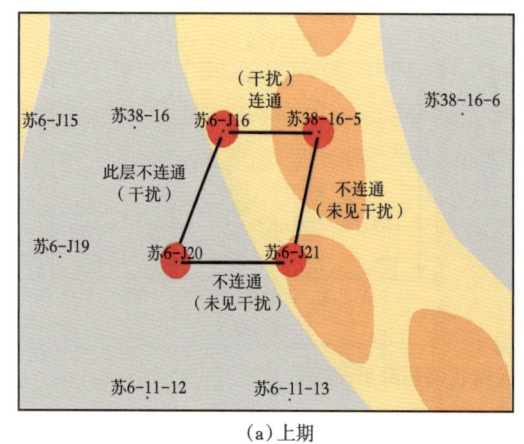

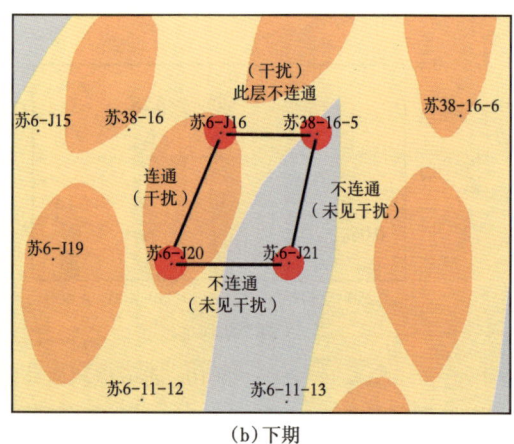

(a) 上期   (b) 下期

图11 干扰试验测试

孔段,干扰试验结果显示为干扰,在上期沉积相图内,两口井分布于同一单河道带内,且一口井钻遇心滩,一口井钻遇河道充填沉积,符合判断标准。苏 6-J16 井与苏 6-J20 井,目的层为其唯一的共同射孔段,干扰试验结果显示为干扰,在下期沉积相图中,两口井钻遇了同一心滩,符合判别标准。

5 结论

(1)根据野外露头解剖,结合 Miall 河流相构型划分,将研究区辫状河储层划分为五级构型:①复合河道带;②单一辫流带;③心滩与河道充填;④心滩内增生体及冲沟;⑤层系组。

(2)由岩心、测井资料划分单井构型级次,由密井网数据划分出不同期次的河道分布,根据辫状河心滩的发育特征,提出了"高程定中边,形态定前后,冲沟近中线,落淤层辅助"的心滩位置判别方法,干扰试验表明,这种划分方法具有较强的可靠性。

(3)由密井网构型参数表征可知,研究区心滩厚度主要分布于 4~12m,单一辫流带宽度主要分布于 600~1400m,心滩长度主要分布于 500~800m,心滩宽度主要分布于 250~400m。

参 考 文 献

[1] 于兴河,马兴祥,穆龙新. 辫状河储层地质模式及层次界面分析[M]. 北京:石油工业出版社,2004.

[2] Kelly S. Scaling and hierarchy in braided rivers and their deposits: Examples and implications for reservoir modeling[M]// Sambrook Smith G H, Best J L, Bristow C S, et al. Braided rivers: Process, deposits, ecology and management. Oxford, UK: Blackwell Publishing, 2006: 75-106.

[3] Bridge J S. Fluvial facies models: recent developments[J]. Society for Sedimentary Geology, 2006, 84(1):83-168.

[4] 徐东齐,孙致学,任宇飞,阳成. 基于地质知识库的辫状河致密储层地质建模[J]. 断块油气田, 2018, 25(1): 57-61.

[5] 孙天建,穆龙新,吴向红,等. 砂质辫状河储层构型表征方法——以苏丹穆格莱特盆地 Hegli 油田为例[J]. 石油学报, 2014, 35(4): 715-724.

[6] 邢宝荣. 辫状河储层地质知识库构建方法——以大庆长垣油田喇萨区块葡一组储层为例[J]. 东北石油大学学报, 2014, 38(6): 46-53+108.

[7] 牛博,高兴军,赵应成,等. 古辫状河心滩坝内部构型表征与建模——以大庆油田萨中密井网区为例[J]. 石油学报, 2015, 36(01): 89-100.

[8] 孙天建,穆龙新,赵国良. 砂质辫状河储集层隔夹层类型及其表征方法——以苏丹穆格莱特盆地 Hegli 油田为例[J]. 石油勘探与开发, 2014, 41(1): 112-120.

[9] 毕明威,陈世悦,周兆华,等. 鄂尔多斯盆地苏里格气田苏 6 区块盒 8 段致密砂岩储层微观孔隙结构特征及其意义[J]. 天然气地球科学, 2015, 26(10): 1851-1861.

[10] 崔连可,单敬福,李浮萍,等. 基于稀疏井网条件下的古辫状河道心滩砂体估算——以苏里格气田苏 X 区块为例[J]. 岩性油气藏, 2018, 30(1): 155-164.

[11] 李易隆,贾爱林,冀光,等. 鄂尔多斯盆地中—东部下石盒子组八段辫状河储层构型[J]. 石油学报, 2018, 39(9): 1037-1050.

[12] 乔雨朋,邱隆伟,邵先杰,等. 辫状河储层构型表征研究进展[J]. 油气地质与采收率, 2017, 24(6): 34-42.

[13] 温立峰,吴胜和,岳大力. 粗粒辫状河心滩内部泥质夹层分布新模式——以吴官屯野外露头为例[J].

石油地质与工程, 2016, 30(4): 5-7+145.

[14] 张昌民, 尹太举, 赵磊, 等. 辫状河储层内部建筑结构分析[J]. 地质科技情报, 2013, 32(4): 7-13.

[15] 张可, 吴胜和, 冯文杰, 等. 砂质辫状河心滩坝的发育演化过程探讨——沉积数值模拟与现代沉积分析启示[J]. 沉积学报, 2018, 36(1):81-91.

[16] 马志欣, 张吉, 薛雯, 等. 一种辫状河心滩砂体构型解剖新方法[J]. 天然气工业, 2018, 38(7): 16-24.

[17] 宋子怡, 陈德坡, 邱隆伟, 等. 孤东油田六区馆上段远源砂质辫状河心滩构型分析[J]. 油气地质与采收率, 2019, 26(2):68-75.

[18] Ashworth P J, Smith G H, Best J L, et al. Evolution and sedimentology of a channel fill in the sandy braided South Saskatchewan River and its comparison to the deposits of an adjacent compound bar[J]. Sedimentology, 2011, 58(7):1860-1883.

鄂尔多斯盆地低渗透—致密气藏储量分类及开发对策

程立华 郭 智 孟德伟 冀 光 王国亭 程敏华 赵 昕

(中国石油勘探开发研究院)

摘要:鄂尔多斯盆地低渗透—致密气藏储量规模大、储层物性差、非均质性强,储量动用程度低且差异大,实现气藏的长期稳产及效益开发难度大。为此,以鄂尔多斯盆地5个主力气田为研究对象,以效益开发为导向,以内部收益率为核心评价指标,结合动、静态特征对低渗透—致密气藏进行储量评价单元划分、储量分类评价和储量接替序列的建立,并针对不同类型的储量提出相适应的开发技术对策。研究结果表明:(1)该盆地单井动态储量小,产气量低,产气类型可以划分为多层协同供气和单层主力供气两种;(2)基于地质条件和单井动态特征相近的原则,结合开发管理区块分布情况,将该盆地内5个主力气田划分为11个储量评价单元,以内部收益率30%、8%和5%作为界限,把储量评价单元划分为高效、效益、低效和难动用4种储量类型;(3)以内部收益率8%为有效开发的基准,将其对应的井均估算最终开采量(EUR)与各个储量评价单元实际的井均EUR对比,按照效益由高到低的顺序,建立了储量评价单元经济有效动用序列;(4)高效储量适宜采取增压开采和局部井网调整对策,效益储量需通过井网加密提高储量动用程度,低效储量采取富集区优选、滚动开发对策,难动用储量需加大技术攻关以实现效益开发。结论认为,该研究成果有利于提高鄂尔多斯盆地储量动用程度,可以为该盆地天然气长远开发战略的制度提供技术支撑。

关键词:鄂尔多斯盆地;低渗透—致密气;储量评价单元;储量分类;储量接替序列;内部收益率;开发对策

低渗透—致密气是一种非常重要的天然气资源[1],在中国主要分布在鄂尔多斯、四川、松辽及塔里木盆地[2],其中以鄂尔多斯盆地储量规模最大。鄂尔多斯盆地低渗透—致密气的开发已成为我国该类型天然气开发的典范,历经多年的技术攻关和生产实践,开发理念和技术不断创新,实现了气藏的规模开发和持续稳产,年产气量持续保持国内领先地位[3,4]。在国家大力发展天然气的战略背景下,鄂尔多斯盆地作为我国最大的天然气生产基地,实现低渗透—致密气的长期稳产与效益开发意义重大。由于该盆地天然气储量基数大、储层物性差、非均质性强,储量动用程度差异大,在气藏开发过程中储量动用面临以下两个方面的问题:(1)根据国内外开发经验,巨型气田采气速度介于1%~2%是较为合理的[5,6],而按照鄂尔多斯盆地总的年产量和储量规模测算,目前的采气速度仅为0.6%,理论上还有较大的提升空间,但实际生产情况表明进一步扩大生产规模的难度非常大;(2)由于相对优质储量已逐步动用,剩余储量的品位不断降低,找到适合建产的"甜点区"难度越来越大,长期稳产及效益开发面临极大的挑战。关于储量分类,前人多是从地质或生产动态评价的角度切入[7-9],忽略了经济性评价,而只有通过经济性指标才能衡量气藏开发效益的高低。为此,笔者以鄂尔多斯盆地5个主力气田(GF1、GF2、GF3、GF4和GF5,其合计天然气储量占该盆地天然气总储量的90%)为研究对象,以效益开发为导向,以内部收益率为核心评价指标,结合动、静态特征对该盆地低渗透—

致密气藏进行储量评价单元划分、储量分类评价和储量接替序列的建立,并针对不同类型的储量提出相适应的开发技术对策,以期为国内大型低渗透—致密气藏的长期稳产和效益开发提供借鉴。

1 主要地质特征

上述5个主力气田分布在鄂尔多斯盆地伊陕斜坡北部,主要发育下古生界奥陶系马家沟组马五段碳酸盐岩、上古生界二叠系石盒子组盒8段、山西组和太原组碎屑岩这两类沉积岩储层,总体表现为储层物性差、厚度薄、非均质性强、储量丰度低的特点。

1.1 储层物性差,为典型的低渗透—致密气藏

根据鄂尔多斯盆地内1230块密闭取心岩样的覆压分析试验,孔隙度主要介于5%~12%,渗透率介于0.03~0.60 mD,属于低渗透—致密储层的范畴。如表1所示,GF1、GF2气田为致密气藏,储层物性差,覆压渗透率小于0.1 mD,含气饱和度较低,平均约58%;GF3、GF4、GF5气田为低渗透气藏,孔隙类型以原生孔隙为主,储层物性相对较好,渗透率相对较高,覆压渗透率介于0.1~1.0 mD,含气饱和度介于70%~80%。除GF1气田西部和东北部外,其他气田主体不产水,地层水以束缚水和层间滞留水为主。

1.2 储量主要分布在3套层系,致密气占主体

鄂尔多斯盆地具有广覆式生烃、连续性成藏的特点[10,11],含气面积大,超过$7 \times 10^4 km^2$,然而由于储层物性差、有效储层厚度小,盆地内天然气藏的平均储量丰度约为$1 \times 10^8 m^3/km^2$。纵向上,根据与烃源岩的关系,可划分出3套主力含气层系:二叠系下石盒子组盒8段—山西组山1段(源上组合);山西组山2段—太原组(源内组合);奥陶系马家沟组马五段(源下组合)。GF1气田主力产层为盒8段—山1段碎屑岩,GF2、GF3、GF4气田主力产层为山2段—太原组碎屑岩,GF5气田主力产层为马五段碳酸盐岩(表1)。按照储层物性划分,低渗透气藏储量占5个主力气田总储量的16%,致密气藏储量占84%。

表1 鄂尔多斯盆地主力气田储层参数表

名称	孔隙度(%)	覆压渗透率(mD)	含气饱和度(%)	有效厚度(m)	储量丰度($10^8 m^3/km^2$)	有效储层分布层段	储层岩性	储层类型
GF1	7.6	0.088	58.5	10.1	1.06	盒8段、山1段	碎屑岩	致密
GF2	6.6	0.073	57.4	6.2	0.83	山2段、太原组	碎屑岩	致密
GF3	7.1	0.572	73.3	11.2	1.01	山2段	碎屑岩	低渗透
GF4	5.9	0.113	69.6	9.5	0.95	山2段	碎屑岩	低渗透
GF5	6.3	0.364	78.2	5.4	0.65	马家沟组马五段	碳酸盐岩	低渗透

1.3 多层协同供气和单层主力供气

鄂尔多斯盆地各气田储量丰度较接近,介于$(0.6~1.1) \times 10^8 m^3/km^2$,但储层展布、供气模式差异较大,可以划分为多层协同供气和单层主力供气两种模式。致密气藏有效砂体呈多层叠置连片状分布,存在相对富集区;单个有效砂体的厚度介于2~5 m,宽度介于300~500 m,长

度介于 500~700m,在空间上呈透镜状孤立分布,连续性差;由于垂向上发育多个有效砂体,钻遇 3~5 个有效砂体的单井居多;单层产气贡献率均低于 30%,不存在明显主力层,致密气藏供气模式属于多层协同供气型。低渗透气藏虽然纵向上也发育多个小层,但主力层分布稳定,连续性好,气层连通范围可达 2~3km;主力层单层产气贡献率在 70% 以上,供气能力较强,低渗透气藏供气模式属于单层主力供气型。

2 生产动态特征

低渗透—致密气藏单井泄气面积小且井间连通性差,分析气井开发指标是评价区块或气田开发效果的基础,其中关键指标包括单井日产气量及其递减率、动态储量、泄气面积、估算最终开采量(EUR)等。

2.1 单井日产气量低,且递减率高

低渗透—致密气藏只有经过储层压裂改造,气井才具有工业产能,且产气量普遍较低[12,13]。鄂尔多斯盆地投产气井超过 $1.8×10^4$ 余口,且以直井为主,依靠多井低产实现了低渗透—致密气藏的规模开发,其中 87% 的气井初期产气量介于 $(1~2)×10^4 m^3/d$,13% 的气井初期产气量介于 $(5~15)×10^4 m^3/d$;另一方面,致密气井没有严格意义上的稳产期[14],气井投产之后即递减,生产曲线呈"L"形,气井初期产气量由有效砂体近井裂缝带提供,递减快,后期产气量由有效砂体远井端提供,此时产气量虽小但递减缓慢。致密气井的生产动态评价结果显示,直井的初期产量递减率平均为 23.6%,前 3 年的产量递减率平均为 22.0%,中后期气井的产量递减率逐渐降至 13.5%。

2.2 单井泄气面积、动态储量及 EUR 小

由于低渗透—致密气藏储层渗流能力差,气井井控范围随生产的持续进行将逐渐扩大,若利用早期生产数据评价气井动态储量,其值通常偏小。因此,优选生产时间超过 5 年的老井来进行动态储量评价;同时,鉴于气井采用多层合采的方式进行开采,为了避免由于叠合有效厚度取值偏大而导致气井泄气面积计算值偏小的情况出现,尽量筛选发育 1~2 个气层的井以提高泄气面积评价结果的合理性。

动态储量计算方法包括物质平衡法、压降曲线法、产能不稳定法、生产曲线积分法等。在开发中后期,动态资料已较丰富,采用产能不稳定法和生产曲线积分法效果较好。因此,利用这两种方法,设定气井废弃条件为井口压力小于 3 MPa、日产气量小于 $0.1×10^4 m^3$,计算单井动态储量。受储层地质条件、压裂改造效果、生产制度等因素的影响,单井 EUR 一般占气井动态储量的 80%~90%。

计算结果表明,以低渗透储层为主的 GF3、GF4、GF5 气田井均泄气面积介于 $2~5 km^2$,动态储量介于 $(1.7~4.7)×10^8 m^3$,井均 EUR 介于 $(1.4~4.0)×10^8 m^3$。以致密储层为主的 GF1、GF2 气田井均泄气面积介于 $0.21~0.23 km^2$,动态储量介于 $(2400~2600)×10^4 m^3$,井均 EUR 介于 $(2000~2100)×10^4 m^3$。鄂尔多斯盆地单井泄气面积、动态储量及 EUR 整体偏低,低渗透气藏单井开发指标好于致密气藏。

3 储量分类评价及动用接替序列的建立

3.1 储量评价单元划分

鄂尔多斯盆地主力气田含气面积大,完钻井数多,合理划分储量评价单元是储量分类评价的基础。将地质与动态特征相近、管理模式一致、分布范围适中的区域划为同一个储量评价单元。储量评价单元范围不能太大,否则单元内部极强的非均质性将导致基于单井参数的统计值不具有代表性;储量评价单元也不能太小,以避免工作量徒增,同时也不利于形成规律性认识。

综合考虑开发管理区界限、所处的开发阶段、储层地质和动态特征,共划分出 11 个储量评价单元(图1)。GF5-1 单元以下古生界马五段碳酸盐岩为开发对象,属于低渗透率储层,投入开发早,已进入稳产末期,开发管理上独立。GF3-1、GF3-2 和 GF4-1 这 3 个单元主要以上古生界山 2 段碎屑岩为开发对象,也属于低渗透率储层,单井产气量较高,产气层集中在山 2 段下部,主力层产气贡献率超过 70%。其中,GF3-1 单元以丛式水平井开发为主,GF3-2 以直井开发为主,GF4-1 也以直井开发为主但单井产气量略低。这 3 个单元在管理上分属 3 个开发区块。GF1-1、GF1-2、GF1-3、GF1-4、GF2、GF4-2 和 GF5-2 这 7 个单元以上古生界盒 8 段碎

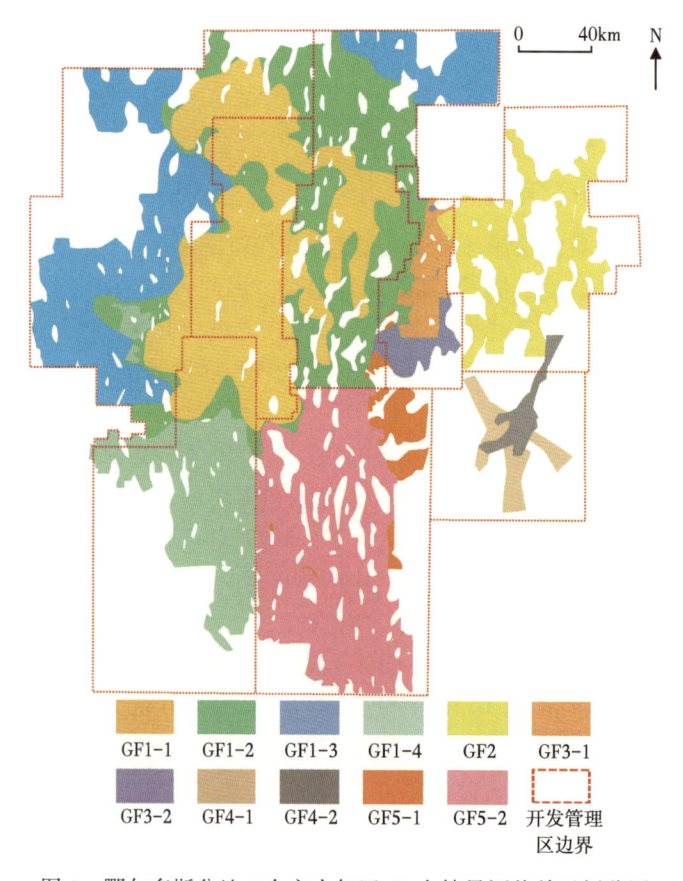

图 1 鄂尔多斯盆地 5 个主力气田 11 个储量评价单元划分图

屑岩为开发对象,储层致密,具有多层协同供气的特点,单井产气量均较低,开发效益偏低。GF1-1、GF1-2、GF1-3 和 GF1-4 单元属于 GF1 气田,其中 GF1-3 单元受产水影响较大,另外 3 个单元的储层地质特征和气井产量差别较大。GF2、GF4-2 和 GF5-2 单元分属不同的开发管理区。由于单个储量评价单元内部储层的地质条件相近,气井生产动态特征相似,因此可以将每个储量评价单元视为相对均质体,通过求取评价参数的算术平均值来定量描述单元特点(表2),为储量分类评价奠定基础。

表2 鄂尔多斯盆地主力气田11个储量评价单元参数表

名称	埋深(m)	有效厚度(m)	孔隙度(%)	空气渗透率(mD)	含气饱和度(%)	储量丰度($10^8\text{m}^3/\text{km}^2$)	单井平均 EUR(10^4m^3)
GF1-1	3300~3500	13.3	8.5	0.92	60	1.47	2352
GF1-2	3000~3300	11.2	6.6	0.58	55	1.10	1443
GF1-3	3400~3600	8.7	7.8	0.85	45	0.81	722
GF1-4	3500~3800	8.5	7.3	0.54	50	0.92	795
GF5-1	3100~3500	5.4	6.3	3.62	78	0.65	18413
GF5-2	2900~3300	9.0	6.8	0.62	56	1.06	1612
GF3-1	2700~3200	11.6	7.6	6.52	75	1.09	41735
GF3-2	2700~3200	10.5	6.5	4.85	71	0.93	25040
GF4-1	2500~2800	9.5	6.0	1.11	69	0.96	14505
GF4-2	2450~2750	10.5	6.7	0.58	60	0.75	1320
GF2	2000~2900	6.2	6.6	0.83	55	0.79	2012

3.2 储量分类综合评价

低渗透—致密气藏储层物性差,多数井需要经过储层改造才能获得工业气流,从而增加了开发成本,导致开发效益偏低,因此,储量能否有效动用,经济效益是一个关键的影响因素,同时也是低渗透—致密气藏储量分类评价的关键指标。由此,以内部收益率作为储量评价的核心参数,通过建立内部收益率与气井开发指标的关系,结合储层物性、含气饱和度等参数,综合构建储量分类评价体系。内部收益率(R)是国际上评价投资有效性的关键指标,是指资金流入现值总额与资金流出现值总额相等、净现值(NPV)为零时的折现率。由于气田开发前期投入大,收益相对支出小,因此现金流(V)为负,而随着生产的持续进行,V 逐渐为正。当式(1)中 $NPV=0$ 时,根据历年 V 计算折现率,即为 R。由于低渗透—致密储层连通性差,在求取区块的内部收益率时常采用气井内部收益率的平均值。鄂尔多斯盆地主力气田的开发方案设计中设定单井生产年限介于 11~15 年。

$$NPV = \sum_{i=1}^{n} \frac{V_i}{(1+R)^i} \tag{1}$$

$$V_i = E_i - C_i \tag{2}$$

式中 NPV——净现值,万元;

V——气井年现金流,万元;
R——内部收益率;
i——年份;
n——气井总的生产年限;
E——气井年收益,万元;
C——气井年支出,万元。

如式(3)所示,由气井采气得到的收益(E)与商品率(a)、气价(P)和年产气量(Q)直接相关,而前两者在一定时期内是相对稳定的,因此,Q 是评价 E 的关键因素,而其与首年产气量及年递减率有关,如式(4)所示。将气井采气期内历年产气量累加即得到气井 EUR,如式(5)所示。需要指出的是,开发效益是有时间属性的,对应相同的气井 EUR,生产周期越长,E 越低。

$$E_i = aPQ_i \tag{3}$$

$$Q_i = Q_{i-1}(1 - D_i) \tag{4}$$

$$EUR = \sum_{i=1}^{n} Q_i \tag{5}$$

式中　　a——商品率;
　　　　P——气价,万元/$10^4 m^3$;
　　　　Q——气井年产气量,$10^4 m^3$;
　　　　D——年产气量递减率。

采气期内的支出主要包括气井综合成本(W)、生产经营成本(O)及销售税费及附加(F)、所得税(T)这 4 个部分,如式(6)所示。其中,W 是在气井投产之前的一次性投入,如式(7)所示,包括钻完井、储层压裂改造、地面配套等费用,与各区块储层埋深、岩石力学性质、地面交通条件、气藏开发管理模式等因素相关;O 包括操作费用、管理费用和销售费用,其中操作费用和管理费用与气井产气量线性相关,而销售费用与收益线性相关,如式(8)所示;F 包括城市建设维护费、资源税、教育附加税等,皆与 E 呈线性关系,相关税费与气井收益的相关系数为 0.062 6[(式(9)];T 为税前利润的 15%,如式(10)所示。

$$C_i = W_i + Q_i + F_i + T_i \tag{6}$$

$$W_i = \begin{cases} W, i = 1 \\ 0, i = 2, 3, \cdots, n \end{cases} \tag{7}$$

$$Q_i = 0.1895 Q_i + 0.0138 E_i \tag{8}$$

$$F_i = 0.0626 E_i \tag{9}$$

$$T_i = 0.15 \left(E_i - \frac{W}{n} - F_i - Q_i \right) \tag{10}$$

式中　　W——气井综合成本,万元;
　　　　O——生产经营成本,万元;
　　　　F——销售税金及附加,万元;

T——所得税,万元。

联立式(6)~式(10),得

$$C_i = W_i - 0.15\frac{W}{n} + 0.1611Q_i + 0.2195E_i \tag{11}$$

联立式(2)、式(3)、式(11),得

$$V_i = (0.7181P - 0.1611)Q_i - W_i + 0.15\frac{W}{n} \tag{12}$$

如式(12)所示,P 越高,Q 越高,W 越低,则 V 越高,对应的 R 越高。根据式(1)、式(5)、式(12),编制了不同 W(固定气价)、P(固定成本)下 R 与气井 EUR 的关系图版。在固定 P 的前提下(P 为 1.15 元/m^3),若气井 EUR 为 $2000×10^4m^3$,W 为 800 万元时,R 可达 22%;而 W 为 1600 万元时,R 仅为 0(图2a)。在固定 W 的前提下(W 为 1000 万元),在现有技术水平条件下随着 P 升高或财税补贴,R 有较大程度提升(图2b);气井 EUR 为 $1800×10^4m^3$ 时,P 为 1.00 元/m^3、1.15 元/m^3、1.30 元/m^3、1.50 元/m^3、1.80 元/m^3,R 分别为 3%、8%、14%、23% 及 40%。

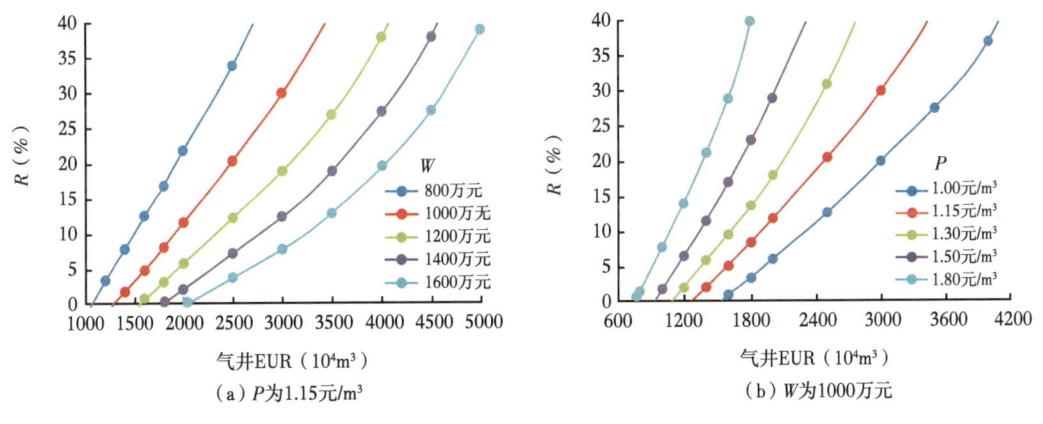

图2 R 与气井 EUR 关系图版

鄂尔多斯盆地低渗透储层井均 EUR 在 $1×10^8m^3$ 以上,对应内部收益率普遍超过 30%。近年来,由于国家能源结构转型的推进,开发天然气资源的优惠政策不断落实,致密气开发的 R 下限由之前的 12% 降至 8%,未来还有望进一步降到 5%~6%。由此,综合考虑储层物性、含气性及现有开发技术条件下可以获得的气井累计产气量,以内部收益率 30%、8%、5% 为界,将 11 个储量评价单元划分为高效、效益、低效及难动用 4 种储量类型(表3)。

GF3-1、GF3-2、GF4-1、GF5-1 单元的储量为高效储量,属于低渗透率气藏类型,储量规模占五大主力气田总储量的 16.0%。储层物性较好,储层厚度尽管不大,但是分布稳定、连续性好,主力产层明显。气井生产稳定,气井平均 EUR 大于 $1×10^8m^3$,R 大于 30%。

GF1-1、GF2 单元的储量为效益储量,储量规模占五大主力气田总储量的 32.9%。有效砂体呈透镜状,连续性差,纵向多层叠合连片发育。气井平均 EUR 介于 $(0.2~1)×10^8m^3$,R 介于 8%~30%。

GF1-2、GF5-2 单元的储量为低效储量,储量规模占五大主力气田总储量的 33.4%。储层相对致密,物性较差,储量丰度较低,气井平均 EUR 介于 $(0.1\sim0.2)\times10^8\mathrm{m}^3$,$R$ 介于 5%~8%。

难动用储量主要分布在 GF1-3、GF1-4 单元,其次在 GF3-2、GF4-2 单元的局部地区,储量规模占五大主力气田总储量的 17.7%。区内储层致密或含水,以低产气井和产水井为主,气井平均 EUR 低于 $800\times10^4\mathrm{m}^3$,$R$ 低于 5%,目前尚未实现有效开发。

表3 鄂尔多斯盆地主力气田储量分类表

储量分类	R(%)	单井 EUR ($10^8\mathrm{m}^3$)	空气渗透率(mD)	含气饱和度(%)	单井泄气面积(km^2)	典型区块所在位置	储量占比(%)
高效储量	>30	>1.0	>1.0	>65	1.0~5.0	GF3-1、GF3-2、GF5-1、GF4-1	16.0
效益储量	8~30	0.2~1.0	0.6~1.0	58~65	0.2~1.0	GF1-1、GF2	32.9
低效储量	5~8	0.1~0.2	<0.6	50~58	<0.2	GF1-2、GF5-2	33.4
难动用储量	<5	<0.1	<0.6	<50	<0.2	GF1-3、GF1-4、GF4-2	17.7

3.3 储量动用接替序列的建立

对于低渗透—致密气藏而言,单井 EUR 取决于可动用气层的厚度和连通范围,是气藏自身地质条件决定的,同时也受压裂改造工艺技术的影响。不同储量单元的储层条件、开发方式、递减规律和气井综合成本等不同,达到一定的 R 所对应的井均 EUR 下限差异较大,可以对比某储量单元的实际井均 EUR 和满足 R 为 8% 对应的井均 EUR,来评价储量的可动用性,在此基础上,建立储量动用接替序列。如图3所示,不同色块代表不同的储量评价单元,图中各单元块中间的蓝色线对应单元内的井均 EUR(蓝色数字),各单元块上边线对应单元内井的最

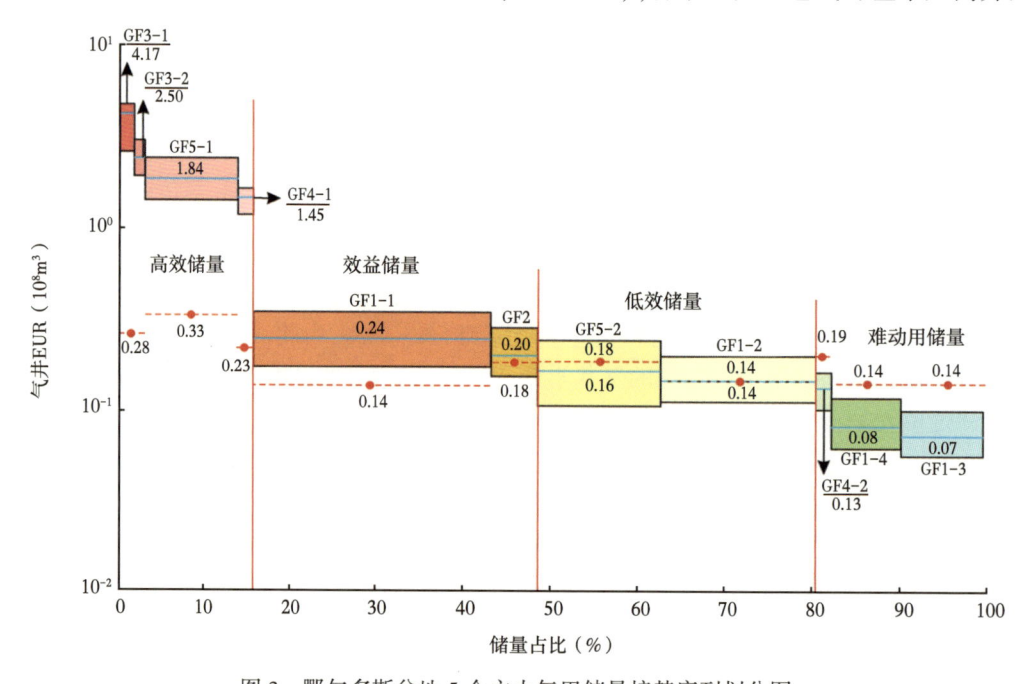

图3 鄂尔多斯盆地5个主力气田储量接替序列划分图

大 EUR,下边线对应单元内井的最小 EUR,图 3 中红色虚线对应 R 为 8% 的井均 EUR(红色数字);各储量单元的储量占比越大,色块越长。若某储量单元实际井均 EUR 大于 R 取 8% 对应的井均 EUR 时,则该储量单元在现有条件下可以有效动用,反之则不能有效动用。

以井均 EUR 为依据的储量动用接替序列直观反映了储量开发的有效性,对于鄂尔多斯盆地天然气储量的开发次序、开发潜力及长期开发战略的制定具有指导意义。同时,该序列还具有较强的拓展性,一方面在现有序列的基础上可以更新各储量单元的储量动用比例,以体现盆地内储量的动用情况;另一方面,盆地未来新增的探明储量,也可补充到这一框架下,不断完善。

4 开发技术对策

4.1 储量动用程度评价

低渗透气藏储层连续性相对较好,井网一次性部署,后期局部调整,储量动用程度评价方法与常规气藏相同。致密气藏井间连通性差,气井泄气面积小,后期加密潜力大,提出了以井控法为核心的储量动用程度评价方法,关键步骤是确定单井泄气面积,并以动、静态储量比反映储量动用程度。鄂尔多斯盆地致密气藏分布面积广,直井、水平井均有[15],根据泄气面积计算结果确定井网对储量的控制程度,可以分为密井网和稀井网 2 类。其中,密井网一般井网密度大于 2 口/km²,井网对储量控制程度高,井区内储量可以视为全部有效动用;稀井网一般井网密度小于 1 口/km²,井网对储量控制程度较低,可用区内所有井的动态储量之和作为区块已动用的储量。

根据方案实施情况和目前井网的完善程度进行测算,盆地内主力气田在现有井网下储量动用程度为 32%;已动用储量主要为高效或效益储量,分布在 GF2、GF5-1、GF4-1 及 GF1-1 单元;大量未动用储量以低效或难动用储量为主,主要分布在 GF5-2、GF1-2、GF1-3 和 GF2 单元。

4.2 开发技术对策

结合储量动用程度和目前开发的主要技术手段,提出不同类型储量的开发技术对策。

4.2.1 高效储量

该类储量单元储层品质较好,井网对储量的控制程度较高,已进入开发中后期。结合井网完善程度,测算各评价单元储量动用程度介于 68%~84%,平均为 76%,未动用储量规模小,主要分布在储层条件差的外围边角地带和局部富水区,后期开发的主要对策是增压开采和局部井网调整。数值模拟预测结果显示增压开采可以提高采收率 10% 左右,井网完善程度高的区域最终采收率可以达到 70%。

4.2.2 效益储量

效益储量单元以致密气藏为主,含气面积大,由于井控范围小,井网完善程度低,井间发育未动用储量,储量动用程度约为 42%,井网加密是提高该类储量动用程度的核心[16]。通过储层结构解剖、单井泄气面积计算、密井网试验区开发效果分析和不同井网密度数值模拟预测等方法,认为该类储量可以采取 3~4 口/km² 的加密井网进行开发[17],结合生产制度优化、老井侧钻等配套措施,预计可以将采收率提高到50%左右[18]。

4.2.3 低效储量

低效储量单元相比于效益储量单元,储层物性变差、含气饱和度降低、开发效果更差,目前储量动用程度为15%,需要优选甜点区,滚动开发,逐步动用,降低开发风险。根据试气资料分析和地质精细解剖,提出低效储量的甜点区优选标准:在地质条件方面,要求有效砂体相对集中,连续性较好,单层厚度大于5m或者合采层厚度大于8m,储量丰度大于$1×10^8 m^3/km^2$;在开发动态方面,要求测试产气量大于$2×10^4 m^3/d$,无阻流量大于$5×10^4 m^3/d$,EUR大于$1\ 300×10^4 m^3$。

4.2.4 难动用储量

难动用储量单元主要受储层致密或含水的影响,单井产气量低或产水,由于目前缺少有效的开发技术手段,仅动用极少量的"甜点区",储量动用程度不足5%,长远来看该类储量是鄂尔多斯盆地潜在的可开发资源,需加大排水采气、储层改造等技术的攻关,大幅提高单井产气量,实现储量的有效动用。

5 结论

(1)鄂尔多斯盆地以低渗透—致密气藏为主,多层系含气,储层物性差,单井动态储量小、产气量低,产气类型可以划分为多层协同供气和单层主力供气两种。

(2)依据储层地质条件和单井动态特征相近的原则,结合开发管理区块的分布情况,将鄂尔多斯盆地划分为11个储量评价单元,并通过取评价参数的算术平均值来定量描述各个储量评价单元。

(3)以内部收益率为8%对应的井均EUR值为参照,与各个储量评价单元实际的井均EUR值进行对比,将11个储量评价单元进行排序,建立了储量经济有效动用接替序列。

(4)以经济效益为导向,将内部收益率30%、8%和5%作为界限,把11个储量评价单元划分为高效、效益、低效和难动用4种储量类型。

(5)高效储量以增压开采和局部井网调整为主,效益储量通过井网加密进一步提高储量动用程度,低效储量优选富集区实现滚动开发,难动用储量则需要加强富水区识别、排水采气工艺和精细压裂改造等技术攻关,力争实现效益开发。

参 考 文 献

[1] 孙龙德,李峰,等.中国沉积盆地油气勘探开发实践与沉积学研究进展[J].石油勘探与开发,2010,37(4):385-396.

[2] 邹才能,杨智,何东博,等.常规—非常规天然气理论、技术及前景[J].石油勘探与开发,2018,45(4):575-587.

[3] 马新华,贾爱林,谭健,等.中国致密砂岩气开发工程技术与实践[J].石油勘探与开发,2012,39(5):572-579.

[4] 谭中国,卢涛,刘艳侠,等.苏里格气田"十三五"期间提高采收率技术思路[J].天然气工业,2016,36(3):30-40.

[5] 卢涛,刘艳侠,武力超,等.鄂尔多斯盆地苏里格气田致密砂岩气藏稳产难点与对策[J].天然气工业,

2015, 35(6): 43-52.
[6] 中华人民共和国国家质量监督检验检疫总局, 中国国家标准化管理委员会. GB/T 30501—2014 致密砂岩气地质评价方法[S]. 北京: 中国标准出版社, 2014.
[7] 孙玉平, 陆家亮, 唐红君. 国内外储量评估差异及经验启示[C]//2014 年全国天然气学术年会, 贵阳, 2014.
[8] 王永祥, 张君峰, 段晓文. 中国油气资源/储量分类与管理体系[J]. 石油学报, 2011, 32(4): 645-651.
[9] 李忠兴, 郝玉鸿. 对容积法计算气藏采收率和可采储量的修正[J]. 天然气工业, 2001, 21(2): 71-74.
[10] 邹才能, 朱如凯, 吴松涛, 等. 常规与非常规油气聚集类型、特征、机理及展望: 以中国致密油和致密气为例[J]. 石油学报, 2012, 33(2): 173-187.
[11] 杨华, 付金华, 刘新社, 等. 鄂尔多斯盆地上古生界致密气成藏条件与勘探开发[J]. 石油勘探与开发, 2012, 39(3): 295-303.
[12] 吴凡, 孙黎娟, 乔国安, 等. 气体渗流特征及启动压力规律的研究[J]. 天然气工业, 2001, 21(1): 82-84.
[13] 何明舫, 马旭, 张燕明, 等. 苏里格气田"工厂化"压裂作业方法[J]. 石油勘探与开发, 2014, 41(3): 349-353.
[14] 冉富强, 李雁, 陈显举, 等. 致密油气藏储层评价技术[J]. 中国石油和化工标准与质量, 2017, 37(18): 177-178.
[15] 何东博, 贾爱林, 冀光, 等. 苏里格大型致密砂岩气田开发井型井网技术[J]. 石油勘探与开发, 2013, 40(1): 79-89.
[16] 贾爱林, 王国亭, 孟德伟, 等. 大型低渗—致密气田井网加密提高采收率对策——以鄂尔多斯盆地苏里格气田为例[J]. 石油学报, 2018, 39(7): 802-813.
[17] 郭智, 贾爱林, 冀光, 等. 致密砂岩气田储量分类及井网加密调整方法——以苏里格气田为例[J]. 石油学报, 2017, 38(11): 1299-1309.
[18] 郭建林, 郭智, 崔永平, 等. 大型致密砂岩气田采收率计算方法[J]. 石油学报, 2018, 39(12): 1389-1396.

机器学习方法在储层分类中的应用

干 磊 何东博 郭建林 孟凡坤

(中国石油勘探开发研究院)

摘要:油气田开发中有效储层和非有效储层的样本点存在混合带时,两类储层的划分是一个难点问题。从统计学上来看,其本质是一个含噪声的小样本二分类问题,可以采用机器学习方法,充分挖掘有试油成果的样本点的数据信息。本文分别利用线性判别分析、支持向量机、多层感知机神经网络建立储层分类模型,利用10次10折交叉验证法进行模型评估与优选,并利用全部样本点建立了有效的储层分类模型,最后将模型推广应用到样本分布的三种不同情形。结果表明,线性支持向量机模型具有最好的分类效果和很强的泛化能力,对于区分有效储层和非有效储层是有效的,可以在油气田开发中进行推广。

关键词:储层分类;二分类问题;机器学习;线性支持向量机

有效储层物性下限的确定是影响储量计算结果的一个主要因素,是储层评价研究中的一个重点和难点问题。目前常用的方法有测试法、经验统计法、试油法、含油产状法、钻井液侵入法、分布函数曲线法等[1-4],其中,试油法是最直接的方法,由于结果比其他方法更为客观可靠[5]而被广泛采用,其一般做法是确定一个固定的孔渗界限值,将大于界限值的储层划分为有效储层。从理论上讲,有效储层孔隙度和渗透率值应该大于非有效除层,二者应该具有明显的分界线,但实际上由于储层非均质性、试油工艺、取样的随机性、物性测试误差等原因,使得有效储层与非有效储层具有一定程度的掺杂,存在过渡带[6]。同时,由于取心困难,分析化验数据成本高,得到的岩心数据量十分有限。该问题本质上是一个线性不可分的小样本二分类问题,通常情况下,是选择有效储层与非有效储层过渡带中间值作为物性下限值,这种方法虽然简单、可操作性强,但是其问题在于没用充分利用有限的样品点信息,特别是混合带样本点的信息。因此,充分利用岩心样本点的数据价值,深化储层分类模型的研究是一项很有意义的研究工作。

近年来,机器学习方法在不同领域的应用正日益受到关注,它是统计学、凸分析、逼近论等多学科发展起来的数据挖掘方法,可以对未知情况做出有效预测,实用性强,但在石油地质方面的应用尚处于初始阶段,目前主要应用于岩性、孔隙流体以及储层物性识别等方面[7-11]。本次拟采用机器学习方法来研究有效储层和非有效储层的分类问题,主要是利用常用的适合处理样本分类问题的线性判别分析、支持向量机、多层感知机神经网络建立储层分类模型,并比较各模型预测精度及泛化能力,优选效果最好具有强泛化能力的模型,建立最终模型,从而为预测未知样本的类别,划分有效储层和非有效储层提供依据。

1 机器学习算法原理

1.1 线性判别分析

线性判别分析(LDA:Linear Discriminant Analysis)是一种分类模型,对给定的训练集,设法将样本点投影到一条直线上,使得同类样本点的投影点尽可能接近、异类样本点的投影点尽可能远离,二维示意图见图1(a)。模型的求解就是寻找最优的投影面。在对新样本进行分类时,将其投影到同样的这条直线上,再根据投影点的位置来确定新样本的类别[12-14]。

1.2 支持向量机

支持向量机(SVM:Support Vector Machine)具有泛化性能好,适合小样本等优点,被广泛应用于各种实际问题。SVM算法认为分类间隔[分类间隔指两条虚线之间的垂直距离,见图1(b)]大的分类器在性能和泛化能力上更优。例如图1(b)中分界面A和B都能根据现有数据点有效地将两类样本点区分开,但是分界面A的分类间隔更大,泛化能力更强。SVM是凸二次规划问题,寻找最优分类面时可以通过拉格朗日对偶将其转化成对偶问题求解[15,16]。

1.3 多层感知机

多层感知机(MLP:Multi-layer Perceptron)是包括一层输入层,一层或多层隐层,一层输出层,图1(c)展示了单隐层的具有标量输出的MLP神经网络结构模型。输入层包含一组神经元和偏置项,以代表输入特征,本文中输入的是样本点的孔隙度和渗透率参数;隐层中的神经元将前一层的值,通过加权的线性计算公式和激活函数进行传值;输出层接收到最后一层隐层

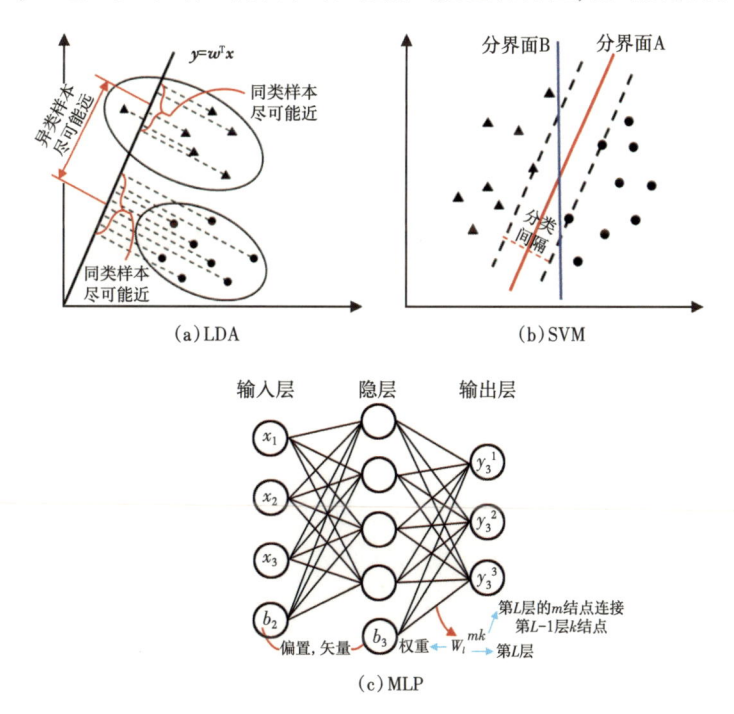

图 1 LDA、SVM、MLP 模型结构示意图

传来的值后转换为输出值,本文中的输出值为储层分类结果。多层感知机模型的建立是前向传播,在训练时所做的就是完成模型参数的更新[17,18]。

机器学习方法众多,数据特征千差万别,即使再好的算法也无法适用于所有的分类问题,每种算法都有其各自的优势和劣势,本文使用的3个分类模型的特征见表1。

表1 不同分类模型的特征对比

特征＼模型	LDA	SVM	MLP
模型复杂度	建模简单,调节参数少	建模简单,调节参数少	调节的参数过多
求解速度	矩阵运算求解慢	使用特有的SMO算法[19],可以快速收敛	使用梯度下降法,速度慢
能否获得全局最优解	类内散步矩阵存在可能的奇异或秩亏问题	算法可最终转化为凸优化问题,求得全局最优解	容易进入局部最小值而训练失败
样本数量要求	无法挖掘出尽可能多类间判别信息	对大规模训练样本难以实施	样本数据量越大,模型越准确
泛化能力	决策函数依赖于所有样本数据,泛化能力弱	基于结构风险最小化原则,决策函数只由少数支持向量确定,泛化性能强	基于经验风险最小化,过分依赖于样本数据,泛化能力弱
结构设计	有严格的理论和数学基础	有严格的理论和数学基础	结构设计严重依赖于经验知识

2 储层分类模型建立

试油结果可以综合体现流体与储层物性等特征,是研究储层流体性质的直接资料[20]。传统的试油法是编绘岩心孔隙度—渗透率交会图版,并在图中标绘出有效储层和非有效储层的分界线,二者分界处对应的孔隙度和渗透率即为有效储层的物性下限值。这种方法分别确定了孔隙度和渗透率的物性下限值,但由于孔隙度和渗透率具有关联性,因此对于有效储层物性下限的确立问题,即有效储层和非有效储层的分类问题,应该根据取心样本点数据找到孔隙度和渗透率的关联性,创建分类面来解决。

因此,本次研究以鄂尔多斯盆地长7油层为例,选取孔隙度和渗透率作为研究对象,结合试油结果(数据集共187个样本点[21]),建立储层分类的机器学习模型,研究油气藏储层预测的有效方法及其推广应用。

2.1 数据预处理

因为渗透率的取值变化范围大,所以根据经验对渗透率(K)值取以10为底的对数($\lg K$)。将试油结果数值化,有效储层取值为1,非有效储层取值为0。将每个样本点的孔隙度(ϕ)和渗透率(K)值作为两个特征值,试油结果作为标签值,共同作为本次有监督机器学习的输入变量。

2.2 模型对比与优选

从表1的模型特征可以看出,不同模型适用于解决不同条件的问题,需要进行多算法建模并优选出适合解决储层分类问题的算法。根据参数设置经验和多次调参,本文中各个模型主要参数设置见表2。

表2 各个模型的主要训练参数设置

模型	主要参数
LDA	求解算法:特征值分解;迭代停止条件:0.0001
SVM	核函数:Linear;惩罚因子:$C=1$;gamma:$\gamma=0.5$;迭代停止值:0.001;
MLP	网络模型:BP 神经网络;激活函数:Relu; 求解算法:L-BFGS;正则化项参数:0.0001; 隐含层结构:2 层,50 个神经元/层;最大迭代次数:200

然而,在许多实际应用中数据是不充足的,模型的泛化误差不可能直接得到。为了选择好的模型,可以采用交叉验证方法近似代替泛化误差。交叉验证的基本思想是重复地使用数据,应用最多的是 K 折交叉验证。具体方法如下:首先随机地将已给数据切分为 K 个互不相交的大小相同的子集,然后利用 $K-1$ 个子集的数据训练模型,利用余下的子集测试模型;将这一过程对可能的 K 种选择重复进行;最后选出 K 次评测中平均测试误差最小的模型。为减小因样本划分不同而引入的差别,K 折交叉验证通常要随机使用不同的划分重复 P 次,最终的评估结果是这 P 次 K 折交叉验证结果的均值,本文使用"10 次 10 折交叉验证",计算结果见图 2,模型性能分析见表 3。

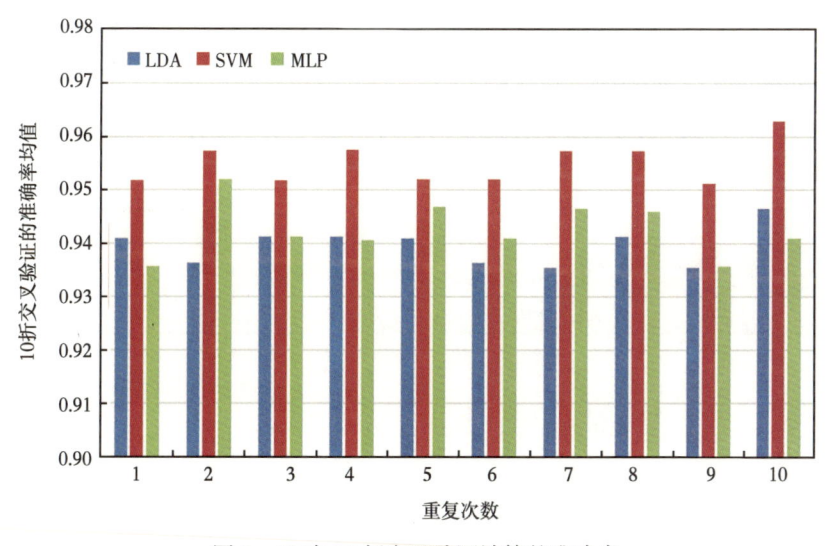

图 2 10 次 10 折交叉验证计算的准确率

表3 3 个模型的均值和标准差

模型	LDA	SVM	MLP
均值	0.9395	0.9551	0.9426
标准差	0.0036	0.0039	0.0052

10次10折交叉验证可以很好地反映模型预测结果平均相对误差的离散程度,即模型预测结果的稳定性。从图2的计算结果可以看出,线性判别分析存在着泛化能力不足、预测精度低的问题;多层感知机的平均准确率变化较大,说明预测结果准确性波动大、稳定性差;而线性支持向量机性能最好,比多层感知机和比线性判别分析具有更高的准确率。同时,从表3可以看出支持向量机模型的方差很低,泛化能力也更强,对未知数据可以进行更有效的分类预测,最能反映孔隙度和渗透率对储层分类的影响。

综上所述,考虑到算法的准确率和方差对模型的影响,结合油气田勘探开发早期有取心资料的样本点少,且是含噪声的二分类问题(有效储层和非有效储层)的特点,选择支持向量机作为储层分类的最终模型。

2.3 储层分类模型建立

给定包含187个样本的数据集,由于在模型评估与选择过程中需要留出一部分数据进行评估测试,事实上我们只使用了一部分数据训练模型。因此,在模型选择完成,学习算法和参数配置已选定后,应该用数据集的187个样本重新训练模型,作为最终使用的模型[8]。从图3可以看出,文献[21]中使用传统的孔隙度—渗透率交会图建立的分类模型(图3b)准确率仅93.6%,且没有考虑到模型的泛化能力,存在着界限确定时过于依赖人的经验的问题;而基于机器学习方法的线性支持向量机模型(图3a)创建分类面进行分类,准确率达到95.7%,且对所有样本点的信息进行了深度的数据挖掘,有严格的理论和数学基础,可信度高。

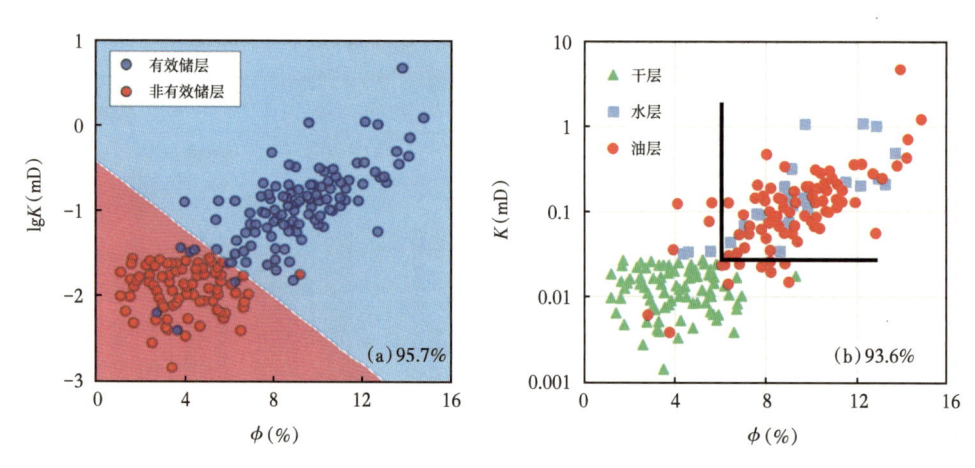

图3 线性支持向量机分类模型和传统分类模型的结果对比

2.4 模型应用

邵长新等提出试油法在对储层进行分类时,将样本分布划分为3种不同情形:两类样本中间存在较大空缺(图4a)或者两类样本恰好可以分开(图4b)时,分界线定在该区间的中间值;两类样本存在过渡带(图4c)时选择过渡带的中间值作为分类界限[6]。这种做法虽然简单、可操作性强,但是没有充分挖掘有限的样本信息,没有考虑到正负样本不均衡的问题,即不同类型样本点数量不同和样本点在所属区域分布密度不同对分界线的影响。同时该文献认为存在过渡带的两类样本点,过渡带中间值就是二者损失概率相等的地方,这是不严谨的结论,因为

方 法 篇

仅当两类样本在混合带内数量相等且均匀分布时才成立。

本文提出使用线性支持向量机模型对数据点进行分类,通过引入松弛变量和惩罚因子,从而使模型具有数据自适应性,对于线性可分和线性不可分问题均可以有效处理,分类计算结果更为客观可靠。本文将模型推广应用到3种不同的样本分布情形,分类结果见图4,图4中(a)、(b)、(c)是邵长新等提出的方法对储层样本点进行分类的结果,(d)、(e)、(f)是支持向量机的分类结果,其中SVM模型的参数设置参见表2。邵长新等提出的传统方法和机器学习方法对不同样本分布情况的分类结果对比见表4。

从结果可以看出,使用线性支持向量机建立的分类模型不仅适合于解决两类储层存在过渡带的情形,也能很好地对不存在过渡带的样本分布情形进行储层分类,模型具有很好的分类效果和很强的泛化能力,对地层测试资料较少的地区也具有很好的分类预测能力。

同时,从结果中也可以看出,尽管使用机器学习方法改善了储层分类的结果,但是仍然有小部分样本点混杂在另一类样本中难以分开。虽然由于储层非均质性的存在,这种现象无法避免,但是可以通过改进试油工艺、选择更能代表该地区情况的目标储层进行采样、使用更先进的仪器进行测量降低物性测试误差等手段获取更为准确的原始数据,并使用更大的数据集来训练模型,从而进一步提高模型的准确率和适用性。

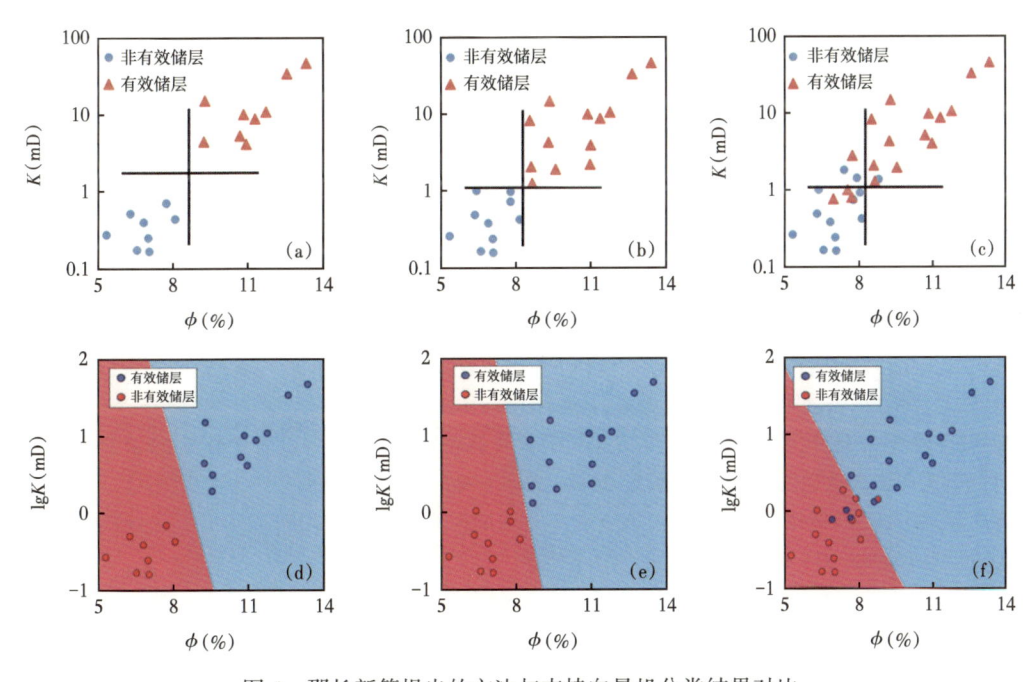

图4 邵长新等提出的方法与支持向量机分类结果对比

表4 邵长新等提出的方法与支持向量机分类准确率对比

模型	存在较大空缺	恰好可以分开	存在过渡带
中间值划分	1.00	1.00	0.80
SVM	1.00	1.00	0.87

3 结论

(1)对有效储层和非有效储层存在过渡带的储层分类问题,本文通过对比 LDA、SVM 和 MLP 模型,发现 SVM 模型在处理该问题时具有更高的准确率和更好的泛化能力,证明机器学习方法可以为解决储层分类问题提供一条有效的途径。

(2)传统的孔隙度—渗透率交会图建立的分类模型准确率仅 93.6%,没有考虑到模型的泛化能力,存在着界限确定时过于依赖人的经验的问题;而基于机器学习方法的线性支持向量机模型准确率达到 95.7%,且对样本点的信息进行了数据挖掘,有严格的理论和数学基础,客观可靠。

(3)使用线性支持向量机建立的分类模型不仅适合于解决两类储层存在过渡带的情形,也能很好地处理不存在过渡带的样本分布情形进行储层分类,模型具有很好的分类效果和很强的泛化能力,对地层测试资料较少的地区也具有很好的分类预测能力,可以在油气田勘探和开发中进行推广应用。

参 考 文 献

[1] 郭睿. 储集层物性下限值确定方法及其补充[J]. 石油勘探与开发, 2004, 31(5): 140-144.

[2] 刘毛利, 冯志鹏, 蔡永良, 等. 有效储层物性下限方法的研究现状和发展方向[J]. 四川地质学报, 2014, 34(1): 9-13.

[3] 路智勇, 韩学辉, 张欣, 等. 储层物性下限确定方法的研究现状与展望[J]. 中国石油大学学报(自然科学版), 2016, 40(5): 32-42.

[4] 刘之的, 张永波, 孙家兴, 等. 有效储层物性下限确定方法综述及适用性分析[J]. 地球物理学进展, 2018, 33(3): 1-9.

[5] 丛琳, 刘洋, 马世忠, 等. 动静态资料在致密砂岩有效储层物性下限确定中的应用[J]. 当代化工, 2014, 43(8): 1599-1601, 1619.

[6] 邵长新, 王艳忠, 操应长. 确定有效储层物性下限的两种新方法及应用——以东营凹陷古近系深部碎屑岩储层为例[J]. 石油天然气学报, 2008, (2): 414-416, 653.

[7] 柴明锐, 程丹, 张昌民, 等. 机器学习方法对砂砾岩岩屑成分的预测——以西北缘 X723 井百口泉组为例[J]. 西安石油大学学报(自然科学版), 2017, 32(5): 22-28, 61.

[8] 谭锋奇, 李洪奇, 孟照旭, 等. 数据挖掘方法在石油勘探开发中的应用研究[J]. 石油地球物理勘探, 2010, 45(1): 85-91, 164, 172.

[9] 李洪奇, 郭海峰, 郭海敏, 等. 复杂储层测井评价数据挖掘方法研究[J]. 石油学报, 2009, 30(4): 542-549.

[10] 石广仁. 数据挖掘在石油勘探数据库中的应用前景[J]. 中国石油勘探, 2009, 14(1): 1, 60-64.

[11] Ning Shi, Hongqi Li, Weiping Luo. Data mining and well logging interpretation application to a conglomerate reservoir[J]. Applied Geophysics, 2015, 12(2): 263-272.

[12] 李道红. 线性判别分析新方法研究及其应用[D]. 南京航空航天大学, 2005.

[13] 刘忠宝, 王士同. 改进的线性判别分析算法[J]. 计算机应用, 2011, 31(1): 250-253.

[14] 杨绪兵. 线性判别分析及其推广性研究[D]. 南京航空航天大学, 2003.

[15] 汪海燕, 黎建辉, 杨风雷. 支持向量机理论及算法研究综述[J]. 计算机应用研究, 2014, 31(5): 1281-1286.

[16] C Cortes,V Vapnik. Support-vector networks[J]. Machine Learning, 1995, 20(3): 273-297.

[17] 刘全稳. 测井神经网络技术综述[J]. 石油地球物理勘探, 1996, (S1): 64-69, 147.

[18] Aminzadeh F. Applications of AI and soft computing for challenging problems in the oil industry[J]. Journal of Petroleum Science and Engineering, 2005, 47(1): 5-14.

[19] Platt J C. Fast training of support vector machines u-sing sequential minimal optimization[J]. Advances inkernel methods: support vector learning table ofcon-tents, 1998, 185-208.

[20] 操应长,王艳忠,徐涛玉,等. 东营凹陷西部沙四上亚段滩坝砂体有效储层的物性下限及控制因素[J]. 沉积学报, 2009, 27(2): 230-237.

[21] 付金华,罗安湘,张妮妮,等. 鄂尔多斯盆地长7油层组有效储层物性下限的确定[J]. 中国石油勘探, 2014, 19(6): 82-88.

地质应用篇

库车坳陷克深 2 气藏综合多资料裂缝描述及分布规律研究

刘群明　唐海发　吕志凯　王泽龙

(中国石油勘探开发研究院)

摘要:以克深 2 气藏 34 口井成像测井资料解释成果为主,综合岩心、露头、生产动态等多种资料,系统开展了裂缝多资料定性识别及定量评价研究,定量描述了裂缝力学性质、方位、倾角、充填程度及成分、组合模型、开度、长度、密度、裂缝孔隙度、渗透率共计 10 项参数,并明确了裂缝分布规律及主控因素,该成果可为库车坳陷内同类型气藏高产井位的部署提供理论指导,并为裂缝性致密储层双重介质模型的建立提供基础地质知识库

关键词:深层;成像测井;裂缝描述;分布规律

库车坳陷克深 2 气藏是目前塔里木盆地库车坳陷天然气增储上产的主要深层大气田之一。气藏储层埋藏深,基质物性差,裂缝发育程度是气井高产的决定性因素,如何准确的识别、描述裂缝发育特征是制约深层大气田钻井成功率提高的关键技术问题。前人针对该区域的裂缝研究主要是基于单资料研究,并且研究时间较早,主要集中在勘探或开发前期评价阶段,成像测井资料井相对较少且无法控制全区。克深 2 气藏自 2013 年开始实施全面产能建设,目前井控程度相对较高,成像测井及岩心裂缝资料丰富,并开展过岩心裂缝工业 CT 扫描研究。文章以克深 2 气藏全部 34 口井最新的成像测井资料解释成果为主,综合岩心、露头、生产动态等多资料,系统开展了裂缝多资料定性识别及定量评价研究,明确了裂缝分布规律及主控因素,该成果可为库车坳陷内同类型气藏高产井位的部署提供理论指导,并为裂缝性致密储层基质与裂缝双重介质模型的建立提供基础地质知识库。

1　基本地质背景

克深 2 区块位于新疆阿克苏地区拜城县,构造位于库车坳陷克拉苏构造带克深区带克深段,是受克深断裂和克深北断裂两条北倾逆冲断层所夹持的背斜构造。目的层为白垩系巴什基奇克组,储层厚度 280~320m、沉积背景为物源供应充分的宽缓湖盆背景下的辫状河三角洲及扇三角洲沉积,砂体纵向切割叠置、横向连片,形成巨厚砂体(280~320m),高砂地比(40%~65%)。自上而下发育 3 个岩性段,巴一段遭受不同程度剥蚀,巴二段、巴三段发育较完整,地层横向延伸稳定。巴一段、巴二段主要发育辫状河三角洲沉积,巴三段发育扇三角洲沉积。

储层岩石学类型为岩屑长石砂岩,少量长石岩屑砂岩,储层空间以粒间孔为主(粒间溶蚀扩大孔、残余粒间孔),其次为粒内溶孔。气层主要发育在物性相对较好的细砂岩、粉砂岩内,层间隔层不发育,夹层尖灭于层间且分布零散。储层埋深 6490~7600m,基质致密,平均岩心

实测孔隙度 5.31%，平均渗透率 0.055mD。含裂缝全直径岩心及柱塞裂缝样品测试可知，裂缝的存在可提高基质渗流能力 1~2 个数量级，构造裂缝的存在是改善储层物性的主要因素。

2 多资料裂缝识别与描述

本文裂缝描述的级别为对流体渗流起到关键作用的宏观裂缝，相应的识别手段为岩心观察、成像测井解释和露头描述，裂缝描述的参数包含裂缝产状、裂缝规模、裂缝物性 3 大类，可进一步细分为裂缝力学性质、方位、倾角、充填程度及成分、组合模型、开度、长度、密度、裂缝孔隙度、渗透率共计 10 项参数。

2.1 裂缝产状

裂缝产状描述主要是指裂缝力学性质、方位、倾角、充填程度及成分。岩心观察统计表明研究区主要发育构造剪裂缝，张裂缝少见，岩心剪裂缝面表现平直，延伸性好，张裂缝往往缝面不规则，并呈现分叉状。裂缝倾角以高角度缝为主，岩心及成像测井资料统计大于 40°裂缝倾角占比分别为 96.9%、97.931%，大于 70°倾角占比分别为 57.1%、61.5%。裂缝方位即主体走向可划分为 3 类，近南北、近东西、北西—南东 3 个方向裂缝。裂缝纵向组合类型存在平行、斜交、共轭、网状 4 种模式（图 1），其中平行、斜交组合类型多见，后两种少见。成像测井统计各井充填程度差异性较大，总体以未充填缝为主，未充填缝平均占比 61%，与 CT 扫描岩心裂缝统计未充填缝占比 61.50% 结论一致，充填矿物成分主要为方解石，兼有白云石和泥质充填。

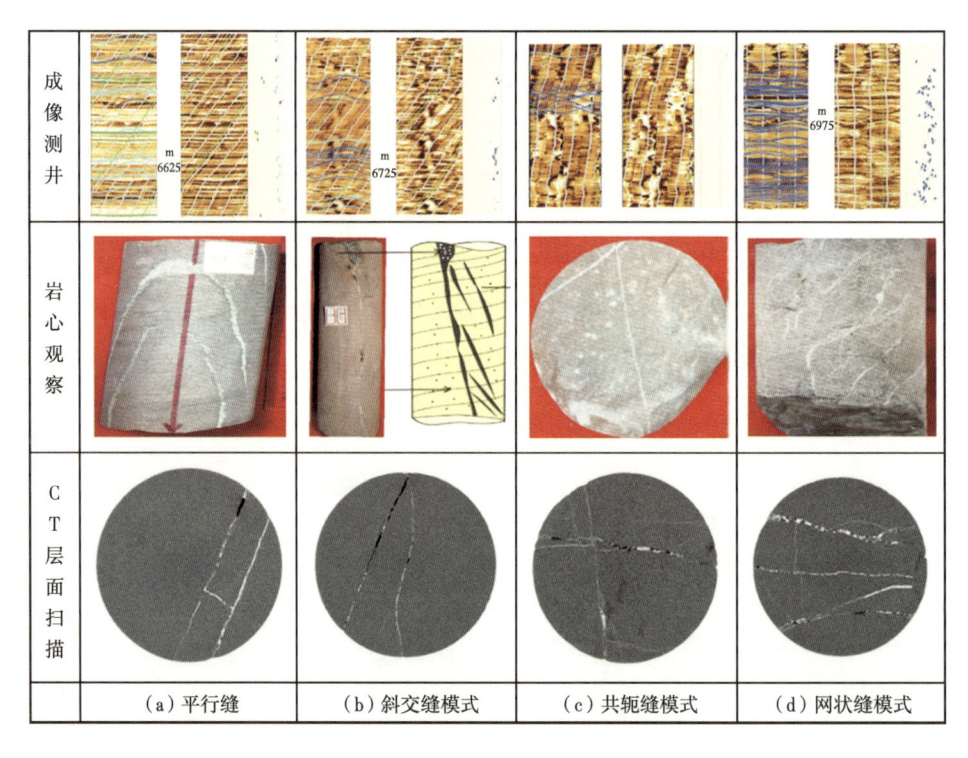

图 1 裂缝组合模型多资料识别

2.2 裂缝规模

裂缝规模通常采用裂缝线密度、裂缝开度及长度3个参数来描述。其中单井裂缝线密度计算主要利用了成像测井解释资料(图2),前人基于岩心观察统计裂缝线密度,存在取心资料有限且主要统计有裂缝发育的取心段,其计算值往往明显大于基于全井段的成像测井计算结果。基于成像测井数据统计裂缝线密度值集中在0.2~0.5条/m,平均值为0.41条/m,分层段统计裂缝密度值集中在0.1~0.6条/m,平均值巴二段(0.43)>巴一段(0.41)>巴三段(0.21)。裂缝开度数据主要利用岩心裂缝CT扫描的8口井226条裂缝开度数据,统计结果显示不同井裂缝开度有差异,裂缝总体开度集中分布在0.02~0.2mm,其中61.95%的裂缝小于0.1mm,属于肉眼岩心观察不到的小裂缝。裂缝长度参数主要利用相似露头区野外露头实测统计结果,统计显示裂缝长度集中在0.10~1.30m。

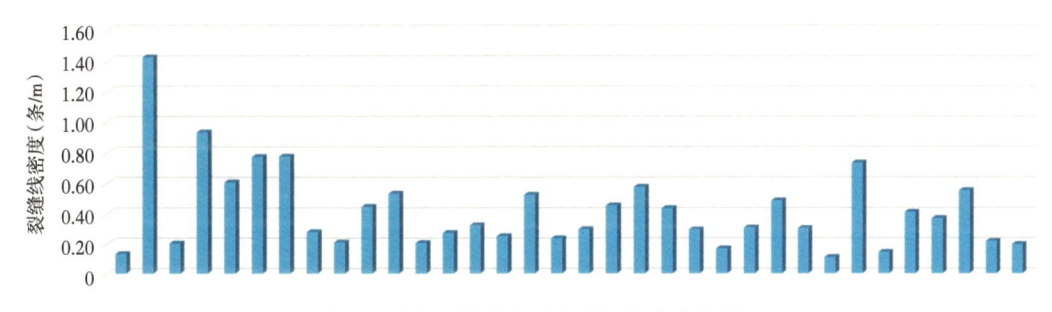

图2 成像测井裂缝单井裂缝线密度统计

2.3 裂缝物性

裂缝物性主要是指裂缝孔隙度及裂缝渗透率。裂缝孔隙度统计主要基于成像测井数据,统计结果显示裂缝孔隙度FVPA主要分布在0.004%~0.04%,占基质平均孔隙度百分比较小,为0.08%~0.75%,平均占比为0.41%,且不同井裂缝孔隙度差异较大,主要与裂缝开度大小密切相关。裂缝渗透率主要采用试井解释渗透率值,压恢试井多出现基质+裂缝双重介质相应,试井解释渗透率分布区间在0.05~28.02mD,平均值4.55mD,国内外实验室岩心实测基质物性渗透率值分布主区间在0.01~0.5mD,说明试井渗透率值主要为裂缝发育的响应。裂缝对基质孔隙度的贡献较小,主要起到极大改善致密储层渗流能力的作用。

3 裂缝分布规律研究

3.1 裂缝平面分布规律研究

克深2气藏裂缝线密度平面分布图显示(图3),裂缝平面分布非均质性较强,平面裂缝密度差异较大,但总体受断层及所处背斜构造位置控制明显,断层控制裂缝发育程度明显高于背斜构造控制。南部边界断裂及内部次级断裂附近裂缝线密度最高,距主断裂1km范围内,裂缝发育程度最高,其次为背斜翼部,南翼好于北翼,然后为鞍部及核部,鞍部裂缝发育要略好于核部。但从裂缝有效性角度看,岩心观察证实翼部及断层附近裂缝充填程度高,有效性差于裂缝开启性较好的核部,核部主要钻遇高产井,鞍部裂缝发育有效性最差,多发育充填缝,即使未充填风缝也因裂缝走向与现今最大主应力夹角较大而导致开度变小,有效性变差,录井基本无漏失或漏失量很小,钻遇井基本为低产低效井。裂缝走向平面分布表现出一定的规律性(图4),近东西向裂缝主要发育在背斜核部轴线附近,近南北向裂缝主要发育在边界断层线附近,北西—南东向裂缝介于两线之间发育在背斜翼部,并且鞍部主要发育南北向裂缝。

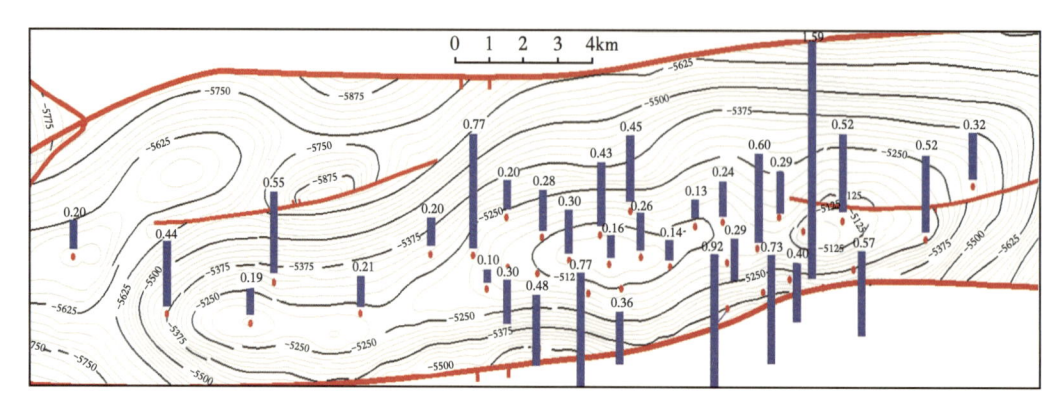

图3　单井裂缝线密度平面分布图

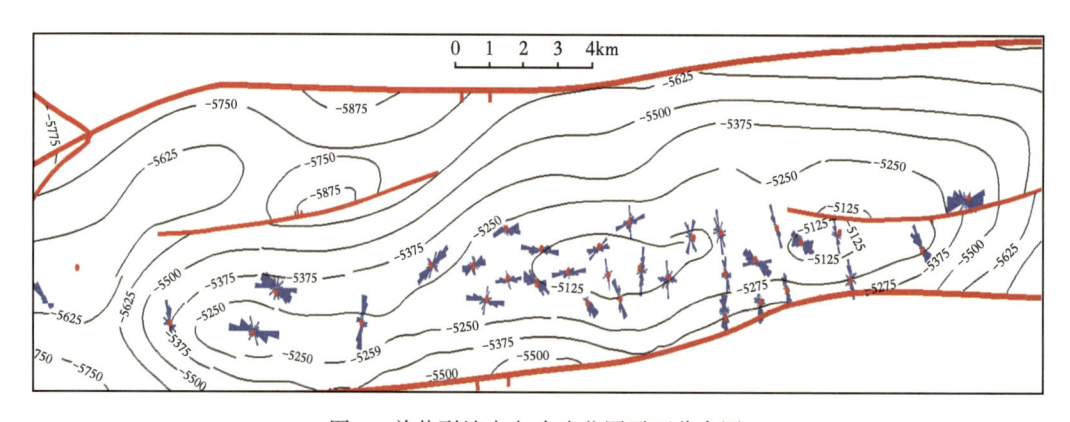

图4　单井裂缝走向玫瑰花图平面分布图

3.2　裂缝纵向分布规律研究

裂缝总体发育程度主要受构造褶皱与断层控制,除此之外,野外露头及岩心观察发现岩性、层厚及沉积微相对裂缝也起到一定的影响和控制作用。相比厚层,薄层更有利于裂缝的发育(图5),岩层厚度越薄越容易形成间距密集的裂缝,单层厚度越大,裂缝线密度越小;细粒岩比粗粒岩裂缝更发育,具体为:粉砂岩>细砂岩>粗砂岩>中砂岩(图6),砾岩基本不发育;沉积微相对裂缝发育的控制也主要体现在岩性上,统计发现裂缝主要发育在水下分流河道微相中,远沙坝次之,两者总体占比可达91%,河口坝及分流间湾中裂缝不太发育。单井纵向裂缝分布非均质性同样严重,裂缝在纵向并非连续分布,常存在裂缝集中发育段,但纵向分布位置规律性不明显,总体看裂缝在巴一段、巴二段中上部的发育程度及井间可对比性要比下部层位好,推测原因主要与下部层位岩性相对更粗,层厚相对更厚有关。

图5 库车河野外剖面裂缝与层厚发育关系

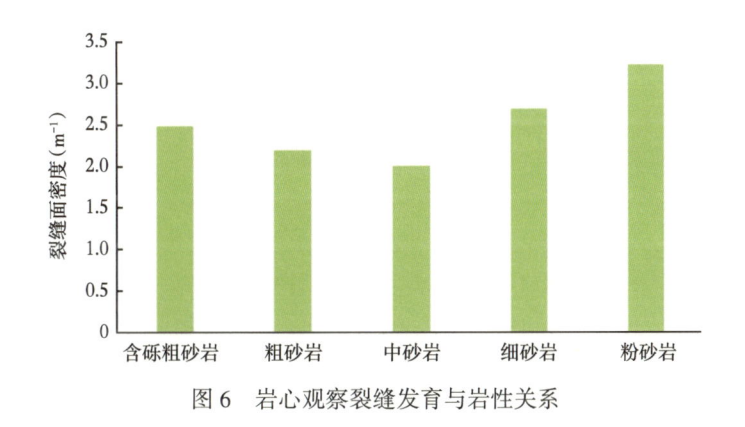

图6 岩心观察裂缝发育与岩性关系

4 结论

(1)主要发育高角度构造剪裂缝,平面发育近南北、近东西、北西—南东3组方向裂缝,单井纵向存在平行、斜交、共轭、网状4种组合模式,以未充填缝为主,未充填缝平均占比61%,充填矿物成分主要为方解石,兼有白云石和泥质充填,裂缝线密度分布在0.2~0.5条/m,开度0.02~0.2mm,长度0.10~1.30m,裂缝孔隙度0.004%~0.04%,裂缝试井渗透率0.05~28.02mD,裂缝对孔隙度的贡献较小,主要起到改善致密储层渗流能力的作用。

(2)裂缝分布非均质性较强,主要受断层、所处背斜构造位置控制,层厚、岩性及沉积微相起到一定的控制作用。平面上断层裂附近裂缝线密度最高,翼部次之,核部最差,但裂缝有效性反之,对应裂缝走向依次为近NS向、NW—SE向、EW向,核部主要钻遇高产井,鞍部裂缝密度略小于翼部,但因充填程度高、裂缝开度小而有效性最差,主要钻遇低产低效井。纵向上目的层上部因相对层薄、岩性更细裂缝发育程度好于下部。

参 考 文 献

[1] 张惠良,张荣虎,杨海军,等.超深层裂缝—孔隙型致密砂岩储集层表征与评价——以库车前陆盆地克深构造带白垩系巴什基奇克组为例[J].石油勘探与开发,2014,41(2):158-166.

［2］李熙喆,郭振华,胡勇,等．中国超深层构造型大气田高效开发策略[J]．石油勘探与开发,2018,45(1):111-118.

［3］赵力彬,张同辉,杨学君,等．塔里木盆地库车坳陷克深区块深层致密砂岩气藏气水分布特征与成因机理[J]．天然气地球科学,2018,29(4):500-509.

［4］江同文,孙雄伟．库车前陆盆地克深气藏超深超高压气藏开发认识与技术对策[J]．天然气工业 2018,38(6):1-9.

［5］王振彪,孙雄伟,肖香姣．超深超高压裂缝性致密砂岩气藏高效开发技术——以塔里木盆地克拉苏气藏为例[J]．天然气工业,2018,38(4):87-95.

砂质辫状河隔夹层成因及分布控制因素分析
——以苏里格气田盒 8 段为例

罗 超[1] 郭建林[2] 李易隆[2] 冀 光[2] 窦丽玮[3] 尹楠鑫[1] 陈 岑[1]

(1. 重庆科技学院石油与天然气工程学院;
2. 中国石油勘探开发研究院;3. 重庆师范大学)

摘要:厘清砂质辫状河隔夹层成因、掌握其分布控制因素对该类储层的开发大有裨益。以苏里格气田盒 8 段砂质辫状河储层为例,综合现代沉积、露头、岩心及测井等动静态资料,分析隔夹层成因特征,建立各类隔夹层测井识别模板,采用密井网多井联动、平面剖面结合的分析思路,构建各类隔夹层的三维地质模型,明确了基准面旋回、构型界面及砂体叠置样式等对隔夹层分布的控制机理。结果表明:泛滥平原、坝间泥、废弃河道、落淤层以及冲沟是构成盒 8 段辫状河隔夹层的主要类型。泛滥平原规模较大,分布连续,宽度为 100~1000m;单一坝间泥长宽比规律不强,宽度一般在 300m 以内;废弃河道样式由河道废弃方式决定,宽度为 40~330m;落淤层分布受增生体大小以及落淤层发育位置决定,宽度为 10~190m;冲沟分布分散,宽度一般小于 100m。其中,基准面旋回升降控制隔层厚度,构型界面决定夹层分布位置及倾向倾角,砂质辫状河砂体叠置样式约束各类隔夹层比例及大小。

关键词:砂质辫状河;隔夹层成因;三维模型;控制因素;苏里格气田

现代沉积[1]和露头研究[2]表明,砂质辫状河隔夹层成因多样[3,4],几何特征[5]、大小[6]各异,组合关系不明确[7],而识别隔夹层不同成因[8,9]、建立隔夹层三维模型[10,11]并厘清其分布规律[12]是完善该类储层精细描述工作的重点。目前针对砂质辫状河隔夹层的精细研究还存在如下问题:(1)砂质辫状河沉积过程复杂,单一区域建立的隔夹层沉积模式并不具有普适性,在选择野外露头作为地下构型解剖的参考时,难以做到相同或相似沉积环境间的类比;(2)由于隔夹层并不是油气地质储量的组成部分,特别是对于气藏而言,气藏内流体的流动性明显强于油藏,对构型要素的研究往往集中于对有效储层大小[13]的分析,缺乏针对各类隔夹层定量规模的总结;(3)各类隔夹层分布控制因素认识不清,对后期开发调整、剩余储量挖潜提供的地质依据不充分。

苏里格气田是最为典型的砂质辫状河相致密气田,采用直井联合水平井开发方式,目前已完钻上千口水平井[14]。水平井实施过程中钻遇泥质隔夹层不可避免,复杂的隔夹层分布是影响水平井部署的重要因素。由于水平井钻井成本高,当钻遇较厚的泥质隔夹层时,井筒与储层的接触范围减小,降低了水平井段的利用率,制约了水平井整体开发效果。水平井高效开发应用,需要保证较高的砂岩钻遇率,提高砂岩钻遇率需减少水平井在隔夹层中的钻遇。明确隔夹层成因机理、分布控制因素对深入认识其储层非均质性和水平井高效开发尤为重要。因此,以苏里格气田盒 8 段砂质辫状河储层为例,综合岩心、露头、测井及开发动态等多种资料,通过野外露头分析,搞清了各类隔夹层沉积成因,结合地下构型解剖,明确地下地质条件下各类隔夹层规模特征及其分布控制因素,采用三维地质建模刻画了各类隔夹层在地下空间的分布特征,为相似气藏的隔夹层研究提供参考。

1 研究区地质概况

苏里格气田是国内已发现最大的致密砂岩气田,构造特征呈平缓的西倾单斜,属于典型的"低压、低渗、低丰度"气田[15]。下二叠统石盒子组盒 8 段沉积时期,由北向南发育的宽缓型砂质辫状河沉积体系构成了苏里格气田的主力产气层[16]。该时期河道频繁横向迁移,河道砂体侧向上多期叠置拼接,内部结构复杂,发育多层次隔夹层。

2 隔夹层成因

2.1 沉积特征认知

古水深一直是河流相储层沉积特征的一个重要方面,前人研究表明单期河道的沉积厚度与古水深近似,发育隔夹层的厚度、规模也与古水深关系紧密。Leclair[17,18]系统分析整理了多条现代砂质辫状河的水文数据,描述了砂质辫状河发育的交错层理系与古水深的定量关系[式(1)、式(2)]。取心井岩心资料表明,苏里格地区砂质辫状河交错层理系组平均厚度为13~32cm(图1),计算得到辫状河沉积古水深为 5~7m。根据本次研究建立的精细地

图 1 苏里格地区河道内交错层理系厚度
(a)S36-J11 井,3340.15~3340.28m,0.13m;(b)S36-J11 井,3339.34~3339.66m,0.32m;
(c)S36-J11 井,3358.88~3359.13m,0.25m;(d)S36-J11 井,3339.97~3340.15m,0.18m;
(e)S6-J1 井,3332.76~3332.90m,0.14m;(f)S36-J20 井,3330.40~3330.53m,0.13m;
(g)S6-J1 井,3333.44~3333.63m,0.19m;(h)S6-J6 井,3318.25~3318.40m,0.15m;
(i)S171 井,3634.2~3634.33m,0.13m

层格架可知,盒8下亚段细分单层后,单层地层厚度约为4.6~6.8m,与经验公式计算的古水深结果吻合。综上所述,苏里格地区沉积古水深相对较深,有4~7m,发育的是中等规模的砂质辫状河。

$$H = (2.9 \pm 0.7)h^{[17]} \tag{1}$$

$$d_m = (H/0.086)^{0.84[18]} \tag{2}$$

式中 h——交错层理系平均厚度,m;

H——沙丘高度,m;

d_m——辫状河古水深,m。

2.2 原型露头分析

砂质辫状河沉积过程复杂、储层结构规律不明显,在某一露头区建立的隔夹层沉积特征,特别是定量认识并不一定适用于其他区域,因此在确定隔夹层成因类型、分布特征时,需综合苏里格地区取心资料和露头分析,比较露头与研究区沉积水动力条件,特别是古水深参数,可以取得较好的效果。选取与研究目的层相同或相似沉积环境的野外露头进行类比,筛选了山西柳林、大同晋华宫地区的砂质辫状河沉积露头。其中山西柳林露头发育层位为下石盒子组盒8段,与苏里格气田主产气层段一致。而大同晋华宫地区砂质辫状河露头属于中侏罗统云冈石窟段,发育于现今盆地北边缘约10km,前人据区域地质资料分析推断[19],大同晋华宫地区侏罗系坳陷盆地边界范围与现今邻近,相距约30km,表明大同晋华宫地区露头剖面在盆地中所处的位置是比较靠近盆地边缘的部位,距物源区相对较近。与苏里格地区相似的物源条件[20],使得两区域发育的碎屑沉积物岩石学类型[21]、粒度特征[22,23]等较为相似。沉积水动力条件分析结果表明:露头区与地下沉积气候条件相近,同属于相对干旱的气候环境;山西柳林与大同晋华宫露头区单一期次砂体平均厚度为5.8m、6.7m,依据Miall[24,25]关于辫状河的分类标准均属于常年流水的深河型砂质辫状河,与苏里格地区盒8段发育的砂质辫状河沉积古水深相近。取心井观察显示,苏里格气田盒8段砂质辫状河内发育的隔夹层基本为泥质沉积物,这些泥质层应该沉积于流水速度较低的部位,对比野外露头发育的隔夹层类型(图2),主要包括泛滥平原、坝间泥、废弃河道、冲沟和落淤层5类。

(a)废弃河道、坝间泥岩及泛滥平原沉积   (b)冲沟沉积、落淤层

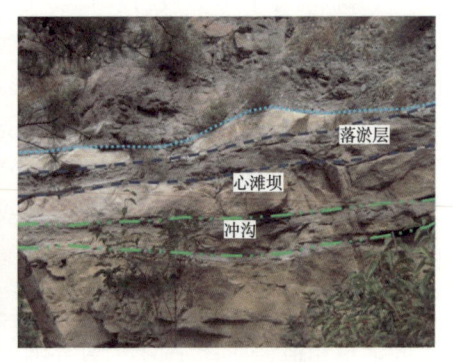

图2 大同晋华宫辫状河露头剖面隔夹层类型

2.3 成因特征分类

结合研究区野外露头和取心资料,进一步确定了各类隔夹层的岩性、粒度等沉积特征,分析了野外露头发育的隔夹层沉积特征,描述了隔夹层在空间的分布特点,刻画了隔夹层与砂体的组合关系。

2.3.1 泛滥平原

该类隔层在洪水泛滥末期发育,分布于辫状河道顶部或边部,厚度较大,以块状灰色泥岩为主(图2a、图3a),内部可见典型的水平层理,偶有植物根茎及虫孔发育。洪泛期高能水流携带大量细粒沉积物质漫出水道,洪峰过后水体能量减弱,细粒物质在辫流带顶部、辫流带以外的洪泛区快速落淤堆积。和心滩的频繁迁移相比,整个辫状河道带的迁移频率要低得多,因此类似于大同晋华宫地区剖面,分布在辫流带边部的细粒沉积物保存条件更好,被后期水体破坏的概率更小,平面分布连续、沉积厚度更大,可作为单层划分与对比的主要标志。

2.3.2 坝间泥

现代沉积研究表明,活动心滩坝一般高于水面或与水面持平,在心滩坝的两翼形成有效的阻水区域,在坝后辫状河道中的小范围区域会形成相对静水区域,悬浮物质通常会在此聚集,形成坝间沉积。坝间沉积以粉砂质泥岩和泥质粉砂岩为主,也包含植物碎屑、黏土,沉积构造极少发育(图2a、图3d、图3f),厚度不稳定。然而,河床附近的低速水流有时会造就小型波状层理,心滩下游河道汇聚水流流速增加的区域,有时可见坝间泥岩与河道粗碎屑物质呈指状交互的情况。心滩的频繁迁移使得坝间泥的沉积时间往往较短,厚度一般小于1m,向着坝侧缘的方向厚度逐渐增大,平面上通常呈分散片状,与辫状河道沉积交织。

2.3.3 废弃河道

砂质辫状河道频繁废弃过程中,水动力减弱,河道内充填悬浮细粒颗粒形成灰色泥岩或泥质粉砂岩夹层。相比研究程度较高的高弯度曲流河,砂质辫状河废弃河道在废弃后往往可以重新复活,因此根据废弃河道废弃时间长短以及受后期水流改造程度的大小,可将该类沉积细分为砂质全充填、泥质半充填、泥质全充填3种亚类。砂质全充填、泥质半充填废弃时间较短,形态受废弃河道与复活河道共同控制,河道底部沉积较粗的中—细砂岩、细砂岩,受复活河道改造情况影响,辫状河道上半部被粉砂质或泥质充填。泥质全充填废弃时间长,改造程度小,形成夹层的厚度较大,呈现较规整的河道顶平底凹形态。泥质半充填亚类表现出上半部近基线或呈现小幅度锯齿状,下半部呈现低幅钟形特征,不同于砂质全充填亚类的中高幅钟形特征;泥质全充填亚类则表现出近基线的低幅度弱齿化特征,形成的辫状河道顶面与坝体顶面高程差明显。大同晋华宫地区剖面辫状河露头中废弃河道多为砂质全充填、泥质半充填亚类,一般为块状层理,泥质粉砂岩常发育小型流水沙纹(图2a、图3b)。

2.3.4 冲沟

冲沟发育于心滩坝中部、上部,为细粒悬浮物质沉积形成的泥岩夹层,剖面上呈透镜状,形成机制与废弃河道相似,侧向范围小于废弃河道。厚度相对较小,一般小于2m;平面上呈现细条带状,长度与心滩延伸距离近似。岩性以灰色粉砂质泥岩、泥岩为主,发育小型波状层理和水平层理(图2b、图3c)。当持续性水流不断冲刷心滩,冲沟不断拓宽加深,可以演化为辫状河道。

(a) 泛滥泥，J11井，3370.13~3370.23m 　　(b) 废弃充填泥，J11井，3354.65~3354.72m 　　(c) 冲沟泥，J11井，3355.54~3355.81m

(d) 坝间泥，J11井，3357.83~3357.86m 　　(e) 落淤层泥，具成层性，J11井，3344.89~3344.98m 　　(f) 坝间泥，J11井，3362.78~3363m

图3　苏里格地区不同类型隔夹层岩心照片

2.3.5　心滩落淤层

心滩落淤层是洪峰过后憩水期在心滩核部、翼部、背水面尾部发育的近平行悬浮物[26]，由于心滩落淤层为事件性沉积，接受沉积的时间较短，同时受后期辫状河道改造影响，落淤层厚度往往较薄。岩性主要由灰色泥岩、粉砂质泥岩构成，发育水平层理，有时可见波状层理。整体上，心滩落淤层在滩核、滩尾侧向上较为连续，类似于心滩的形状，呈现菱形或椭圆状近水平分布，倾角小于3°(图2b、图3e)。

从野外露头来看，各类型隔夹层具有不同的几何形态、岩性特征、规模大小，在空间上与心滩砂体有机组合，构成了完整的砂质辫状河沉积(图4)。除上述5类主要隔夹层外，辫状河内

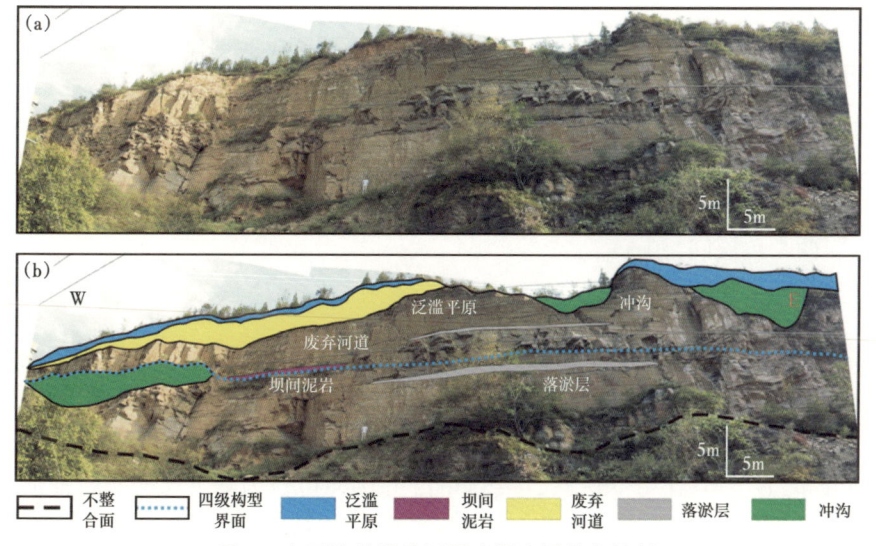

图4　山西柳林辫状河露头隔夹层分布特征

还发育冲刷泥砾沉积,层厚为 5~10cm,粒径在 1cm 左右,呈次圆状,具有定向排列的特点。由于冲刷泥砾横向变化快,连续性较差,因此不作为主要隔夹层类型进行单独研究。

3 地下隔夹层识别

3.1 测井识别标志

采用岩心标度测井[27]的方式建立了各类隔夹层识别模板,确定不同类别隔夹层岩性、厚度、典型电性特征以及与构型界面的关系。从识别的结果来看,泛滥平原泥与废弃河道细粒沉积的厚度在 5 种类型的隔夹层中厚度占优势,而岩性上二者又有明显差别。泛滥平原为较纯的泥质沉积,废弃河道沉积含有较多的泥质粉砂岩、粉砂质泥岩,二者在电测曲线上有较大差别,其中自然伽马曲线表现尤为典型,废弃河道自然伽马响应值一般在 30.6~58.9°API,而泛滥平原泥质沉积自然伽马值一般介于 41.5~127.3°API。坝间泥岩、冲沟以及落淤层三者均有厚度小的特点。从取心井统计结果来看,坝间泥岩厚度在 0.2~1.1m 之间,平均厚度为 0.4m;冲沟厚度在 0.5~2.1m 之间,平均厚度为 1.2m;落淤层厚度在 0.2~1.3m 之间,平均厚度为 0.5m。在三者的识别过程中,需要借助单层(构型单元)的分层界限,由于坝间泥岩分布在心滩坝间,也就是坝间泥岩具有与四级构型界面伴生的特征,而四级构型要素和界面较易识别。因此,依靠构型界面这一特征,可以在测井曲线上将坝间泥岩与冲沟、落淤层区分开来。参考自然伽马、声波时差以及电阻率曲线,可以进一步将冲沟、落淤层区分开。

表 1 取心井隔夹层测井识别特征

隔夹层类型	岩性	厚度(m)	自然伽马(°API)	构型界面
泛滥平原	泥岩等	1.5~7.5/4.6	41.5~127.3	4、5、6
废弃河道	泥质粉砂岩、粉砂质泥岩、粉砂岩等	1.2~6.6/4.2	30.6~58.9	4
坝间泥岩	泥岩等	0.2~1.1/0.4	37.8~75.1	4
冲沟	粉砂质泥岩、泥质粉砂岩等	0.5~2.1/1.2	27.8~63.5	3、4
落淤层	泥岩等	0.2~1.3/0.5	30.3~125.5	3

综合各类隔夹层在岩心、构型界面上的多种特征,对单井进行了隔夹层的识别及分类。以 S36-J11 井为例,该井第 2 次取心层段为 H8x$^{1-2}$、H8x$^{1-3}$、H8x$^{2-1}$,共识别了各类泥质层段 7 层,其中落淤层 2 层,冲沟 1 层,泛滥平原 2 层,废弃河道泥 1 层,坝间泥岩 1 层,坝间泥岩分布在 H8x$^{1-2}$、H8x$^{1-3}$ 两个单层间(图 5)。

3.2 隔夹层平面、剖面分布特征

各类成因类型的隔夹层在空间分布、边界条件和规模特征参数等信息上有不同显示,是野外露头分析、密井网解剖等手段得到的综合性地质资料集合,对同类构型单元的分析、预测有指导作用。采取平面及剖面相结合的思路,对 S36 密井网的储层构型开展分析,明确了各类隔夹层的空间分布,过 S36-J1—S36-2-21—S36-J2 井剖面可作为隔夹层分布特征的典型代表,H8x$^{2-1}$、H8x$^{2-2}$ 平面上呈现不同的分布特征。H8x$^{2-1}$ 上 S36-J11 井上发育坝间泥、S36-2-21 井发育废弃河道;H8x$^{2-2}$ 在 S36-J1 井发育废弃河道,S36-2-21 井发育冲沟,S36-J2 井发育落淤层。

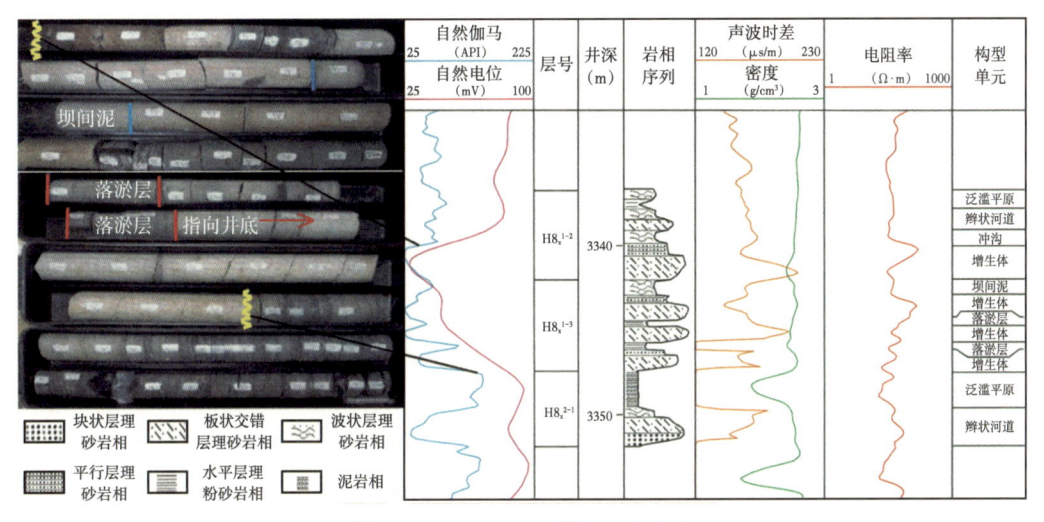

图 5　S36-J11 取心井隔夹层划分

3.2.1　泛滥平原

顶部的 H8x$^{1-1}$泛滥平原延伸范围较大，呈厚层块状（表2），自然伽马曲线表现为典型的靠近基线的线性或微齿线形，根据标志层高程差、废弃河道平面分布，从确定的泛滥泥岩边界来看，其分布范围较大、连续性好，一般延伸距离可超过两个井距（图6、图7），宽度最大可达到 1000m 左右。

表 2　盒 8 段各类隔夹层定量地质参数统计表

成因类型	野外露头实测			
	几何形态		规模尺度(m)	
	平面	剖面	宽度	长度
泛滥平原	不规则片状	厚层状	100~1000	800~2000
废弃河道	条带	顶平底凸透镜状	40~330	500~980
坝间泥岩	条带	透镜片状	10~300	265~480
冲沟	窄条带	小型透镜状	8~100	240~630
落淤层	椭圆	斜列薄板状	10~190	140~320

3.2.2　坝间泥岩

该类夹层在岩心、测井资料上特征不明显，可通过组合平面构型单元的相对位置加以识别。鄂尔多斯盆地由北至南的物源方向决定了盒8段心滩走向主要以南北向为主，苏里格气田水平井钻遇上下两期次心滩过程中，常钻遇这类夹层，由于其规模较其他夹层小，在水平井钻井过程中不需要做较大调整。该剖面上，S36-J1 井在 H8x$^{1-3}$心滩坝尾处所形成的坝间泥，在 H8x$^{2-1}$顶部发育，在 H8x$^{2-1}$层对应为坝头位置。这类夹层仅发育在坝尾，呈椭圆或长条状（图6a），剖面上呈透镜状或楔形，且与心滩坝砂体呈指状互层，受后期河道沉积冲刷破坏所致，该类夹层长宽比规律性不强，长宽特征差异大，宽度一般在300m以内，长度有时可接近单

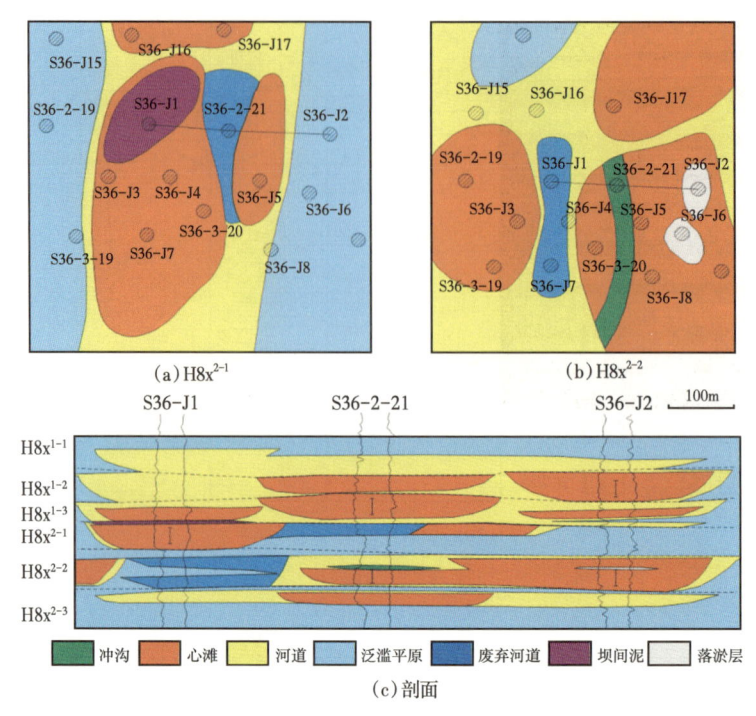

图 6　过 S36-J1—S36-J2 井多期次心滩叠合与隔夹层分布图

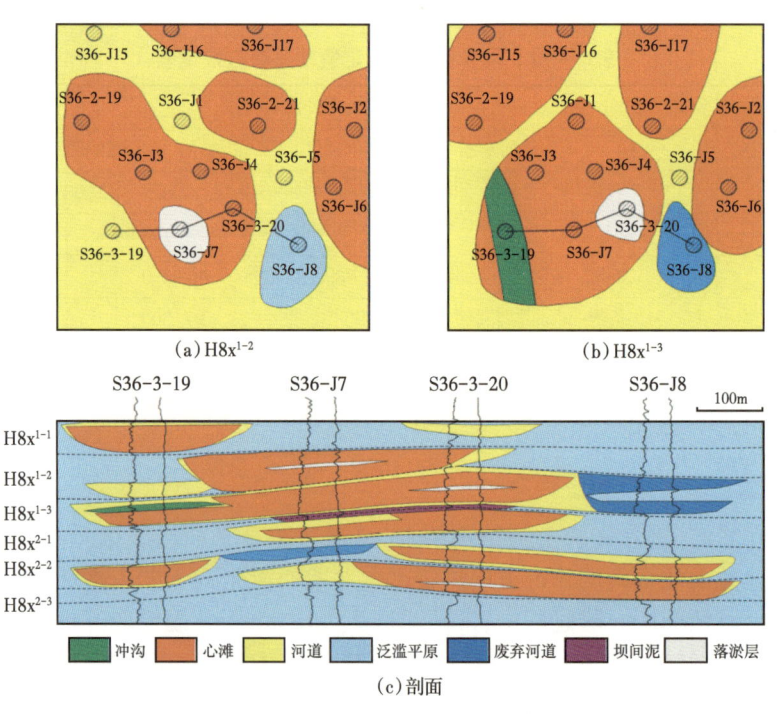

图 7　过 S36-3-19—S36-J8 井多期次心滩叠合与隔夹层分布图

个心滩的长度。

3.2.3 废弃河道

过 S36-J1—S36-2-21—S36-J2 井剖面上，发育两处废弃河道。其中 S36-2-21 井 $H8x^{2-1}$ 层发育砂质充填型，S36-J1 井 $H8x^{2-2}$ 层发育泥质半充填型，侧向上延伸到南部的 S36-J7 井处。由于废弃河道为河道废弃后充填形成的，其规模、形态受辫状河道控制，多呈顶平底凸透镜状（表2）。考虑到现代辫状河沉积与研究区特征（特别是构型规模）的一致性，对西藏拉萨河、伊通河、雅鲁藏布江上游等15个中等规模的现代砂质辫状河道段水文地质条件进行调研，应用 Google Earth 软件对单河道平水期规模数据进行测量。通过单井确定的单一辫状河道水深，利用现代沉积、古露头建立的数学关系，结合苏里格地区丰富的钻井资料，建立苏里格地区砂质辫状河单河道宽度与辫状河水深的关系。计算结果表明，盒8段单层废弃河道的平均宽度为 40～330m，平均 155m。

3.2.4 冲沟

冲沟沉积发育于 S36-2-21 井 $H8x^{2-2}$ 层处，自然伽马曲线回返明显，幅度一般大于2/3，主要向着该井所处心滩长轴方向延展。由于冲沟是洪泛期辫状河道切割心滩坝顶部形成的小型水道，几何规模受心滩规模控制，与心滩的长宽有较好的相关性。利用柳林地区露头资料和卫星照片数据对22个典型心滩坝上冲沟与心滩长宽进行回归统计，建立了心滩宽度与冲沟泥岩宽度、心滩长度与冲沟泥岩长度之间的关系。结果显示冲沟泥岩宽度为 8～100m，平均宽度为 60m，沟道泥岩长度为 240～630m，平均长度为 425m；冲沟与所在心滩长轴方向基本一致，夹角小于20°，多为0°～10°。

3.2.5 心滩落淤层

心滩落淤层发育主要受心滩坝底形以及落淤层发育于心滩的部位（滩头、滩核、滩尾部）所决定。滩头部位受水流冲刷严重，落淤泥岩最不易保存；滩翼受对称环流作用影响，辫状河道的迁移冲刷使得低部位沉积的落淤层往往被破坏；滩核和滩尾分布位于心滩中央及缓部背水流位置，地势高且平坦，受水流冲刷作用影响很小，落淤泥岩发育、保存条件较好，一般呈水平状分布[28,29]。落淤层沉积过程受控于与之伴生发育的增生体，因此单一增生体的长度、宽度限制了落淤层的规模。根据盒8段各单层单一增生体厚度为 3～6m，根据经验公式确定增生体宽度一般在 100～400m，从而可得出心滩内部落淤层最大宽度范围为 100～400m，最大长度范围为 300～800m。在增生体规模约束下，进一步分析了密井网落淤层的解剖结果。S6、S36 密井网加密区内，平均1个心滩有近7口井钻遇，通过长、短轴多方位的连井对比，对心滩内落淤层进行井间匹配分析，可以识别空间分布规律，并统计落淤层厚、宽、长等几何参数信息。精细表征了12个心滩坝内部发育的35个落淤层，发现落淤层大部分位于心滩坝的翼部、后部，且多呈椭圆或菱形薄片状分布。例如 S36-J2 井、S36-J6 井的 $H8x^{2-2}$ 层发育的落淤层，在自然伽马曲线上显示为小幅度回返，发育于该井所在心滩坝的核部及偏翼部。统计的35个落淤层宽度分布在 10～190m，平均为 110m；长度分布在 140～320m，平均为 238m，长度、宽度占增生体长宽的 15%～35%，以 20%～25% 最为集中。

3.3 隔夹层三维模型

针对苏里格气田，选取投入开发时间长、井排距小、动静态资料完善的 S6 加密区，该区储层钻遇率约为 60%~90%,资料证实各类隔夹层发育情况良好,具有较好代表性,可作为精细刻画隔夹层的三维建模区。对于辫状河隔夹层这类离散变量的模拟,序贯指示方法作为离散变量模拟的最常用算法,其实用性已被广泛证实,由于序贯指示模拟过程过度依赖变差函数分析的结果,各类隔夹层空间几何形态及分布规律在模拟结果中难以体现,同时苏里格地区砂质辫状河隔夹层分布复杂,经过后期改造的隔夹层,难以用规则几何参数来定义。基于此,采用 Petrel 软件,以 S6-J19 井区为例,建立了该区域隔夹层分布模型,具体建模步骤如下:(1)通过 S36-J11 等取心井岩心刻度测井,在 S6-J19 密井网区构造模型的基础上,完成包含 S6-J18、S38-16-4、S6-J15 等 11 口单井上各类型隔夹层的识别;(2)进行三维网格划分,考虑隔夹层平面和垂向网格的划分要能够充分表现隔夹层复杂的三维形态,同时兼顾部分夹层(如 S6-11-12 井 $H8x^{2-2}$ 发育的落淤层)厚度较薄的特征,要求平面网格要小于 20m×20m,垂向网格不大于 0.1m,最终整个密井网工区网格数为 115×78×58=520260 个;(3)以单井隔夹层识别结果作为建模硬数据,各类隔夹层的地质参数信息以及解剖结果为约束条件,采用序贯指示+人机互动的方式,最终建立了 S6-J19 典型井区的隔夹层三维分布模型,通过不断修正建立的隔夹层模型,使得模型中隔夹层的分布特征符合地质参数及分布规律。

综合纵横向对比以及综合地质认识结果,得到密井网区各井上隔夹层的厚度、长、宽、展布方向等信息,建立多个加密区隔夹层的分布模型。从模型可见,废弃河道、坝间泥、落淤层、泛滥平原、冲沟构成了砂质辫状河隔夹层的主体,冲沟分布在心滩坝顶端,废弃河道泥岩与心滩坝侧向叠置,坝间泥和落淤层充填其中,连片状泛滥平原沉积向辫状河体系间方向不断增厚,各类隔夹层与各类储层共同拼合了辫状河构型空间结构。从 S6-J19 井隔夹层三维建模的结果来看,除泛滥平原沉积外,各类夹层侧向规模均难以跨越 1 个井距(图 8),这主要是受砂体的叠置样式所决定的,该井区为强水动力条件,砂体频繁迁移叠置,使得夹层的规模较小,难以有效保存。

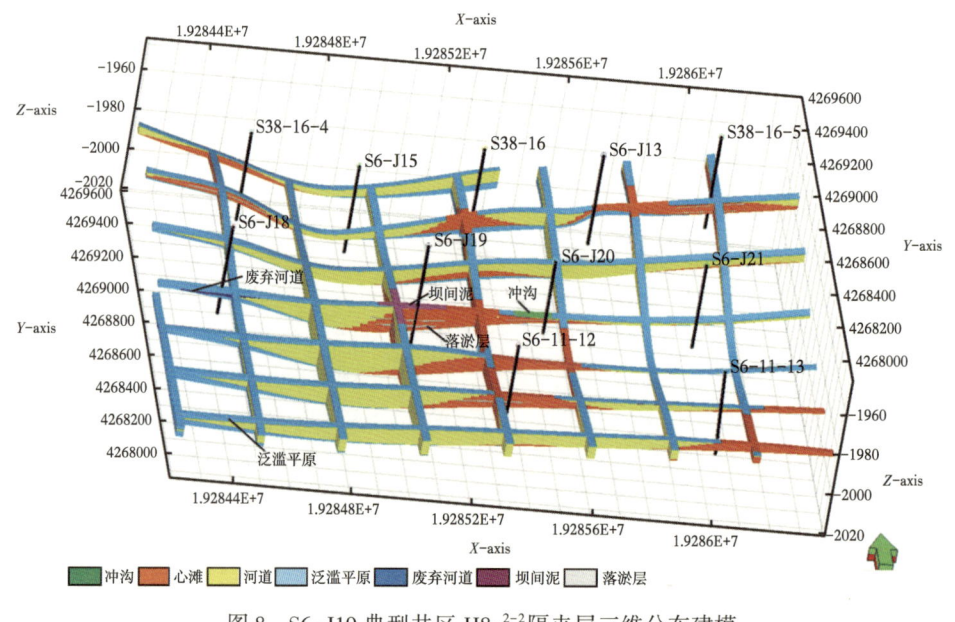

图 8 S6-J19 典型井区 $H8x^{2-2}$ 隔夹层三维分布建模

4 隔夹层分布控制因素分析

通过隔夹层平、剖面分析结果,以及建立的隔夹层三维地质模型,分析了隔夹层分布控制因素。

4.1 沉积层序控隔层

隔层主要包括泛滥平原、废弃河道,二者具有厚度大、分布相对稳定的特点,特别是泛滥平原泥质沉积。其规模主要受基准面旋回控制(A/S 值低时,保存条件差,延伸井距短;A/S 值高,保存条件好,延伸井距长),A/S 除了控制砂体发育的规模、叠置关系以外,也同样控制隔夹层的保存条件。具体表现为 A/S 值低时,辫状河叠置带发育,沉积水动力最强,古河道持续发育,心滩厚层粗砂岩与河道充填砂岩切割叠置,泛滥平原泥岩较少发育。A/S 值高时,辫状河沉积过渡带、体系间较为发育,剖面上呈现砂泥岩互层交互特征,砂体规模小、连续性差,沉积的泛滥平原泥岩厚度较大。H8x 亚段作为 1 个完整的中期旋回,该中期旋回为上升半旋回优势发育的不对称旋回,内部细分的 H8x$^{2-3}$、H8x$^{2-2}$、H8x$^{2-1}$、H8x$^{1-3}$、H8x$^{1-2}$、H8x$^{1-1}$ 6 个单层,其层间发育的隔层平均厚度分别为 2.0m、3.7m、4.0m、2.4m、5.9m、6.7m(图9)。整体来看,从下部的 H8x$^{2-3}$ 到上部的 H8x$^{1-1}$,除去中间 H8x$^{1-3}$、H8x$^{1-2}$ 之间发育的隔层厚度为 2.4m 以外,隔层的厚度呈现不断增大的趋势,这完全符合 H8x 亚段的旋回结构。其中,H8x$^{1-2}$、H8x$^{1-1}$ 水动力

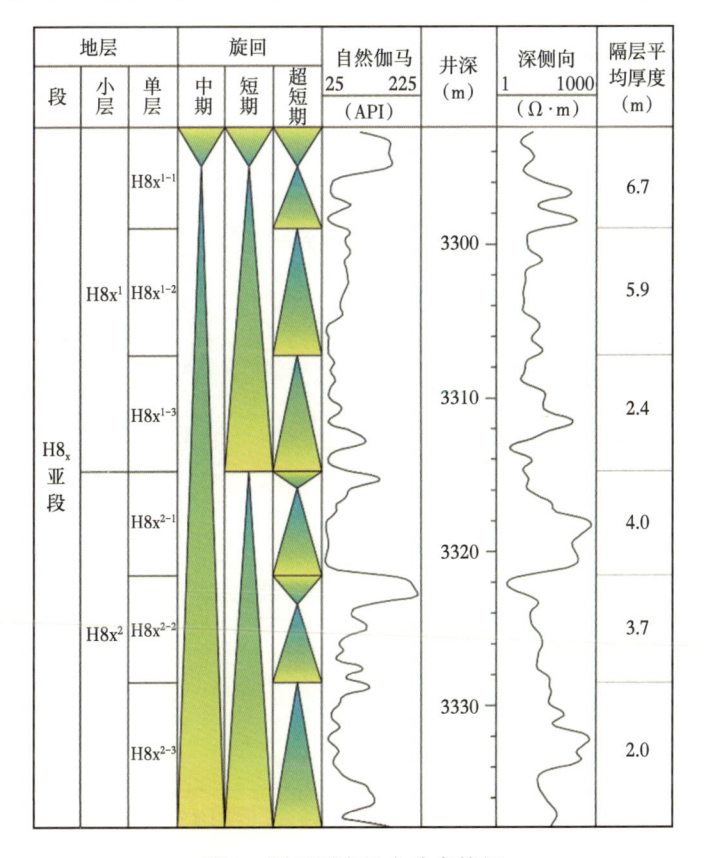

图 9 隔层厚度垂向分布特征

弱,叠置带分布范围相对较小,叠置带分布面积占研究区总面积的比例小于30%,过渡带和体系间展布面积优势明显,二者面积之和超过60%;H8x$^{2-3}$、H8x$^{2-2}$为该区砂体最为发育的层段,叠置带分布范围最广,过渡带和体系间展布范围萎缩,叠置带、过渡带和体系间占面积比例分别为58%、35%和7%。平面上,由辫状河叠置带向过渡带到体系间,沉积砂体厚度具有整体变小的侧向变化规律,反之泛滥平原泥岩具有相应增厚的趋势。盒8段各单层间泛滥平原在体系间呈连片状分布,过渡带多呈宽条带状,二者长宽延伸数千米乃至数十千米。而叠置带内的窄条带状泛滥平原泥岩规模最小,厚度一般小于3m,但宽度一般也在700~1500m,长度能达到1000~2000m之间。

4.2 构型界面控夹层

夹层主要包含落淤层、冲沟、坝间泥,对苏里格地区以及露头区辫状河夹层沉积与构型界面特征进行分析发现,四级乃至三级构型界面控制着夹层的发育位置,限制了各类夹层的发育规模。以大同晋华宫地区剖面露头东段为例,该露头位于辫状河沉积叠置带,砂体大范围叠置发育,剖面上夹层较少发育。该复合砂体为上下两期次河道叠置形成(图10),在两期砂体间,心滩坝沉积尾部发育坝间泥岩,四级构型界面控制了该坝间泥岩的展布范围,使得该坝间泥岩向西倾,倾角5°,剖面上分布范围较小。下部心滩内,仅仅能通过岩性、颜色上的变化,确定出三级构型界面的位置,而未见有夹层发育。而在上部心滩中,通过进一步完成三级构型界面的识别,确定了冲沟、落淤层发育的位置,冲沟、落淤层倾向向东,与坝间泥岩相反,倾角较小,只有1.5°。冲沟和落淤层保存情况较好,侧向上延伸范围大于坝间泥。可见由于四级、三级构型界面特征的差异,造成了不同夹层间倾向、倾角的差异。

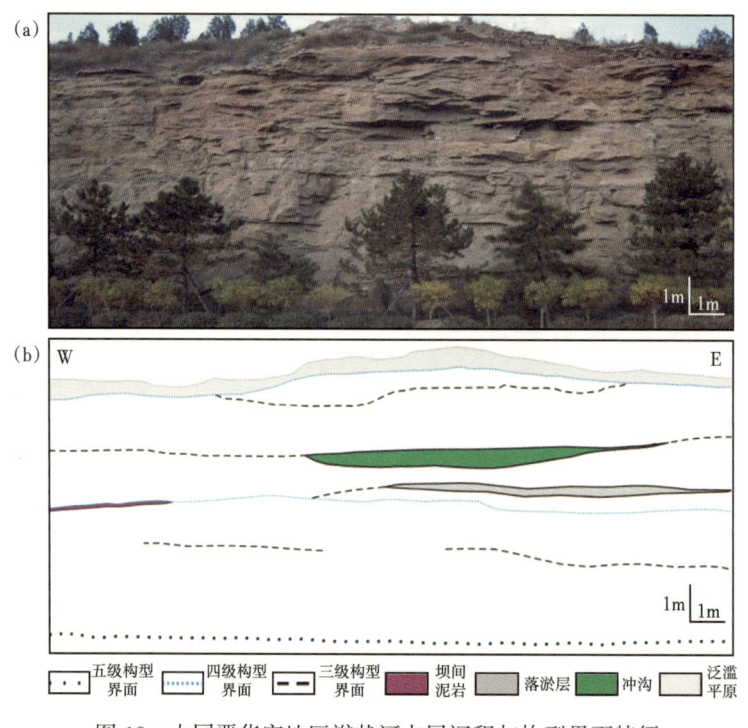

图10 大同晋华宫地区辫状河夹层沉积与构型界面特征

4.3 砂体叠置样式控比例

按照砂体叠置样式的不同,可划分出孤立型、侧向切叠型、垂向叠置型分布样式(图11),不同类型的砂体叠置样式,具有不同的隔夹层分布特征。统计了近360口水平井实钻隔夹层参数,平均1032m水平段一般钻遇隔夹层3~8段,对比了水平井在辫状河沉积孤立型、侧向切叠型、垂向叠置型内钻遇隔夹层所占的比例。其中孤立型中钻遇隔夹层长度341.2m,其中泛滥平原、废弃河道、坝间泥岩、冲沟、落淤层所占比例分别为63.4%、19.3%、0.3%、6.9%、10.1%;侧向切叠型钻遇隔夹层长度210.8m,各自所占比例分别为13.4%、23.1%、11.2%、18.7%、33.6%,垂向叠置型水平段钻遇隔夹层长度148.9m,各类隔夹层所占比例分别为8.5%、30.9%、3.4%、20.7%、36.5%。可见,孤立型砂体分布样式中隔层最为发育,而垂向叠置型夹层最发育,但夹层样式少于、规模也小于侧向切叠型。在苏里格地区水平井规模化应用中,筛选垂向叠置型砂体部署水平井,钻遇气层平均长度为829.3m,气层钻遇率为83.5%,日产$7.1×10^4 m^3$,可以取得较高的产量。

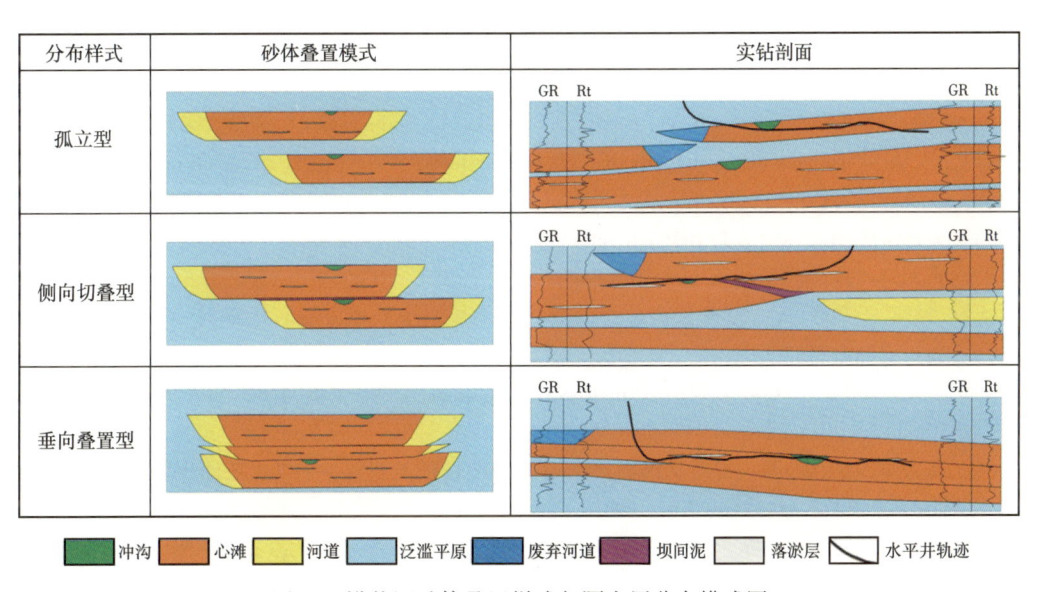

图11 辫状河砂体叠置样式与隔夹层分布模式图

5 结论

(1)通过苏里格气田S36-J11等井的取心资料以及山西柳林等地区相似古水深条件的野外露头解剖,确定了砂质辫状河隔夹层类型成因类型,划分出废弃河道、坝间泥岩、泛滥平原、冲沟以及落淤层5类。

(2)岩心标定测井,确定不同类别隔夹层岩性、厚度信息以及与构型界面的关系,结合S36-J1密井网区多井对比得到了各类隔夹层平剖面规模等特征,基于Petrel软件建立了能反映三维分布规律的隔夹层模型。

(3)分析了砂质辫状河内隔夹层发育控制因素,其中基准面旋回控制隔层厚度,盒8段不对称旋回结构使得隔夹层的厚度自下而上整体呈不断增大的趋势,最大可达6.7m;构型界面控制夹层分布、倾向及倾角,空间上距离相近的夹层往往存在倾向相反、倾角差异较大的情况;辫状河沉积砂体叠置样式控制隔夹层比例,孤立型砂体分布样式中隔层最为发育,而垂向叠置型夹层最发育,但夹层样式少于、规模也小于侧向切叠型。

参 考 文 献

[1] Lynds R, Hajek E. Conceptual model for predicting mudstone dimensions in sandy braided-river reservoirs[J]. AAPG Bulletin, 2006, 90(8):1273-1288.

[2] Best J, Woodward J, Ashworth P, et al. Bar-top hollows: A new element in the architecture of sandy braided rivers[J]. Sedimentary Geology, 2006, 22(5):241-255.

[3] Robinson J W, McCabe P J. Sandstone-body and shale-body dimensions in a braided fluvial system: Salt wash sandstone member (Morrison Formation), Garfield County, Utah[J]. AAPG Bulletin, 1997, 81(8):1267-1291.

[4] Ian A L, Gregory H S S, James L B, et al. Deposits of the sandy braided South Saskatchewan River: Implications for the use of modern analogs in reconstructing channel dimensions in reservoir characterization[J]. AAPG Bulletin, 2013, 97(4):553-576.

[5] Skelly R L, Bristow C S, Ethridge F G. Architecture of channel-belt deposits in an aggrading shallow sandbed braided river: the lower Niobrara River, northeast Nebraska[J]. Sedimentary Geology, 2003, 158(3):249-270.

[6] Hooke J. Coarse sediment connectivity in river channel systems: A conceptual framework and methodology[J]. Geomorphology, 2003, 56(1):79-94.

[7] Sambrook S G H, Ashworth P J, Best J L, et al. The sedimentology and alluvial architecture of the sandy braided South Saskatchewan River, Canada[J]. Sedimentology, 2006, 53(2):413-434.

[8] 马志欣,付斌,王文胜,等. 基于层次分析的辫状河储层水平井地质导向策略[J]. 天然气地球科学, 2016, 27(8):1380-1387.

[9] Best J L, Ashworth P J, Bristow C S, et al. Three-dimensional sedimentary architecture of a large, mid-channel sand braid bar, Jamuna river, Bangladesh[J]. Journal of Sedimentary Research, 2003, 73(4):516-530.

[10] 牛博,高兴军,赵应成,等. 古辫状河心滩坝内部构型表征与建模——以大庆油田萨中密井网区为例[J]. 石油学报, 2015, 36(1):89-100.

[11] 袁新涛,吴向红,张新征,等. 苏丹 Fula 油田辫状河储层内夹层沉积成因及井间预测[J]. 中国石油大学学报(自然科学版), 2013, 37(1):8-12.

[12] 孙天建,穆龙新,赵国良. 砂质辫状河储集层隔夹层类型及其表征方法——以苏丹穆格莱特盆地 Hegli 油田为例[J]. 石油勘探与开发, 2014, 41(1):112-120.

[13] 罗超,罗水亮,贾爱林,等. 扶新隆起带东缘泉三段储层构型差异[J]. 中南大学学报(自然科学版), 2016, 47(5):1637-1648.

[14] 郭智,贾爱林,何东博,等. 鄂尔多斯盆地苏里格气田辫状河体系带特征[J]. 石油与天然气地质, 2016, 37(2):197-204.

[15] 罗超,贾爱林,郭建林,等. 苏里格气田有效储层解析与水平井长度优化[J]. 天然气工业, 2016, 36(3):41-48.

[16] 张吉,侯科锋,李浮萍,等. 基于储层地质知识库约束的致密砂岩气藏储量评价——以鄂尔多斯盆地苏里格气田苏 14 区块为例[J]. 天然气地球科学, 2017, 28(9):1322-1329.

[17] Leclair S F, Bridge J S. Interpreting the height of dunes and paleochannel depths from the thickness of medium scale sets of cross strata// AAPG Annual Meeting Expended Abstracts: AAPG, 1999, 80.

[18] Leclair S F, Bridge J S. Quantitative interpretation of sedimentary structures formed by river dunes[J]. Journal of Sedimentary Research, 2001, 71(5):713-716.
[19] 于兴河,马兴祥,穆龙新,等. 辫状河储层地质模式及层次界面分析[M]. 北京:石油工业出版社, 2004.
[20] 蔺宏斌,侯明才,陈洪德,等. 鄂尔多斯盆地苏里格气田北部下二叠统山 1 段和盒 8 段物源分析及其地质意义[J]. 地质通报,2009,28(4):483-492.
[21] 肖建新,孙粉锦,何乃祥,等. 鄂尔多斯盆地二叠系山西组及下石盒子组盒 8 段南北物源沉积汇水区与古地理[J]. 古地理学报,2008,10(4):341-354.
[22] 田景春,吴琦,王峰,等. 鄂尔多斯盆地下石盒子组盒 8 段储集砂体发育控制因素及沉积模式研究[J]. 岩石学报,2011,27(8):2403-2412.
[23] 李易隆,贾爱林,何东博. 致密砂岩有效储层形成的控制因素[J]. 石油学报,2013,34(1):71-82.
[24] Miall A D. The geology of fluvial deposits: sedimentary facies, basin analysis and petroleum geology[M]. Springer-Verlag Inc., Berlin, 1996, 581-583.
[25] Miall A D. Reconstructing the architecture and sequence stratigraphy of the preserved fluvial record as a tool for reservoir development: A reality check [J]. AAPG Bulletin, 2006, 90(7): 989-1002.
[26] 余宽宏,金振奎,高白水,等. 赣江南昌段江心洲沉积特征[J]. 现代地质,2015,29(1):89-96.
[27] Bridge J S, Tye R S. Interpreting the dimensions of ancient fluvial channel bars, channels, and channel belts from wireline-logs and cores[J]. AAPG Bulletin,2000,84(8):1205-1228.
[28] 杨少春,赵晓东,钟思瑛,等. 辫状河心滩内部非均质性及对剩余油分布的影响[J]. 中南大学学报(自然科学版),2015,46(3):1066-1074.
[29] 印森林,吴胜和,许长福,等. 砂砾质辫状河沉积露头渗流地质差异分析——以准噶尔盆地西北缘三叠系克上组露头为例[J]. 中国矿业大学学报,2014,43(2):286-293.

安岳气田龙王庙组颗粒滩岩溶储层发育特征及主控因素

张满郎　郭振华　张　林　付　晶　郑国强　谢武仁　马石玉

(中国石油勘探开发研究院)

摘要：基于岩心、成像测井、铸体薄片、CT 扫描、核磁共振、压汞等分析手段,对安岳气田下寒武统龙王庙组开展了系统的层序地层划分对比、岩溶模式研究、储层特征及其主控因素研究。研究结果表明:龙王庙组识别出溶蚀孔洞、溶蚀孔隙、基质孔隙 3 种储集空间类型,主要为砂屑白云岩溶蚀孔洞型储层,中小溶洞发育,具有中低孔隙度、中—高渗透率特征;龙王庙组可划分为 4 期向上变浅的沉积旋回,纵向上发育 4 期向上变粗的颗粒滩,平面上呈"两滩一沟"的分布格局,第二、三期颗粒滩分布规模最大;龙王庙组经历了准同生期、表生期、埋藏期岩溶作用,准同生期颗粒滩频繁的短暂暴露并遭受大气淡水的淋滴改造,形成早期的微孔及针状溶孔;加里东期风化壳岩溶是龙王庙组溶蚀孔洞型储层形成的关键,广阔的岩溶斜坡区顺层溶蚀孔洞发育;溶蚀孔洞型储层叠置连片,并与高角度构造裂缝配置良好,形成整体连通的裂缝—孔洞型视均质储层. 优质储层主要发育于磨溪 11—磨溪 8 和磨溪 10—磨溪 12—磨溪 9 井区,储层厚度 40~50m。

关键词：安岳气田;龙王庙组;颗粒滩;储集空间;岩溶模式;储层特征;主控因素

大型、特大型气田的发现对我国天然气工业跨越式发展起到至关重要的推动作用。从 20 世纪 70 年代开始,对川中古隆起构造演化、震旦系—寒武系油气成藏条件及资源潜力等进行了持续攻关研究[1,2]。2011 年、2012 年完钻的高石 1 井、磨溪 8 井先后在震旦系灯影组和寒武系龙王庙组获得日产超百万立方米的高产气流,发现了地质储量达万亿立方米规模的川中安岳特大型气田,开启了深层古老碳酸盐岩勘探开发的新篇章[3]。

前人研究主要聚焦于川中古隆起的油气成藏条件及富集规律,认为震旦系—寒武系大气田形成主要受古裂陷槽、古丘滩体、古油藏裂解、古隆起控制[4]。晚震旦世—早寒武世早期发育的绵竹—长宁古裂陷槽控制了下寒武统优质烃源岩分布。在该裂陷槽东侧的磨溪—高石梯地区,灯影组灯二段、灯四段发育台地边缘丘滩相沉积,龙王庙组发育局限台地台内缓坡颗粒滩相沉积。川中地区在桐湾期、加里东期发育大型继承性古隆起,发生多期表生岩溶叠加形成大面积分布的丘滩相、颗粒滩相溶蚀孔洞型白云岩储层。古隆起核部在晚海西—印支期发育大型古油藏,并在燕山期发生原油裂解。古隆起继承性发展与烃源岩演化及古油藏裂解形成有效的时空配置,大型继承性古隆起背景下发育的构造、岩性及复合型圈闭为天然气聚集提供了良好的空间,在川中古隆起东段形成一个纵向上多产层(龙王庙组、灯四段、灯二段)、平面上集群式分布的特大型气藏群[5-9]。

安岳气田磨溪龙王庙组气藏是迄今为止我国已发现的最大的整装碳酸盐岩气藏,已探明含气面积 805km^2,提交探明天然气地质储量 4403.8×10^{8}m^3,该气藏在川渝地区天然气供应中具有重要的战略地位。自从安岳气田获得重大发现以来,对四川盆地龙王庙组颗粒滩特征及分布规律[10-12]、岩溶储层发育机制[13-16]、储集空间类型与储层连通性[17,18]、气藏地质特征及开发技术政策[19,20]等方面开展了大量研究工作,认为龙王庙组为滩控岩溶型孔洞缝白云岩储层,储层连续性好、储量规模大。开发评价表明,龙王庙组缝洞发育表现出较强的非均质性,不同部位气井产能差异较大。为实现磨溪龙王庙气藏的高效开发,需要深入认识龙王庙组储层的宏观、微观特征及其空间分布的非均质性。本文通过12口井岩心精细描述、20多口井成像测井解释,并利用大量铸体薄片、CT扫描、压汞、核磁共振等分析资料,对磨溪龙王庙组气藏的储层沉积相类型、储集空间类型、储层物性及裂缝特征等开展综合研究,明确储层主控因素及其空间展布,为开发决策提供地质依据。

1 颗粒滩特征及分布

区域沉积相研究成果表明[4,10,11,21],四川盆地下寒武统龙王庙组发育局限台地潮坪、潟湖、颗粒滩、开阔台地颗粒滩及盆地相带。龙王庙组沉积期,在乐山—龙女寺水下隆起的控制下,在南充—磨溪—高石梯—威远等地区发育大面积的颗粒滩,其南部和东部被蒸发潟湖与蒸发潮坪相带所环绕(在窝深1、临7、座3等井区发育膏、盐质潟湖)。川中地区台内缓坡颗粒滩—蒸发潟湖的空间配置有利于回流—渗透白云石化,形成大面积分布的白云岩颗粒滩储层(图1)。

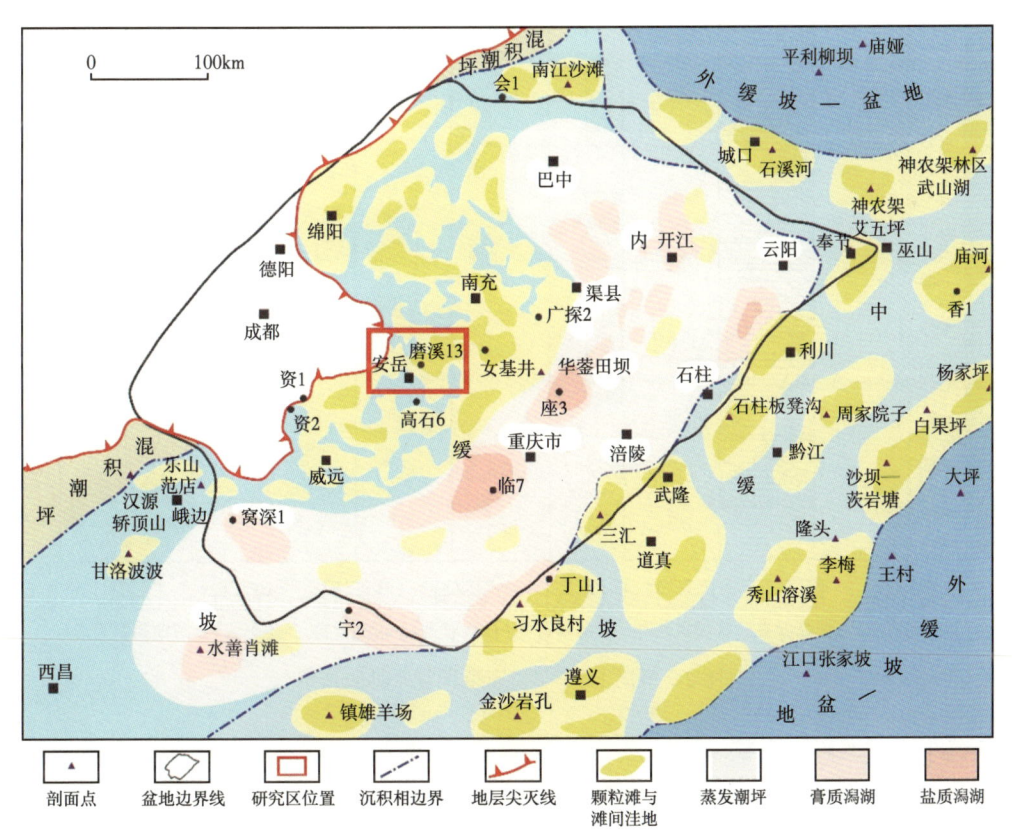

图1 四川盆地及周缘下寒武统龙王庙组岩相古地理图[4]

针对磨溪地区龙王庙组,完成 12 口井 653m 岩心精细描述,结合测井解释、薄片鉴定,进行沉积相识别与划分,认为磨溪地区龙王庙组为局限台地沉积相,细分为颗粒滩、滩间海、潟湖及潮坪 4 个亚相,其中颗粒滩溶蚀孔洞储层发育,为最有利沉积相类型。

根据碳酸盐岩地层的岩性组合、碳、氧同位素资料以及古盐度、古水深分析,磨溪地区龙王庙组可划分为 1 个三级层序、4 个四级层序[10]。龙王庙组沉积早期发生快速海侵,中晚期主要为长期缓慢海退夹短期海侵,受向上变浅的沉积旋回控制,龙王庙组垂向上发育 4 期加积颗粒滩(图 2)。

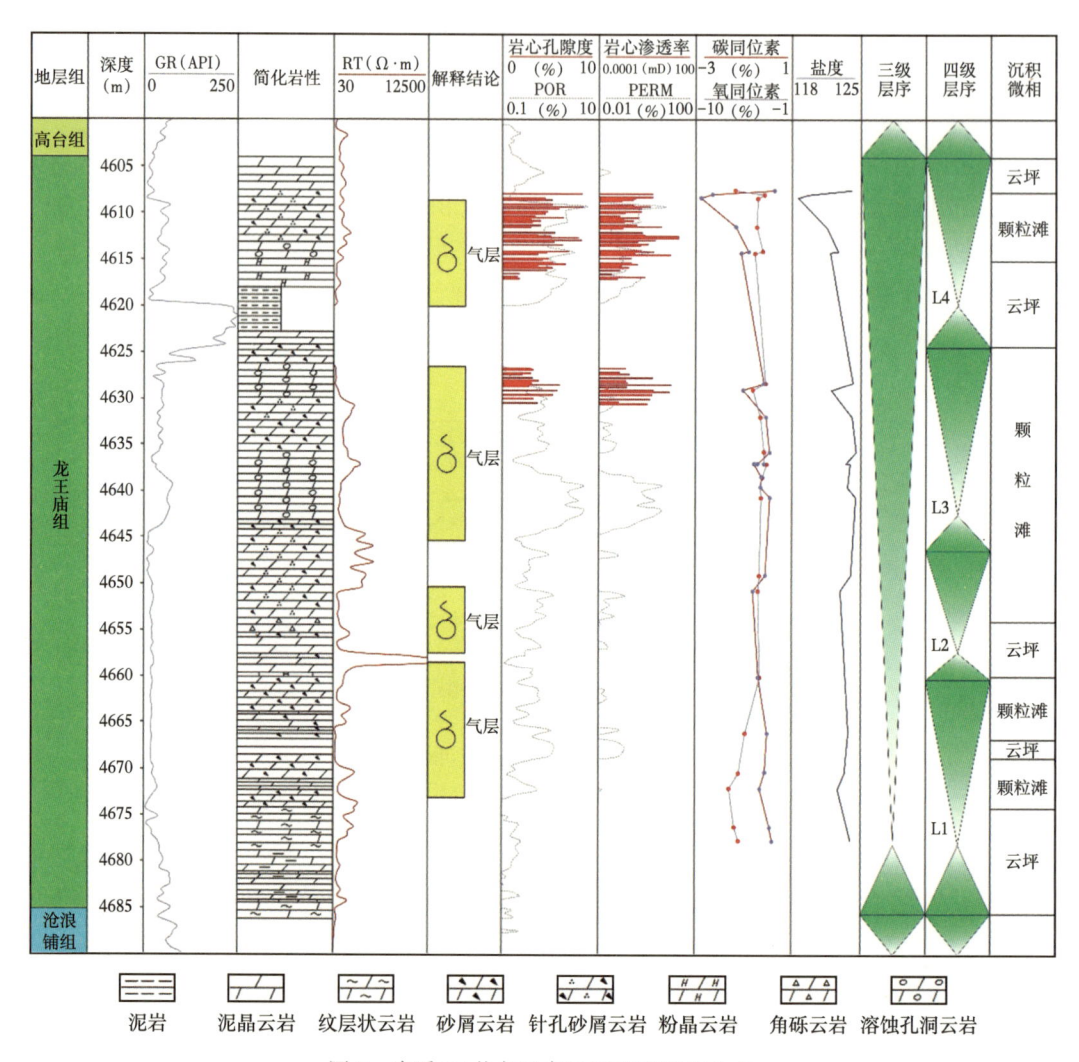

图 2 磨溪 17 井龙王庙组颗粒滩纵向分布

颗粒滩亚相的碎屑颗粒以砂屑为主,还发育砾屑、鲕粒、豆粒及生物碎屑等。砂屑粒径多为 0.5~1mm,磨圆和分选都较好。砾屑的粒径大于 2mm,多为扁平状,其扁平面多与层面平行,部分砾屑与层面斜交,呈叠瓦状或漩涡状排列。鲕粒为具有核心和同心层结构的球状颗粒,粒径一般为 0.5~2mm。豆粒为粒径大于 2mm 的包粒,发育不规则同心层。生物碎屑主要包括三叶虫、介形虫、有孔虫等生物骨骼化石碎屑。镜下观察颗粒滩以亮晶砂屑云岩、残余砂屑云岩及细晶云岩为主(细晶云岩为颗粒岩重结晶形成,在阴极发光下可见明显的颗粒轮廓),其次为砂砾屑云岩,鲕粒云岩及生屑云岩。颗粒滩表现为自然伽马曲线形态平直,伽马值一般小于20°API,成像测井图像以橙色为主,局部呈现斑杂块状,斑杂段一般为溶蚀孔洞发育段。

颗粒滩按其物质组分和发育位置可分为滩主体和滩边缘。滩主体微相由中粗粒砂屑白云岩和中粗晶、中细晶白云岩组成,颗粒及晶粒粒度较粗,原始粒间孔隙较大,有利于后期大气淡水和酸性水的溶蚀扩大,形成溶蚀孔洞白云岩储层。滩主体微相由多层颗粒岩叠合而成,呈厚层状—块状结构,单层颗粒岩厚度0.5~2m,发育层间冲刷面,粒序层理、低角度斜层理和交错层理。滩主体储层厚度较大,一般为5~20m,以大孔大洞为特征,孔隙度为4%~12%。滩边缘微相位于滩主体微相的周围,为滩主体与滩间洼地的过渡部位,由薄层粉—细晶砂屑白云岩与泥晶白云岩互层组成,单层颗粒岩厚度一般小于0.3m,发育小型交错层理和波状层理,粒间多见亮晶白云石胶结,可见针状溶孔,孔隙度1%~5%,发育微裂缝和小型垂直缝,储层较薄,厚度一般为0.3~5m。

通过取心井厘米级岩心精细描述及大量薄片鉴定,分析岩性组合及其结构构造特征,基于岩心标定,建立成像测井特征图版,识别颗粒滩(滩主体、滩边缘)、滩间海、云坪微相。基于单井层序地层划分和沉积微相分析,编制多条闭合的连井对比剖面,确定颗粒滩的空间分布格局。以4个四级层序为制图单元,基于井点资料,分析每个小层各个井点的主要岩性组合、颗粒岩厚度及其在地层厚度中所占比例,编制各小层的颗粒滩平面分布图件。

龙王庙组发育4期颗粒滩(图3),每期滩体厚度10~20m,横向延伸5~15km。颗粒滩叠置连片,呈现出"两滩一沟"的分布格局,第二、三期滩体在磨溪地区大面积分布,由两个北东—南西向发育的颗粒滩组成,滩主体彼此分隔,滩边缘叠置连片。受古隆起演化影响,颗粒

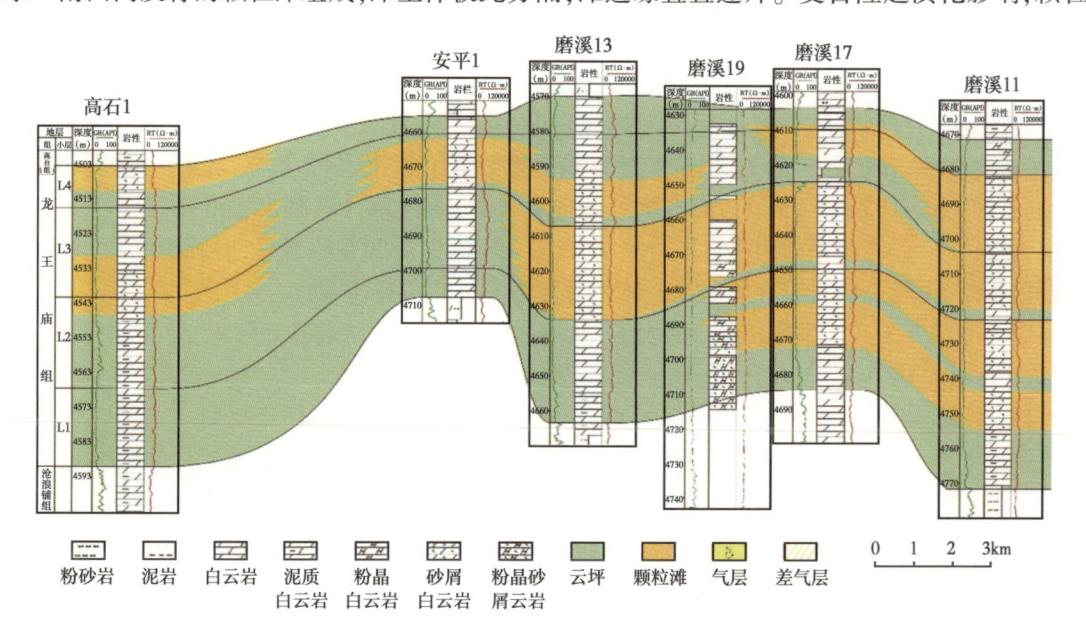

图3 高石1—磨溪11井龙王庙组沉积对比剖面图

滩呈现由北东向南西迁移的特点(图4)。

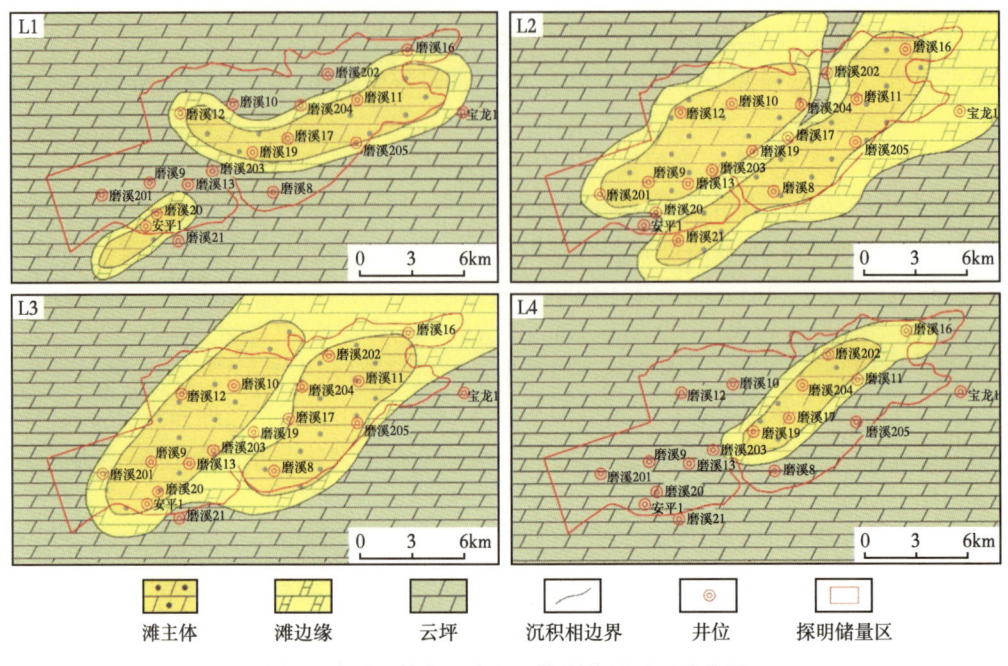

图 4 磨溪区块龙王庙组 4 期颗粒滩平面分布图

2 储集空间类型

磨溪地区龙王庙组储层岩石类型主要为颗粒滩主体的残余颗粒细晶云岩和砂屑云岩(图5a、b),其次为颗粒滩边缘含砂屑粉晶云岩、含砂屑泥粉晶云岩(图5c),而滩间海泥晶泥质云岩孔隙不发育。砂屑云岩的母岩多为泥粉晶云岩,砂屑含量为 50%~75%,砂屑颗粒分选好,磨圆程度高,颗粒间常见亮晶白云石胶结,发育中小溶洞及针状溶孔。晶粒云岩主要为细晶云岩,其次为中粗晶云岩。其主要结构组分是晶粒,晶粒呈嵌晶状发育,粒径主要为 0.1~0.25mm,部分为 0.25~1mm。岩心观察可见中小溶洞,铸体薄片观察大中溶孔发育。含砂屑粉晶云岩、含砂屑泥粉晶云岩的砂屑含量为 25%~50%,砂屑颗粒分选好,磨圆程度高,砂屑颗粒间为粉晶、泥粉晶白云石充填,岩心、铸体薄片观察针状溶孔发育。

磨溪地区龙王庙组发育溶洞、粒间溶孔、晶间溶孔、晶间孔和裂缝等储集空间类型(图5e、f、g、h)。

(1)溶洞:以洞径 2~5mm 的小洞为主,是龙王庙组储层的主要储集空间。龙王庙组溶洞直径明显大于岩石结构组分,包括粒间孔溶蚀扩大形成的溶洞(图5a)和裂缝局部溶蚀扩大形成的溶洞(图5h),前者受岩相控制,多呈顺层状排列,后者与构造裂缝有关,呈串珠状分布。磨溪区块所有取心井均发育溶洞储层,但溶洞密度差异较大。

岩心精细描述统计结果表明,龙王庙组主要发育粒间孔溶蚀扩大形成的洞径 2~5mm 的小型溶洞,占总洞数的 86.57%,其次为中型(洞径 5~10mm)、大型(洞径大于 10mm)溶洞,分别占比 9.96% 和 3.47%(图6a)。取心井溶洞发育段平均洞密度为 23~215 个/m(图6b)。

图 5 安岳气田龙王庙组储层特征

图 6 磨溪区块龙王庙组取心段洞类型和洞密度分布图

(2)粒间溶孔:龙王庙组储层粒间溶孔大量发育,主要发育于砂屑云岩和残余砂屑云岩中(图5e、f、i、j),镜下可见颗粒间胶结物及基质遭受溶蚀,溶蚀孔隙中常见沥青半充填。剩余孔隙孔径一般为0.1~1mm,面孔率一般为2%~10%。这类孔隙是安岳气田龙王庙组储层主要的储集空间,其形成与沉积作用密切相关,是高能环境下淘洗干净的粒间孔隙经历成岩期溶蚀改造叠合形成,主要发育在滩主体微相中。

(3)晶间溶孔:为晶间孔遭受溶蚀形成,发育在细晶及中—粗晶云岩中,呈三角状或多边形状。晶间溶孔也是龙王庙组储层较为重要的储集空间类型之一。晶粒云岩的原岩多为砂屑云岩等颗粒岩类,由颗粒强烈重结晶形成晶粒云岩,其孔隙受到重结晶的再分配和后期溶蚀的叠合影响，但孔隙分布仍受到颗粒组构影响。龙王庙组储层晶间溶孔内常见沥青充填（图5g、k），剩余孔径0.2~0.8mm，面孔率一般为2%~15%。

（4）晶间孔：与晶间溶孔的区别在于溶蚀作用弱，白云石晶粒规则，棱角分明（图5l）。晶间孔常受到一定程度的溶蚀，与晶间溶孔伴生。龙王庙组储层晶间孔多出现在早成岩期形成的花斑状白云岩中，部分发育溶洞内充填的晶粒白云岩中。晶间孔孔径0.1~0.3mm，面孔率一般为2%~10%。

（5）裂缝：由于多期构造运动的影响，磨溪龙王庙组发育高角度构造缝、低角度斜交缝和水平缝。其中，加里东期、印支期形成的水平缝和低角度缝在后期遭受部分充填，喜马拉雅期形成的高角度构造缝张开度大且延伸长，对沟通储层，改善储层渗透性具有重要作用。

铸体薄片和扫描电镜分析结果表明，龙王庙组储层发育缩颈喉道、管束状喉道和片状喉道三类喉道类型，以缩颈喉道和片状喉道为主，为中—细型喉道。缩颈喉道指孔隙缩小部分形成喉道，砂屑云岩粒间溶孔之间常见这种喉道类型，喉道宽度一般大于10μm（图5i、j）。片状喉道指白云石晶面之间形成的喉道，连接晶粒间的多面体或四面体孔隙，喉道宽度一般在1μm以下。龙王庙组晶粒白云岩储层中，这种片状喉道占绝对优势（图5k、l）。

根据毛细管压力曲线形态与压汞参数分析，安岳气田龙王庙组储层的最大进汞饱和度高，200MPa下的汞饱和度绝大多数都大于80%，约占总样品数的74.3%，其中汞饱和度大于90%的约占总样品数的25.7%，最大的达到99.3%。毛细管压力曲线表现为中等偏粗歪度、分选中偏好；部分曲线呈现出双台阶型，反映储层具有粗、细不同的两套孔喉系统，粗孔喉系统分选较好。

针对龙王庙组储层缝洞发育层段薄、规模小、孔洞缝匹配关系复杂等特点，通过岩心精细描述和成像测井解释，对缝洞发育特征进行定性描述和定量评价；利用岩心CT扫描、核磁共振、压汞实验和薄片鉴定资料，分析储层孔喉结构，采用双孔隙叠加数字岩心技术重构孔隙网络模型，量化表征储层孔隙结构特征参数，实现孔隙大小、面孔率、连通性等参数定量描述，评价不同孔喉结构储层的渗流能力；结合不同类型储层的地震响应特征及动态渗流能力评价，多数据综合预测孔洞缝宏观分布，实现孔洞缝三维空间展布及孔隙结构特征的定量表征。

基于岩心、薄片、核磁共振、CT扫描成像及物性分析资料，依据孔、洞发育程度，综合划分溶蚀孔洞型、溶蚀孔隙型和基质孔隙型3种储集类型[19]。

3种储集类型的差别首先表现在储层岩石类型的不同，溶蚀孔洞主要发育于残余砂屑云岩和中—细晶云岩中，溶蚀孔隙主要发育于砂屑云岩和细—粉晶云中，基质孔隙型储层为泥粉晶云岩及含砂屑泥晶云岩。其次表现为孔洞发育程度的差异，溶蚀孔洞型储层大孔和小洞普遍发育，溶蚀孔隙型储层以针状溶孔为主，基质孔隙型储层岩心观察难见孔洞，测井解释为有效储层，镜下为微孔及微裂缝。三者的孔喉大小差距明显，溶蚀孔洞型的中值孔喉半径多大于1μm，溶蚀孔隙型0.05~1μm，基质孔隙型一般小于0.1μm（图7）

研究表明，安岳气田龙王庙组天然气主力产层为溶蚀孔洞型和溶蚀孔隙型储层，孔隙度总体大于4%。溶蚀孔洞发育段心长190.5m，占取心总长度的40.7%，孔隙度为6%~14%；溶蚀孔隙发育段心长112.6m，占取心长度的24.0%，孔隙度为4%~8%。

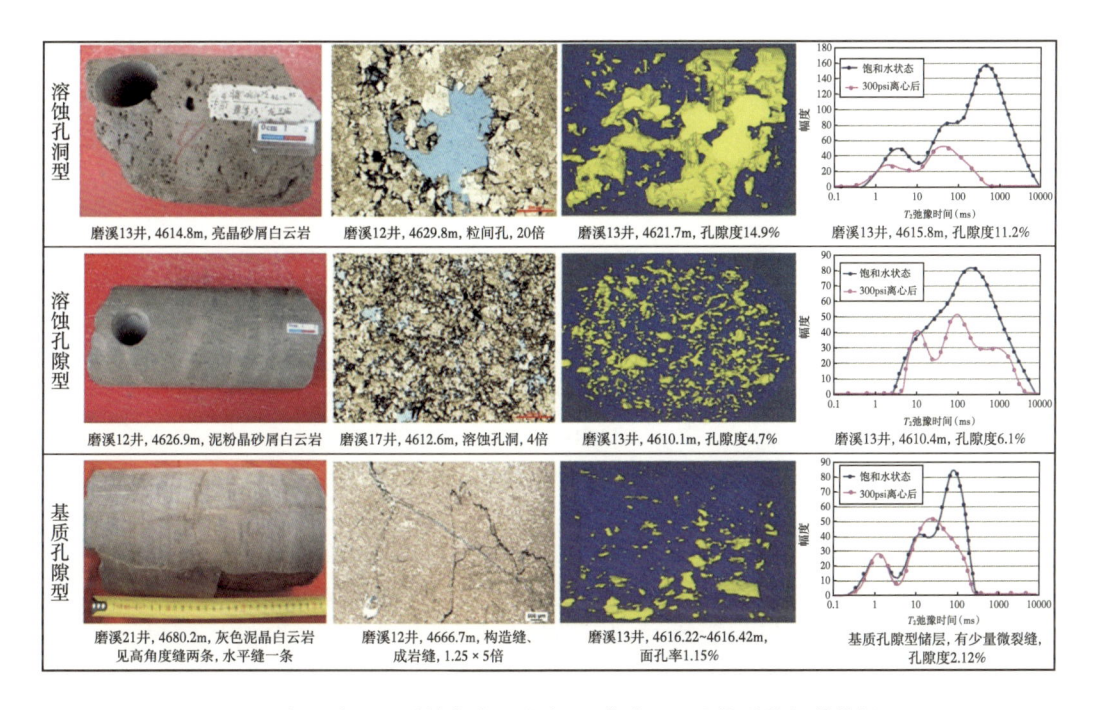

图 7 龙王庙组 3 种储集类型的岩心、薄片、CT 及核磁共振谱特征

3 储层发育主控因素

龙王庙组储层发育的主控因素有 3 个:有利沉积相带、岩溶储层发育模式及构造裂缝对储层的改造作用。磨溪地区龙王庙组第二、三期颗粒滩的滩主体微相决定了优质储层的分布格局。岩溶作用和构造破裂是储层形成和改造的重要因素,准同生期岩溶为砂屑滩基质孔隙的形成奠定了基础,而表生期风化壳岩溶,尤其是顺层岩溶,是大规模溶蚀孔洞型储层形成的关键因素。高角度构造裂缝与顺层溶蚀配置良好,形成整体连通的裂缝—孔洞型视均质储层。

3.1 有利沉积相带

龙王庙组储层发育的有利相带为颗粒滩相,而颗粒滩的形成和分布受海平面变化和沉积古地貌控制[11,12]。水体能量强的古地貌高地发育高能滩,滩体厚度大,物性较好。孔洞发育与岩石颗粒粗细有明显关系。滩主体微相由中粗粒砂屑云岩组成,岩石颗粒结构较粗,沉积时保留的原始孔隙较大,在遭受岩溶作用后被溶蚀形成大孔及中小型溶洞。滩边缘微相由薄层粉—细晶砂屑白云岩与泥晶白云岩互层组成,经历溶蚀作用后多形成针状溶孔云岩。据岩心实测物性资料,颗粒滩不同位置的储层发育规模和储渗特征差异明显,滩主体微相储层厚度较大,一般为 5~20m,溶蚀孔洞发育,孔隙度为 4%~12%。滩边缘孔隙度为 1%~7%,发育针孔、微孔和微裂缝。储层较薄,厚度一般为 0.3~5m。

根据安岳气田 18 口井龙王庙组滩体累计厚度和测井解释储层累计厚度统计,颗粒滩规模越大,储层越发育,二者呈明显正相关关系(图 8)。其中,磨溪 12 井滩体厚度最大,累计达 76m,储层累计厚度达 54m;安平 1 井滩体厚度最小,累计为 15m,储层累计厚度 11.8m。

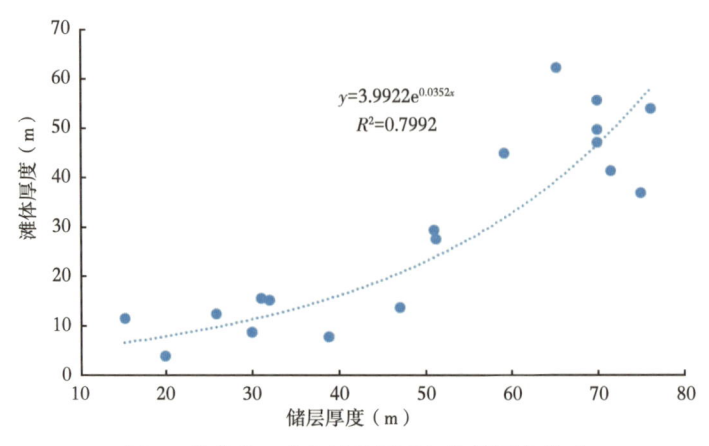

图 8 单井龙王庙组滩体厚度与储层厚度关系

颗粒滩规模及分布控制不同储集类型的空间分布。纵向上，第二、三期滩体最发育，平面上，多层滩体叠置，呈"两滩一沟"的分布格局（图4）。两个滩主体分别位于磨溪16井—磨溪11井—磨溪8井和磨溪10井—磨溪12井—磨溪9井一带，滩主体的沉积古地形较高，水动力强，发育厚层颗粒滩沉积，颗粒较粗，溶蚀孔洞型、溶蚀孔隙型储层发育，为优质储层发育区；磨溪204井—磨溪19井—磨溪203井—磨溪21井一带为两个滩主体之间的相对低洼地带，水动力较弱，为滩间海及滩边缘沉积，发育泥粉晶云岩夹薄层粉晶砂屑云岩，发育针孔、微孔及微裂缝，主要为基质孔隙型和裂缝—孔隙型储层。基于储层有效厚度和孔隙度测井解释成果编制了磨溪地区龙王庙组储能系数平面分布图（图9），"两滩一沟"的分布格局十分明显，磨溪10—磨溪12—磨溪9和磨溪11—磨溪8两个滩主体储能系数为2~3.2，气井无阻流量普遍大于 $500×10^4 m^3/d$，控制了高效储层的分布。

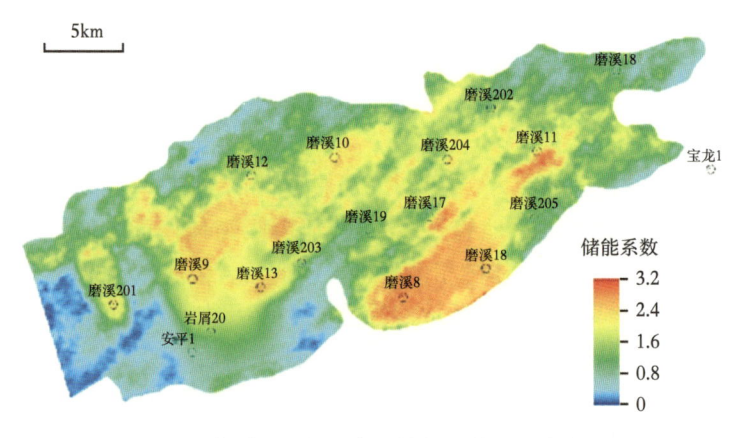

图 9 磨溪地区龙王庙组储能系数平面分布图

3.2 岩溶储层发育模式

龙王庙组遭受了多期成岩作用[13-15]，经历了准同生期、表生期、埋藏期岩溶作用，且以表生期岩溶对储层形成的影响最大（图10，表1）。

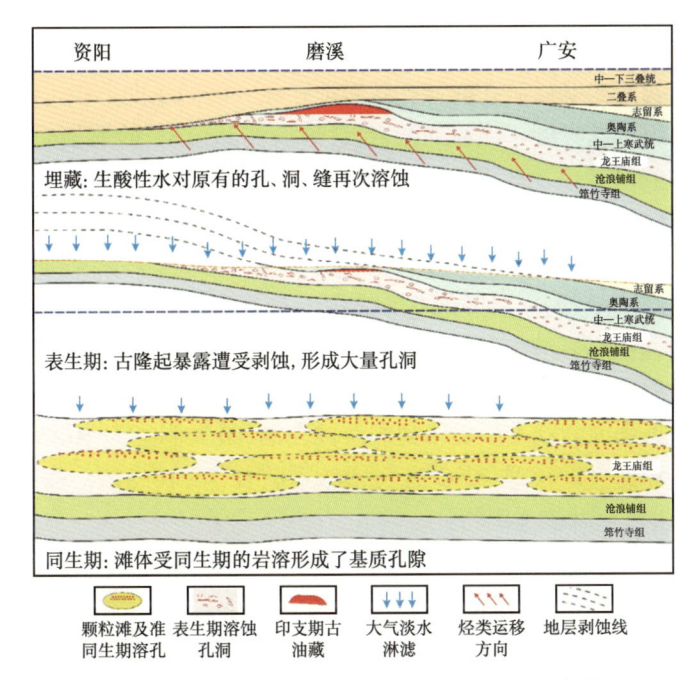

图 10 磨溪地区下寒武统龙王庙组岩溶储层发育模式

表 1 安岳气田龙王庙组岩溶储层特征

岩溶期次	准同生期岩溶	表生期岩溶	埋藏期岩溶
形成时期	龙王庙组沉积期或略晚	加里东期	海西期和印支期
岩溶机制	受海退影响,颗粒滩暴露,遭受大气淡水改造	古隆起抬升,龙王庙组遭受风化剥蚀、淋滤改造。风化壳岩溶具有垂向分带特点	筇竹寺组生烃,含有机酸的地层水沿断层进入龙王庙组储层,对早期缝洞进一步改造
岩石学特征	泥粉晶云岩、含砂屑泥晶云岩、砂屑云岩等遭受溶蚀。不稳定的文石、高镁方解石被溶解,溶蚀作用具组构选择性	中粗粒残余砂屑云岩和中—细晶云岩遭受溶蚀。发育岩溶角砾岩、溶沟、溶缝。溶洞中充填渗流砂、蓝灰色泥岩、碳质泥岩、陆源石英及黄铁矿	不受岩石类型限制,主要与烃源断裂和早期的孔洞发育有关。溶蚀孔洞中常见沥青充填,并见鞍状白云石、自生石英、萤石、天青石及方铅矿、闪锌矿等热液矿物充填[13]
孔洞发育特征	发育针状溶孔及微孔,主要为粒内溶孔、铸模孔及粒间溶孔。准同生期岩溶为基质孔隙型、溶蚀孔隙型储层形成奠定了基础	发育大中溶孔和中小溶洞,为粒(晶)间溶孔及其与裂缝溶蚀扩大形成的溶洞。在岩溶斜坡顺层溶蚀孔洞大面积发育。表生期岩溶是龙王庙组高效储层形成的关键因素	粒(晶)间溶孔再次遭受溶蚀形成较大的孔洞,构造缝溶蚀扩大,晚期胶结物发生溶蚀。由于溶蚀作用与充填作用伴生,埋藏期岩溶对储层孔隙的总体贡献较小
地球化学特征	泥粉晶白云岩的碳、氧同位素接近或略低于同期海相碳酸盐岩基线,$\delta^{13}C$ 为 $-0.77‰$,$\delta^{18}O$ 为 $-7.24‰$,Sr/Ba 为 1.01,古盐度值 122	溶洞充填晶粒云岩的碳、氧同位素和锶含量较低,$\delta^{13}C$ 为 $-2.20‰$,$\delta^{18}O$ 为 $-10.87‰$,Sr/Ba 0.42,古盐度值 117,为淡水成因。而围岩为海水渗透回流成因白云岩[13]	$\delta^{13}C$、$\delta^{18}O$ 小于同期海相碳酸盐岩基线。早寒武世海相碳酸盐岩的 $\delta^{13}C$ 为 $-0.4‰\sim-0.1‰$,$\delta^{18}O$ 为 $-6.2‰\sim-4.7‰$

研究表明,安岳气田龙王庙组储层中的基质微孔和针状溶孔与准同生期岩溶作用密切相关。龙王庙组可划分出4个海退沉积序列,发育4期颗粒滩。颗粒滩短期暴露并遭受大气淡水淋滤改造,形成了初始的基质微孔和针孔状溶蚀孔隙。准同生期不稳定的文石、高镁方解石被溶解,溶蚀作用具组构选择性。泥粉晶云岩、含砂屑泥晶云岩、砂屑云岩等遭受溶蚀形成针状溶孔,镜下观察为粒内溶孔,铸模孔及粒间溶孔。碳、氧同位素接近或略低于同期海相碳酸盐岩基线,$\delta^{13}C$ 为-0.77‰,$\delta^{18}O$ 为-7.24‰,Sr/Ba 为1.01,古盐度值122,反映它是准同生期大气淡水淋滤溶蚀形成。

大规模溶蚀孔洞发育与表生期风化壳岩溶作用有关(图10)。龙王庙组岩心中常见风化壳岩溶标志,如溶沟、溶缝、岩溶角砾岩(洞穴岩溶角砾大小不一、呈棱角—次棱角状,角砾中见蓝灰色泥岩、碳质泥岩、陆源石英及黄铁矿充填)。磨溪13井、磨溪203井等井岩心观察溶蚀孔洞大量发育,可见到蜂窝状及顺层排列的溶蚀孔洞,最大洞径为10×5cm。溶洞充填晶粒云岩的碳、氧同位素和锶含量较低,$\delta^{13}C$ 为-2.20‰,$\delta^{18}O$ 为-10.87‰,Sr/Ba 为0.42,古盐度值117,具有大气淡水风化淋滤成因特征。

由于加里东运动的影响,川西—川中地区大幅抬升,导致磨溪地区西北部龙王庙组遭受剥蚀及大气淡水的淋滤改造。研究区岩溶古地貌具有西部高,东部、南部低的特点,向南为陡坡,向东为缓坡,局部发育地形坡折带。在广大的岩溶斜坡及坡折带,岩溶储层大面积发育且主要以顺层溶蚀孔洞为主。磨溪地区龙王庙组的表层岩溶带分布零星,厚度薄,为残坡积,洞穴全部遭受充填;垂向渗滤溶蚀带发育树枝状溶洞及溶缝,发育洞穴塌陷充填沉积,溶洞大部分被充填,且横向分布范围局限,非均质性强;径流溶蚀带孔洞型储层最为发育,顺层溶蚀形成的溶蚀孔洞型、溶蚀孔隙型储层延伸远、分布面积大;顺层溶蚀主要发育在第二、三期颗粒滩;潜流溶蚀带在龙王庙组欠发育,可能与第一期颗粒滩发育较差、平面分布范围局限有关。

埋藏期发生了酸性地层水对原有孔、洞、缝的再次改造。龙王庙组在海西期和印支期发生沉降,筇竹寺组烃源岩开始生烃,有机酸顺着断层进入储层,促使早期形成的孔、洞、缝再次发生扩容,进一步改善储层。磨溪龙王庙组遭受的埋藏溶蚀作用具有3个特点:其一,溶蚀作用主要发生在颗粒间,形成粒间溶孔、溶洞,而粒内溶蚀不发育;其二,构造破裂缝发生溶蚀扩大,形成较大的溶缝;其三,晚期胶结物可发生溶蚀,孔洞、裂缝内中细晶白云石充填物发生溶蚀。由于埋藏期处于封闭环境,地层水不饱和时发生溶蚀,饱和时发生沉淀与充填,偶尔见到早期的溶洞中发育热液成因的鞍状白云石、自生石英、萤石、天青石及方铅矿、闪锌矿等热液矿物充填。

总体而言,埋藏期溶蚀作用对储层孔隙的贡献不大,准同生期溶蚀形成初始的基质微孔和针状溶孔,表生期风化壳岩溶贡献最大,尤其是顺层岩溶使得大面积的岩溶斜坡区形成叠置连片的溶蚀孔洞型储层。

3.3 构造裂缝对储层的改造作用

磨溪地区龙王庙组经历了加里东期、印支期、喜马拉雅期等多次构造运动,该区一直处于构造枢纽部位,构造裂缝发育。主要发育高角度构造缝、低角度斜交缝和水平缝。水平缝和低角度缝后期遭受溶蚀或充填,与大规模扩容孔相伴生,沿裂缝形成溶孔、溶洞发育带。喜马拉雅期形成的高角度构造缝规模大、延伸长,常切穿储层段及其他类型裂缝,岩心观察到的垂直缝可达 1~2m，且一般无充填或充填较弱。成像测井解释垂直缝延伸长度一般 2~8m，单条裂缝延伸最长可达 51m(图 11)。

(a) 磨溪13井，4608.8~4610.01m，灰白色亮晶砂屑白云岩，溶蚀孔、洞发育，见垂直缝1条，长1.21m

(b) 磨溪17井，4609.38~4609.73m，灰色粉晶白云岩，溶蚀孔、洞较发育，见垂直缝1条

(c) 磨溪204井，喜马拉雅期高角度构造缝贯穿储层段

溶蚀孔洞型　溶蚀孔隙型　基质孔隙型　非储层

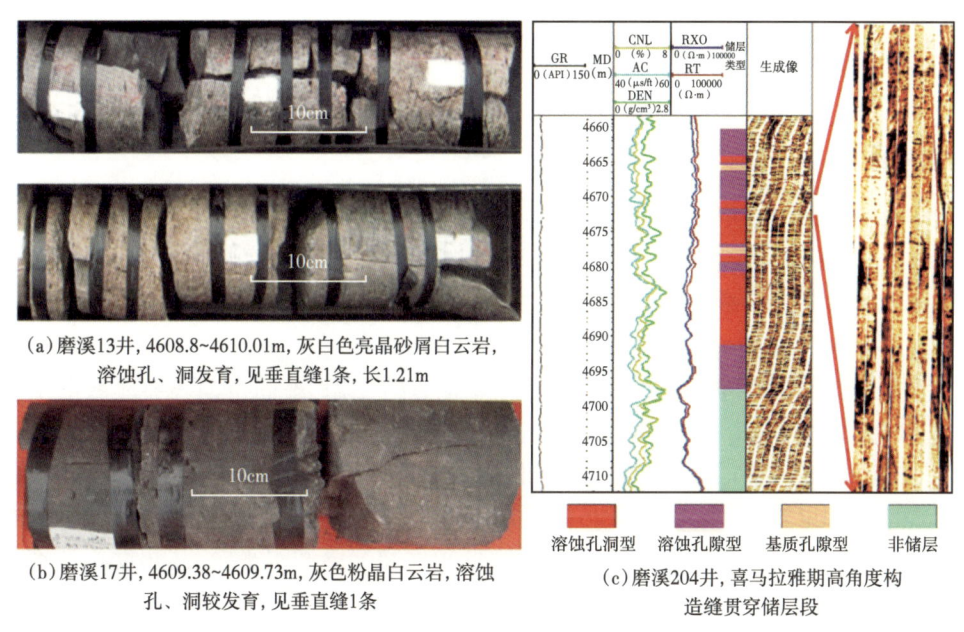

图 11　龙王庙组高角度裂缝岩心、成像测井特征

高角度构造缝在全区大面积分布，对储层渗流性能起到明显改善作用[18,19]。根据小柱塞样、全直径岩心分析、测井解释和试井解释资料，磨溪区块龙王庙组储层不同尺度渗透率差异明显，岩心样品基质渗透率一般小于 1mD，含裂缝的全直径岩心样品渗透率达 10~100mD 或更高，测井解释渗透率 0.1~10mD，试井解释渗透率 3~925mD，明显高于岩心分析和测井解释渗透率，高产气井裂缝对储层渗透率的贡献可达 45.6%~98.5%。根据厘米级岩心精细描述的孔、洞、缝发育特征，建立了磨溪13井精细单井地质模型。模拟结果表明，高角度构造缝能够有效沟通储层，使储层渗透率提高 2 个数量级以上。高角度构造裂缝是影响龙王庙组储层连通性的关键因素，它与顺层溶蚀孔洞配置良好，形成整体连通的裂缝—孔洞型视均质储层，揭示了磨溪龙王庙组气藏具备高产稳产的地质基础。

以上从沉积微相、成岩作用、构造裂缝等方面分析了储层发育控制因素，但对研究区的 3 种主要储集类型(溶蚀孔洞型、溶蚀孔隙型、基质孔隙型)而言，其主控因素存在明显的差异性。

作为安岳气田龙王庙组的开发主体，溶蚀孔洞型储层明显受颗粒滩主体微相和加里东期表生岩溶控制，在广阔的岩溶斜坡区，第二、三期颗粒滩主体的中粗粒残余砂屑云岩和中—细晶云岩遭受顺层溶蚀，形成中小溶洞、大中溶孔普遍发育的大面积分布的高效储层。溶蚀孔隙型储层主要发育于滩边缘薄层粉—细晶砂屑白云岩中，平面上位于滩主体微相的周围，纵向上夹杂在颗粒滩之间，准同生期岩溶形成大量的针状溶孔。作为重要的开发对象，滩边缘溶蚀孔隙型储层与滩主体溶蚀孔洞型储层叠置连片。基质孔隙型主要发育于滩边缘及滩间海泥粉晶白云岩、含砂屑泥晶白云岩中，发育沉积期微孔及准同生期形成的少量针状溶孔，宏观上难见

孔洞，测井解释为有效储层，水平缝、成岩缝、缝合线发育，镜下观察微裂缝发育。基质孔隙型储层受水平缝、微裂缝影响较大，而溶蚀孔洞型、溶蚀孔隙型储层较少见到水平缝和微裂缝，可能与顺层溶蚀过程中微裂缝、水平缝被溶蚀改造，孔、洞、缝溶蚀贯通有关。断层伴生的高角度贯通大裂缝与顺层溶蚀孔洞储层构成良好的空间配置，形成大面积连通的裂缝—孔洞型视均质储层[18]。

4 主要结论

(1) 安岳气田龙王庙组主要为砂屑白云岩溶蚀孔洞型储层，中小溶洞发育，具有中低孔隙度、中—高渗透率特征，发育溶蚀孔洞、溶蚀孔隙、基质孔隙3种储集空间类型。

(2) 磨溪地区龙王庙组纵向上发育4期向上变粗的颗粒滩，平面上呈"两滩一沟"的分布格局，第二、三期颗粒滩分布规模最大。

(3) 龙王庙组经历了准同生期、表生期、埋藏期岩溶作用，准同生期颗粒滩暴露遭受大气淡水淋滤改造，形成了初始的基质微孔和针孔状溶蚀孔隙型储层，表生期风化壳岩溶贡献最大，尤其是顺层岩溶使得大面积的岩溶斜坡区形成叠置连片的溶蚀孔洞型储层。

(4) 经历了加里东期、印支期、喜马拉雅期等多次构造运动，磨溪地区一直处于构造枢纽部位，构造裂缝发育。主要发育高角度构造缝、低角度斜交缝和水平缝，高角度构造裂缝与顺层溶蚀孔洞配置良好，形成整体连通的裂缝—孔洞型视均质储层。优质储层主要发育于磨溪11—磨溪8和磨溪10—磨溪12—磨溪9井区，储层厚度40~50m。

参 考 文 献

[1] 宋文海. 对四川盆地加里东期古隆起的新认识[J]. 天然气工业, 1987, 7(3): 6-17.

[2] 宋文海. 乐山—龙女寺古隆起大中型气田成藏条件研究[J]. 天然气工业, 1996, 16(增刊): 13-26.

[3] 杜金虎, 邹才能, 徐春春, 等. 川中古隆起龙王庙组特大型气田战略发现与理论技术创新[J]. 石油勘探与开发, 2014, 41(3): 268-277.

[4] 邹才能, 杜金虎, 徐春春, 等. 四川盆地震旦系—寒武系特大型气田形成分布、资源潜力及勘探发现[J]. 石油勘探与开发, 2014, 40(3): 278-293.

[5] 徐春春, 沈平, 杨跃明, 等. 乐山—龙女寺古隆起震旦系—下寒武统龙王庙组天然气成藏条件与富集规律[J]. 天然气工业, 2014, 33(3): 1-7.

[6] 魏国齐, 杜金虎, 徐春春, 等. 四川盆地高石梯—磨溪地区震旦系—寒武系大型气藏特征与聚集模式[J]. 石油学报, 2015, 36(1): 1-12.

[7] 赵文智, 沈安江, 胡素云, 等. 中国碳酸盐岩储集层大型化发育的地质条件与分布特征[J]. 石油勘探与开发, 2012, 39(1): 1-12.

[8] 赵文智, 沈安江, 胡安平, 等. 塔里木、四川和鄂尔多斯盆地海相碳酸盐岩规模储层发育地质背景初探[J]. 岩石学报, 2015, 31(11): 3495-3508.

[9] 韩克猷, 孙玮. 四川盆地海相大气田和气田群成藏条件[J]. 石油与天然气地质, 2014, 35(1): 10-18.

[10] 姚根顺, 周进高, 邹伟宏, 等. 四川盆地下寒武统龙王庙组颗粒滩特征及分布规律[J]. 海相油气地质, 2013, 18(4): 1-8.

[11] 周进高, 房超, 季汉成, 等. 四川盆地下寒武统龙王庙组颗粒滩发育规律[J]. 地质勘探, 2014, 34(8): 27-36.

[12] 金民东, 谭秀成, 李凌, 等. 四川盆地磨溪—高石梯地区下寒武统龙王庙组颗粒滩特征及分布规律[J].

古地理学报,2015,17(3):347-357.
[13] 田艳红,刘树根,赵异华,等.四川盆地中部龙王庙组储层成岩作用[J].成都理工大学学报(自然科学版),2014,41(6):671-683.
[14] 朱东亚,张殿伟,李双建,等.四川盆地下组合碳酸盐岩多成因岩溶储层发育特征及机制[J].海相油气地质,2015,20(1):33-44.
[15] 金民东,曾伟,谭秀成,等.四川磨溪—高石梯地区龙王庙组滩控岩溶型储集层特征及控制因素[J].石油勘探与开发,2014,41(6):650-660.
[16] 周进高,姚根顺,杨光,等.四川盆地安岳大气田震旦系—寒武系储层的发育机制[J].天然气工业,2015,35(1):36-44.
[17] 高树生,胡志明,安为国,等.四川盆地龙王庙组气藏白云岩储层孔洞缝分布特征[J].天然气工业,2014,34(3):103-109.
[18] 苏云河,李熙喆,万玉金,等.孔洞缝白云岩储层连通性评价方法研究及应用[J].天然气地球科学,2017,28(8):1219-1225.
[19] 李熙喆,郭振华,万玉金,等.安岳气田龙王庙组气藏地质特征与开发技术政策[J].石油勘探与开发,2017,44(3):398-406.
[20] 李熙喆,郭振华,胡勇,等.中国超深层构造型大气田高效开发策略[J].石油勘探与开发,2018,45(1):1-8.

中国两类岩溶风化壳型碳酸盐岩气藏特征与开发对策对比分析

闫海军[1]　贾爱林[1]　徐　伟[2]　罗文军[2]
夏钦禹[1]　李新豫[1]　朱　迅[2]　张　林[1]

(1. 中国石油勘探开发研究院；2. 中国石油西南油气田分公司勘探开发研究院)

摘要：鄂尔多斯盆地靖边气田下古生界气藏的开发经验对于四川盆地安岳气田震旦系气藏的成功开发具有重要指导意义。通过系统梳理开发历程，对两类气藏特征及开发对策进行重点研究和阐述。结果表明，两类气藏在构造、沉积、古地貌、储层及地层水发育特征等方面特征存在差异：(1)前者表现为一西倾单斜、多排鼻褶构造发育的岩性—地层圈闭气藏，不同于后者为多构造高点、多断裂系统的岩性—构造圈闭气藏；(2)前者为稳定克拉通下潮坪相沉积，不同于后者拉张背景下台内丘滩相沉积；(3)前者古地貌特征相对单一，不同于后者差异明显、内部高度分异的特征；(4)前者储层相对稳定，不同于后者连续性连通性有限的储层特征；(5)前者气—水分布高度复杂，不同于后者局部地区发育构造型边水的特征。气藏特征的不同导致开发对策存在差异：(1)均需开展富集区筛选，但考虑因素各有侧重；(2)均采用不规则井网，但开发井型存在差异；(3)气井控制储量和产能均表现出较大差异，但气藏稳产方式不同；(4)均需要储层改造才能经济效益开发，但储层改造技术手段不同。借鉴靖边气田下古生界气藏开发经验，安岳气田震旦系气藏在开发过程中应该：(1)细化沉积特征研究；(2)弄清古地貌分布模式及分布特征；(3)精细刻画断裂系统分布特征；(4)加强动态监测，提高精细化管理水平。

关键词：四川盆地；鄂尔多斯盆地；岩溶风化壳；安岳气田；靖边气田；气藏特征；开发对策

碳酸盐岩是重要的油气储层类型，全球天然气可采储量的45%和产量的60%均发育在碳酸盐岩储层中，受其物理化学性质影响，超过80%的碳酸盐岩气藏探明储量储层成因与岩溶有关。岩溶储层是指与岩溶作用相关的储层，分布在碳酸盐岩的潜山区和内幕区，其形成发育受不整合面类型、斜坡背景和断裂控制。岩溶风化壳型储层是岩溶型储层中最重要的一种类型。油气勘探与开发成果证明，世界上许多含油气盆地均发育有碳酸盐岩古风化壳含油气储层。据统计，世界油气的20%～30%与不整合面有关，并且主要与古风化壳有关[1,2]。在我国的油气田勘探开发中，与不整合面有关的碳酸盐岩古风化壳、古岩溶储层普遍发育，并占有十分重要的地位。岩溶型储层是中国海相含油气盆地重要的储层类型之一，广泛分布在我国的鄂尔多斯盆地、四川盆地、塔里木盆地以及渤海湾盆地的多套含油气层系内[3-6]。其中，鄂尔多斯盆地靖边气田下古生界气藏和四川盆地安岳气田震旦系气藏是中国已探明最整装、储量规模最大的岩溶风化壳型碳酸盐岩气藏。靖边气田是我国首个探明发现并成功投入开发的特大型岩溶风化壳型碳酸盐岩气田，是长庆气区的主力气田之一，对长庆油田年5000×10⁴t持续稳产提供强有力支撑。四川盆地安岳气田震旦系气藏是我国开发层系最古老、气藏特征最复杂、储量规模最大的整装风化壳型碳酸盐岩气藏，目前该气藏提交三级储量上万亿立方米，气田正处于产能建设阶段。靖边气田自发现近30年来,围绕建产、上产面临的难题,积极开展各类试验和攻关,对气藏的认识逐渐清晰,形成系列配套技术,积累了丰富的开发经验,有力支撑了靖边气田的初期建产和长期稳产,目前靖边气田 $55×10^8m^3$ 规模已稳产14年,累计产气超过 $850×10^8m^3$,取得了良好的经济效益和社会效益。由于两类气藏同属岩溶风化壳型碳酸盐岩气藏,对比分析两类气藏特征与开发技术对策的异同,借鉴靖边气田成功开发经验对于四川盆地震旦系气藏勘探领域扩展以及高磨地区开发评价与快速建产具有重要的指导意义。

1 气藏概况

1.1 靖边气田下古生界气藏

靖边气田是长庆油气区天然气业务的发祥地和主力气田之一,也是继四川气田之后,20世纪80年代后期探明的、我国陆上最大的世界级整装低渗透、低丰度、低产气田[7,8]。靖边气田位于鄂尔多斯盆地陕北斜坡中部、中央古隆起东北侧的靖边—横山一带,走向北北东,长约240km、宽约130km、面积 $3.12×10^4km^2$,是与奥陶系海相碳酸盐岩有关的风化壳型低渗透、低丰度、低产的大型复杂气田(图1)。

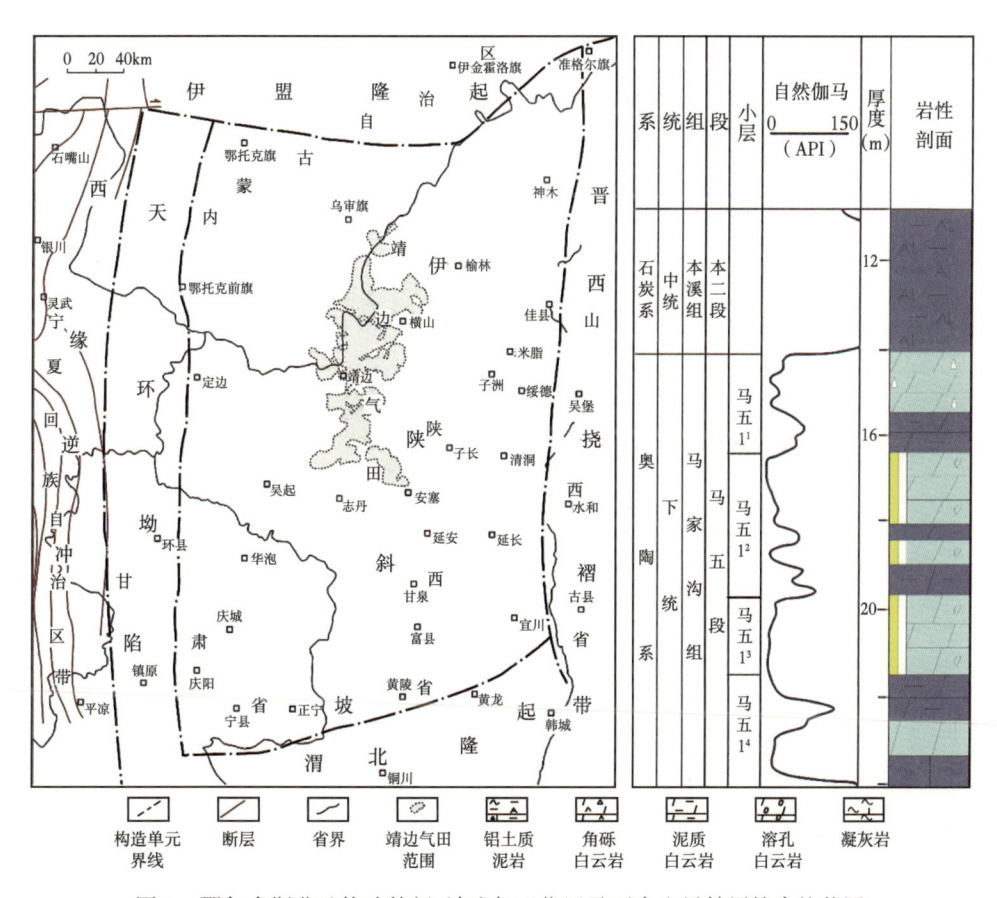

图1 鄂尔多斯盆地构造特征、靖边气田位置及下古生界储层综合柱状图

1.2 安岳气田震旦系气藏

四川盆地是我国天然气工业的发源地,拥有超过千年的天然气开采史,拥有 27 套含气层系,天然气勘探开发潜力巨大。四川盆地安岳特大型气田是目前中国地层最古老、储量规模最大的整装海相碳酸盐岩气田,其发现打开了四川盆地深层油气的勘探局面[9-17]。安岳气田震旦系气藏发现井为高石 1 井,该井位于四川盆地乐山—龙女寺古隆起高石梯构造震顶构造高部位,于 2010 年 8 月 20 日开钻,2012 年 4 月 14 日完钻,完钻井深 5841m,完钻层位前震旦系。在钻井过程中灯影组灯四段见 4 次气测异常、1 次气侵、1 次井漏,同时录井、测井资料揭示灯影组白云岩溶孔储层发育。灯二段(5300~5390m),射孔酸化后测试产气 $102.15\times10^4 m^3/d$;灯四下亚段(5130~5196m),射孔酸化后测试产气 $3.73\times10^4 m^3/d$;灯四上亚段(4956.5~5093m),射孔酸化后测试产气 $32.28\times10^4 m^3/d$。高石 1 井灯影组获得高产工业气流,标志着安岳气田震旦系气藏勘探获得重大发现。

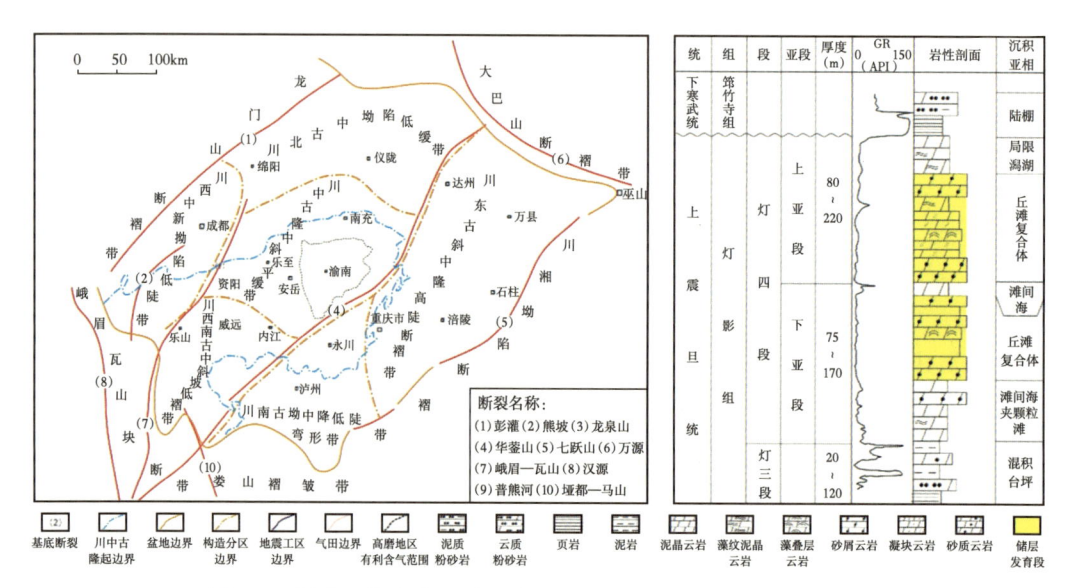

图 2 四川盆地构造分区、安岳气田位置及震旦系储层综合柱状图

靖边气田下古生界气藏与高磨地区震旦系气藏基本情况见表 1。

表 1 靖边气田下古生界气藏与高磨地区震旦系气藏基本情况表

参数 \ 气藏	靖边气田下古生界	安岳气田震旦系
地理位置	横跨陕西、内蒙古两省	四川遂宁、资阳及重庆潼南区
盆地	鄂尔多斯盆地	四川盆地
构造位置	陕北斜坡	乐山—龙女寺古隆起区
发现时间(年)	1989	2010
气藏埋深(m)	300~3765	4953~5535
目的层段	奥陶系马五$_1$	震旦系灯四段、灯二段

续表

参数 \ 气藏	靖边气田下古生界	安岳气田震旦系
储层类型	溶蚀孔洞型白云岩储层	裂缝—孔洞型白云岩储层
气藏类型	地层—岩性复合圈闭气藏	岩性—地层复合圈闭气藏
累计气层平均厚度(m)	8.4	63
平均孔隙度(%)	5.47	3.3
平均渗透率(mD)	2.63	0.5
含气面积(km^2)	9640	1085
探明储量(10^{8}m^3)	5477	4084
储量丰度(10^{8}m^3/km^2)	0.5682	3.12
完钻井(口)	736	67
平均单井日产气(10^{4}m^3)	3.26	17.3
天然气相对密度	0.59~0.63	0.59~0.64
平均CH$_4$含量(%)	93.42	91.98
平均CO$_2$含量(%)	5.12	5.77
平均H$_2$S含量(mg/m^3)	1489.57	1.24
地层水类型	CaCl$_2$水型	CaCl$_2$水型
平均压力(MPa)	30.24	59.65
平均压力系数	0.91	1.13
平均温度(℃)	105.85	153.55
地温梯度(℃/100m)	3.05	2.6

2 开发历程对比分析

2.1 鄂尔多斯盆地靖边气田下古生界气藏

靖边气田从1991年开展先导性开发试验开始,开发历经4个时期:

2.1.1 综合评价和开发试验阶段(1991—1996年)

该阶段开展了加密地震测网,详查气藏横向变化;钻评价井,开展高产富集规律研究,优选开发有利区;利用多种测试手段,采用多种方法预测评价单井合理产能;开展深度酸化试验,提高低产井产能等攻关试验。历时6年,主要解决了靖边气田开发立项、地面工程建设技术方案、2000年前的生产规模等重要问题,并通过钻探10口评价井认识了靖边气田的复杂性,提出了"初期放大压差,提高单井产量"的开发思路,为以后形成年产55×10^{8}m^{3}的生产规模打下了基础。

2.1.2 探井试采评价阶段(1997—1998年)

受亚洲金融风暴影响强调多打高产井,提高气田开发效益。重点完成利用探井试采、建成年产12×10^{8}m^{3}的天然气产能建设任务,平均单井日配产7.0×10^{4}m^3,实现了1997年7月1

日、1997年9月30日分别向西安和北京供气的目标,并建产年产 $30\times10^8m^3$ 天然气的骨架工程。同时通过较大规模、较长时间的探井试采,在地质综合研究、地震横向预测、井间连通性分析以及气井动态特征研究的基础上,进一步落实了气井的稳产能力,明确了储层有效连通范围是气井稳产的基础,裂缝发育程度是气井高产的保证,形成了优化布井、方案优化设计及工艺改造技术,为靖边气田高效开发提供了科学有效的技术保证。

2.1.3 规模开发阶段(1999—2003年)

经过6年的综合评价、2年的探井生产,对靖边下古生界气藏的认识进一步加深,同时各项技术趋于成熟,1999年气田进入规模开发,至2003年底,共钻开发井276口,建井339口,其中建探井93口,动用地质储量 $2695\times10^8m^3$,形成了 $55\times10^8m^3/a$ 生产能力。通过多年技术攻关,形成了靖边气田主体开发技术,这些主体技术包括储层综合评价技术、储层地震横向预测技术、优化布井技术、气井产能评价技术、气田开发优化设计技术、采气工艺技术和地面集输技术,保证了靖边气田高效开发。

2.1.4 稳产阶段(2004年至今)

2004年靖边气田下古生界气藏年产天然气达到 $55.1\times10^8m^3$,2004年至今,年产气保持在 $(50\sim55)\times10^8m^3$ 左右,实现了长期平稳供气目标。多年来,以保持气田稳产和提高采收率为目标,立足"低渗、低产、低压"三低特征,先后开展了井网加密调整、水平井开发试验、增压开采试验以及排水采气和优化气井工作制度等工作,形成了具有长庆特色的低渗气田稳产技术系列,这些稳产技术系列包括以储层精细描述为核心的加密调整技术、以提高单井产量和低效储量动用程度的水平井开发技术、以提高采收率目标的增压开采试验、以细分开发单元为核心的气藏精细管理技术以及围绕流体、压力、产量和腐蚀监测为主的气藏动态监测技术。该技术系列为靖边气田稳产提供了技术保障。

2.2 四川盆地震旦系气藏

安岳气田震旦系气藏从2012年高石1单井试采开始,开发经历了3个阶段:

2.2.1 早期评价阶段(2012—2013年)

针对气藏古老复杂、储层非均质性强、气井产能差异大的问题,该阶段主要是充分利用勘探成果,通过高石1井单井试采,开展试气、试井、试采和资料录取工作,初步认识气藏地质特征,认为在合理产量的基础上,气井具有一定的稳产能力和累计产气量,支撑了震旦系气藏三级储量的申报。

2.2.2 开发评价阶段(2014—2016年)

针对气藏效益开发难度大、缺乏有效开发关键技术及工艺措施的问题,该阶段主要是通过部署开发评价井和开发地震,开展高石梯区块、磨溪区块试采,开辟开发先导试验区,深化气藏特征认识,优化主体开发工艺,准确评价气井产能与开发可动用储量,完成气田开发方案的编制。通过两期试采和一个先导试验区,开展多轮次气藏描述和工艺试验,优选建产区块,开发井部署模式和增产改造工艺不断完善,完成开发评价井消灭Ⅲ类井的目标。该阶段高水平完成开发方案编制,形成五大主体技术,包括岩溶储层描述技术、开发有利区评价及优选技术、开发井位目标优选技术、精细控压钻井技术和精细分段酸压改造工艺技术,同时单井产量大幅度提高,测试产量由 34.49×10⁴m³/d 提高到 75.34×10⁴m³/d,提高 2.18 倍,无阻流量有 75.05×10⁴m³/d 提高到 133.85×10⁴m³/d,提高 1.78 倍,Ⅰ类井比例由 28.81% 提高到 75%,全面消灭Ⅲ类井。

2.2.3 产能建设阶段(2017—2019 年)

目前,气藏开发处于产能建设阶段,通过动用 1600×10⁸m³ 探明储量,采用不规则井网,开发井型以斜井+水平井开发为主,建成 36×10⁸m³/a 生产规模。由于各项配套技术相对成熟,目前产能建设各项工作进展顺利。

3 气藏特征对比分析

安岳气田震旦系气藏与靖边气田下古生界气藏同为岩溶型风化壳型碳酸盐岩气藏,但是气藏特征存在着一些差异。

3.1 安岳气田震旦系气藏表现为多构造高点、多断裂系统的岩性—构造圈闭气藏,不同于靖边下古生界气藏为西倾单斜、多排鼻褶构造发育的岩性—地层圈闭气藏

安岳气田震旦系顶部呈现出大型低缓背斜构造,在乐山—龙女寺古隆起背景上的北东东向鼻状隆起,构造呈多排、多高点。区内发育近东西、北西、北东向 3 组正断层,以北西向为主;延伸长度大于 1000m 以上的断层有 96 条,大部分向上消失于寒武系,向下消失于灯二段,小于 1000m 及不同级别裂缝发育程度较高。另一方面,受裂陷槽发育影响,气藏西侧灯四段形成岩性尖灭。概括起来,安岳气田震旦系气藏表现出多构造高点、多断裂系统的岩性—构造圈闭气藏。

鄂尔多斯盆地古生代时为一个稳定的克拉通盆地,构造运动以升降为主,除了边缘发育一些隆升和挤压构造运动外,盆地的最大特征就是发育一个巨大的西倾单斜构造,即陕北斜坡,该斜坡构造较为稳定,几乎不发育大的区域断裂。靖边气田位于陕北斜坡中北部,总体为南北向延伸,没有明显的构造圈闭存在,只有一些微构造发育,一些小幅度褶皱,北东向为主,北西向为辅。该系列鼻褶呈雁列式排列,自北向南共 18 排,其中北区和中区幅度大,南区幅度小。另一方面,气藏圈闭与构造关系不大,受沟槽切割作用影响,气藏表现为岩性—地层圈闭特征。概括起来,靖边气田下古生界气藏为西倾单斜背景上的岩性—地层圈闭气藏。

3.2 安岳气田震旦系气藏为拉张背景下台地丘滩相沉积,不同于靖边稳定克拉通下潮坪相沉积

震旦纪灯影组沉积期到上寒武统沉积期,上扬子地区长期处于拉张环境,四川盆地表现为克拉通内裂陷盆地特征。震旦纪伸展作用在四川盆地的直接响应是形成德阳—安岳台内裂陷。受该裂陷形成与演化的影响,四川盆地震旦纪并非铁板一块,而是具有隆凹相间的构造格局,灯一段沉积—灯二段沉积时期表现为"一隆四凹"的古地理背景;在灯三段沉积—灯四段沉积期,由于德阳—安岳台内裂陷持续张裂并与长宁裂陷贯通,将四川盆地分割成东西两个部分,从"一隆四凹"演化为"两隆四凹"的古地理格局[19]。灯影组分为 4 个层段,其中灯一段和灯三段为海侵域,灯二段和灯四段为高位域,有效储层主要发育在灯二段和灯四段。受安岳—

德阳裂陷槽控制,高磨地区发育开阔台地相沉积,台地边缘发育高能丘滩复合体,台地内部发育低能丘滩复合体。受古环境、古构造、古水深、古气候等特征影响,丘、滩体发育在纵向上表现为自上而下由孤立状向侧向叠置再向垂直叠置型发育,台地边缘向台地内部丘、滩体发育程度降低,丘、滩体连续性连通性变差。

鄂尔多斯盆地是一个多旋回复合叠合型克拉通盆地,属于华北地台次级构造单元,其构造和沉积演化受北部兴蒙海槽和西南部秦祁海槽控制,具有内部相对稳定,周缘活动的特点[20]。早奥陶世,盆地南北受兴蒙海槽和秦祁海槽控制,东西被残存的贺兰坳拉槽夹持,中部发育一醒目正向构造单元,即"L"形中央古隆起,使盆地西部、南部与其东部的绥德—延川一带发生垂直分异,在盆地中形成西隆东坳的构造格局。马家沟组主要发育在"L"形中央古隆起东北侧的伊陕斜坡。马家沟组可划分为3个含气组合:上组合包括马五$_1$—马五$_4$亚段;中组合包含马五$_5$—马五$_{10}$亚段;下组合包括马四段—马一段。岩性分析表明,马家沟组在纵向上具有明显的旋回性,表明其沉积受多期次程度不同震荡性相对海平面变化影响。奥陶系马家沟组马五段的沉积环境是一个海水咸化、水体很浅、经常暴露的蒸发潮坪环境,其沉积相带宽缓、近南北向延伸、横向分布稳定,纵向相序多变。在其潮上带沉积物中形成的大量膏盐结核,潮间带上生成的分散膏盐晶体是马五段主要的储集空间赖以形成的物质条件,从而为古岩溶作用以及溶蚀孔洞的形成与发育奠定了良好基础。

沉积环境的对比分析可以看出,安岳气田震旦系气藏储层沉积表现为受裂陷槽控制的台地相沉积环境,自下而上及台缘向台内方向上,丘、滩体发育规模、厚度、岩性、连续性连通性呈规律性变化。靖边气田下古生界气藏虽然纵向上受不同级别、不同期次旋回控制,岩性变化较大,但横向上岩性分布较安岳气田灯影组要稳定得多,在全区可对比性要远好于灯影组。

3.3 四川盆地震旦系顶部古岩溶表现为"三隆两凹"的特征,不同于鄂尔多斯盆地下"中部高东西部低、西陡东缓"的相对简单的古岩溶地貌环境

四川盆地位于中国西南部,为在扬子稳定克拉通前震旦纪变质基底上发育起来的呈北东向展布的一菱形叠合盆地,隶属扬子准地台西北侧的次一级构造单元,全盆地共发育20多套含油气层系,是中国重要的含油气盆地(图2)。四川盆地主要经历了晋宁—澄江期(前震旦纪)复杂基底的形成阶段、桐湾期(震旦纪—早寒武世)隆坳构造形成与裂陷填平补齐阶段、加里东期大面积隆升与剥蚀阶段、海西期持续隆升与剥蚀阶段,并在印支期初步呈现盆地雏形,后经喜马拉雅运动盆地全面褶皱形成了现今的构造面貌。南华纪—震旦纪,上扬子地区发育大规模的南华纪裂谷,震旦纪区域性大陆裂谷作用结束,进入克拉通盆地演化阶段。多旋回的构造运动造成四川盆地发育多期不整合界面,受桐湾三期构造运动影响,安岳气田灯影组发育灯影组二段和灯影组四段两期岩溶风化壳型储层。前人对整个四川盆地震旦系开展岩溶古地貌恢复结果表明[21],四川盆地顶部古岩溶表现为"三隆两凹"的特征,自西向东表现为岩溶高地、岩溶斜坡、和岩溶盆地,受拉张型裂陷槽控制,岩溶斜坡交错发育岩溶低地和岩溶台地。

鄂尔多斯盆地处于我国东西部构造域的结合部,是一个多构造体制、多演化阶段、多沉积体系、多原型盆地叠加的复合克拉通盆地。盆地的形成和演化分为6大构造阶段:太古宙至古元古代基底形成阶段、中—新元古代克拉通内裂陷槽或坳拉槽演化阶段、震旦纪—早古生代华北陆表海盆演化阶段、晚古生代—早中生代华北克拉通坳陷演化阶段、中生代中晚期大鄂尔多

斯内陆盆地演化阶段及独立鄂尔多斯盆地的形成、新生代周缘断陷盆地演化阶段。在不同的地质发展阶段，由于不同的地球动力学背景和构造应力场特征，产生了复杂的构造变形。奥陶系沉积之后，盆地缺失志留系、泥盆系长达 $1.3×10^{12}$ 年的沉积间断，该沉积间断对于奥陶系风化壳岩溶储层的发育起着决定性作用。风化岩溶期古地貌具有继承性发育特征，仍然保持中部高东西低，东缓西陡的古地貌特征，中部古隆起东斜坡带在古地貌上隶属于岩溶斜坡区，水流集中，径流活跃，为风化壳岩溶储层的发育创造了有利条件。

四川盆地震旦系灯影组顶部和鄂尔多斯盆地奥陶系顶部风化岩溶古地貌特征差异较大，震旦系风化壳岩溶古地貌呈现出"三隆两凹"的特征，岩溶古地貌单元分布相对复杂，而鄂尔多斯盆地奥陶系风化壳岩溶古地貌则相对单一，受中央古隆起影响整个盆地表现为"中部高东西部低、西陡东缓"的岩溶古地貌特征。

3.4 四川盆地震旦系高石梯、磨溪区块古地貌特征差异明显，不同于靖边主体区古地貌分布相对单一的分布特征

对高石梯磨溪地区岩溶古地貌恢复结果表明，高石梯磨溪地区表现为"两沟三区"的发育模式，磨溪119和高石108两个沟槽将高石梯磨溪划分为3个区块：高石梯、磨溪及高石梯南。宏观上，高石梯—磨溪地区自东向西表现为岩溶台地、岩溶斜坡和岩溶低地的古地貌展布序列，岩溶台地内部发育多种二级微地貌单元。另一方面，高石梯和磨溪地区微地貌单元的分布差异性也比较明显。高石梯发育陡斜坡，而磨溪以缓斜坡为主。同时高石梯台地边缘发育不同规模大小的残丘，古地貌单元高差相对较大，而磨溪地区主体区以发育坡度相对较缓的台面为主，同时台面内零星分布规模较小残丘和洼地。最后，从古地貌恢复结合和裂缝分布叠合图可以看出，岩溶微地貌的分布明显受古断层的控制。

靖边气田整体处于岩溶斜坡区二级古地貌单元，气田微地貌单元表现出特有的槽台并存的古岩溶地貌景观，因此古地貌单元相对单一，仅发育台丘、斜坡和沟槽等三级古地貌单元。

由此可以看出，安岳气田震旦系顶部岩溶古地貌分布更加复杂。其一，微地貌单元丰富；其二，不同区块内部微地貌的分异和特征差异也比较大；其三，古断层、岩性、构造差异升降等对微地貌单元的分布具有非常明显的控制作用。相比较于安岳气田震旦系气藏，靖边气田上古生界气藏岩溶古地貌单元相对单一，宏观上仅仅表现为西高东低的相对单一的岩溶斜坡古地貌分布特征。

3.5 安岳气田震旦系气藏储层连续性连通性有限，不同于靖边气田相对稳定的储层连续性连通性特征

受差异构造运动影响及台地型沉积模式控制，安岳气田震旦系气藏发育丘滩复合沉积体，为古岩溶储层发育奠定了物质基础。受桐湾运动影响，灯影组中晚期，中国南方地块普遍上升，台地边缘区尤其强烈，台地相区暴露并遭受不同程度剥蚀，发育缝洞型优质储层。同时，优质储层（裂缝溶洞型和孔隙溶洞型）发育程度和发育规模受丘滩体、岩溶微地貌单元和岩溶结构控制，有效储层连续性连通性有限（图3）。

对靖边气田来说，一方面马五段整体沉积环境表现为蒸发潮坪相沉积，纵向上岩性呈规律性变化，平面上岩性发育相对稳定，连续性连通性较好。另一方面，风化岩溶期靖边气田整体

处于岩溶斜坡位置,岩溶发育程度在纵向及平面上相对稳定,有效储层的边界受不同级别沟槽控制,泄水通道的沟槽将气藏分隔成相对孤立的多个区块,在单一区块内部,有效储层发育稳定,连续性较好(图4)。

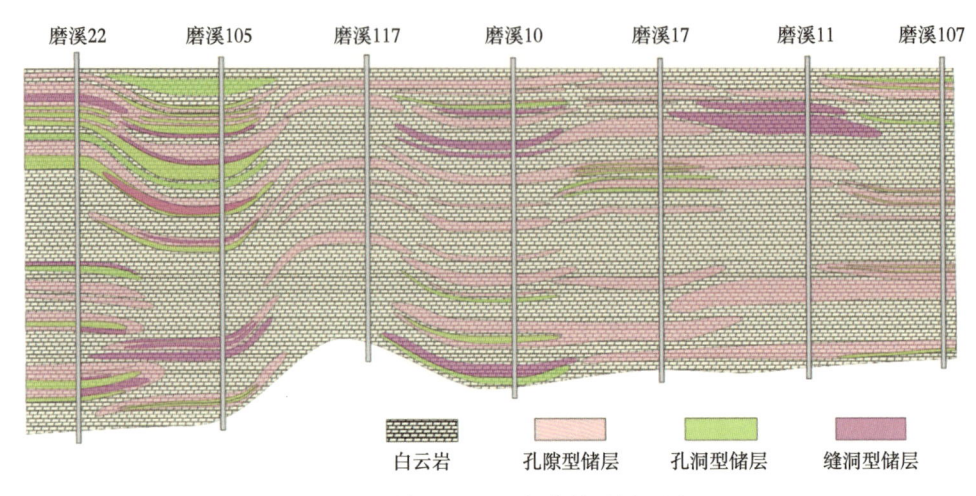

图 3　安岳气田震旦系气藏储层剖面图

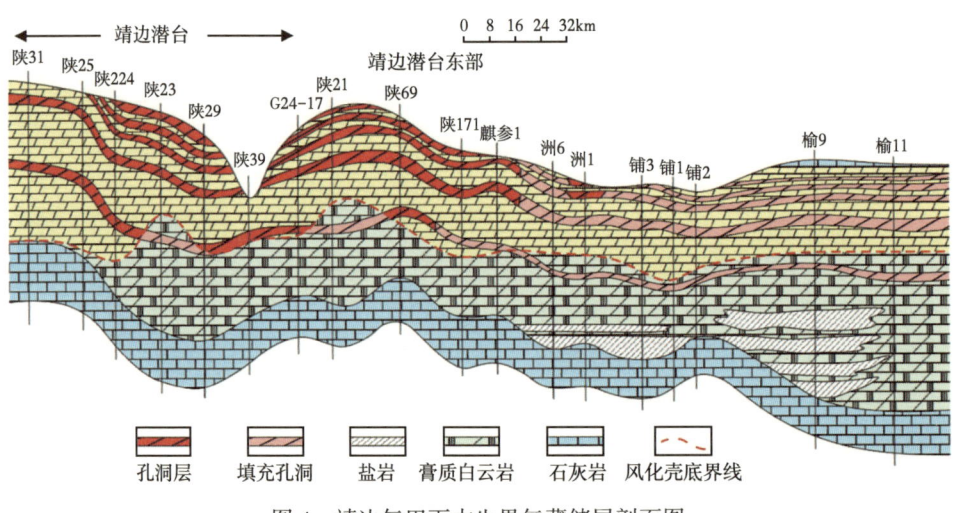

图 4　靖边气田下古生界气藏储层剖面图

3.6　安岳气田震旦系气藏局部地区发育构造型边水,不同于靖边气田气水分布高度复杂的特征

安岳气田震旦系气藏气水分布相对简单,仅磨溪区块台缘带气水关系相对复杂,灯四上亚段天然气富集,在磨溪区块台缘带北部存在边水,气水界面为-5230m,气藏内部局部低洼区域磨溪022-X2井和构造下倾端磨溪102井分布地层水,但水层分布局限,水产量小,水体能量弱,为局部封存水(图5)。靖边气田气水分布相对复杂,受非均匀性溶蚀及构造反转影响,靖

边气田西南部呈现出"L"形含水区,地层水分布零散,没有明确的气水界面,不受构造控制,表现为层间滞留水特征[22,23](图6)。研究发现地层水分布受储层边界、沟槽及微构造控制,主要分布在储层尖灭处、沟槽上倾方向、位构造低部位及鼻状构造鼻凹处。

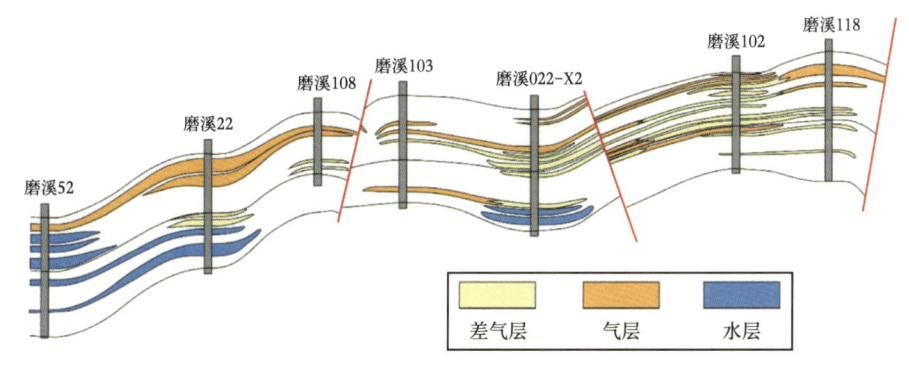

图5 安岳气田磨溪区块震旦系气藏剖面图

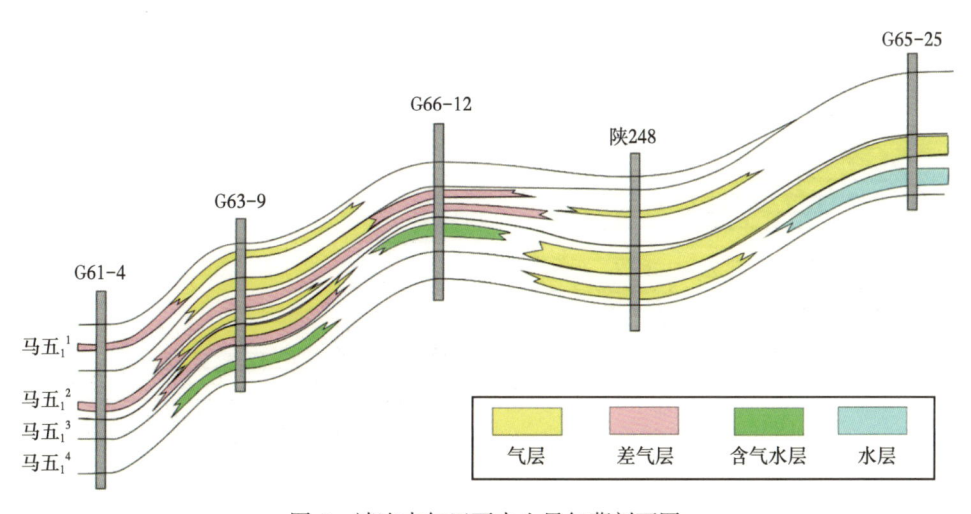

图6 靖边南气田下古生界气藏剖面图

总之,安岳气田震旦系气藏为受沉积+岩溶综合控制的古老风化壳型碳酸盐岩气藏,靖边下古生界气藏为受岩溶控制的风化壳型碳酸盐岩气藏。安岳气田震旦系气藏平面上有利的丘滩体和微地貌发育单元叠合区为有利储层发育区,垂向上为受桐湾Ⅱ幕和桐湾Ⅲ幕综合影响的灯四段中上部为有利开发层系,不同类型储层发育,储层非均质性较强。由于紧邻安岳德阳裂陷槽内烃源岩,天然气充注程度较高,局部地区发育边底水。震旦系气藏储层受多期次构造运动和深部热液影响,造成不同级别断层和微裂缝大量发育,储层非均质性较强。气藏整体特征表现为多尺度孔、缝、洞储集空间发育,不同规模、不同形态储渗体在三维空间叠置或孤立分布,地层水欠活跃,气井产能差异大,稳产能力不一。靖边下古生界气藏有效储层平面上主要发育在岩溶斜坡上有利微地貌单元内部,纵向上主要发育在地层厚度较厚的2、3小层,储层多层含气,高产井受有效储层厚度和微裂缝发育程度控制,主体区储层物性较好,边部为低渗透区。受天然气充注程度低及构造反转影响,西部及南部地区发育边水。气藏特征表现为似孔

— 191 —

隙型储层,不同类型微裂缝发育,多层含气,不同级别沟槽对气藏的整体性具有切割作用,主体区物性较好、边部物性较差,局部地区地层水活跃,单井动态特征差异较大。

4 开发策略与技术对比分析

两类气藏均为岩溶风化壳型碳酸盐岩气藏,气藏特征的异同导致两类气藏在开发过程中既有相同点,也有差异性。

4.1 均需开展富集区筛选,但考虑因素各有侧重

安岳气田震旦系气藏与靖边气田下古生界气藏同为岩溶风化壳型碳酸盐岩气藏,受储层发育的非均质性影响,在气藏开发过程中均需开展富集区筛选,但考虑因素存在差别。

安岳气田震旦系气藏在富集区筛选过程中侧重于沉积、微地貌和裂缝发育特征的研究。而靖边气田下古生界气藏富集区筛选过程中对沉积特征研究较少,仅侧重于微地貌和裂缝发育特征研究(图7)。首先,两类气藏古地貌的发育模式决定了开发富集区的筛选,而岩溶微地貌的分布特征则对井位部署起着至关重要的作用。以靖边下古生界气藏为例,无论是探井、还

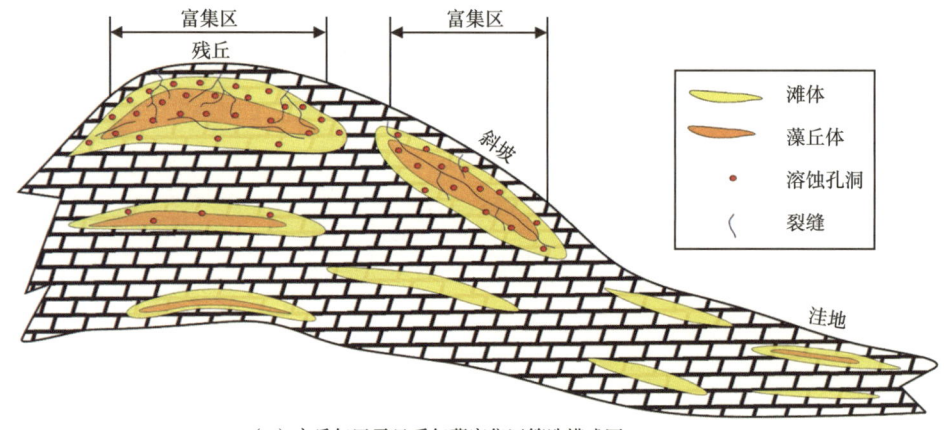

(a)安岳气田震旦系气藏富集区筛选模式图

(b)靖边气田下古生界气藏富集区筛选模式图

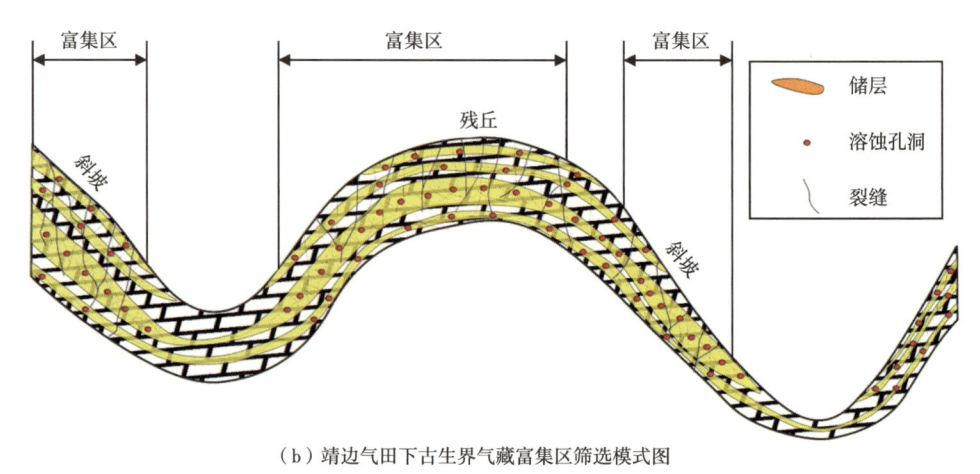

图7 两类气田富集区筛选模式图

是评价井、开发井,均需在井位部署过程中避开不同级别沟槽,筛选有利残丘和斜坡位置。再者,对于碳酸盐岩气藏而言,微裂缝的发育程度及规模始终是气井高产的关键,因此开展裂缝描述、分级评价、充填特征、分布特征等对于两类岩溶风化壳型碳酸盐岩气藏富集区均发挥重要作用。最后,受沉积环境和沉积相控制,震旦系气藏为开阔台地丘滩相沉积,不同规模、形态的丘滩体在三维空间呈规律性变化。受丘滩体规模控制有效储层平面上呈"团窝"状、纵向上呈叠置型或侧向连通型分布,有效储层整体相对孤立分布,连通范围有限。而靖边气田下古生界气藏为蒸发潮坪相沉积,有效储层平面成层性好。由此可以看出,震旦系气藏富集区筛选过程中侧重于丘滩体规模、连续性连通性描述,而下古生界气藏有效储层连续性连通性好,厚度1~4m气层基本沿潜台大面积分布,厚度大于4m的气层呈块状分布,有效储层发育规模受沉积影响有限,富集区筛选过程中往往不考虑沉积因素。

4.2 均采用不规则井网,但开发井型存在差异

受沉积和成岩作用影响,震旦系气藏有效储层在平面上呈现出"团窝"状,纵向上有效储层自下而上表现为孤立状—侧向连通型—垂向叠置型,整体上有效储层在平面上连通范围有限。而下古生界气藏由于地层成层性好,发育稳定,沟槽分隔开的相对孤立的开发单元内部有效储层连续性较好,在其内部则表现为物性、厚度、裂缝发育程度等方面差异。地质特征的差异决定了两类气藏在开发过程中均需采用不规则井网,通过优化井网井距,从而提高气藏开发效益和最终采收率。震旦系气藏在井位部署过程中,通过沉积、古地貌、微裂缝等多因素研究筛选开发井位,同时通过井型优化、轨迹优化,主要采用大斜度井,局部优质储层发育区域可采用水平井,沟通更多的缝洞系统,增大井筒与有效储层的接触面积,提高储层钻遇率,增加Ⅰ+Ⅱ类井比例,提高气井单井产量。下古生界气藏在开发过程中,早期侧重于对高产井控制因素的研究,合理布井采用稀井高产的方法提高气藏开发效益,受多层含气特征影响,往往采用直井进行开发,中后期通过对气藏动静态综合描述,主体区通过直井加密提高气藏采出程度,外围低渗透区通过水平井开发提高低渗透区储量动用程度,最后不失时机选择增压开采,通过合理增压方式挖掘气藏开发潜力。

4.3 气井动态特征表现出较大差异,而气藏稳产方式不同[24]

一般来说,碳酸盐岩气藏均表现为气井控制储量和产能差异大;产量和压力递减快、稳产能力差;储量动用不均衡,形成以高渗透区为中心的压降漏斗等开发特征。对于震旦系气藏来说,有效储层主要是裂缝—孔洞型和孔洞型,气藏储集空间以孔洞为主,裂缝是主要渗流通道,裂缝和孔洞层的良好匹配是气井高产稳产的根本原因。受裂缝发育程度和孔洞层发育规模控制,气井产能、递减率、单井控制储量和泄流面积均表现出较大差异。目前试气井无阻流量介于$(2.2~531)×10^4m^3/d$,试采井井动储量$(2.1~61.8)×10^8m^3$,泄流面积$0.7~12.9km^2$。以高石3井为例,该井测试产量$96×10^4m^3$,无阻流量$158×10^4m^3$,试井解释远井区渗透率0.58mD,连通多个缝洞系统,评价动储量为$60×10^8m^3$以上,泄流面积$6.0km^2$,自2014年4月投产,该井以$30×10^4m^3/d$稳定生产,目前累计产气$3.1×10^8m^3$,生产保持稳定。相比较于高石3井,震旦系气藏发现井高石1井则表现较差,该井测试产量$32×10^4m^3$,无阻流量$72×10^4m^3$,试井解释低渗特征明显,动态法评价动储量$(3~6)×10^8m^3$,泄流面积$0.7km^2$,该井2012年9月投产,以$(5~8)×10^4m^3/d$断续生产,累计产气$0.7×10^8m^3$,目前油压仅12.4MPa。靖边气田

下古生界气藏动态特征同样表现出较大的差异,以井控动态储量为例,气藏井控动态储量介于 $0.8×10^4m^3 \sim 11.2×10^8m^3$,平均 $2.2×10^8m^3$;累计产气量介于 $(0\sim7.6)×10^8m^3$,平均 $1.06×10^8m^3$,差异较大。

但两类气藏在稳产方式方面存在差异,靖边下古生界气藏以区块接替为主、井间接替为辅,而安岳气田震旦系气藏以井间接替为主、区块接替为辅(图8)。由于下古生界气藏表现出似层状特征,主体区可实现一次布井,井网一次成型,后期主要靠扩边实现气藏长期稳产。该气藏初期通过分区块建产,1997—2000 年通过 6 个井区产能建设,建成 $32×10^8m^3$ 生产能力;2001—2003 年通过 3 个井区产能建设,整个气藏建产 $55×10^8m^3$ 产能。2009—2013 年通过老井增压、主体区加密以及潜台东部区块建产,实现 $55×10^8m^3$ 规模稳产;2013—2017 年陕 251 区块建产,保持 $55×10^8m^3$ 规模继续稳产;该气藏通过上古层系接替以及周边扩边可在 $55×10^8m^3$ 规模上稳产至 2022 年。而震旦系气藏有效储层表现为"团窝"状,在明确高产井控制因素及实现有效岩溶体的刻画下,灯四段开发井也可实现一次布井,井网一次成型,后期通过灯二段储量动用及开发井部署,主要通过井间接替实现气藏长期稳产。初期通过高石梯和磨溪分区建产,在科学评价气井生产能力的基础上,震旦系气井能保持 $5\sim8$ 年稳产期,从而依靠气井稳产实现气藏在一个合理开发规模上稳产。后期通过多层系立体开发以及剩余储量挖潜,一方面通过灯二段开发评价、非均匀布井,另一方面通过灯四段补充开发井、完善井网,通过井间接替实现气藏长期稳产。同时,震旦系气藏台地内部各区块具有一定开发潜力,在一定程度上可对震旦系气藏实现产能接替,降低气藏建产风险。

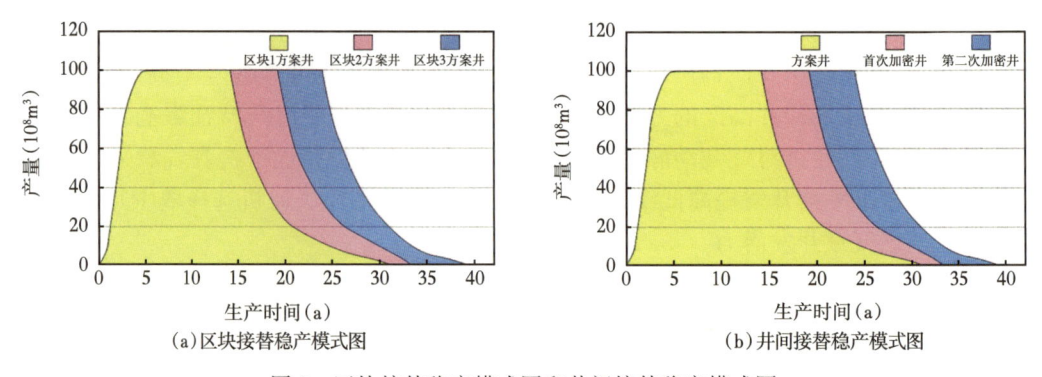

图 8 区块接替稳产模式图和井间接替稳产模式图

4.4 均需要储层改造才能经济效益开发,但储层改造技术手段不同

由于碳酸盐岩储层特殊的岩性、物性、储集空间、流体性质等特征,决定了碳酸盐岩气藏的开发大多数需要储层改造才能经济效益开发,靖边下古生界气藏和高磨震旦系气藏即是如此。靖边气田下古生界奥陶系马家沟组白云岩储层属于低压力、低渗透气层,靖边气田开发初期,以解除近井地带污染和提高酸蚀裂缝长度为目的,形成了普通酸酸压、稠化酸酸压、多级注入酸压等多项工艺技术。随着产建井的加密和扩边,储层更加致密、充填矿物成分发生变化,以深度改造为目的,开展了碳酸盐岩储层加砂压裂和交联酸携砂压裂,并取得了较好效果,同时水平井改造工艺技术也见到初步效果。随着气田开发深入,储层改造面临着一些新的问题:(1)气田周边产能接替区物性变差,单井产量低。周边产能接替区以 II+III 类井为主,储层变

薄、更致密、充填矿物成分发生变化,改造后单井产量低。(2)水平井向气田外围及周边致密区块延伸,提高单井产量难度大。随着水平井在气田外围及边部致密储层的部署,水平井酸化工艺已经无法满足提高水平井开发效益的要求。一方面储层物性变差,酸化工艺无法实现深度改造;第二由于储层的非均质性变强,全井段笼统酸化导致过度酸化或酸化强度不足;第三由于地层压力低,入地酸量大、井筒容积大、排液周期长。(3)气田本部低产低效井比例高,重复改造亟待开展。针对这些问题,对于加密井区及周边接替区,I类储层改造以深度酸压改造工艺为主,II类、III类储层以碳酸盐岩储层加砂压裂和交联酸携砂压裂两项工艺为主。针对水平井改造,采用连续油管均匀布酸+酸化工艺,实现全井段改造,形成水平井分段酸压工艺。对于老井重复改造问题,选择低产井采用低压气层防漏压井液及不压井作业装置实现低伤害压井,利用加砂压裂工艺实现深度改造。

震旦系储层具有井深、温度高、含硫、低孔低渗、非均质性强、储层类型多等特点。储层改造过程中具有以下改造难点[25]:(1)储层类型和缝洞搭配关系复杂。震旦系灯四段气藏储层主要划分为裂缝—孔洞型、孔洞型和孔隙型,储层类型多样,且孔、洞、缝发育分散,搭配关系复杂。单一改造工艺难以实现不同储层的有效改造,需要根据不同储层类型特征采用针对性改造工艺。(2)储层低孔低渗特征明显。储层柱塞样孔隙度平均3.87%,渗透率平均0.51mD,全直径孔隙度平均3.97%,水平渗透率平均为2.89mD。裂缝—孔洞型和孔洞型储层溶洞发育,孔隙度多大于3%,渗透率多大于0.1mD,是相对优质储层;孔隙型储层孔隙度多在2%~3%之间,溶洞欠发育且溶洞间连通性差,渗透率多数小于0.01mD,远小于孔洞型及裂缝—孔洞型的储层。在低渗透储层中进行增产改造,要求形成长的井下有效裂缝,需深度酸压或深穿透酸化工艺,才有可能恢复或提高气井产量。(3)储层非均质性强。震旦系灯影组储层厚度较大,纵向小层多,有效动用难度大;横向上难以实现酸液均布,所采用的酸液体系和酸化工艺能否实现多产层的均匀布酸是直接影响酸化后期效果的主要原因。(4)灯四上亚段和灯四下亚段间无明显隔层,采用机械分层酸化工具难以达到分层酸化目的。(5)储层温度较高(灯四段平均温度153.55℃,属高温气藏),酸岩反应速度快,酸液有效作用距离短,酸蚀缝长受其制约。应在注入工艺和酸液体系两面同时着手突破温度限制,尽可能扩大酸液波及范围。(6)储层杨氏模量高、地应力大(闭合压力110MPa左右),井底裂缝开启困难,裂缝形成后也难以形成高导流通道,酸压工艺应能有效开启裂缝,同时加强对裂缝壁面的不均匀刻蚀,提高裂缝导流能力。针对储层特征气藏开发早期形成了3套主体工艺:缓速酸酸压工艺、深度酸压工艺和复杂网缝酸压工艺。后期针对灯影组储层岩性和储集空间复杂(多种储集类型并存),区域和单井都表现出很强的非均质性特征,为了提高储层改造的针对性和有效性,依据以储层物性为标准的分段原则,将潜力井段和非潜力井段分开改造,因此攻关形成了分层分段的主体改造工艺,并针对不同储层类型和不同工程目标,采用针对性的工艺、液体和施工参数。随着气藏开发逐步向台内迁移,针对低渗透、层多、层薄、硅质含量高储层的改造工艺急需攻关。

5 对安岳气田震旦系气藏开发的启示

靖边下古生界气藏是我国首个发现并投入成功开发的大型整装碳酸盐岩气藏,其开发历程和开发经验对于震旦系气藏的开发评价、规模建产,气藏开发对策制定以及提高气藏开发效益、提升气藏管理水平具有重要的指导意义。

5.1 细化沉积特征研究夯实震旦系气藏有效开发的基础

靖边下古生界气藏和高磨震旦系气藏虽然同为岩溶风化壳型碳酸盐岩气藏,但是其有效储层的控制因素却不尽相同,靖边下古生界气藏有效储层主要受岩溶古地貌的控制,而震旦系气藏除了受岩溶古地貌控制外,同时沉积相对于有效储层发育尺度、规模、物性等因素也具有重要的影响。安岳气田震旦系气藏沉积相的研究要围绕以下3个方面:其一,精细刻画台地边缘分布范围及特征。由于整个高磨地区灯影组地层沉积环境为局限台地相,因此台地边缘的形态、展布范围等特征对于丘滩相沉积体的发育起着至关重要的作用。其二,要弄清丘滩体分布特征和分布模式。受微生物发育控制,丘滩体发育特征不同于礁滩体,其发育主控因素,丘滩体规模形态、纵向演化规律、平面展布特征、分布模式等研究是岩溶储层发育特征研究的基础,在一定程度上决定了岩溶体规模尺度。第三,丘滩体内部精细刻画有利于高产井控制因素研究。微生物丘内部结构是否类似于生物礁,丘滩体内有利岩相类型与微相的关系,这些问题始终是制约古老碳酸盐岩沉积相研究的基础性问题。

5.2 古地貌分布模式及分布特征研究是震旦系气藏快速建产的关键

古地貌无疑是岩溶风化壳型碳酸盐岩有效储层发育的控制因素,只是在作用主次、发挥作用程度等方面存在着差异。对于岩溶风化壳型碳酸盐岩气藏来说,岩溶古地貌的恢复和精细刻画可以加快气藏勘探进展和建产节奏。以靖边气田为例,该气田对于岩溶古地貌的认识经历了4次大规模工业制图:(1)依据沉积背景和古构造特征分析,提出了"古潜台"的概念,所编制的岩溶古地貌图件,不仅开拓了稳定地台区天然气勘探的思路,而且使首次部署的3口探井在风化壳溶蚀孔洞获得工业气流;(2)依据"台中有滩、台外有槽"的认识,在靖边岩溶阶地的前缘,确定了南北向主力沟槽,从而为天然气勘探南北长260km、东西宽40km范围内的展开及大气田的迅速探明发挥了积极作用;(3)随着勘探的不断深入,钻井资料的补充及地震预测资料的提高(1990—1995年,先后完成天然气探井144口、评价井36口、试气井160口,获工业气井91口,低产井69口,累计探明天然气储量2909.88×10^8m³,含气面积4129km²),改变了主力沟槽南北向展布的方向,预测了由西向东延伸的总体趋势,从而为含气规模的不断东扩提供了地质依据;(4)更加细化了岩溶古地貌的形态和古沟槽网络的发育特征,为拓宽勘探领域预测新的目标提供依据,同时也为稳产加密钻井提供了指导。可以看出,岩溶古地貌分布特征和分布模式的研究对于靖边岩溶风化壳型碳酸盐岩气藏勘探突破、勘探外扩、快速建产和长期稳产都发挥了重要的作用。因此,对于高磨震旦系岩溶风化壳型碳酸盐岩气藏来说,古地貌分布模式研究有利区开发有利区筛选,古地貌分布特征及微地貌精细刻画有利区开发井位部署。目前研究表明,高磨震旦系气藏古地貌分布特征更加复杂,高石梯和磨溪古地貌分布差异明显,同时不同区块内部特别是磨溪区块内部微地貌高度分异。因此在后续研究中要不断细化对于微地貌分布特征的认识,对比分析不同区块(高石梯、磨溪)、不同沉积环境(台缘和台内)、不同岩性微地貌分布特征的差异,论证断层对于古地貌分布特征的控制作用,分析裂缝发育与微地貌单元的相关性,从而指导开发井位部署。

5.3 精细刻画断裂系统分布特征是震旦系气藏高效开发的核心

断裂系统特别是裂缝对于油气藏的高效开发意义重大,对于碳酸盐岩气藏来说,裂缝发育规模和发育程度无疑是气井高产的重要因素。以靖边下古生界气藏为例,马五$_{1+2}$储层发育构造破裂缝和风化破裂缝,优质储层一般以成层分布的溶蚀孔洞为主要储集空间,网状裂缝为渗滤通道,极大地改善了储层导流能力(表2),有助于提高气井产能。由于断层和裂缝的发育具有很强的相关性,研究断层的分布特征,评价断层的期次、级别,对于裂缝发育特征的研究具有重要的指向意义。由于震旦系为古老碳酸盐岩储层,同时四川盆地经历多旋回、多期次的构造运动,导致震旦系灯影组发育多期次的断裂系统,如何识别和刻画不同期次断层体系,对高磨地区开展分区、分部位评价,结合岩性和成像测井资料,论证不同期次断层同裂缝发育的相关性,分析有利的微裂缝发育带,对于台缘带高产井位部署和台地内部低渗透区规模储量的动用具有重要的意义。

表2 马五$_{1+2}$储层裂缝孔、渗参数统计评价表

项目	测井识别	岩心裂缝	试井解释	综合评价
ϕ_f(%)	0.002~0.048 平均0.0132	0.0124~0.387 平均0.1631	0.0008~0.1078 平均0.0411	0.034
K_f(mD)	0.0062~2997.0 平均4.815	9.01~11797.37 平均2816.44	0.0363~29.953 平均4.074	1~30

5.4 加强动态监测,提高精细化管理水平,保证震旦系气藏平稳高效开发

气藏开发动态监测和分析是气田开发管理的核心,应该贯彻于气田开发的始终。通过动态监测技术系列的实施,在流压、静压、气质、水质等方面获得大量翔实的资料。通过流体分布规律、储层评价、压力场研究,划分气藏压力系统,进而核实动储量。利用核实动储量,结合气田生产动态,利用试井软件及数值模拟方法,分析气田稳产能力。从单井稳产能力分析到区块稳产能力分析,预测气田各阶段开发指标,为制定气田稳产对策提供了依据。从靖边气田开发历史可以看出动态监测技术贯穿其开发的整个过程,已经形成压力监测、气井试井、流体监测、产量监测四大技术系列。(1)压力监测。1991—1994年开展压力监测175次;1995—1998年主要开展早期开发试验,期间开展各类压力测试279次,为靖边气田的规模开发做了充分准备;1999年,靖边气田快速发展,产能增加,这一年共开展压力监测247井次,为下一步开发提供了翔实资料;随着气田的发展,生产井数的增多,测压工作量逐年递增,从2000—2005年,压力监测分别为102次、131次、149次、316次、432次、486次。大量、高频、全覆盖的压力监测数据为落实气藏地层压力分布及变化情况,了解气井生产压差、核实单井及区块动态地质储量、探明井筒积液提供了重要依据。(2)干扰试井。1993年、1996年为了从动态角度认识储层的连通状况,先后在林5井组和陕17井组开展了井间干扰试井。干扰试井获得成功,结果表明该地区的储层在平面上是相互连通的。截至2005年底,靖边气田共完成系统试井26井次,压恢试井78次,修正等时试井28井次、干扰试井6井组。(3)流体监测。截至2005年底,靖边气田共完成各种流体监测29780次。(4)分层产量监测。截至2005年底,靖边气田共完成分层产量测试132井次。历年的产气剖面资料统计结果表明,马五$_1^3$层位靖边气田的绝对主要产层。以动态监测为依据,建立了开发单元分类体系标准,并划分出三大类36个开发单元,并提出了不同开发单元的稳产挖潜技术对策。Ⅰ类单元:主要分布在气田本部,坚持"精细刻

画、深度挖潜、提高采收率"的稳产技术对策。井网控制不住的地方通过加密钻井提高储量平面动用程度;在井点上采取补层、侧钻等措施提高剖面动用程度;Ⅱ类单元:主要分布在气田东侧,坚持"区块优选、持续建产、提高单井产量"的稳产技术对策,优选水平井开发,提高单井产量;Ⅲ类单元:主要受产水影响,坚持"加强评价、内排外控,以排为主"的挖潜对策,在现有井网下提高排水采气效果。靖边气田大规模的动态监测提高了气藏精细化管理水平,提高了气藏开发效益。对于更加复杂的高磨震旦系灯影组气藏来说,针对气藏特征、开发面临关键问题、开发阶段,适时实施有选择性的动态监测手段,有针对性的认识气藏开发过程中面临的核心问题,不失时机地采取针对性措施,从而提高安岳气田震旦系气藏精细化管理水平,实现气藏平稳高效开发。

6 结论与认识

安岳气田震旦系气藏与靖边气田下古生界气藏同为岩溶风化壳型碳酸盐岩气藏,通过对比分析,得出以下结论和认识:

(1)安岳气田震旦系气藏与靖边气田下古生界气藏在气藏特征方面存在着较大的差异:①气藏类型:安岳气田震旦系气藏表现为多构造高点、多断裂系统的岩性—构造圈闭气藏,不同于靖边下古生界气藏为西倾单斜、多排鼻褶构造发育的岩性—地层圈闭气藏。②沉积环境:安岳气田震旦系气藏为拉张背景下台地丘滩相沉积,不同于靖边稳定克拉通下潮坪相沉积。③岩溶古地貌:整体上来说,四川盆地震旦系顶部古岩溶表现为"三隆两凹"的特征,不同于鄂尔多斯盆地下"中部高东西部低、西陡东缓"的相对简单的古岩溶地貌环境。对高磨地区来说,高石梯、磨溪区块古地貌特征差异明显,不同于靖边主体区古地貌分布相对单一的分布特征。④储层发育特征:安岳气田震旦系气藏储层连续性连通性有限,不同于靖边气田相对稳定的储层连续性连通性特征。⑤流体分布特征:安岳气田震旦系气藏局部地区发育构造型边水,不同于靖边气田气水分布高度复杂的特征。

(2)气藏特征的差异,导致开发策略和技术方面既有相同点又有差异。①均需开展富集区筛选,但考虑因素各有侧重。②均采用不规则井网,但开发井型存在差异。③气井控制储量和产能均表现出较大差异,但气藏稳产方式不同。④均需要储层改造才能经济效益开发,但储层改造技术手段不同。

(3)靖边气田下古生界气藏的成功开发对于安岳气田震旦系气藏的开发建产、长期稳产和科学管理具有较好的借鉴意义。对于震旦系气藏来说:①细化沉积特征研究是夯实气藏有效开发的基础;②古地貌分布模式及分布特征研究是震旦系气藏快速建产的关键;③精细刻画断裂系统及裂缝分布特征是震旦系气藏高效开发的核心;④加强动态监测,提高精细化管理水平,保证震旦系气藏平稳高效开发。

参 考 文 献

[1] 赵文智,魏国齐,杨威,等. 四川盆地万源—达州克拉通内裂陷的发现及勘探意义[J]. 石油勘探与开发,2017,44(5):659-669.

[2] 赵文智,沈安江,潘文庆,等. 碳酸盐岩岩溶储层类型及对勘探的指导意义——以塔里木盆地岩溶储层为例[J]. 岩石学报,2013,29(9):3213-3222.

[3] 贾爱林,闫海军,郭建林,等.不同类型碳酸盐岩气藏开发特征[J].石油学报,2013,34(5):914-923.
[4] 李熙喆,郭振华,万玉金,刘晓华,等.安岳气田龙王庙组气藏地质特征与开发技术政策[J].石油勘探与开发,2017,44(3):398-406.
[5] 贾爱林,闫海军.不同类型典型碳酸盐岩气藏开发面临问题与对策[J].石油学报,2014,35(3):519-527.
[6] 贾爱林,闫海军,郭建林,何东博,魏铁军.全球不同类型大型气藏的开发特征及经验[J].天然气工业,2014,34(10):33-46.
[7] 席胜利,李振宏,王欣,郑聪斌.鄂尔多斯盆地奥陶系储层展布及勘探潜力[J].石油与天然气地质,2006,27(3):405-412.
[8]《中国油气田开发志》总编纂委员会.中国油气田开发志——长庆油气区油气田卷(上)[M].北京:石油工业出版社,2011.
[9] 袁海锋,刘勇,徐昉昊,王国芝,徐国盛.川中安平店—高石梯构造震旦系灯影组流体充注特征及油气藏成藏过程[J].岩石学报,2013,30(3):727-736.
[10] 杜金虎,邹才能,徐春春,等.川中古隆起龙王庙组特大型气田战略发现与理论技术创新[J].石油勘探与开发,2014,41(3):267-277.
[11] 汪泽成,赵文智,胡素云,等.克拉通盆地构造分异对大油气田形成的控制作用——以四川盆地震旦系—三叠系为例[J].天然气工业,2017,37(1):9-23.
[12] 李启桂,李克胜,唐欢阳.四川盆地不整合发育特征及其油气地质意义[J].天然气技术,2010,4(6):21-26.
[13] 魏国齐,杨威,张健,等.四川盆地中部前震旦系裂谷及对上覆地层成藏的控制[J].石油勘探与开发,2018,45(2):179-189.
[14] 杜金虎,邹才能,徐春春,等.川中古隆起龙王庙组特大型气田战略发现与理论技术创新[J].石油勘探与开发,2014,41(3):268-277.
[15] 魏国齐,杨威,杜金虎,等.四川盆地高石梯—磨溪古隆起构造特征及对特大型气田形成的控制作用[J].石油勘探与开发,2015,42(3):257-265.
[16] 魏国齐,沈平,杨威,等.四川盆地震旦系大气田形成条件与勘探远景[J].石油勘探与开发,2013,40(2):129-138.
[17] 罗冰,周刚,罗文军,夏茂龙.川中古隆起下古生界—震旦系勘探发现与天然气富集规律[J].中国石油勘探,2015,20(2):18-29.
[18] 周进高,张建勇,邓红婴,等.四川盆地震旦系灯影组岩相古地理与沉积模式[J].天然气工业,2017,37(1):24-31.
[19] 金民东.高磨地区震旦系灯四段岩溶型储层发育规律及预测[D].成都:西南石油大学,2014,10-11.
[20] 付金华,吴兴宁,孙六一,等.鄂尔多斯盆地马家沟组中组合岩相古地理新认识及油气勘探意义[J].天然气工业,2017,37(3):9-16.
[21] 刘宏,罗思聪,谭秀成,等.四川盆地震旦系灯影组古岩溶地貌恢复及意义[J].石油勘探与开发,2015,42(3):283-293.
[22] 闫海军,贾爱林,冀光,等.岩溶风化壳型含水气藏气水分布特征及开发技术对策——以鄂尔多斯盆地高桥区下古气藏为例[J].天然气地球科学,2017,28(5):801-811.
[23] 贾爱林,付宁海,程立华,等.靖边气田低效储量评价与可动用性分析[J].石油学报,2012,33(增刊2):160-165.
[24] 孙来喜,李允,陈明强,武楗棠.靖边气藏开发特征及中后期稳产技术对策研究[J].天然气工业,2006,26(7):82-84.
[25] 韩慧芬,桑宇,杨建.四川盆地震旦系灯影组储层改造实验与应用[J].天然气工业,2016,36(1):81-88.

致密砂岩气藏黏土矿物特征及其对储层性质的影响
——以鄂尔多斯盆地苏里格气田为例

任大忠[1,2]　周兆华[3]　刘登科[2]　周　然[4]　柳　娜[5]　南郡祥[5]

(1. 西安石油大学石油工程学院;2. 西北大学大陆动力学国家重点实验室;
3. 中国石油勘探开发研究院廊坊分院;4. 中国石油川庆钻探工程有限公司
钻采工程技术研究院;5. 中国石油长庆油田分公司勘探开发研究院)

摘要：为了研究致密砂岩气藏的储层性质,以 X 衍射定量评价黏土矿物赋存特征为基础,结合铸体薄片、扫描电镜、高压压汞及核磁共振等资料,对鄂尔多斯盆地苏里格气田二叠系盒 8 段致密砂岩气藏 15 块黏土样品进行了物性特征、孔隙结构及可动流体的影响因素等研究。结果表明:伊利石(3.07%)及高岭石(1.86%)是研究区最主要的黏土矿物;黏土矿物本身发育丰富的微—纳米级孔隙,并贡献部分储集空间,同时也是论证次生溶蚀孔隙形成的间接证据;绿泥石主要起到晚期充填破坏孔隙的作用,伊利石及伊/蒙混层的大量出现会破坏储层性质;可动流体修正参数将孔隙表面亲水性考虑在内,突出了亲水性黏土与可动流体赋存特征的关系($R^2 > 0.70$)。该项研究提供了致密砂岩气藏黏土矿物与储层性质耦合关系的新视角,可为生产实践提供理论指导。

关键词：黏土矿物;储层性质;二叠系;致密砂岩气藏;鄂尔多斯盆地

致密砂岩气藏是典型的非常规油气资源,在勘探开发上已取得突破性进展。由于致密砂岩气藏复杂的微—纳米孔喉系统构成的储集空间,相对于常规储层该类油气聚集—运移复杂程度高[1-3]。黏土矿物作为致密砂岩气藏最重要的成岩期产物之一,其类型、产状及各不同组分比例等在储层孔隙结构评价、渗流规律推导、储层储集能力评估、开发方案制定及油气藏"甜点"预测等方面具有重要理论与现实意义[4,5]。黏土矿物是致密砂岩气藏最主要的填隙物之一,由于其类型多样、结构复杂及数目相对庞大,使原本细小的孔喉很容易被黏土矿物充填,储集空间进一步复杂且渗流规律更加难寻[6,7]。

近年来,国内外已有许多学者开展了关于黏土矿物对储层物性、孔隙结构、渗流规律等方面的影响研究,如 Stroker 等[8]研究认为,复杂化学作用下产生的黏土矿物可以导致孔隙类型及连通性发生变化;Keller 等[9]认为低黏土含量样品孔隙度与渗流门槛相近,而高黏土含量的样品孔隙度通常低于渗流门槛;Desbois 等[1]认为颗粒支撑的储层黏土矿物直径通常介于几纳米至几微米;Sakhaee-Pour 等[10]证实了随着黏土矿物含量的增高,储层渗流规律发生明显变化,具体表现在滞留环变小及连通性改善;Zapata 等[11]认为黏土矿物通常具有较大的比表面积,连续分布,内部相互连通且对应于较高的退汞效率,能够提供具有较大潜力的储集空间;Xiao 等[12]基于压实作用及黏土矿物胶结,将致密储层划分为 3 类:压实型、胶结破坏孔隙型及混合型,认为黏土矿物对储层的控制并不能单局限于阻塞孔隙空间及破坏渗流通道;Zhao 等[13]认为黏土矿物晶间孔是致密砂岩储层储集能力及基质渗流能力重要的贡献者之一。黏土矿物的相对含量是控制微观孔隙结构及物性的重要参数[14]。因此,准确评价致密砂岩气藏黏土矿物的赋存性质及其对储层性质的影响,可为今后的生产实践提供理论依据。

1 区域背景及实验方法

1.1 区域地质概况及样品信息

鄂尔多斯盆地苏里格气田横跨伊陕斜坡、伊盟隆起及天环凹陷(图1),是该盆地最重要的天然气富集区域之一,其中二叠系上石盒子组、下石盒子组及山西组是该区主要的含气层系,苏里格气田属于典型的"低孔、低渗、低压、低丰度"气田,储层常规孔隙度小于10%,常规渗透率小于1mD,整体物性致密且微观非均质性强[15-16]。二叠系上石盒子组、下石盒子组及山西组储层主要为河流沉积,地温梯度约为30.3℃/100m,且压力系数约为0.86[17]。石盒子组主要为中粗砂岩、中细粒砂岩夹泥岩,山西组发育少量煤线。本次研究的15块样品来源于苏里格气田苏48井区二叠系盒8段、山1段。

盒8段含气段砂岩9块样品,其中7块为岩屑砂岩,另2块为岩屑石英砂岩,粒度分选中等,主要为中粗砂岩、中细砂岩及少量含砾砂岩,气测孔隙度为6.50%~15.20%、平均为9.75%,气测渗透率为0.084~1.416mD、平均为0.362mD,黏土矿物体积分数为2.18%~13.57%、平均为6.79%,且以伊利石、高岭石为主(表1)。表1统计表明,15块样品孔隙度及渗透率较低、颗粒分选中等、黏土胶结物含量较高,盒8段和山1段均属于典型的致密砂岩[18],所选取样品的渗透率差异较大,表明不同渗透率级别的样品储层孔喉结构和渗流规律定量表征难度较大。

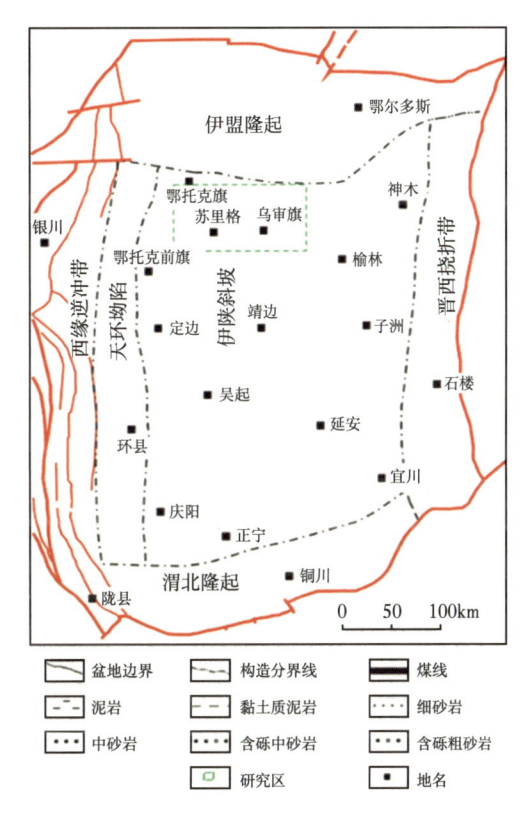

图1 苏里格气田位置

表1 苏里格地区致密砂岩样品岩性、物性及黏土矿物统计表

样品编号	深度(m)	层位	岩石类型	孔隙度(%)	渗透率(mD)	黏土绝对总量(%)	伊利石(%)	绿泥石(%)	高岭石(%)	伊/蒙混层(%)
D504	3106.3	盒8段	岩屑砂岩	11.75	0.154	4.15	2.42	0.91	0.21	0.61
D507	3108.2			9.31	0.231	6.22	4.54	1.15	0.12	0.41
S393	2989.8			10.41	0.138	8.28	1.53	0	5.92	0.83
S49	3635.7			7.26	0.084	13.57	9.28	0.27	1.64	2.38
S61	3026.2			6.61	0.369	4.04	2.04	0.5	1.18	0.32
Z451	3131.1			6.55	0.299	7.22	1.37	2.17	3.05	0.63
Z46	3004.8			6.50	0.117	12.47	6.2	0	5.01	1.26

续表

样品编号	深度(m)	层位	岩石类型	孔隙度(%)	渗透率(mD)	黏土绝对总量(%)	伊利石(%)	绿泥石(%)	高岭石(%)	伊/蒙混层(%)
S481	3625.2	盒8段	岩屑石英砂岩	13.82	1.416	2.18	0.12	0	1.98	0.08
Z452	3137.2	盒8段	岩屑石英砂岩	15.52	0.450	2.98	0.92	0.66	1.16	0.24
D386	3610.4	山1段	岩屑石英砂岩	8.08	0.126	4.42	2.45	1.30	0.13	0.54
S139	3642.8	山1段	岩屑石英砂岩	18.30	0.463	2.14	0.46	0.32	1.29	0.07
D326	3666.4	山1段	岩屑砂岩	7.40	0.586	6.43	4.29	0.89	0.66	0.59
S172	3690.9	山1段	岩屑砂岩	8.89	0.104	4.47	3.13	0.18	0.55	0.61
S396	3836.1	山1段	岩屑砂岩	12.95	0.304	3.02	0.23	0.06	2.61	0.12
S482	3686.8	山1段	岩屑砂岩	7.44	0.065	10.32	7	0	2.42	0.9

1.2 实验方法

本次实验测试分析主要依托西安石油大学"西部低渗—特低渗透油田开发与治理教育部工程研究中心",并利用基础地质和实验分析,在垂直于岩心柱方向钻取15块岩心(长度约为5.0cm,直径约为2.50cm及碎样块)。采用蒸馏法将岩心放置于装有酒精和三氯甲烷混合溶液的洗油仪中,在110℃下蒸馏150h除去样品中的残留沥青。

将洗油后的岩心制备成长为4.0cm,直径为2.5cm的样品,采用覆压孔渗仪(CM300)测量样品的孔隙度和渗透率。对平行样品,采用多功能显微镜与图像分析软件(Leica DM4500),以及场发射环境扫描电子显微镜与图像分析软件(MAIA3 LMH)鉴定样品岩石粒度、矿物、孔隙、黏土矿物等。检测完物性的样品抽真空饱和地层水,采用 MesoMR23-60H-I 型低场核磁共振仪进行核磁共振测试。对于测试完核磁共振的样品采用高压压汞仪(PoreMaster 33)进行高压压汞测试,本次实验最大进汞压力为200MPa,根据 Washburn 公式 $P_c = \dfrac{2\gamma\cos\theta}{r}$,设定表面张力($\gamma$)为 $0.485J/m^2$,汞与矿物颗粒接触角(θ)为140°,则最小孔喉半径对应于3.675nm[19,20]。

对15块平行样品分别取200g,将样品粉碎至1mm以下,再利用多功能显微镜和场发射环境扫描电子显微镜进行鉴定,黏土矿物大多数颗粒粒径均小于2.0μm,部分颗粒粒径在2.0~10.0μm。因此,依据石油天然气行业标准[21],选取2.0μm和10μm的粒径开展对比实验。分别采用激光粒度仪(Mastersizer 2000),测试悬浮溶液中颗粒粒径的分布特征;采用X射线衍射仪(D8 Focus)测试15块样品中的黏土矿物类型及相对含量。采用林西生等[22]的沉积岩黏土矿物XRD分析软件解读图谱计算2μm和10μm提取物黏土矿物相对含量数据。

2 结果

2.1 黏土矿物含量及形态特征

基于铸体薄片、扫描电镜及X衍射结果,对苏里格地区样品开展黏土矿物形态特征及含量的研究,结果表明:伊利石、高岭石、绿泥石及伊/蒙混层是研究区主要的黏土矿物类型(表1,图2)。黏土矿物体积分数为2.14%~13.57%,平均为6.13%(表1)。

苏里格地区伊利石主要呈板片状、丝缕状或搭桥状(图3a、b)产出,体积分数为0.12%~9.28%,平均为3.07%(表1)。伊利石在该区致密砂岩储层中起破坏性作用,即填充孔隙缩窄喉道,导致储层性质急遽变差。

高岭石是该区含量仅次于伊利石的黏土矿物,体积分数为0.12%~5.92%,平均为1.86%(表1)。高岭石是溶蚀作用的直接产物之一,在薄片下常常可见于长石或岩屑溶蚀孔相伴而生;扫描电镜下高岭石主要呈片状及书页状,连续分布,充填孔隙导致储层性质变差(图3c、d)。

苏里格地区致密砂岩气藏伊/蒙混层中伊利石含量通常大于90%,主要呈片状产出(图3e),体积分数为0.07%~2.38%,平均为0.64%(表1)。该区伊/蒙混层主要起到充填孔隙、破坏储层的作用,但由于含量低,相对于伊利石而言对储层的破坏作用较小。

绿泥石在苏里格地区致密砂岩气藏中含量最低,体积分数为0~2.17%,平均为0.56%(表1)。该区绿泥石主要呈鳞片状产出,主要有两种产状形式:包膜状绿泥石及充填型绿泥石。包膜状绿泥石主要覆盖在矿物颗粒表面,在一定程度下能抑制压实作用,防止后续胶结作用破坏孔隙(图3f);充填型绿泥石直接占据孔隙空间,降低粒间孔隙比例,虽然绿泥石本身能提供少量储集空间[12],但与粒间孔隙相比所能贡献的空间太小,且基本不具有渗流能力。

由表1的黏土矿物分析数据,并结合图2比分析表明:高岭石、伊利石、绿泥石黏土矿物粒径均大于2.0μm,且所占比例较高。样品在粒径为10μm提取物中高岭石、伊利石、绿泥石及石英含量均明显高于2.0μm提取物。表明采用粒径为2.0μm标准的提取物不能准确地表征黏土矿物地含量和分布特征。

2.2 孔隙结构定性特征及定量评价

镜下鉴定结果表明,苏里格地区致密砂岩气藏孔隙类型主要包括粒间孔、溶孔(长石溶孔及岩屑溶孔)及黏土矿物晶间孔。其中,粒间孔是半径最大的孔隙类型,其直径通常在40~100μm(图2),部分孔隙甚至达到200μm(图2),对储集性及渗流能力的贡献较大。溶孔包括长石及岩屑溶孔,主要由于酸液对矿物颗粒的腐蚀产生,半径跨度较大,通常在5~200μm,部分甚至出现整个矿物颗粒被溶蚀而形成铸模孔(图2c)。黏土矿物晶间孔是该区主要的孔隙类型,伊利石、高岭石、伊/蒙混层及绿泥石矿物均能形成晶间孔(图2)。晶间孔仅能提供十分有限的储集能力且几乎不具备渗流能力[23],因此该类孔隙的大量出现通常意味着储层性质变差。

高压压汞作为典型的浸入式求取孔隙分布的研究手段通常被研究人员广泛采用[24]。通过分析15块样品高压压汞参数和毛细管曲线形态特征,将样品分为Ⅰ类、Ⅱ类、Ⅲ类、Ⅳ类4种孔喉类型(表2,图3)。毛细管压力曲线的分布不均匀性及参数的强烈差异性,表明致密砂岩气藏孔隙结构非均质性较强,因此,需要分类评价来准确表征储层的性质。

Ⅰ类孔喉以中—细微孔喉为主,占总样品数的26.66%,其中盒8段与山1段储层各占13.33%。排驱压力为0.05~0.19MPa,最大孔喉半径为3.868~14.70μm,中值孔喉半径0.071~1.838μm,分选系数介于0.3~0.45,最大进汞饱和度为71.14%~93.89%、平均为84.75%(表2,图3a)。由表1黏土矿物数据分析,黏土矿物体积分数为2.58%、伊利石为0.43%、绿泥石为0.26/%、高岭石为1.76%、伊/蒙混层为0.13%。

Ⅱ类孔喉以细—微孔喉为主,占总样品数的26.67%,其中盒8段储层占20.0%、山1段储层占6.67%;排驱压力为0.44~0.72MPa,最大孔喉半径为1.021~1.671μm,中值孔喉半径为

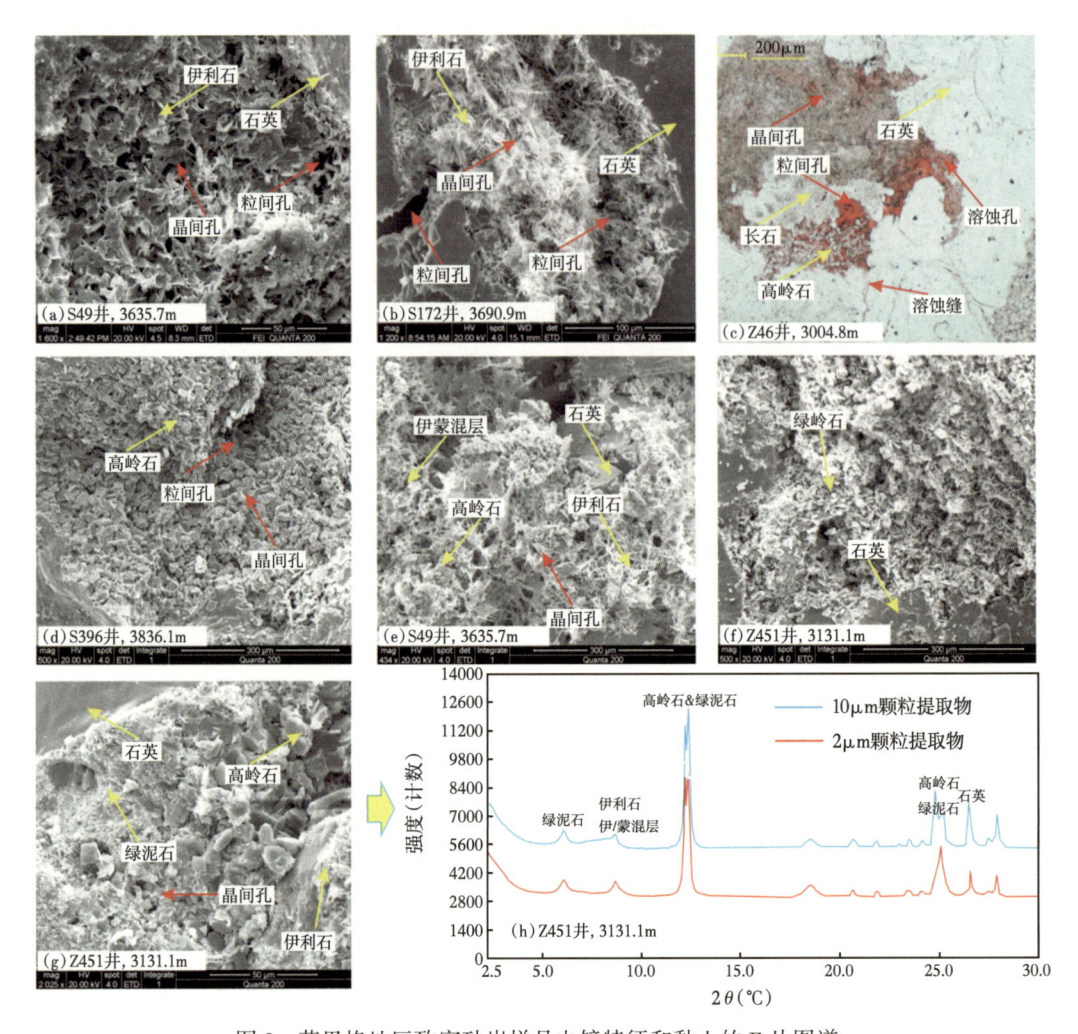

图 2　苏里格地区致密砂岩样品电镜特征和黏土的 E 片图谱

0.104~0.243μm,分选系数为 0.18~0.2;最大进汞饱和度为 89.81%~97.01%、平均为 92.63%(表2,图3b)。由表1黏土矿物数据分析,黏土矿物体积分数为 5.77%、伊利石为 2.74%、绿泥石为 0.84/%、高岭石为 1.60%、伊/蒙混层为 0.6%。

Ⅲ类孔喉以微孔喉为主,占总样品数的 33.33%,其中盒 8 段储层占 20.0%、山 1 段储层占 13.33%;排驱压力为 0.45~0.73MPa,最大孔喉半径为 1.007~1.633μm,中值孔喉半径为 0.037~0.175μm,分选系数为 0.21~0.42;最大进汞饱和度为 71.01%~88.49%、平均为 82.87%(表2,图3c)。由表1中黏土矿物数据分析,黏土矿物体积分数为 6.93%、伊利石为 3.41%、绿泥石为 0.75/%、高岭石为 2.09%、伊/蒙混层为 0.68%。

Ⅳ类孔喉以吸附—微孔喉为主,占总样品数的 13.33%,其中盒 8 段储层占 6.67%、山 1 段储层占 6.67%;排驱压力为 1.8~1.9MPa,最大孔喉半径为 0.387~0.408μm,中值孔喉半径为 0.063~0.104μm,分选系数为 0.2~2.0;最大进汞饱和度为 85.53%~88.78%、平均为 87.16% (表2,图3d)。由表1中黏土矿物数据分析,黏土矿物体积分数为 11.95%、伊利石为 8.14%、绿泥石为 0.14/%、高岭石为 2.03%、伊/蒙混层为 1.64%。

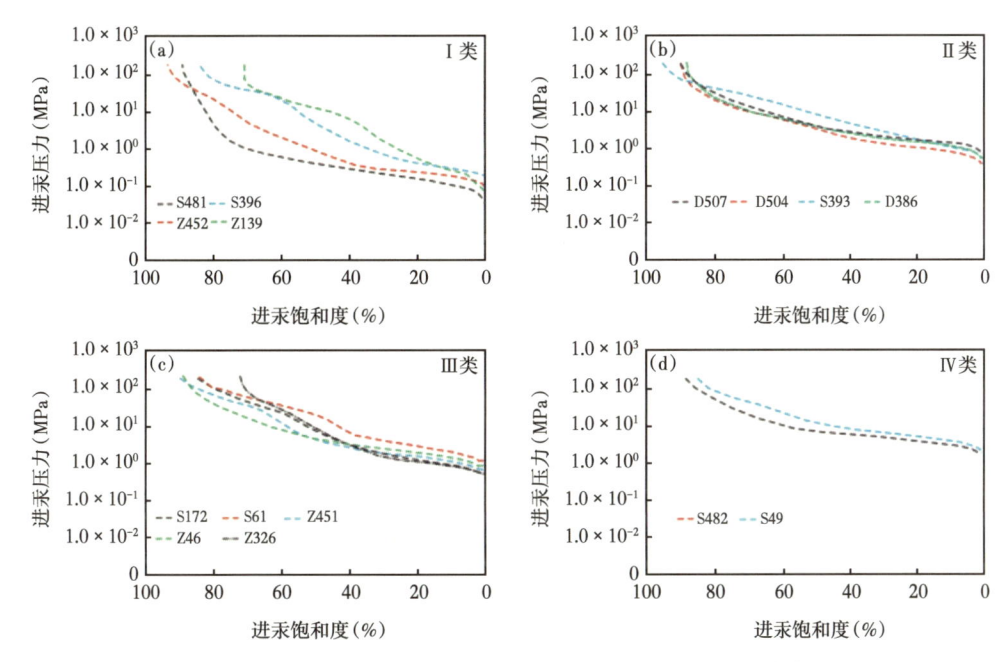

图 3 苏里格气田致密砂岩气藏高压压汞毛细管压力曲线

表 2 高压压汞参数统计表

分类	岩心编号	层位	孔隙度（%）	渗透率（mD）	门槛压力（MPa）	中值压力（MPa）	歪度系数	分选系数	变异系数	均值系数	最大进汞饱和度（%）	退出效率（%）
Ⅰ	S139	山1段	18.30	0.463	0.07	10.39	3.58	0.45	7.93	1.61	71.14	10.98
Ⅰ	S481	盒8段	13.82	1.416	0.05	0.4	2.41	0.31	7.77	2.30	89.52	11.89
Ⅰ	Z452	盒8段	15.52	0.450	0.12	0.88	2.87	0.30	9.47	1.33	93.89	20.65
Ⅰ	S396	山1段	12.95	0.304	0.19	4.5	3.19	0.33	9.57	1.57	84.44	25.91
Ⅱ	D504	盒8段	11.75	0.154	0.44	3.03	2.05	0.20	10.43	1.67	91.71	31.96
Ⅱ	D507	盒8段	9.31	0.231	0.72	3.81	2.00	0.18	10.98	1.86	92.00	40.37
Ⅱ	D386	山1段	8.08	0.126	0.72	3.37	1.96	0.19	10.43	1.93	89.81	36.58
Ⅱ	S393	盒8段	10.41	0.138	0.47	7.09	2.16	0.18	12.19	0.63	97.01	40.11
Ⅲ	S61	盒8段	6.61	0.369	0.72	19.86	2.82	0.26	10.85	1.63	83.09	29.54
Ⅲ	D326	山1段	7.40	0.586	0.46	8.61	3.4	0.42	8.17	1.74	71.01	34.12
Ⅲ	Z46	盒8段	6.50	0.117	0.73	4.21	2.2	0.21	10.62	1.88	88.49	30.93
Ⅲ	S172	山1段	8.89	0.104	0.45	7.14	2.94	0.29	10.14	1.72	83.43	29.78
Ⅲ	Z451	盒8段	6.55	0.299	0.45	4.2	2.6	0.24	10.75	1.73	88.34	26.65
Ⅳ	S49	盒8段	7.26	0.084	1.80	11.75	2.33	0.20	11.45	1.66	85.53	26.31
Ⅳ	S482	山1段	7.44	0.065	1.90	7.09	1.91	2.00	11.40	0.18	88.78	20.91

核磁共振作为典型的非侵入式实验手段，由于其对岩心不具备明显的破坏作用，以及能够在一定程度上反映原位孔隙结构，近年来广泛为研究人员使用[25-27]。图 3d 和图 4a—d 显示：苏里格地区致密砂岩气藏核磁共振 T_2 谱曲线分为左偏双峰型、右偏双峰型及单峰型，不同样品峰值分布情况各异，左偏双峰型在该区所占比例相对较高，表明该区储层整体致密且双孔隙型孔隙结构发育程度相对较高。以 10ms 及 100ms 为界限将孔隙划分为 3 个区间（<10ms，10～100ms，>100ms）[28]，发现小孔隙比例最高（66.01%），中孔其次（27.79%），大孔比例最低（6.20%）（表 3），表明致密砂岩气藏中的微—小孔隙主导着整体的孔喉结构（图 3d 和图 4a—d）。依照地区经验值（13.895ms）将可动与不可动流体分界线划分[29]，4 类孔喉结构（Ⅰ类、Ⅱ类、Ⅲ类、Ⅳ类）对应的可动流体饱和度分别为 66.15%、25.66%、11.78% 和 6.70%；对应的可动流体孔隙度分别为 10.19%、2.59%、0.86% 和 0.49%。上述表明研究区致密砂岩气藏属于典型的低可动流体储层[30]。

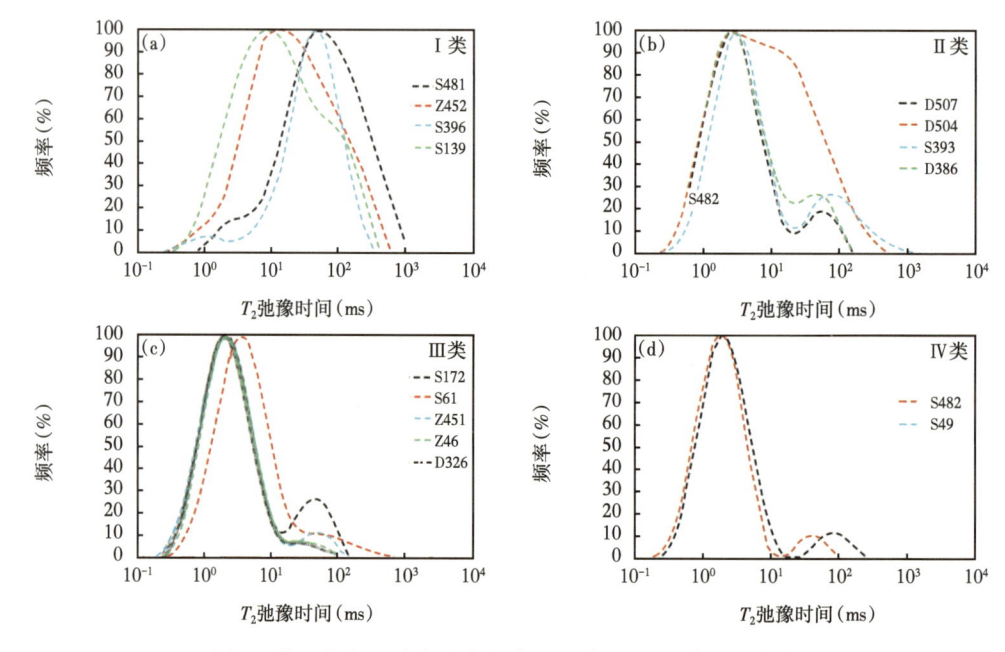

图 4 苏里格气田致密砂岩气藏核磁共振 T_2 弛豫时间分布

表 3 核磁共振参数统计表

分类	岩心编号	层位	孔隙度（%）	渗透率（mD）	可动流体饱和度（%）	可动流体孔隙度（%）	<10ms	10～100ms	>100ms
Ⅰ	S139	山1段	18.30	0.463	81.29	14.88	13.18	75.36	11.47
	S481	盒8段	13.82	1.416	83.62	11.56	11.55	56.74	31.71
	Z452	盒8段	15.52	0.450	55.15	8.56	35.45	51.53	13.02
	S396	山1段	12.95	0.304	44.53	5.76	46.61	43.92	9.47

续表

分类	岩心编号	层位	孔隙度（%）	渗透率（mD）	可动流体饱和度（%）	可动流体孔隙度（%）	<10ms	10~100ms	>100ms
Ⅱ	D504	盒8段	11.75	0.154	29.09	3.42	59.56	36.77	3.68
Ⅱ	D507	盒8段	9.31	0.231	23.69	2.20	78.63	20.75	0.62
Ⅱ	D386	山1段	8.08	0.126	17.18	1.39	72.95	17.99	9.06
Ⅱ	S393	盒8段	10.41	0.138	32.68	2.42	62.87	32.41	4.71
Ⅲ	S61	盒8段	6.61	0.369	15.60	1.03	78.35	18.69	2.97
Ⅲ	D326	山1段	7.40	0.586	7.73	0.81	91.24	6.53	2.23
Ⅲ	Z46	盒8段	6.50	0.117	5.46	0.35	92.87	6.77	0.36
Ⅲ	S172	山1段	8.89	0.104	16.33	1.45	81.76	17.92	0.31
Ⅲ	Z451	盒8段	6.55	0.299	13.78	0.90	80.8	16.08	3.12
Ⅳ	S49	盒8段	7.26	0.084	5.38	0.39	94.62	5.38	0
Ⅳ	S482	山1段	7.44	0.065	8.02	0.60	89.75	10.00	0.25

3 讨论

3.1 黏土矿物对储层物性的影响

研究表明,黏土矿物类型及含量对储层物性影响较大[9,12]。利用孔隙度及渗透率与黏土矿物绝对含量及单项黏土矿物含量关系研究发现,黏土矿物对致密砂岩气藏储集能力的贡献明显高于渗流能力(图5a、d),黏土矿物总含量、伊利石及伊/蒙混层含量与孔隙度和渗透率呈一定的负相关性(图5c—f),整体而言,三者与孔隙度的相关性略好于渗透率,而绿泥石和高岭石对物性的影响规律性不明显(图5b、c、e、f)。史洪亮等[30]、孟万斌等[31]的研究均得出黏土矿物对储层破坏作用明显的结论,图2和图5同样表明伊利石及伊/蒙混层能直接充填孔隙从而破坏储层孔隙结构,降低储层的储集能力;但伊利石和伊/蒙混层对孔隙度和渗透率的影响接近,该结论与前人结论明显相悖,前人认为黏土矿物对渗透率的影响要强于孔隙度。产生的原因可归结为两个方面:一是伊利石和伊/蒙混层本身提供了广泛发育的晶间孔,由于氦气分子直径细小,导致该部分空间能通过氦测孔隙度手段完全反映出来,使得测量所得到的孔隙度较高;二是伊利石的广泛发育是长石溶蚀的间接证据[32-35],虽然伊利石充填了部分孔隙,但长石溶孔的出现在一定程度上改善了储层孔隙,孔喉配位处被伊利石和伊/蒙混层分割降低了流体的渗流能力。由于伊利石为该区主要黏土矿物类型,因此黏土矿物含量趋势与伊利石趋势基本一致(表1,图5b、e)。包膜式及充填式绿泥石与物性相关性不明显(图5b、e)。

高岭石能直接充填孔隙导致储集和渗流能力下降,同时高岭石的出现通常伴随着长石的溶蚀及次生石英的沉淀[32-35],导致其与物性的相关性较为复杂。因此,绿泥石和高岭石与渗透率的低相关性证明,致密砂岩气藏黏土矿物绝对含量与渗流能力关系非常复杂,并非类似前人研究成果所表明的直接恶化储层渗流能力[30,31],二者关系需要进一步探究。

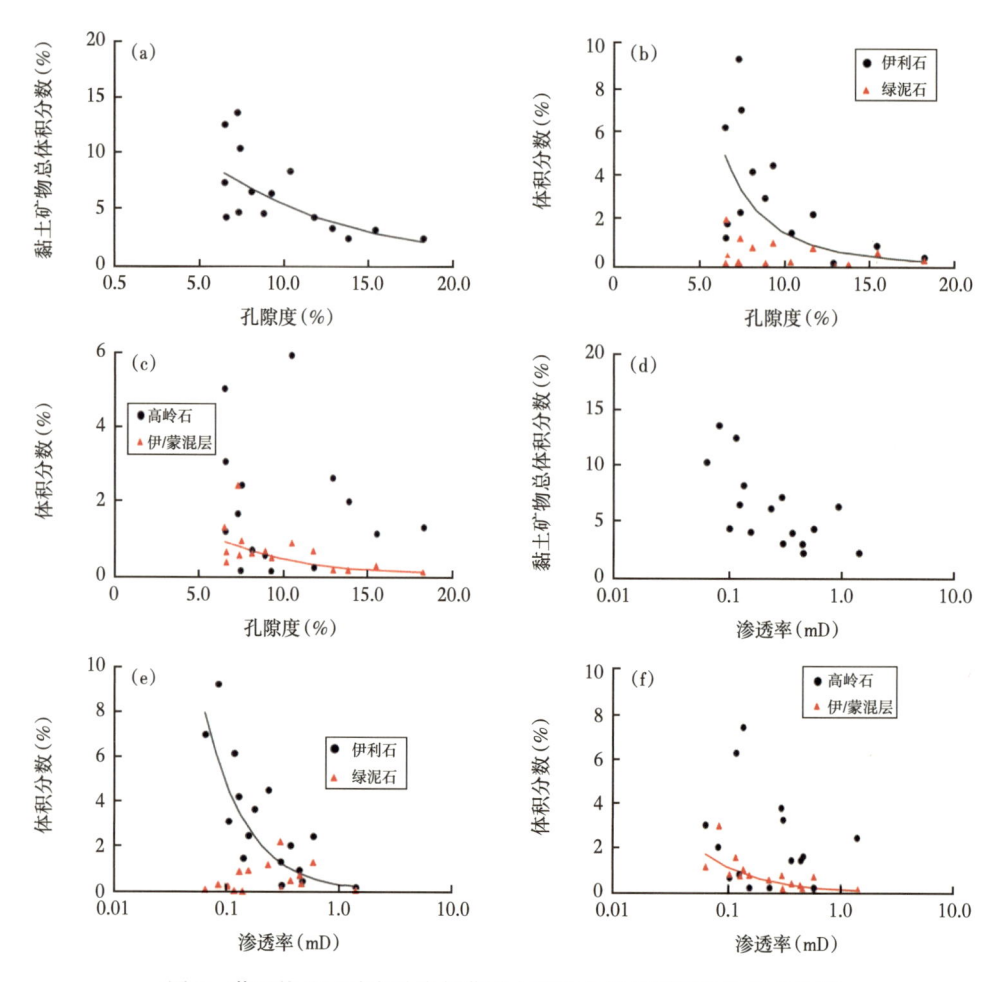

图 5 苏里格地区致密砂岩气藏黏土矿物含量与储层物性相关性图

3.2 黏土矿物对微观孔隙结构的影响

对致密砂岩气藏微观孔隙结构进行了准确表征和影响因素分析,是储层合理开发及有效规划的重要工作之一[36,37]。任大忠等[38]、周康等[39]研究表明,黏土矿物的充填对储层微观孔喉结构具有明显的破坏作用,具体体现在孔喉空间减小、配置关系复杂、连通性降低、孔喉非均质性增强等方面。但与此同时,以往研究往往忽略了其他成岩作用对微观孔喉结构的控制作用,仅单凭黏土矿物含量与孔隙结构参数相关性来判断二者的关系。对于致密砂岩储层而言,压实作用是影响苏里格地区致密储层微观孔隙结构的主要因素之一[40],压实强度对储层起到改造作用,胶结物(本文仅关注黏土矿物)对储层微观孔隙结构产生影响。

深度越深通常对应着上覆地层压力越大,导致储层经受的压实作用越强烈,因而埋深较大的样品孔喉大小通常相对较小,而孔隙结构则相对均质,从图 6 可以看出,黏土矿物含量与微观孔隙结构参数关系复杂,为了阐明关系,挑选出 4 类黏土矿物含量最高的样品,其中 S49 样品的伊利石和伊/蒙混层含量分别为 9.28%、2.38%,Z451 绿泥石含量为 2.17%、D326 样品的高岭石含量为5.92%,其对应的黏土矿物总量分别为13.57%、7.22%、8.28%,对应的中值压力分别为11.75MPa、3.81MPa、7.09MPa,对应的最大进汞饱和度分别为85.53%、92%、97.01%。对比表明,伊利石和伊/蒙混层对储层主要起到破坏作用,属中晚期胶结产物[41],而绿泥石胶结主要在早—中成岩期发育,而高岭石主要是在早成岩B期和中成岩阶段的酸性环境中产生。

从图6可以看出,深度由浅至深,黏土矿物总量与孔喉结构参数之间的变化关系具有较好响应性;随着黏土矿物(伊利石和伊/蒙混层)含量的增加孔喉偏向细歪度、分选性变差,表明黏土矿物由于其本身的均质性变化,导致孔喉结构非均质性变化[41]。同时,黏土矿物在一定程度上能减缓压实作用[12],使得一定量的大孔隙得以保存,孔喉偏向粗歪度。

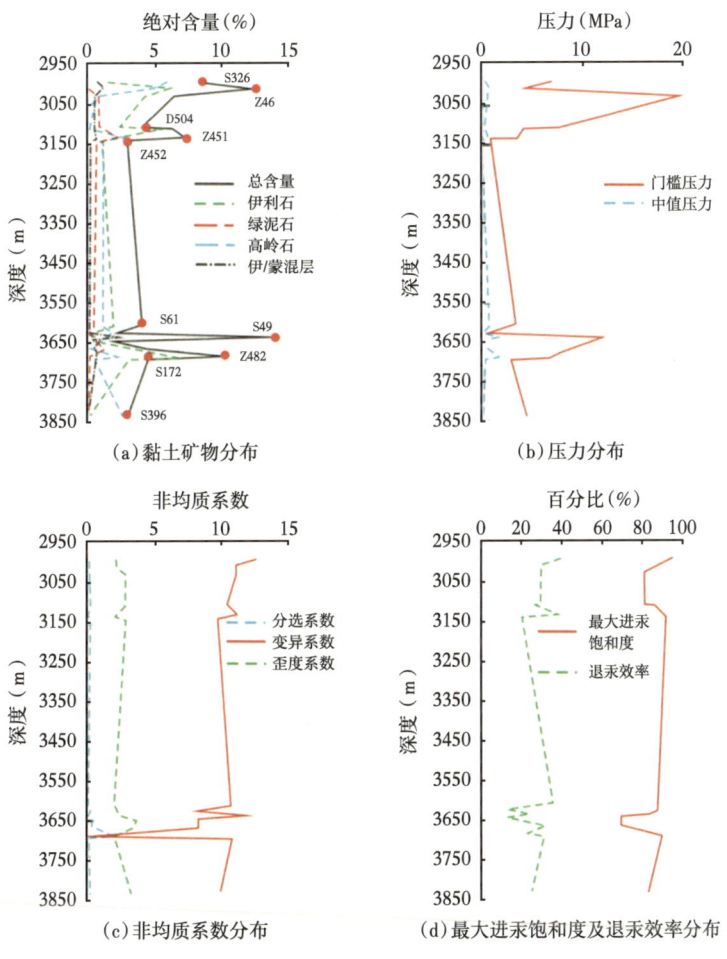

图6 苏里格气田黏土矿物含量及高压压汞参数纵向分布

3.3 黏土矿物对可动流体参数的影响

致密砂岩储层可动流体赋存特征在生产实践评价、开发工程设计、储层精细描述等方面均有重要现实意义[42,43]。苏里格地区致密砂岩气藏可动流体参数与黏土矿物均呈偏弱的负相关性,表明黏土矿物在一定程度上阻碍了储层的可动流体运动的范围与自由度。与此同时,所有相关性中等偏强($R^2>0.7$),一方面说明孔喉结构的复杂性增加了黏土矿物评价储层流体的难度,另一方面表明了储层的这种现象与采用的实验手段有直接关系。

伊利石和伊/蒙混层与可动流体饱和度和可动流体孔隙度均呈较好的负相关性,而与绿泥石和高岭石之间规律不明显,表明不同类型的黏土矿物含量、晶体结构、分布特征的差异性对致密砂岩全尺度孔喉的表征和流体赋存特征的影响不可忽略。因此,对评价黏土矿物对可动流体赋存特征的影响是校正可动流体参数及储层评价的重要工作。因此,本次采取的手段如下:

由于苏里格地区致密砂岩储层黏土矿物中仅有伊利石和伊/蒙混层,且具有亲水性,因此统计二者的相对含量之和为:

$$S = S_i + S_{I/S} \tag{1}$$

式中 S_i——伊利石相对含量;

$S_{I/S}$——伊/蒙混层相对含量。

由于仅有这两种黏土矿物能赋存流体,因此,将岩样中所有孔隙均等效为被伊利石或伊/蒙混层包裹的孔隙:

$$\tau_s = \frac{S}{S_m} \tag{2}$$

式中 S_m——可动流体饱和度;

τ_s——可动流体饱和度指数,该数值乘以气测孔隙度 φ 即为可动流体孔隙度指数 τ_p:

$$\tau_p = \tau_s \times \varphi \tag{3}$$

修正指数与黏土矿物总含量及各类黏土矿物相关性明显提高,对于可动流体而言,黏土矿物的出现减小了可动流体赋存空间,尤其是亲水型的伊利石及伊/蒙混层的出现对可动流体参数下降有直接的关系。

4 结论

(1)伊利石、高岭石、绿泥石及伊/蒙混层是研究区主要的黏土矿物类型,且含量依次降低;粒径为 10μm 提取物获取的黏土矿物含量明显高于高于 2.0μm 的提取物,证明了苏里格地区大粒径黏土矿物所占黏土矿物总比例较高。

(2)粒间孔、溶孔(长石溶孔及岩屑溶孔)及黏土矿物晶间孔是研究区主要的孔喉类型;高压压汞及核磁共振结果显示,储层孔喉非均质性较强,小孔喉占主导地位。盒 8 段储层主要是 Ⅱ类和Ⅲ孔隙结构,其次是Ⅰ类;而山 1 段储层主要为Ⅰ类和Ⅲ类孔隙结构,其次是Ⅱ类。总之,盒 8 段储层品质略优于山 1 段储层,微观非均质性强于山 1 段储层。

(3)大面积发育的伊利石和伊/蒙混层对储层物性和可动流体的影响远高于绿泥石和高岭石,表现出中等偏强的负相关性;伊利石和伊/蒙混层填充孔隙和分割孔喉降低储集空间和孔喉的连通性,同时也可作为溶孔出现的间接证据。黏土矿物绝对含量与渗流能力关系非常复杂,并非类似前人研究成果所表明的直接降低储层渗流能力。

（4）可动流体修正指数充分考虑了黏土矿物亲水性对储层可动流体赋存特征的影响，伊利石及伊/蒙混层的大量出现严重压缩了致密砂岩气藏可动流体的赋存空间。

参 考 文 献

［1］Desbois G，Urai J L，Kukla P A，et al. High-resolution 3D fabric and porosity model in a tight gas sandstone reservoir：A new approach to investigate microstructures from mm- to nm-scale combining argon beam cross-sectioning and SEM imaging［J］. Journal of Petroleum Science & Engineering，2011，78(2)：243-257.

［2］任大忠，张晖，周然，等. 塔里木盆地克深地区巴什基奇克组致密砂岩储层敏感性研究［J］. 岩性油气藏，2018，30(6)：27-36.

［3］Xiao D，Lu Z，Shu J，et al. Comparison and integration of experimental methods to characterize the full-range pore features of tight gas sandstone——A case study in Songliao Basin of China［J］. Journal of Natural Gas Science & Engineering，2016，34：1412-1421.

［4］任大忠，孙卫，屈雪峰，等. 鄂尔多斯盆地延长组长6储层成岩作用特征及孔隙度致密演化［J］. 中南大学学报(自然科学版)，2016，47(8)：2706-2714.

［5］任大忠，孙卫，黄海，等. 鄂尔多斯盆地姬塬油田长6致密砂岩储层成因机理［J］. 地球科学——中国地质大学学报，2016，41(10)：1735-1744.

［6］Walderhaug O，Eliassen A，Aase N E. Prediction of permeability in quartz-rich sandstones：examples from the Norwegian continental shelf and the Fontainebleau sandstone［J］. Journal of Sedimentary Research，2012，82(12)：899-912.

［7］肖佃师，卢双舫，姜微微，等. 基于粒间孔贡献量的致密砂岩储层分类——以徐家围子断陷为例［J］. 石油学报，2017，38(10)：1123-1134.

［8］Stroker T M，Harris N B，Crawford Elliott W，et al. Diagenesis of a tight gas sand reservoir：Upper Cretaceous Mesaverde Group，Piceance Basin，Colorado［J］. Marine and Petroleum Geology，2013，40，48-68.

［9］Keller L M，Holzer L，Schuetz P，et al. Pore space relevant for gas permeability in Opalinus clay：Statistical analysis of homogeneity，percolation，and representative volume element［J］. Journal of Geophysical Research：Solid Earth，2013，118(6)：2799-2812.

［10］Sakhaee-Pour, A and Bryant, S L. Effect of pore structure on the producibility of tight-gas sandstones［J］. AAPG bulletin,2014, 98(4), 663-694.

［11］Zapata, Y, Sakhaee-Pour A. Modeling adsorption-desorption hysteresis in shales：Acyclic pore model［J］. Fuel,2016, 181(10), 557-565.

［12］Xiao, D, Jiang S, Thul D, et al. Impacts of clay on pore structure, storage and percolation of tight sandstones from the Songliao Basin, China：Implications for genetic classification of tight sandstone reservoirs［J］. Fuel, 2018, 211(1), 390-404.

［13］Zhao H, Ning Z, Wang Q, et al. Petrophysical characterization of tight oil reservoirs using pressure-controlled porosimetry combined with rate-controlled porosimetry［J］. Fuel, 2015, 154：233-242.

［14］Xiao D，Lu S，Lu Z，et al. Combining nuclear magnetic resonance and rate-controlled porosimetry to probe the pore-throat structure of tight sandstones［J］. Petroleum Exploration and Development，2016，43(6)：1049-1059.

［15］王继平，李跃刚，王宏，等. 苏里格西区苏X区块致密砂岩气藏地层水分布规律［J］. 成都理工大学学报(自科版)，2013，40(4)：387-393.

［16］沈玉林，郭英海，李壮福. 鄂尔多斯盆地苏里格庙地区二叠系山西组及下石盒子组盒八段沉积相［J］. 古地理学报，2006，8(1)：53-62.

[17] Yang R, Fan A, Loon A J V, et al. Depositional and Diagenetic Controls on Sandstone Reservoirs with Low Porosity and Low Permeability in the Eastern Sulige Gas Field, China[J]. Acta Geologica Sinica, 2015, 88(5):1513-1534.

[18] 邹才能,朱如凯,吴松涛,等. 常规与非常规油气聚集类型、特征、机理及展望——以中国致密油和致密气为例[J]. 石油学报, 2012, 33(2):173-187.

[19] Washburn E W. The Dynamics of Capillary Flow[J]. Phys. rev. ser, 1921, 17(3):273-283.

[20] Purcell W R. Capillary pressures-their measurement using mercury and the calculation of permeability therefrom. Journal of Petroleum Technology,1949, 1(2), 39-48.

[21] 国家能源局. ST/Y 5163—2010 沉积岩中黏土矿物和常见非黏土矿物X射线衍射分析方法[S]. 北京:石油工业出版社,2010.

[22] 林西生,应凤祥,郑乃萱. X射线衍射分析技术及其地质应用. 北京:石油工业出版社,1992.

[23] Song Z, Liu G, Yang W, et al. Multi-fractal distribution analysis for pore structure characterization of tight sandstone—A case study of the Upper Paleozoic tight formations in the Longdong District, Ordos Basin[J].Marine and Petroleum Geology, 2017:S0264817217304993.

[24] Lai J, Wang G. Fractal analysis of tight gas sandstones using high-pressure mercury intrusion techniques[J]. Journal of Natural Gas Science and Engineering, 2015, 24:185-196.

[25] Daigle H, Johnson A, Thomas B. Determining fractal dimension from nuclear magnetic resonance data in rocks with internal magnetic field gradients[J]. Geophysics, 2014, 79(6):425-431.

[26] Daigle H, Thomas B, Rowe H, et al. Nuclear magnetic resonance characterization of shallow marine sediments from the Nankai Trough, Integrated Ocean Drilling Program Expedition 333[J]. Journal of Geophysical Research: Solid Earth, 2014, 119(4):2631-2650.

[27] Daigle H, Johnson A. Combining Mercury Intrusion and Nuclear Magnetic Resonance Measurements Using Percolation Theory[J]. Transport in Porous Media, 2015, 111(3):1-11.

[28] 张晓. 致密砂岩储层核磁共振T_2谱分析研究[J]. 石油化工应用, 2017, 36(2):85-88.

[29] Li P, Sun W, Wu B, et al. Occurrence characteristics and influential factors of movablefluids in poreswith different structures of Chang 63reservoir, Huaqing Oilfield, OrdosBasin, China[J]. Marine and Petroleum geology, 2016, 97(11): 480-492.

[30] 史洪亮,杨克明,王同. 川西坳陷须五段致密砂岩与泥页岩储层特征及控制因素[J]. 岩性油气藏, 2017, 29(4): 38-46.

[31] 孟万斌,吕正祥,冯明石,等. 致密砂岩自生伊利石的成因及其对相对优质储层发育的影响——以川西地区须四段储层为例[J]. 石油学报, 2011, 32(5):783-790.

[32] Giles M R, Boer R B D. Origin and significant of redistributional secondary porosity[J]. Marine & Petroleum Geology, 1990, 7(4):378-397.

[33] Bjørlykke K. Open-system chemical behaviour of Wilcox Group mudstones. How is large scale mass transfer at great burial depth in sedimentary basins possible? A discussion[J]. Marine & Petroleum Geology, 2011, 28(7):1381-1382.

[34] Bjørlykke K. Relationships between depositional environments, burial history and rock properties. Some principal aspects of diagenetic process in sedimentary basins[J]. Sedimentary Geology, 2014, 301(3):1-14.

[35] Thyberg B, Jahren J, Winje T, et al. Quartz cementation in Late Cretaceous mudstones, northern North Sea: Changes in rock properties due to dissolution of smectite and precipitation of micro-quartz crystals[J]. Marine and Petroleum Geology, 2010, 27(8):1752-1764.

[36] 任大忠,孙卫,赵继勇,等. 鄂尔多斯盆地岩性油藏微观水驱油特征及影响因素——以华庆油田长8_1

油藏为例[J]. 中国矿业大学学报, 2015, 44(6):1043-1052.
[37] Liu D, Sun W, Li D, et al. Pore structures characteristics and porosity evolution of tight sandstone reservoir: taking the Chang 6_3 tight sandstones reservoir of Huaqing area in Ordos Basin as an instance[J]. Fresenius environmental bulletin, 2018, 27(2): 1043-1052.
[38] 任大忠, 孙卫, 魏虎, 等. 华庆油田长 8_1 储层成岩相类型及微观孔隙结构特征[J]. 现代地质, 2014(2):379-387.
[39] 周康, 刘佳庆, 段国英, 等. 吴起地区长 6_1 油层黏土矿物对油层低电阻率化的影响[J]. 岩性油气藏, 2012, 24(2):26-30.
[40] 李海燕, 岳大力, 张秀娟. 苏里格气田低渗透储层微观孔隙结构特征及其分类评价方法[J]. 地学前缘, 2012, 19(2):133-140.
[41] Sakhaee-Pour A, Bryant S L. Pore structure of shale[J]. Fuel, 2015, 143:467-475.
[42] 李闽, 王浩, 陈猛. 致密砂岩储层可动流体分布及影响因素研究——以吉木萨尔凹陷芦草沟组为例[J]. 岩性油气藏, 2018, 30(1):140-149.
[43] 刘登科, 孙卫, 任大忠, 等. 致密砂岩气藏孔喉结构与可动流体赋存规律——以鄂尔多斯盆地苏里格气田西区盒 8 段、山 1 段储层为例[J]. 天然气地球科学, 2016, 27(12):2136-2146.

四川盆地高磨地区震旦系岩溶型储层特征及开发建议

张　林　李熙喆　张满郎　罗瑞兰　俞霁晨　闫海军　夏钦禹

(中国石油勘探开发研究院)

摘要：川中高石梯—磨溪地区的震旦系灯影组气藏已发现近万亿立方米储量规模，灯四段为主力开发层系，为低孔低渗的藻灰泥丘、颗粒滩相溶蚀孔洞型白云岩储层。基于岩心、常规测井、成像测井及地震等资料，进行岩溶特征、裂缝识别及溶蚀孔洞分类等储层定量描述，结合沉积微相、裂缝形成期次及产能特征等，评价储层的储渗能力及单井动态产能特征，分析单井高产因素。结果表明：(1)位于绵竹—长宁克拉通内裂陷东侧的台地边缘带，发育藻灰泥丘、砂屑滩及云坪，同时受震旦纪末期桐湾Ⅱ幕构造运动的抬升暴露剥蚀并形成岩溶风化壳，形成溶蚀孔洞型白云岩储层；(2)灯四段储层根据储集空间类型及组合特征划分为孔洞型、孔隙型、裂缝—孔洞型、裂缝—孔隙型4种储层类型，孔洞型和裂缝—孔洞型储层为优质储层；(3)试油阶段不稳定试井曲线多表现为多区复合模型，试井近井区渗透率平均为 7.5mD，试井等效渗透率平均为 1.16mD，动态表现连通范围有限；单井无阻流量为$(0.2 \sim 222.3) \times 10^4 m^3/d$，平均为 $67.9 \times 10^4 m^3/d$，灯四上亚段产能高于灯四下亚段，水平井、斜井产能高于直井；(4)台缘带藻灰泥丘微相是优质储层发育基础，风化溶蚀作用形成溶蚀孔洞型储层，缝洞搭配发育是获得气井高产的必要条件，高产井主要位于缝洞较发育的台缘带丘滩、岩溶斜坡残丘带、裂缝发育带叠合区；优选台缘丘滩与斜坡残丘叠合区域的溶蚀孔洞型、裂缝—孔洞型储层发育区为建产目标区，主体采用大斜度井开发方式，放缓建产节奏，滚动开发，持续优化，降低开发风险。

关键词：四川盆地；高石梯；灯影组；溶蚀型储层；高产因素；开发建议

　　高石梯—磨溪地区位于加里东期乐山—龙女寺古隆起的东端，该隆起是四川盆地内规模巨大、抬升剥蚀持续时间最长、剥蚀幅度最大、覆盖面积最广的巨型隆起，对震旦系至下古生界天然气聚集与分布具有重要的控制作用，是四川盆地油气勘探开发现实区[1-8]。发现威远震旦系气田之后，仅在资阳、龙女寺、安平店、高石梯等地区零星发现含气井及显示，未能取得突破性发现。经多轮坚持不懈的探索，直至 2011 年、2012 年相继在高石梯构造的风险探井高石 1 井的震旦系和磨溪 8 井在龙王庙组获得百万立方米的高产工业气流，揭开了川中地区震旦系—寒武系储量规模超万亿立方米的特大型气田勘探的序幕[9](图 1)。

　　在高石 1 井灯影组获得突破后，前期许多学者对四川盆地新元古代的构造运动、沉积特征及成藏条件等方面做了一系列研究。认为震旦系灯影组埋藏较深(>5000m)、时代古老、成岩演化时间长且复杂，该地层为近邻结晶基地的古老地层其中灯二段、灯四段为藻白云岩，经桐湾一幕、二幕运动表生溶蚀改造形成溶蚀孔洞型储层[10]，为"丘滩相+岩溶"复合成因类型[11,12]。由于其形成的地质年代早，经历多期成藏过程，气水关系复杂，为构造背景下的岩性—地层复合圈闭气藏。该区面积大，储量规模大，但储层非均质性强。

　　开发的关键问题是如何评价丘滩体溶蚀型白云岩储层的非均质性，如何寻找高效储层并实现储量的有效动用。近期系统研究认为高石梯构造灯影组的高产气井受沉积微相、岩溶古地貌及裂缝发育程度等因素控制,储集空间的不同组合方式控制气井产气能力。本文利用岩心、成像测井、常规测井及单井生产动态及测试资料,重点论述了高石梯构造单井稳产高产能力,结合溶蚀型储层、储集空间类型及组合方式,探讨了不同类型气井的高产能力,分析高产控制因素,为四川盆地震旦系及深层古老碳酸盐岩天然气的合理、有效勘探开发提供借鉴。

1 区域地质概况

川中地区位于四川安岳、遂宁及重庆潼南一带,构造上位于乐山—龙女寺古隆起的东端,在古隆起背景上发育了高石梯、磨溪、龙女寺大型潜伏构造。乐山—龙女寺古隆起形成于加里东期,是四川盆地规模巨大、抬升剥蚀持续时间最长、剥蚀幅度最大、覆盖面积最广的巨型隆起。该巨型隆起受基底控制,经历了多期同沉积隆起和剥蚀隆起,初步定型于志留纪末加里东构造期,在晚三叠世末的印支运动中得到较大发展,经过燕山构造至喜马拉雅期最终定型,形成现今构造格局,该古隆起对震旦系—下古生界天然气聚集成藏具有重要控制作用。

在沉积格局方面,灯影组沉积期以碳酸盐岩台地沉积为主,该时期四川盆地开始全面接受沉积。灯影组分为4个层段,从下往上依次为灯一段、灯二段、灯三段、灯四段,其中灯一段和灯三段为海侵域,岩性主要为泥页岩、砂质泥晶云岩及云质砂岩为主,灯二段和灯四段为高位域,岩性主要为藻云岩、粉晶云岩、泥晶云岩和粒屑云岩及含砂屑云岩,高位域相带分异明显且是储层主要发育层段。

区域地质研究表明,上扬子板块在震旦纪—早寒武世处于拉张构造环境,在四川盆地中西部发育近南北向的绵阳—长宁裂陷槽,由川西海盆向克拉通盆地内部延伸,宽度50~300km,南北长320km,面积$6×10^4 km^2$[13](图1)。灯影组沉积期沉积分异明显,从裂陷槽向两侧分别

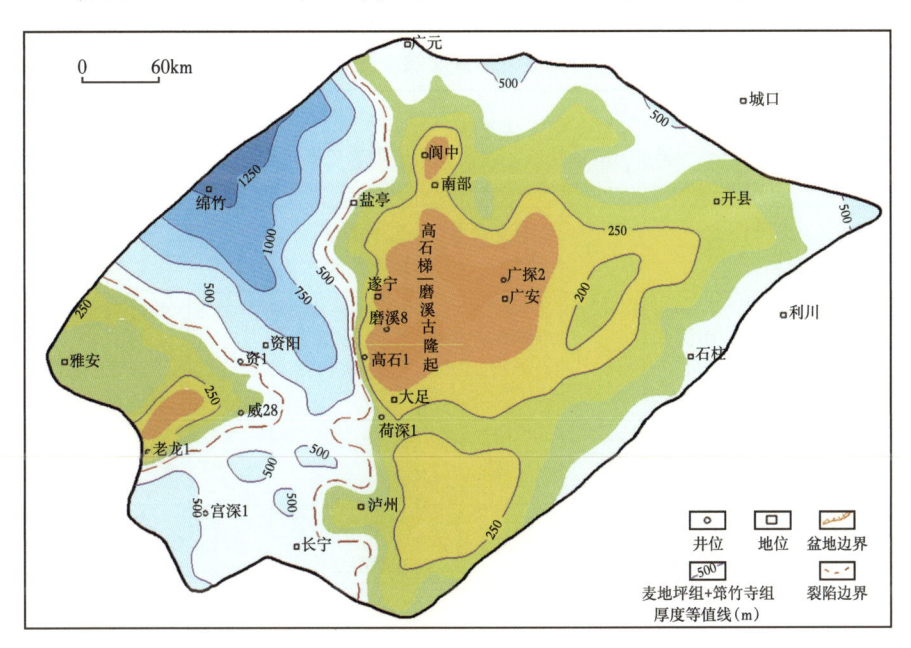

图1 四川盆地桐湾期高石梯—磨溪古地貌分布图[6]

发育槽盆—斜坡—局限台地边缘—台地内部潮坪、潟湖相碳酸盐岩沉积。裂陷槽内下寒武统筇竹寺组发育厚度达300~450m的深水陆棚相泥质岩沉积。高石梯—磨溪区块位于绵阳—长宁裂陷槽的东侧，灯四段台缘带丘滩体大面积发育，累计厚度达200~300m。桐湾运动二幕灯四段遭受风化淋滤和溶蚀改造，形成风化壳溶蚀孔洞型储层。

研究区一直处于继承性古隆起的高部位，且处于古今构造叠合高部位，长期为油气运移指向区，具有优越的成藏地质条件。主要烃源岩为下寒武统筇竹寺组黑色泥页岩和灯三段泥质岩，前者是灯四段的直接盖层和侧向封堵层。不整合面是主要运聚通道，以侧生旁储为主，兼有上生下储型和自生自储型，形成立体供烃的高效成藏组合。

2 岩溶储层征特征及主控因素

高石梯地区位于台缘带，由于沉积水动力较强，沉积微相主要为藻灰泥丘，其次为砂屑滩和云坪微相。储层岩石类型主要为藻凝块云岩、岩溶角砾岩、藻粘结砂屑云岩。在远离裂陷的台内带的沉积水动力较弱，地形起伏较大，同时受波浪和潮汐双重水动力作用，故沉积微相较复杂，以砂屑滩为主，其次为藻灰泥丘、藻云坪，储集岩石类型主要藻凝块云岩、藻粘结砂屑云岩、砂屑云岩、岩溶角砾岩和泥粉晶云岩。

2.1 储集空间类型

基于岩心精细描述，缝洞定量统计及成像测井解释，结合铸体薄片、全直径岩心CT扫描、核磁共振等，开展了储层宏观与微观综合评价。灯四段储层的储集空间类型多样，既有受组构控制的粒间（溶）孔、晶间（溶）孔、粒内溶孔、铸模孔、格架孔，又有不受组构控制的溶洞、溶缝和构造缝。根据储集空间类型及组合特征，划分为孔洞型、孔隙型、裂缝—孔洞型、裂缝—孔隙型四种储层类型（表1）。

表1 灯四段岩溶储层综合分类评价表

储层类型	岩性	渗流通道	裂缝发育程度	成像缝洞特征	孔喉特征	孔隙度（%）	渗透率（mD）	最大进汞饱和度（%）	核磁弛豫时间（ms）
裂缝—孔洞型	藻凝块云岩、泥晶云岩	裂缝	发育	溶洞发育且发育裂缝	孔喉分选好，缩颈喉道为主	≥3	≥0.1	≥50	≥100
孔洞型	藻凝块云岩、藻砂屑云岩、泥晶云岩	溶洞缩颈喉道	欠发育	溶洞发育呈蜂窝状	孔喉分选好，缩颈喉道为主	≥3	≥0.01	≥50	≥100
裂缝—孔隙型	泥晶白云岩、纹层状云岩	裂缝片状喉道	发育	发育裂缝		2~3	≥0.1	<50	10~100
孔隙型	硅质白云岩、纹层状云岩	片状喉道	欠发育	可见孤立溶孔	孔喉分选差，片状喉道为主	2~3	<0.01	<50	10~100

孔洞型储层主要发育于藻灰泥丘核部的藻凝块云岩中，其次为藻叠层云岩、藻粘结砂屑云岩及岩溶角砾岩中，溶蚀孔洞发育。岩心统计表明，灯四段小溶洞（2~5mm）占79%，中洞（5~

10mm)占15%,大洞(≥10mm)占6%;核磁T_2谱呈多峰形态,弛豫时间不小于100ms;压汞曲线分析表明,灯四段孔洞型储层的中值喉道半径一般为0.2~0.5μm,最大孔隙喉道半径为2~5μm。

孔隙型储层主要发育于砂屑云岩、藻纹层云岩、泥粉晶云岩等岩性中,多发育于水平潜流带下部或其与深部缓流带的过渡带,多为准同生期溶蚀所致,发育大量针孔,但溶洞欠发育。核磁T_2谱一般呈单峰形态,弛豫时间10~100ms,反映砂屑云岩粒间溶孔均匀发育;局部发育小型溶洞或裂缝时,核磁T_2谱呈多峰形态,弛豫时间可达100ms以上;中值喉道半径一般为0.02~0.2μm,孔喉分选较好。

在裂缝密集部位,发育裂缝—孔洞型、裂缝—孔隙型储层,裂缝包括构造缝和溶缝,溶蚀扩大并连通孔洞。裂缝主要作为储层渗流通道,溶蚀扩大的裂缝也具有一定的储集空间。裂缝—孔洞型、裂缝—孔隙型储层与孔洞型和孔隙型储层特征类似,主要差异表现为同等孔隙度的情况下由于裂缝的发育渗透率显著提高,排驱压力降低,孔隙构成更复杂,核磁T_2谱呈多峰形态,弛豫时间为10~100ms或100ms以上。

据岩心统计,高石梯—磨溪区块灯四段储层以孔洞型、孔隙型为主,其次为裂缝—孔洞型和裂缝—孔隙型,孔洞型储层占44%,孔隙型占29%,裂缝—孔洞型占16%,裂缝—孔隙型占11%。

2.2 储层物性特征

灯四段储层为低孔、低渗特征。岩心物性分析表明,氦气法孔隙度为0.13%~22.62%,平均为2.61%;孔隙度大于2%,占58.3%,平均孔隙度为3.60%;孔隙度大于4%,占15.6%,平均孔隙度为5.67%;孔隙度大于6%,占0.4%,平均孔隙度为8.1%。去除裂缝、缺口样品有467样次,渗透率在0.000025~56.9mD,平均渗透率为0.75mD;孔隙度大于2%的平均渗透率1.05mD。84样次全直径样品孔隙度分布在0.42%~10.71%之间,平均为3.66%;孔隙度大于2%样品,占80%,平均孔隙度4.2%。全直径样品的83样次的垂直渗透率在0.00152~6.32mD,垂直平均渗透率为0.51mD,水平平均渗透率为4.04mD;孔隙度大于2%的垂直平均渗透率为0.59mD,水平平均渗透率为4.86mD。水平渗透率高于垂直渗透率,显示顺层溶洞发育,对灯四段储层水平渗透性具有较大的贡献。灯影组储层孔隙度和渗透率散点图表明,储层的孔—渗关系较差(图2)。这表明该区灯四段储层的孔隙型、孔洞型、裂缝—孔洞型及裂缝孔隙型类型,在孔隙度小于4%的储层中发育,使渗透率变化大,证实裂缝对储层物性影响大。

以孔隙度2%、4%、6%为界,结合孔喉结构参数分布,建立灯四段的储层分类评价标准并开展储层分类评价。评价结果表明,Ⅰ类、Ⅱ类优质储层占34%,主要为溶蚀孔洞型和裂缝—孔洞型储层,优质储层的岩石类型主要为台缘带藻灰泥丘及丘滩复合体中的藻凝块云岩、藻黏结砂屑云岩和岩溶角砾岩。Ⅲ类储层占66%,主要为孔隙型和裂缝—孔隙型储层,除了上述岩石类型外,还包括薄层砂屑云岩、藻叠层云岩以及少量的藻纹层云岩和泥粉晶云岩(图3)。台缘带与台内带储层均有分布,Ⅰ类、Ⅱ类储层主要发育在台缘带,台内带主要为Ⅲ类储层。从灯四下亚段到灯四上亚段储层由南向北迁移,纵向上D4-5小层储层最发育,储层厚度10~46m;其次为D4-4小层,储层厚度5~18m;其他小层储层分布较零散,厚度4~25m。

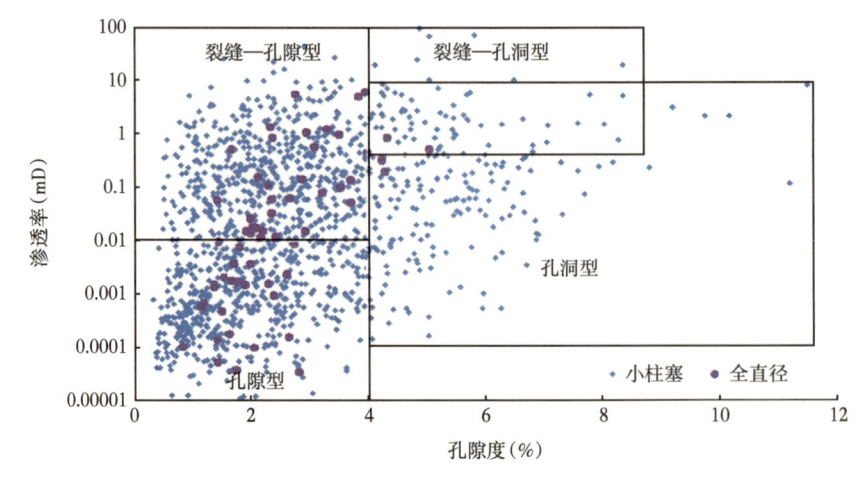

图 2　岩心测试的孔隙度—渗透率关系图

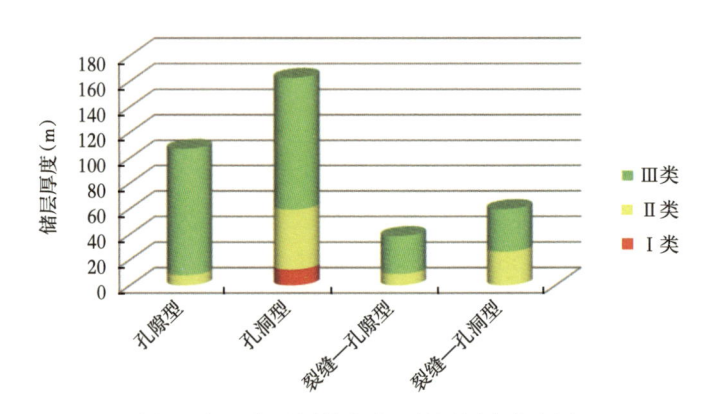

图 3　灯四段不同储集类型储层厚度分布图

2.3　储层发育主控因素

2.3.1　丘滩体是高效储层形成的物质基础

高石梯—磨溪区块台缘带丘滩体紧邻绵阳—长宁裂陷槽,在灯四段沉积期沉积时台缘带丘滩体叠置连片,大规模发育,藻凝块云岩、藻叠层云岩、藻粘结砂屑云岩中的粒间孔、格架孔发育,为后续的溶蚀作用和粒间溶孔、溶蚀孔洞的形成奠定了基础。灯四上亚段藻灰泥丘发育,灯四下亚段砂屑滩发育;台缘带主要为藻灰泥丘,台内带以砂屑滩为主,其次为藻灰泥丘、云坪、藻云坪;台缘带丘滩体厚度大,台内带丘滩体厚度薄。从下至上,丘滩体发育面积由台地边缘向东、向台地内部逐渐扩展。

根据高石梯地区灯四段取心井统计结果表明,台缘带藻灰泥丘相、颗粒滩相对发育,累计厚度占岩心长的 66.7%,灯四段单丘体厚度 0.6~16.51m,主要分布在 2.5~5m;复合丘体厚度主要分布在 5~10m,最大厚度 34.74m;单滩体厚度 0.4~6.63m,主要分布在 1~3m;复合滩体厚度主要分布在 4~6m,最大厚度 12.35m。台缘带丘滩体比台内带更发育,在台缘带丘滩复合体和云坪、藻云坪的叠置频率较低,且丘滩复合体厚度明显高于云坪微相,丘滩复合体厚度一般为5~15m,而云坪微相厚度一般为1~2m。而在局限台地内部,丘滩复合体和云坪、藻云坪的叠置频率较高,相带变换快,且丘滩复合体厚度与云坪微相厚度相当,丘滩复合体厚度一般为0.5~2m,而云坪微相厚度一般为0.5~1m。

从单井测试无阻流量看,钻遇丘滩体比例越高,无阻流量相对越大,从高石梯地区丘地比(钻遇丘滩体与地层厚度百分比值)看,一般在43%~83%,平均为68%。丘地比与无阻流量具有一定相关性,整体上丘滩体越厚,单井无阻流量越大(图4)。在丘地比小于65%时,无阻流量一般小于$100×10^4m^3/d$,平均为$28.9×10^4m^3/d$;丘地比大于65%时,无阻流量在$(32.6~100)×10^4m^3/d$,平均为$133.85×10^4m^3/d$。

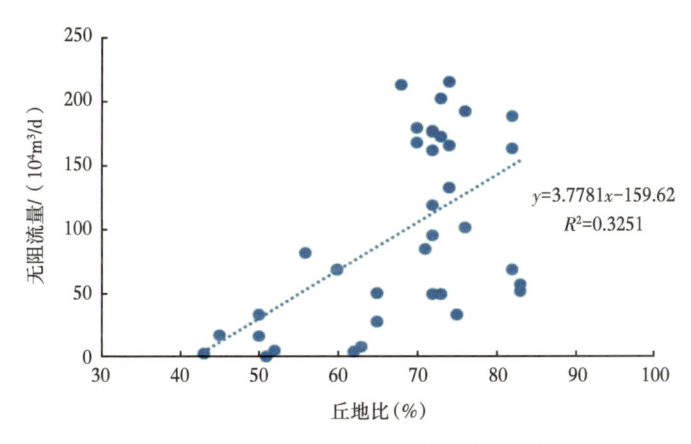

图4 灯四段丘地比与无阻流量关系图

2.3.2 表生期岩溶是优质储层形成的关键因素,储层分布受表生期岩溶古地貌控制

灯四段沉积后经历了压实、压溶、胶结、交代、重结晶、溶蚀、充填等多种复杂成岩作用,其中建设性成岩作用主要为早期准同生岩溶、表生期岩溶和埋藏期岩溶作用,其中以灯四段岩溶储层以桐湾期表生期岩溶对储集空间的贡献最大。灯影组沉积期末的桐湾运动Ⅱ幕抬升使灯四段遭受风化侵蚀,古风化壳暴露时间长达49Ma,发生大规模表生期岩溶作用。在靠近台缘带东侧20km内,残余地层厚度差异较大,地层厚度从缺失至350m,岩溶地貌差异大,桐湾期表生风化剥蚀强度大,灯四段岩溶影响深度可达震旦系顶部不整合面以下200m以上,如高石1井、2井井漏和放空分别距离灯四段顶界面190m、225m。从钻井取心见到的溶蚀孔洞和井漏、放空显示分析,风化壳岩溶比较普遍。

基于岩心精细描述和测井曲线特征分析,可以将研究区表生期岩溶从垂向上划分为地表岩溶带、垂向渗流带、水平潜流带和深部缓流带。从岩溶储层发育程度情况看,依次为水平潜流带、垂向渗流带、地表岩溶带、深部缓流带,其中水平潜流带溶蚀作用强,形成近水平的溶蚀孔洞层,在岩心上主要表现为大小不一的顺层溶洞的发育;垂直渗流岩溶带形成高角度溶沟、溶缝及小溶洞,孔洞部分被上覆地层沉积物、风化壳产物、围岩垮塌物等充填,残留溶洞分布不规则;地表岩溶带受风化淋滤及地表水流改造而破碎,溶蚀作用强,常被充填殆尽,残余孔洞低;深部缓流带溶蚀能力极弱,只能残留少量的溶蚀孔洞。在纵向上,表生岩溶主要发育在灯四上亚段,储层厚大,一般为50~90m,在高石梯地区后期的试采井和开发井一般以灯四上亚段为目的层,测试无阻流量为$(56.4～215)\times10^4m^3/d$,平均为$142.5\times10^4m^3/d$;灯四下亚段表生期溶蚀作用不发育,储层厚度一般为$20～55m$,测试无阻流量为$(2.1～197.5)\times10^4m^3/d$,平均为$53.5\times10^4m^3/d$。

在平面上采用印模法可以恢复筇竹寺组沉积前的震旦系顶风化壳古地貌,按古地形高低划分为岩溶高地、岩溶斜坡、岩溶洼地等古地貌单元。其中岩溶高地长期处于裸露风化状态,容易遭受到大气淡水的淋滤,岩溶作用以垂向渗滤为主,形成垂向溶蚀带、落水洞等岩溶形态,在构造破碎带和裂缝相对密集的部位可能发生较强的溶蚀作用;岩溶洼地地形低洼而相对平缓,多为汇水区,不利于岩溶储层的形成。岩溶斜坡一般高于潜水面或位于潜水面上下,地下水以径流状态为主,为地表水快速下渗和侧向运移排泄区,溶蚀作用强烈,充填作用较弱,有利于大面积似层状溶蚀孔洞形成,为优质储层的主要发育部位。高石梯地区主要处于岩溶斜坡部位,根据残余厚度进一步细分岩溶残丘和岩溶沟谷,其中岩溶残丘储层最发育,孔洞发育,充填程度低,洞密度多大于30个$/m$,测试无阻流量为$(16～215)\times10^4m^3/d$,平均为$114.7\times10^4m^3/d$;岩溶沟谷孔洞欠发育,后期充填强,洞密度一般小于10个$/m$,测试无阻流量为$(0.05～16)\times10^4m^3/d$,平均为$5.5\times10^4m^3/d$。

3 气藏渗流特征及高产因素分析

灯影组储层主要为低孔、低渗特征,局部为高孔渗段,压汞主要为中等偏粗歪度、分选中等特征,小样测试中反应溶蚀孔洞型白云储层物性普遍较差,曲线差异大。应用试井等动态资料进一步分析储层宏观渗流特征,认清气藏的生产能力。

3.1 试井特征

应用不稳定试井方法对灯四段气藏试油测试资料进行灯四段压力响应分析,进一步判断储层的宏观渗流特征,压力恢复试井双对数曲线上压力导数都表现出了近井区与远井区径向流不一致的特点。采用区复合模型试井解释,显示裂缝导流特征,大部分气井具有边界特征,近井区的范围较小,仅有$2～37m$。从试井特征分析(图5),灯四段储层总体上表现出低渗透的特征、较强的非均质性,存在局部致密特征,渗透率变化范围大,近井区渗透率为$0.003～32.12mD$,平均为$7.5mD$;试井等效渗透率为$0.003～14.68mD$,平均为$1.16mD$。

在钻井过程由于泥岩比重过大,容易造成井筒附近区域储层受到污染,使气井的产能受到抑制,因此在试油过程中通常都要对储层进行酸化改造,起到一定解堵作用。另外对于发育有溶蚀孔洞或裂缝的储层,部分裂缝或溶洞在成岩过程中被充填,在试油或后期生产过程中对储层进行酸压改造,在一定程度上能沟通基质、裂缝和溶洞三类介质,也能改善近井区储层的渗透性能,提高气井产能。该区所有气井在试油过程中基本都进行了酸化改造,且酸化以后测试产量普遍有所提高,从试井解释结果来看,近井区渗透率都高于等效渗透率,说明酸化解堵有一定效果,在近井区半径小平均为$18.7m$,表明酸化改造范围比较有限。

根据试井解释形态,结合该区溶蚀孔洞型储层特征及裂缝发育情况,气井钻遇的储层情况可能有4种情况。一是钻遇大的缝洞系统,缝洞搭配较好,储层渗透性好,连通范围大,井控储量较大,如高石3井;二是钻遇较大的缝洞体,同时靠缝与其他的较小的缝洞相连,储层渗透性较好,连通范围小,如高石1井;三是钻遇较小的缝洞体,同时靠缝与其他大的缝洞体相连,储层渗透性较好,连通范围小,如高石 8 井;四是未钻遇缝洞系统,储层渗透性差,连通范围小,如高石 16 井。整体上看,第一至三类气井钻遇有效缝洞体,具备一定的稳产能力;第四类未钻遇有效缝洞体,产能及稳产能力低。

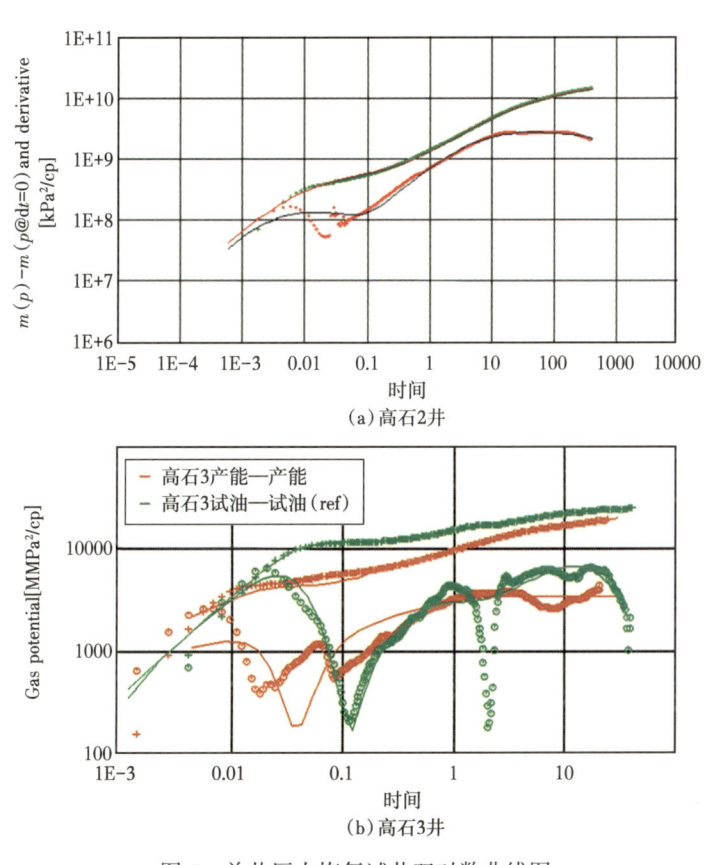

图 5 单井压力恢复试井双对数曲线图

3.2 产能特征

通过对高石梯—磨溪地区灯四段气藏试油井资料的分析,利用井筒管动力学,将井口油压折算成井底流压力,应用陈元千一点法计算气井初始的无阻流量。气井无阻流量分布范围广,为$(0.2\sim 222.3)\times 10^4 m^3/d$,平均为 $67.9\times 10^4 m^3/d$。从结果可知高石梯区块灯四段气藏气井的产能优于磨溪区块,高石梯区块气井平均试气无阻流量为 $93.7\times 10^4 m^3/d$,磨溪地区平均试气无阻流量为 $34.7\times 10^4 m^3/d$。

在高石梯—磨溪地区灯四段一般分为灯四上亚段和灯四下亚段,灯四上亚段受表生溶蚀作用,溶蚀孔洞发育,灯四下亚段为裂缝—孔隙型储层,由于不同气井钻遇灯四段情况不一致,有的仅钻达灯四上亚段,未钻完灯四段。在单井测试中,有的仅测试上亚段或下亚段,有的整段都测试。从测试情况看,气井产能差异大,台缘带高于台内带,灯四上亚段高于灯四下亚段,缝洞搭配是获得气井高产的必要条件。对灯四上亚段、灯四下亚段分层及灯四段合试测试的 66 个井段统计,平均试气无阻流量为 $75.6\times 10^4 m^3/d$,其中,灯四上亚段有 52 个井段,平均试气无阻流量为 72.1×10⁴m³/d;灯四下亚段有 9 个井段,平均试气无阻流量为 53.5×10⁴m³/d;灯四段合试有 6 口井,平均试气无阻流量为 102.1×10⁴m³/d。

高石梯地区的灯四上亚段测试情况看,单井钻遇的溶蚀孔洞层及裂缝厚度越大,单井产能越高。台地边缘沉积微相为藻滩相,同时表生期岩溶处于斜坡带,岩溶储层发育,在台缘带、缝洞搭配发育及等效渗透率高的地方气井产能高。高石梯地区台缘带陡坎带 5km 范围内钻井 23 口,无阻流量为(7.09~215)×10⁴m³/d,平均为 124.08×10⁴m³/d;在远离台缘 5km 外的钻井 14 口,单井产能普遍较低,在钻遇裂缝发育带,产能较大,无阻流量为(0.05~177)×10⁴m³/d,平均为 52.4×10⁴m³/d。

高石梯地区有直井、斜井及水平井 3 种类型,无阻流量,直井 18 口,无阻流量为(0.05~212.79)×10⁴m³/d,平均为 72.88×10⁴m³/d;斜井 13 口,无阻流量为(15.97~202.51)×10⁴m³/d,平均为 101.26×10⁴m³/d;斜井 6 口,无阻流量为(83.76~215)×10⁴m³/d,平均为 159.98×10⁴m³/d。

3.3 高产控制因素

高石梯灯四段气藏储层主要是在台地边缘的丘滩体微相基础上,在桐湾期表生期溶蚀作用下,形成良好的溶蚀孔洞型白云岩储层,在后期的多期裂缝改造作用,形成良好缝洞体,台缘带丘滩体、古斜坡岩溶残丘及裂缝发育带共同控制作用形成高效储层。

3.3.1 孔洞储层厚度是长期稳产的基础

灯影组灯四段发育风化壳型岩溶储层,区域性大面积分布;优质储层受丘滩体相带控制,沿德阳—安岳台内裂陷两侧台缘带分布,是灯影组高产井的主要分布区。灯影组灯四段白云岩储层显著特征为溶蚀孔、洞发育,非均质性强,属于典型的风化壳型岩溶储层。储层分布范围广,从盆内到盆缘均可见这套风化壳型储层,呈现区域性分布特点。灯四段相对高孔渗的优质储层形成受"相控"+"表生岩溶作用"联合控制。受岩相、岩溶叠加影响,德阳—安岳台内裂陷西侧灯四段储层连片分布,台缘带高石梯—磨溪地区发育,台缘带岩溶深度大于 200m;储层厚度 60~130m;台内岩溶深度小于 100m,储层厚度 30~70m。

目前钻遇的高产井主要分布高石梯—磨溪的台缘带相区,从单井无阻流量看,在台缘带无阻流量高,从台缘到台内,随距离台缘越远,无阻流量越低。在距台缘 10km 范围内,无阻流量在(0.7~223.43)×10⁴m³/d,平均为 95.2×10⁴m³/d,其中在 5km 范围内无阻流量在(0.7~223.43)×10⁴m³/d,平均为 100.87×10⁴m³/d,在 5~10km 范围内无阻流量在(3.37~177)×10⁴m³/d,平均为 77.75×10⁴m³/d。在 10~15km 范围内无阻流量在(0.05~167.5)×10⁴m³/d,平均为 41.56×10⁴m³/d,大于 15km 台内区单井产量整体偏低,无阻流量在(2~95.8)×10⁴m³/d,平均为 22.8×10⁴m³/d。

3.3.2 裂缝程度提高气井的单井产能

高石梯地区灯影组发育 4 期构造裂缝:一是桐湾期,主要为共轭剪切缝,表生岩溶期,控制岩溶,裂缝溶蚀扩大,泥质、黄铁矿、白云石、半充填;二是加里东期,主要为斜缝、网状缝,充填白云石、沥青质;三是印支期,主要为水平缝、低角度缝,沥青半充填,与油气充注相关;四是喜马拉雅期,主要为贯通直缝,未充填,改善渗透性。总体而言,最晚的喜马拉雅期贯通直缝均未充填,对渗透率的贡献最大,其次为桐湾期共轭剪切缝,该期裂缝开度大,控制溶洞的分布,仅部分充填,仍保留了大量溶蚀孔洞。加里东期、印支期裂缝经历早期油气充注,发生了沥青、白云石、石英、黄铁矿等多期充填,基本上为无效裂缝。

根据成像测井解释及地震预测缝洞发育统计,高石梯灯四上亚段平均裂缝密度为 0.38 条/m,灯四下亚段平均裂缝密度为 0.35 条/m;磨溪灯四上亚段平均裂缝密度为 0.35 条/m,灯四下亚段平均裂缝密度为 0.15 条/m。整体上灯四上亚段好于灯四下亚段,高石梯区块优于磨溪区块,台缘带优于台内。构造裂缝受断层、褶皱、区域应力控制,主断层和次级断层控制裂缝发育有效范围为 80~150m,微断层控制有效范围为 40m 以内,褶皱曲率局部高值区控制张性裂缝发育;利用分频相位、边界保持滤波、多尺度相干和蚂蚁追踪,结合有限元裂缝模拟结果表明,裂缝线密度 0.1~0.8 条/m,主要集中于 0.2~0.5 条/m。整体上,裂缝密度越大,单井无阻流量越高,在裂缝密度大于 0.17 条/m,测试无阻流量一般较大,一般为(17.5~178.5)× $10^4 m^3/d$,平均为 $67.7×10^4 m^3/d$(图6)。

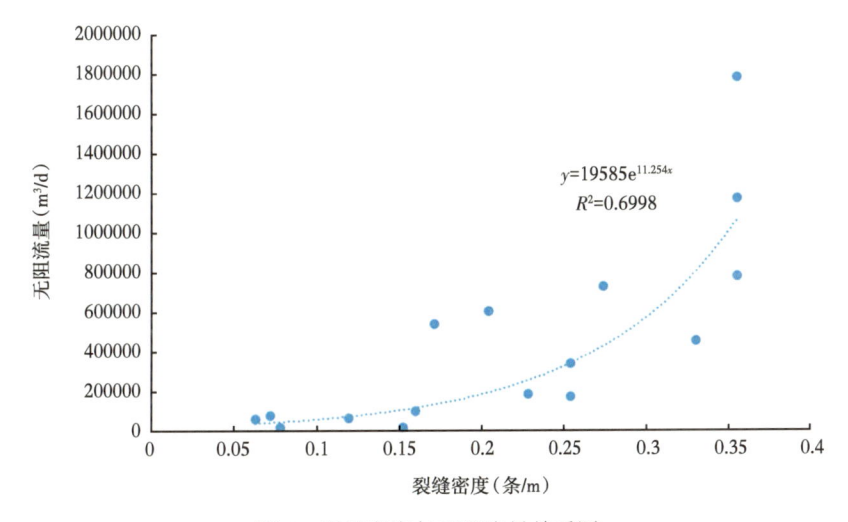

图 6 裂缝密度与无阻流量关系图

裂缝与孔洞搭配好是获得气井高产及相对长期稳产的必要条件,既要有充足的孔洞空间,又要有相对畅通的井筒与储集层之间连通通道,在井筒近井区的大喉道和裂缝是主要的渗流通道。从试井情况看,灯四段储层总体上表现出低渗透的特征,表现出较强的非均质性,储层存在局部致密特征,近井区渗透率一般大,在高石梯地区试井近井区渗透率为 0.21~42.13mD,平均为 13.53mD;等效渗透率一般为 0.03~14.687mD,平均为 1.41mD。无阻流量与近井区渗透率具有相对较好的相关性,近井区渗透率大于 20mD 的测试无阻流量一般大于 $150×10^4 m^3/d$。从试井和生产动态上看,试井等效值与无阻流量呈正相关性,孔洞型储层与厚度的相关性比较好,裂缝及缝洞发育的储层产能高(图7)。在裂缝比较发育的井,单井无阻流量比较高,但是单井动态储量一般比较低,气井不能保持长期稳产,如高石7井为直井,裂缝发育,成像测井裂缝条数 0.66 条/m,钻井过程中漏失近 $700m^3$ 钻井液,放空 0.15m;储层较差,测井解释没有孔隙度大于6%的储层,动态储量小于该区平均值,测试产量及无阻流量均高,与斜井或水平井相对。高产井主要受裂缝或大喉道分布特征影响,但单井既要高产又能长期稳产,才能保持气藏效益开发。

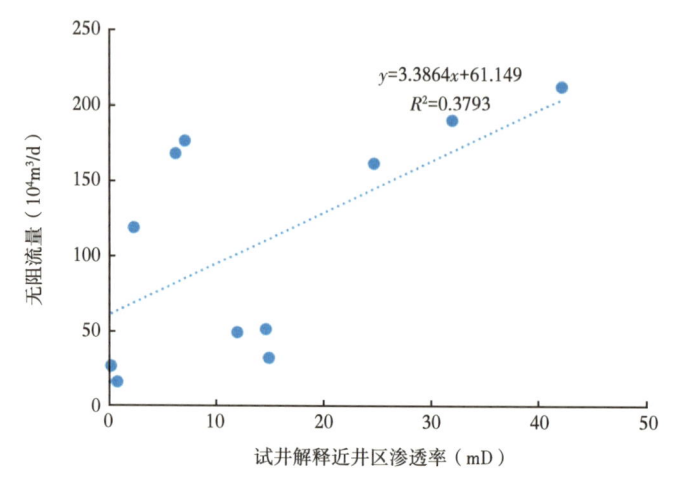

图 7 试井近井渗透率值与无阻流量的关系图

4 开发动态特征及开发技术对策

灯四段以溶蚀孔洞型储层为主,但不同类型储层在纵、横向上有效配置,才能形成有效的储渗体,即有充足的储集空间,又有丰富的流动通道,才能高产又能相对长期稳产。从应用不稳定试井、生产动态分析及产能特征分析单井开发动态特征。单井产能差异大,不稳定试井曲线多表现为带边界或多区复合特征,连通范围有限,井控动态储量差异大,单井泄气面积不均,动态与静态结合将气井划分三类,开发动态好的 I、II 类井占比 73.4%。

4.1 生产动态特征

灯四段以溶蚀孔洞型储层为主,同时有裂缝沟通,使不同类型储层在纵、横向上有效配置,形成有效的储渗体,成为即有充足的储集空间,又有丰富的流动通道,才能使单井高产并稳产。在岩溶型碳酸盐岩中,常发育溶蚀洞穴,即使储集空间,也是良好的渗流通道,结合灯四段储集空间类型在纵横向上的配置关系,划分洞穴—孔洞型、裂缝—孔洞型、孔洞型、裂缝—孔隙型和裂缝型五类储层组合模式,其中洞穴—孔洞型、裂缝—孔洞型是气藏高产、稳产的最优组合模式[14]。

洞穴—孔洞型、裂缝—孔洞型组合发育大套孔洞层段,连通性储集空间大,提供丰富资源,保证单井长期稳产;同时洞穴、裂缝是优质渗流通道,保持单井高产,在灯四上亚段溶蚀孔洞储层发育,在高石 3、高石 2、高石 12 等井区为代表,单井稳产能力强,动态储量高,一般大于 $10 \times 10^8 m^3$。如高石 2 井灯四上亚段在 5023~5121m 井段为孔洞型、裂缝孔洞型储层,在成像资料综合解释出溶蚀孔洞层 43m、裂缝—孔洞层 13.8m、洞穴层 3.2m,累计 60m。在该段测试产气 $88.05 \times 10^4 m^3/d$,高石 2 井在当产量降低到 $20 \times 10^4 m^3/d$ 左右时,油压降速减小到 0.5MPa/月左右,生产平稳试采期间,稳产能力较强。

孔洞型模式为高石梯地区较好储层组合类型,主要储集空间为溶蚀孔洞,渗流通道主要优质孔洞段,该类产量中等,稳产时间长,为中产长期稳产型,主要有高石 1 井、高石 9 上亚段为代表。如高石 1 井上亚段 4956~5093m 成像测井综合解释孔洞层段 78.8m,占 57.5%,该段酸化后测试产量32.28×10⁴m³/d,在2012年9月开始与灯二段一起试采,产量一般为(5~6)×10⁴m³/d,经历多次关停恢复,早期井口压力变化大(1MPa/月),后期在压降减慢,稳定在19~20MPa。

裂缝—孔隙型、裂缝型主要储集空间为溶孔、晶间孔,孔隙度一般小于4%,渗流通道为裂缝,渗透率大,导致供气能力相对不足,一般测试产量高,但稳产时间相对较短,为高产短期稳产型,在该类储层应控制产量,达到最大的储量动用。如高石9井下亚段整体为裂缝—孔隙型、裂缝型储层,在5291.5~5393.5m之间成像综合解释裂缝—孔隙层段厚为49.8m、裂缝层段厚为47.5m,合计为101.5m,占95.8%。在5238.0~5259.0m之间、5291.5~5393.5m之间酸化后测试产量为91.56×10⁴m³/d,其关井压力恢复的双对数曲线表现整体径向流特征,表征裂缝发育,与孔隙形成似均值储层。

4.2 开发技术对策

针对岩溶型储层非均质强的特征,以降低开发风险、提高开发效益为目标,"统筹兼顾、分步实施、择优动用、效益开发,滚动建产,接替稳产"。

(1)高磨地区灯四段储层整体上低孔低渗,非均质性强,其中灯四上亚段受表生溶蚀作用,储层发育。开发层位上,以灯四上亚段为主,兼顾灯四下亚段;平面上优选溶蚀孔洞型、裂缝—孔洞型储层发育有利区,择优建产,滚动开发。

(2)建立地震高产井模式,根据台缘丘滩与斜坡残丘叠合区域内的丘状、叠瓦状、低频、弱连续、中强振幅高产井地震响应模式优选井位,确保气井中高产。

(3)高石梯区块灯四段储层厚度大、纵向储层分散且跨度大、非均质性强,采用大斜度井开发方式,有利于纵向各层储量的有效动用,井距1~2km。在顺层溶蚀孔洞发育,丘滩体储层单层厚度较大的井区可以实施水平井开发。

(4)由于灯二段气藏底水发育,在断距大于50m可能连通灯二段底水的断层区域,远离断层1km以上部署开发井,并通过优化配产和间歇式生产延缓底水快速锥进。

(5)鉴于高石梯—磨溪区块的灯四段储层强烈的非均质性,缝洞储渗体定量预测不能满足井位部署需要。气井产能差异大,试采井少,不同类型气井的井控储量及井间连通性不落实。建议试采覆盖Ⅰ、Ⅱ、Ⅲ类井12~18口井,落实各类气井的产能。单井连续生产6~12个月,落实气井动态储量及连通性。建议放缓建产节奏,滚动开发,并在开发过程中持续优化,降低开发风险。

5 结论

(1)高石梯地区在灯影组沉积期位于台缘带,主要为藻灰泥丘,其次为砂屑滩和云坪微相。灯四段储层根据储集空间类型及组合特征划分为孔洞型、孔隙型、裂缝—孔洞型、裂缝—孔隙型4种储层类型,以孔洞型、孔隙型为主。灯四段储层为低孔、低渗特征,孔洞型和裂缝—孔洞型储层为优质储层,占34%,主要台缘带的藻灰泥丘及丘滩复合体中的藻凝块云岩、藻粘结砂屑云岩和岩溶角砾岩。

(2)高石梯单井压力恢复试井表现出了近井区与远井区径向流不一致,具有裂缝导流特征,近井区范围较小,仅有2~37m,渗透率变化范围大,近井区渗透率平均为7.5mD,试井等效渗透率平均为 1.16mD。气井钻遇的储集空间可划分大的缝洞系统、与较小的缝洞相连的较大缝洞体、与大缝洞体相连的较小缝洞体,储层渗透性较好及未钻遇缝洞系统 4 种。单井无阻流量为 $(0.2\sim222.3)\times10^4m^3/d$,平均为 $67.9\times10^4m^3/d$,高石梯区块气井产能优于磨溪区块,灯四上亚段高于灯四下亚段,台缘带优于台内带,一般水平井产能高于斜井产能,斜井优于直井。

（3）根据储集空间类型在纵横向上的配置关系,划分洞穴—孔洞型、裂缝—孔洞型、孔洞型、裂缝—孔隙型和裂缝型 5 类储层组合模式,其中洞穴—孔洞型、裂缝—孔洞型。洞穴—孔洞型、裂缝—孔洞型组合发育大套孔洞层段,是气藏高产稳产的最优组合模式。孔洞型模式产量中等,稳产时间长,为中产长期稳产型。裂缝—孔隙型、裂缝型为高产短期稳产型。

（4）高石梯灯四段气藏储层主要是在台地边缘的丘滩体微相基础上,在桐湾期表生期溶蚀作用下,形成良好的溶蚀孔洞型白云岩储集层,在后期的多期裂缝改造作用,形成良好缝洞体,在构造有利部位的桐湾期古地貌斜坡带残丘上的台缘带丘滩体是高产稳产地区。钻遇丘滩体比例越高单井无阻流量相对越大,岩溶残丘储层最发育,孔洞发育,无阻流量大,裂缝密度大于 0.17 条/m,测试无阻流量较大,平均为 $67.7\times10^4m^3/d$。

（5）台缘带藻灰泥丘微相是优质储层发育基础,风化溶蚀作用形成溶蚀孔洞型储层,缝洞搭配发育是获得气井高产的必要条件,高产井主要位于缝洞较发育的台缘带丘滩、岩溶斜坡残丘带、裂缝发育带叠合区;优选台缘丘滩与斜坡残丘叠合区域的溶蚀孔洞型、裂缝—孔洞型储层发育区为建产目标区,主体采用大斜度井开发方式,放缓建产节奏,滚动开发,持续优化,降低开发风险。

参 考 文 献

[1] 宋文海. 对四川盆地加里东期古隆起的新认识[J]. 天然气工业,1987,7(3):6-11.

[2] 罗冰,罗文军,王文之,等. 四川盆地乐山—龙女寺古隆起震旦系气藏形成机制[J]. 天然气地球科学,2015,26(3):444-455.

[3] 李晓清,汪泽成,张兴为,等. 四川盆地古隆起特征及对天然气的控制作用[J]. 石油与天然气地质,2001,22(4):347-350.

[4] 刘顺,罗志立,熊荣国,等. 从实验岩石变形过程探讨四川盆地加里东古隆起的形成机制[J]. 成都理工学院学报,2000,27(4):343-347.

[5] 罗志立,刘顺,徐世琦,等. 四川盆地震旦系含气层中有利勘探区块的选择[J]. 石油学报,1998,19(4):1-7.

[6] 魏国齐,沈平,杨威,等. 四川盆地震旦系大气田形成条件与勘探远景区[J]. 石油勘探与开发,2013,40(2):129-138.

[7] 宋文海. 乐山—龙女寺古隆起大中型气田成藏条件研究[J]. 天然气工业,1996,16(增刊):13-26.

[8] 张建勇,罗文军,周进高,等. 四川盆地安岳特大型气田下寒武统龙王庙组优质储层形成的主控因素[J]. 天然气地球科学,2015,26(11):2063-2074.

[9] 邹才能,杜金虎,徐春春,等. 四川盆地震旦系—寒武系特大型气田形成分布、资源潜力及勘探发现[J]. 石油勘探与开发,2014,41(3):278-293.

[10] 魏国齐,杨威,杜金虎,等. 四川盆地震旦纪—早寒武世克拉通内裂陷地质特征[J]. 天然气工业,2015,35(1):24-35.

[11] 罗冰,杨跃明,罗文军,等. 川中古隆起灯影组储层发育控制因素及展布[J]. 石油学报,2015,36(4):416-426.

[12] 周正,王兴志,谢林,等. 川中地区震旦系灯影组储层特征及物性影响因素[J]. 天然气地球科学,2014,25(5):701-709.
[13] 魏国齐,杨威,杜金虎,等. 四川盆地高石梯—磨溪古隆起构造特征及对特大型气田形成的控制作用[J]. 石油勘探与开发,2015,42(3):257-265.
[14] 张林,万玉金,杨洪志,等. 四川盆地高石梯构造灯影组四段溶蚀孔洞型储层类型及组合模式[J]. 天然气地球科学,2017.28(8):1192-1199.
[15] 曾洪流,赵文智,徐兆辉,等. 地震沉积学在碳酸盐岩中的应用:以四川盆地高石梯—磨溪地区寒武系龙王庙组为例[J]. 石油勘探与开发,2018,45(5):761-770.

Characteristics of fractures and dissolved vugs of LWM Formation gas reservoir in Moxi Block and its influence on gas well productivity

Guo Zhenhua[1] Li Xizhe[2] Li Qian[3] Liu Xiaohua[4]
Zhang Chun[5] Wang Bei[6] Zhao Zhihan[7]

(1. Research Institute of Petroleum Exploration & Development, Petro China, Beijing, China;
2. Research Institute of Petroleum Exploration & Development, Petro China, Beijing, China;
3. Research Institute of Exploration and Development, Southwest Oil & Gas Company, Petro China, Chengdu, China;
4. Research Institute of Petroleum Exploration & Development, Petro China, Beijing, China;
5. Research Institute of Exploration and Development, Southwest Oil & Gas Company, Petro China, Chengdu, China;
6. Research Institute of Exploration and Development, Southwest Oil & Gas Company, Petro China, Chengdu, China;
7. Research Institute of Exploration and Development, Southwest Oil & Gas Company, Petro China, Chengdu, China)

Abstract: The Longwangmiao Formation gas reservoir in Moxi block is a lithologic-structural gas reservoir with large gas-bearing area and low structural amplitude. There is a risk of rapid water invasion in the gas production due to strong heterogeneity of fractures and dissolved vugs. Therefore, to clarify the characteristics of reservoir fractures and vugs andits effect on gas well productivity, is of great significance to fine characterization of water invasion channels, optimization of development technology policy, and improvement of gas reservoir development effect. On the basis of detailed description of core fracture and interpretation of imaging logging, this paper makes a comprehensive analysis of geological and dynamic data. The results show that: Firstly, Reservoir dissolution pores and vugs are well developed, but their spatial distribution is strong heterogeneous. They are concentrated in the middle part of Longwangmiao Formation vertically and distributed in two main grain shoals horizontally. The main grain shoals are mostly composed of single shoal with length of less than 20 m and width of less than 10 m. The single shoal mainly distribute in NE-SW direction, with a maximum length of 190 m and a width of about 50m. Secondly, there are three kinds of natural fractures, which are mainly high-angle structural fractures. Among them, the unfilled high-angle fractures are large in scale and penetrate the Longwangmiao Formation strata. These high-angle structural fractures are widespread developed in the whole area, most of them developed in four relative development zones. Thirdly, influenced by the development of reservoir micro-fractures, the development scale of high-quality reservoirs (Reservoir with millimeter sized dissolved vugs and solution pores) is the main factor determining gas well productivity; a large number of high-angle structural fractures can effectively connect the interior of gas reservoirs, and greatly increase reservoir permeability by 1-2 orders of magnitude.

Key words: Moxi block, Longwangmiao Formation, Characteristics of fractures and dissolved vugs, Well productivity, Control factors

1 Introduction

The Longangmiao (hereafter shortened as LWM) gas reservoir in Moxi Block is the monomeric marine carbonate gas reservoir discovered in China so far, Proved gas reserves is over $4400 \times 10^8 m^3$ [1,2]. Since the breakthrough of well W35 in 2012, explorations of LWM Gas Reservoir have been intensified and a lot of progresses have been made through evaluation. The appraisal results of sediment[3-5], lithology, reservoir space types[6-10] and gas reservoir type[11] indicate that LWM gas reservoir is a superior large ensemble carbonate gas reservoir with well-continuity and high deliverability. With more production performance data from appraisal wells, LWM gas reservoir shows certain complications: (1) Influenced by the heterogeneity distribution of dissolved pores and fractures, the gas well deliverability varies greatly in different parts of the gas reservoir. (2) With multi structure highs, small gas column height, well-developed fractures and complex gas-water relationship, the reservoir has a potential risk of water invasion[12]. Therefore, clarify the development characteristics of reservoir fractures and vugs and their effect on gas well productivity, it is of great significance to fine characterize of water invasion channels, optimize development technology policy, delay edge water breakthrough, prolong stable production and enhance development effect.

2 Gas reservoir overview

Anyue Gas Field is located in Suining, Ziyang, Chongqing and Tongnan of Sichuan province. Longwangmiao (hereafter shortened as LWM) gas reservoir in Moxi Block, Anyue Gas Field belongs to the Weiyuan-Longniusi structure group of Central Sichuan gentle fold belt in Sichuan Basin (Fig. 1). The LWM Formation has a depth of 4500~4800 m and a stratum thickness of 80~100 m. Its main structural closure is 145 m and the closed area is 510.9 km². It has the characteristics of gentle structure and multi structure highs.

Controlled by rise of Leshan-Longnüsi Paleouplift, water became shallow in Moxi Block during Cambrian formation deposition. LWM Formation can be divided into four phases of shallow cycles, and there developed four phases aggrade grain shoals corresponding with deposition cycles[13]. The reservoir rock types are mainly sand dolomite and fine-grained dolomite, also include medium coarse crystal dolomite, sand-bearing powdered crystalline dolomite and mud powder crystal sand-filled dolomite. The reservoir space includes five types of vugs, intergranular dissolved pores, intercrystalline dissolved pores, intercrystalline pores and fractures. The reservoir type is generally fracture-vug type, which is most developed in 2nd and 3rd phase grain shoals. There are uneven development of fractures and vugs in different blocks and different vertical sections, and there are reservoir types such as fracture-pore type and pore type. In general, the LWM reservoir is a low-porosity and medium-high permeability gas reservoir.

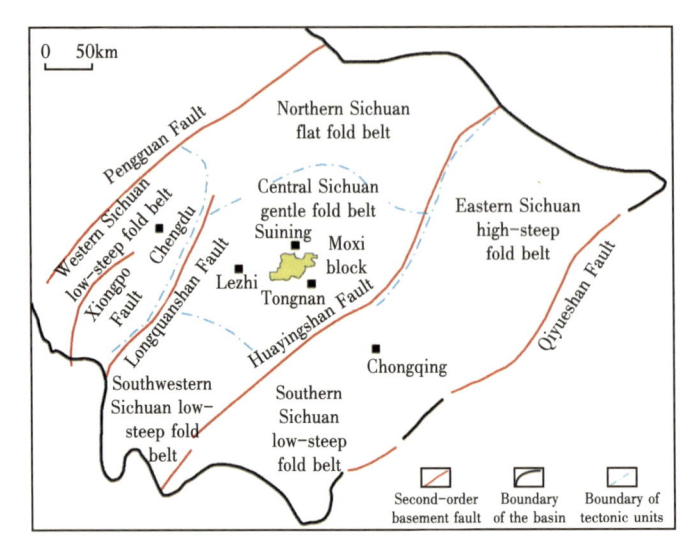

Fig. 1 Location of Block Moxi in Anyue gas field, Sichuan Basin

The original stratum pressure of the main body of the LWM Formation gas reservoir in Moxi block is 75.83 MPa, the pressure coefficient is 1.64, the formation temperature is 140.21 ℃, the H_2S content is 5.0~11.68g/m^3, and the CO_2 content is between 21.50~48.83g/m^3. It belongs to high temperature, high pressure, medium H_2S, low-medium CO_2 gas reservoir. The unique GWC is −4385m in the target developing area and it is a lithologic-structural gas reservoir with large gas-bearing area[11, 14].

The gas well has high deliverability, and the gas production of more than 20 exploration wells is between (7~150)×10^{4}m^3/d. The average gas production of more than 30 development wells is 150×10^{4}m^3/d, and their average AOF is 686×10^{4}m^3/d.

3 Characteristics of dissolved vugs and pores

Dissolved vugs are the main reservoir space in the LWM Formation. Almost all the core wells have dissolved vugs reservoir sections, the thickness of the dissolved vugs reservoir in core wells is large except W13、W15、W16、W17 (Fig. 2). The average vugs density of the core section of the single well is 4.9~90.9/m. A case from W43 well, there are 3650 vugs distributed in 40.22m dissolved vugs reservoir and its dissolved vugs density up to 90.9/m. Of the total vugs, the large (radius greater than 10mm), middle (radius of 5~10mm), small (radius of 2~5mm) is account for 3.99%, 15.46% and 80.55% respectively.

In Previous studies[13], based on core fine description, mercury intrusion porosimetry (MIP), CT scan and physical property analysis, three types of reservoirs are divided according to development degree of pore and vug: dissolved vug type (Type Ⅰ), dissolved pore type (Type Ⅱ), and matrix pore type (Type Ⅲ). Almost all Type I and Type II reservoirs developed in W36—W11—W2 area and W35—W48 area with higher ancient landform. In contrast, Type II and Type III reservoirs developed in W23—W16—W15 area with lower paleogeomorphology.

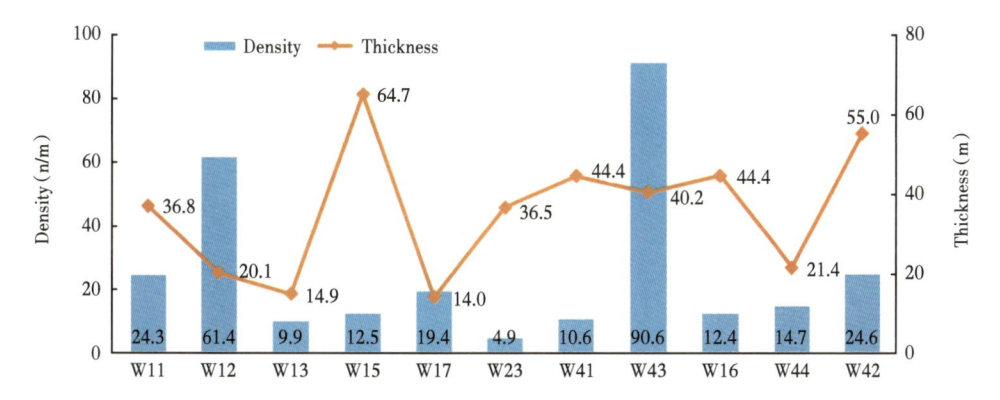

Fig. 2 The thickness and density of dissolved vugs of single well

The construction of LWM Formation gas reservoir completed at the end of 2016, and the data is more abundant than the previous research. This paper divided the reservoirs into three types (Type I, Type II and Type III) based on core fine description, conventional logging interpretation and image interpretation of fracture parameters, and analyzed the development characteristics of different types of reservoirs in vertical and lateral. In order to avoid the big data analysis misunderstanding caused by the horizontal wells and high-angle wells[16], only straight wells analyzed in this study.

The statistical results (Tab. 1) show that the maximum accumulative thickness of Type I reservoir of single well in circle II and circle III is 17.6m and 15.9m, and the maximum accumulative thickness of Type II reservoir of single well in circle II and circle III is 16.5m and 19.8m. The Type I and Type II reservoir develop only a small amount in local areas in in circle I and circle IV. Based on the single well statistics and the thickness of different reservoir types, the thickness maps of the three reservoir types are plotted with the seismic mean amplitude energy attribute as the constraint. The figure (Fig. 3) show that the distribution of Type I and Type II are consistent, mainly distributed in the W35, W2~W11, W36~W18 areas, the Type III reservoir mainly developed in W15~W16 and W44 well areas. This result is consistent with the previous research[13].

Tab. 1 Reservoir thickness of single well in four circles (m)

Circle	Type I (Max/Ave)	Type II (Max/Ave)	Type III (Max/Ave)
IV	5.1/0.5	10.5/1.9	15.3/1.5
III	17.6/4.0	16.5/5.2	18.8/4.6
II	15.9/3.4	19.8/4.8	13.5/3.4
I	0	6.0/0.2	8.4/0.7

A large number of studies have shown that the LWM Formation reservoirs are widely distributed and have good connectivity. However, the development practice has confirmed that the continuity of effective reservoirs in different directions is quite different and has strong heterogeneity. For exam-

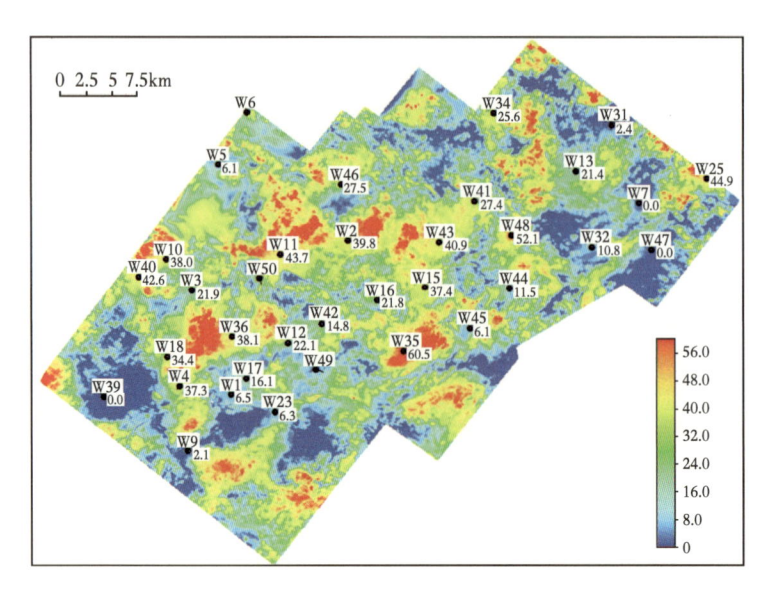

Fig. 3 Distribution map of Type I and Type II reservoir thickness

ple, after sidetracking, the reservoir of W42 well deteriorate immediately, and the AOF of W16 well increase obviously, the W13 well become a commercial gas well. In the early research, it was difficult to describe the plane distribution characteristics of effective reservoirs due to the influence of limited exploration and evaluation wells. This paper study the reservoir plane heterogeneity by analyzing the high-quality reservoir meeting ratio and length of the horizontal wells and high-angle wells.

From the statistical results of 30 wells, the maximum length of Type I reservoir in the horizontal or high-angle wells is 163m, with an average of 55m, and the maximum meeting ratio is 25%, with an average of 9.3%. The maximum length of Type II reservoir is 163m, with an average of 55m, and the maximum meeting ratio is 25%, with an average of 9.3%. Previous studies have shown that the LWM Formation shoals distributed around the Leshan-Longnüsi Paleouplift, and mainly distributed in the NE—SW direction in Moxi block. In the statistics, according to the azimuth angle of horizontal wells and high-angle wells, the Type I and Type II reservoir meeting ratio in NE-SW are higher than that in other directions (Fig. 4), the continuity of vugs and dissolution pores is relatively good.

LWM Formation can be divided into four phases of shallow cycles, and there develop four phases of aggradational grain shoals corresponding to the deposition cycles, of which, the 2nd and 3rd phase grain shoals are the most widespread across Moxi block. The four phases of grain shoals superimpose longitudinally, and show a planar distribution pattern of two main shoals with one trench in the development area[13]. Type I and Type II reservoir are the main producing layer in Moxi block, which porosity is more than 4% and mainly distributed in shoals.

In this paper, the continuous drilling meeting length of Type I and Type II reservoir represent the extension length of the single shoal body in the plane. The 30 horizontal wells and the high-an-

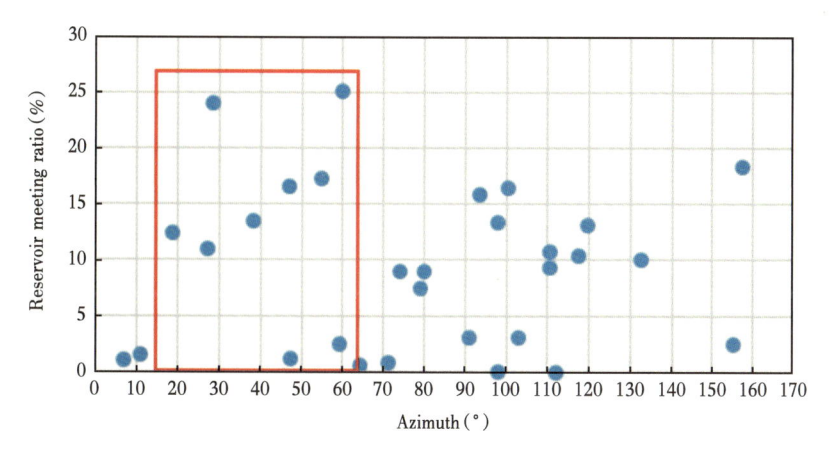

Fig. 4 Meeting ratio of Type I reservoir of horizontal wells and high-angle wells

gle wells have a total of 234 single shoal bodies, 80% of which length are less than 10m, maximum 196m, average 9.7m. Among them, the NW-SE direction has a maximum length of 93m, with an average of 8.1m; and the NE-SW direction has a maximum length of 196m, with an average of 11.7m.

The length of the NE-SW single shoal is longer than that of the NW-SE, indicating that the shoal body has good continuity in the NE-SW direction. The calculated length of the single shoal body is projected in map according to the azimuth angle of the horizontal and high-angle wells (Fig. 5). It can be clearly seen that the single shoal body mainly distributed in the NE—SW direction; the maximum size of the single shoal body is 190m long and 50m wide. The heterogeneity of the two composite shoals which called " two main shoals with one trench" is strong , for the two main shoals are mostly made up of small shoals which length less than 20m and width less than 10m.

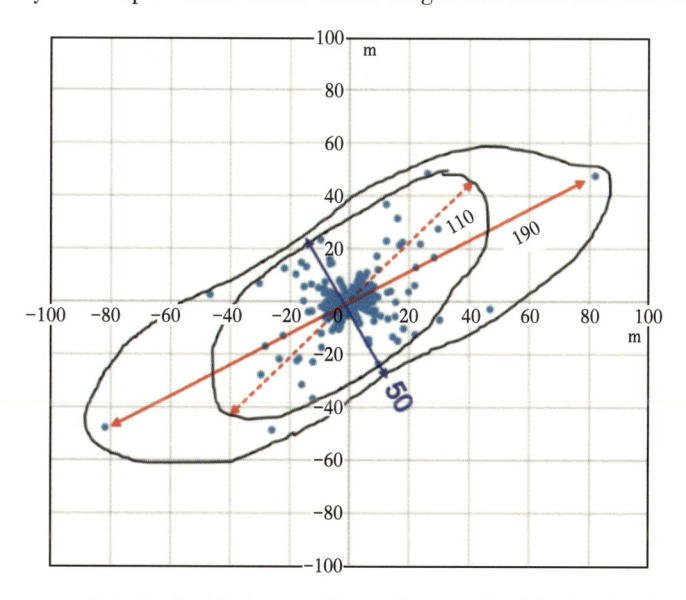

Fig. 5 The project map of single shoal body according to the azimuth of the horizontal or high-angle wells

4 Characteristics of structural fractures

The study[17] shows that the LWM Formation experienced three major tectonic movements, which are the Tatricus movement at the end of the Ordovician, the second scene of the Indo-Chinese movement and the second and third movements of the Himalayan movement. Affected by multi-phase tectonic movements, there develop abundant structural fractures in the area. Core observation and imaging logging interpretation show that there are three kinds of natural fractures in this area, high-angle structural fracture (the main fracture type with dip angles between 45° and 90°), low angle oblique fracture and horizontal fracture.

By analyzing the cutting relation of fractures, the difference of filling components and filling degrees, the relationship of source rock evolution and burial history, the horizontal and low-angle fractures are mainly formed in the Indosinian period, which are related to the large-scale filling of oil and gas, and associated with large-scale expansion pores. The vugs and dissolved pores always distribute along the two types fracture. The high angle fractures are divided into two types: filled fractures and unfilled fractures[13].

The high-angle tectonic fracture has a high degree of development, which density of the core description is 0.17~1.24m, with an average of 0.69m. The vertical well imaging log explains the fracture line density as 0.01~0.9m, with an average of 0.26m. With the help of horizontal wells or high-angle wells (Fig. 6), it can be seen that the distance between adjacent high-angle fractures is usually not more than 30m.

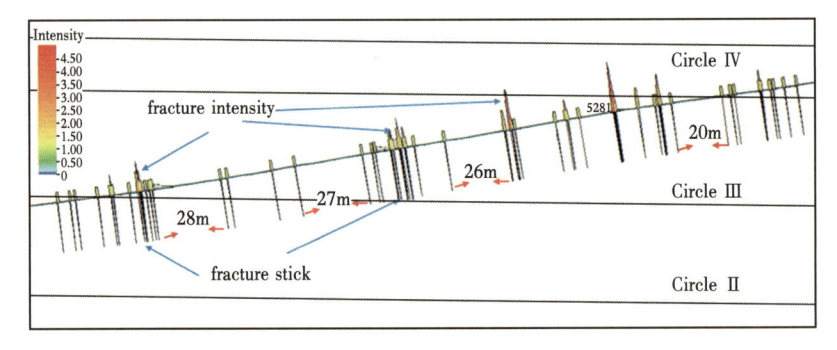

Fig. 6 Characteristics of high-angle structural fractures of X2 well

The length of the fracture affects the permeability obviously. The longer the fracture, the easier it is to form a network of seepage, which constitutes a reservoir of oil and gas or a path for oil and gas migration. On the contrary, too short a fracture is not conducive to fluid seepage. From the observation results of the core, the high-angle fracture of the LWM Formation in the Moxi area generally cut through the core, and the extension range should be large. The vertical fractures observed by the core can be up to 1~2m (Fig. 7). According to the results of imaging logging interpretation, the high-angle fractures of the LWM Formation generally have a relatively large extension length, and the extension length is generally between 2~8m. The extension length of a small number of high-angle extend exceeds 10 m, such as the length of a filling high-angle fracture of the W43 well can reach 13m.

Fig. 7　Straight structural fracture of W12 well, 4608.8~4610.01m

The fracture effectiveness directly related to its filling. The fillings in the LWM Formation of the Moxi block are mainly dolomite, pyrite, asphalt and mud. From the perspective of filling degree, the filling of high-angle structural fractures is relatively weak, generally unfilled or semi-filled. The low-angle and horizontal structural fractures, diagenetic fractures and suture fillings are relatively strong, and the fillings mainly are pyrites, dolomite and asphalt.

According to the comprehensive structure, fault and fracture development characteristics, the high-angle structural fracture distribution of the LWM Formation reservoir is divided into four relative development zones (Fig. 8): the W41—W43—W48 well area; W15—W16—X2 well area; X1—W11 well area and W36-X20-X21 area.

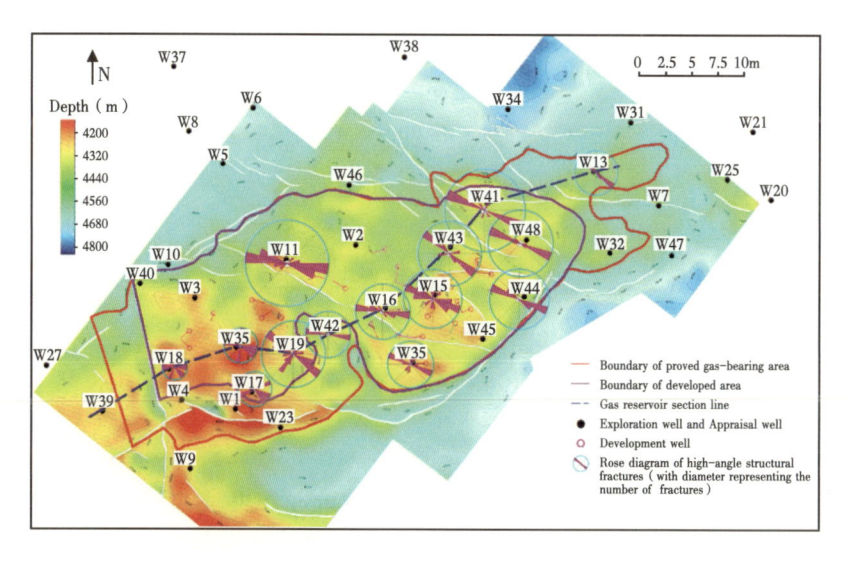

Fig. 8　Planar distribution of high-angle fractures

5 Control factors of gas well deliverability

The reservoirs of the LWM Formation gas reservoir in the Moxi block are poor in physical properties and the fractures are developed. Generally, the reservoir is a fracture-vug type reservoir, but the well test interpretation explains the permeability is high, and shows the "homogeneous" storage characteristics. Gas well productivity difference is large and the matching between productivity and fracture development degree is not high. What is the main factor controlling gas well productivity (or reservoir seepage capacity)?

In the previous study, based on the results of the productivity test of 12 exploration wells and evaluation wells, the main factors affecting gas well productivity were classified into three types: fracture development degree, high-quality reservoir thickness and reservoir dissolution mode. The degree of high-angle fracture development is a key factor and the thickness of high-quality reservoirs is an important factor affecting the productivity of gas wells[13].

In the follow-up research process, the reservoir thickness (or length), average porosity, storage coefficient, high-angle structural fractures number and other parameters of 47 wells (including 30 horizontal wells and high-angle wells) be used to analysis the control factors of gas well productivity. Fig. 9 shows that whether it is a vertical well or a horizontal well or a high-angle well, the calculated AOF is positively correlated with the storage coefficient of Type I and Type II reservoirs. The development of high-quality reservoirs determines the gas well productivity.

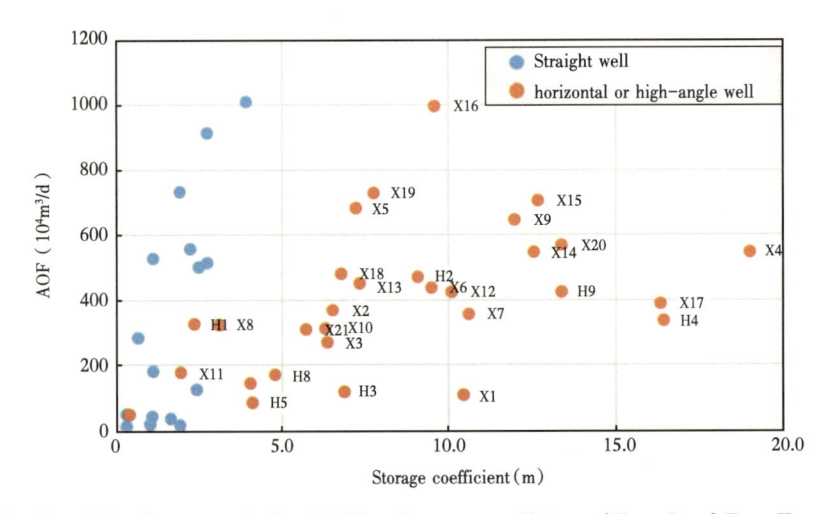

Fig. 9 Correlation between calculated AOF and storage coefficient of Type I and Type II reservoirs

High-angle structural fractures can improve the reservoir seepage capacity, and its role is beyond doubt. The statistical results show that the gas well productivity is positively correlated with the number of high-angle structural fractures. However, whether it is a high-angle well, a horizontal well or a vertical well, its sample points are divided into two categories (Fig. 10, Fig. 11). The reason is due to the difference in reservoir matrix properties between the two types of gas wells. Marking the energy storage coefficient of Type I reservoir to the intersection map of AOF and the number of high angle structural structures (Fig. 12). The wells in zone A have a high quality storage coefficient, the development of high-angle fractures is not as good as that of the wells in zone B, but generally have a high AOF. The high-angle fractures of gas wells in zone B develop, but the storage coefficient of high-quality reservoirs is low, and the AOF is relatively low. From zone B to zone C, the degree of fractures development is equivalent, the storage coefficient increases, and the AOF increases.

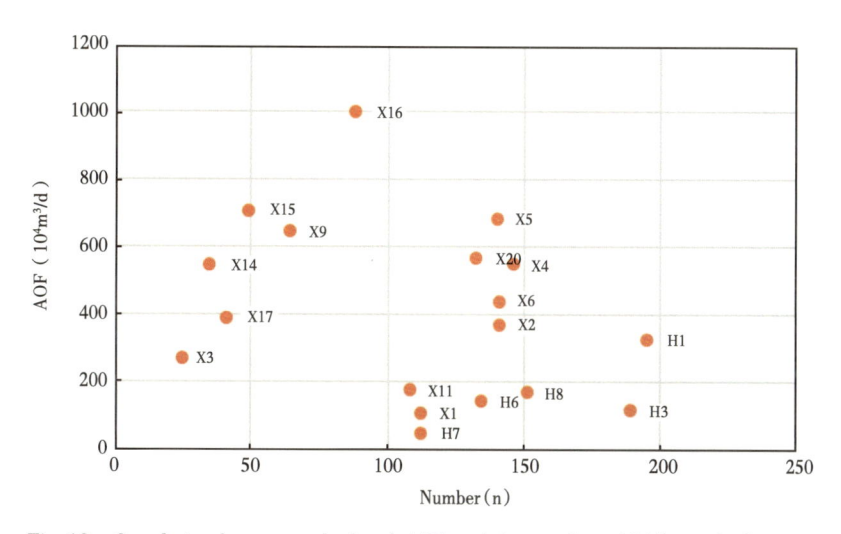

Fig. 10 Correlation between calculated AOF and the number of high-angle fractures of horizontal and high-angle well

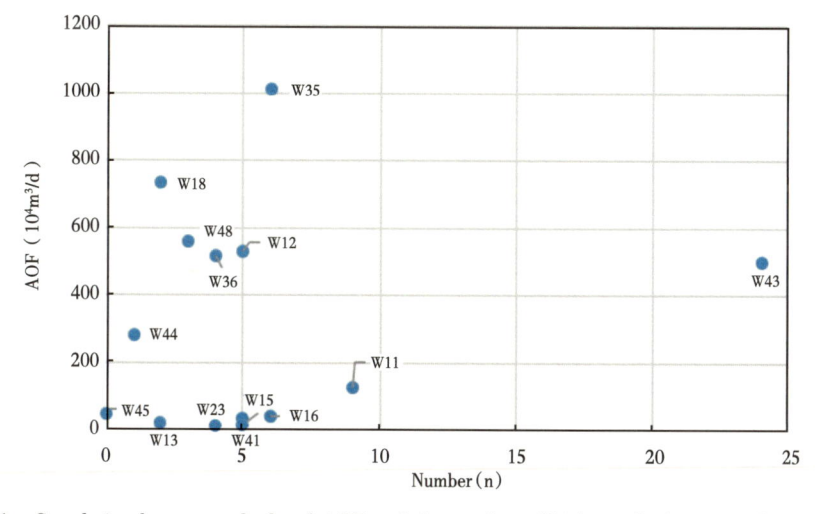

Fig. 11 Correlation between calculated AOF and the number of high-angle fractures of straight well

Previous studies have shown that reservoir matrix properties are poor, so why those wells without high-angle fractures can have high AOF. The observation of thin slices shows that 40% of the slices develop micro-fractures, mainly with dissolution fractures, and the development frequency reaches 23.4%, accounting for 56.6% of the total fractures. The full-diameter core physical property analysis of W11 well (Fig. 13) shows that 30 samples divide into three categories: type 1 is the fractures observed on the sample; type 2 is the sample has no fractures, but the porosity is lower, the permeability is higher; type3 is high in porosity and good in correlation between porosity and permeability. The fractures in the first type of sample should be macro-fractures, which can increase the reservoir permeability by more than 1~2 orders of magnitude. In the second type of samples, there should be micro-fractures that are invisible to the naked eye, which make the reservoir permeability significantly higher than the third type.

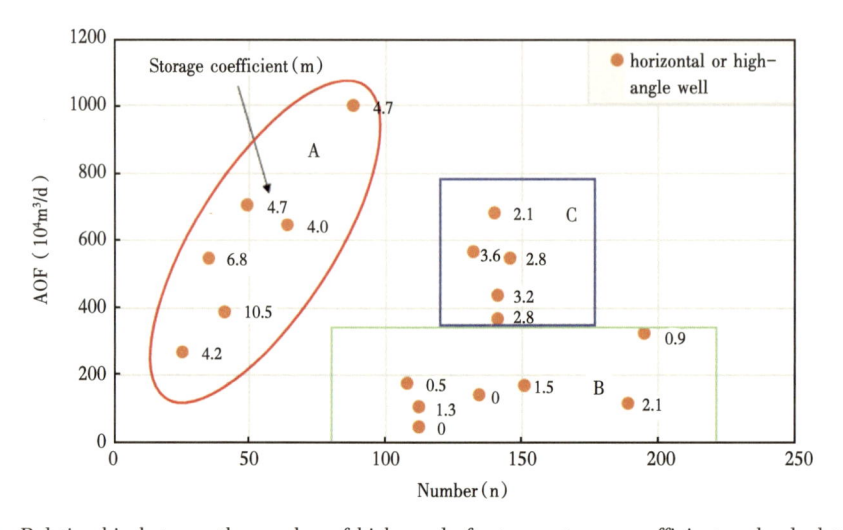

Fig. 12   Relationship between the number of high-angle fracture, storage coefficient and calculated AOF

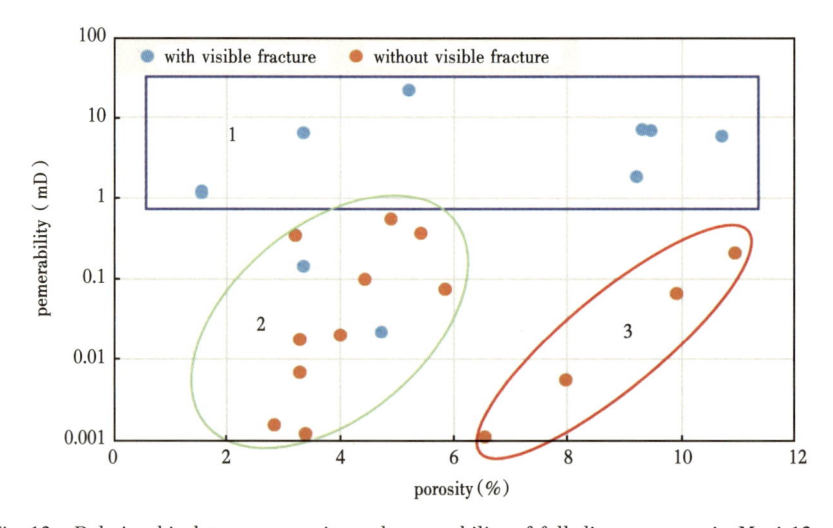

Fig. 13   Relationship between porosity and permeability of full diameter core in Moxi 12 well

The origin and distribution of dissolution fractures is consistent with that of the dissolution pores and vugs, which makes the gas well deliverability obviously controlled by the development of high-quality reservoirs. The existence of micro-fractures in the reservoir, especially the existence of dissolution fractures, has a great effect on improving the seepage performance of the reservoir. The interconnected seepage network consist of micro-fractures, pore throats and high-angle structural fractures makes the reservoir exhibit medium-high permeability characteristics.

6 Conclusions

Based on the centimeter-level fine description of the core and the fine interpretation of the imaging wellbore, the comprehensive geological and dynamic characteristics are known, and the development characteristics and distribution of the fractured caves in the LWM Formation gas reservoir and their effects on gas well productivity are studied. For analysis, there are three conclusions:

Reservoir dissolution pores and vugs are well developed, but their spatial distribution is heterogeneous. They are concentrated in the middle part of LWM Formation vertically and lie in two main grain shoals horizontally. The Type I and Type II reservoir mainly distributed in the W35、W2—W11、W36—W18 areas. The main grain shoals are mostly composed of single shoal less than 20m long and less than 10m wide. The single shoal mainly distribute in NE—SW direction, with a maximum length of 190 m and a width of about 50m.

There are three kinds of natural fractures in this area, mainly are high-angle structural fractures (dip angles between 45° and 90°), which include filled fractures and unfilled fractures. Among them, the unfilled high-angle fractures are large in scale and penetrate the LWM Formation strata. These high-angle structural fractures are widespread developed in the whole area, most of them developed in four relative development zones.

The gas well productivity has a positive correlation with the thickness of high-quality reservoir and the number of high-angle fractures. The good combination of different types of fractures and pores and vugs is very important in the formation of high-quality reservoirs and high gas production in the LWM Formation gas reservoir in Moxi block. Influenced by the development of reservoir micro-fractures, the development scale of high-quality reservoirs (Type I and Type II) is the first factor determining gas well productivity; a large number of high-angle structural fractures can communicate reservoirs with non-reservoir sections, and greatly increase reservoir permeability by 1~2 orders of magnitude.

References

[1] Xu Chunchun, Shen Ping, Yang Yueming, Luo Bing, Huang Jianzhang, Jiang Xingfu, et al. Accumulation conditions and enrichment patterns of natural gas in the Lower Cambrian Longwangmiao Fm reservoirs of the Leshan-Longnusi Paleohigh, Sichuan Basin[J]. Natural Gas Industry, 2014, 34(3):1-7.

[2] Zou Caineng, Du Jinhu, Xu chunchun, Wang zecheng, Zhang Baomin, Wei Guoqi, et al. Formation, distribution, resourse potential and discovery of the Sinian Cambrian giant gas field, Sichuan Basin, SW China [J]. Petroleum Exploration and Development, 2014, 41(3):278-293.

[3] Shen Anjiang, Yao Genshun, Pan Liyin, Wang long, Se Min. The facies and porosity origin of reservoirs: Case studies from Longwangmiao Formation of Cambrian, Sichuan Basin, and their implications to reservoir prediction

[J]. Natura lGas Geoscience, 2016, 28(1):1-15.

[4] Yang Wei, Wei Guoqi, Xie Wuren, Liu Mancang, Jin Hui, Zeng Fuying, et al. New understandings of the sedimentation mode of Lower Cambrian Longwangmiao Fm reservoirs in the Sichuan Basin[J]. Natural Gas Industry, 2018, 38(7):8-15.

[5] Zhang Xihua, Luo Wenjun, Wen Long, Luo Bing, Peng Hanlin, Xia Maolong. Sedimentary facies evolution characteristics and petroleum geological significance of Cambrian Group in Sichuan Basin[J]. Fault-block Oil & Gas field, 2018, 25(4):419-425.

[6] Wang Bei, Liu Xiangjun, Sima Liqiang. Grading evaluation and prediction of fracture-cavity reservoirs in Cambrian Longwangmiao Formation of Moxi area, Sichuan Basin, SW China[J]. Petroleum Exploration and Development, 2019, 46(2):1-12.

[7] Zhou Jingao, Xu Chunchun, Yao Genshun, Yang Guang, Zhang Jianyong, Hao Yi, et al. Genesis and evolution of Lower Cambrian Longwangmiao Formation reservoirs, Sichuan Basin, SW China[J]. Petroleum Exploration and Development, 2015, 42(2):158-166.

[8] Dai Lincheng, Wang Xingzhi, Du Shuangyu, Yang Xuefei, Yang Yueming. Characteristics and Genesis of Lower Cambrian Longwangmiao Beach-facies Reservoirs in Central Part of Sichuan Basin[J]. Marine Origin Petroleum Geology, 2016, 21(1):19-28.

[9] Wang Yaping, Yang Xuefei, Wang Xingzhi, Huang Zisang, Chen Chao, Yang Yueming, et al. Reservoir Property and Genesis of Powder Crystal Dolomite in the Longwangmiao Formation, Moxi Area in Central Sichuan Basin[J].Geological Science and Technology Information, 2019, 38(1):197-205.

[10] Xie Wuren, Yang Wei, Li Xizhe, Wei Guoqi, Ma Shiyu, Wen Long, et al. The origin and influence of the grain beach reservoirs of Cambrian Longwangmiao Formation in Central Sichuan Basin[J]. Natura lGas Geoscience, 2018, 29(12):1715-1726.

[11] Ma Xinhua. Innovation-driven efficient development of the Longwangmiao Fm large-scale sulfur gas reservoir in Moxi block, Sichuan Basin[J]. Natural Gas Industry, 2016, 36(2):1-8.

[12] LI Xizhe, GUO Zhenhua, HU Yong, LUO Ruilan, SU Yunhe, SUN Hedong, et al. Efficient development strategies for large ultra-deep structural gas fields in China[J]. Petroleum Exploration and Development, 2018, 45(1):111-118.

[13] LI Xizhe, GUO Zhenhua, WAN Yujin, LIU Xiaohua, ZHANG Manlang, XIE Wuren, et al. Geological characteristics and development strategies for Cambrian Longwangmiao Formation gas reservoir in Anyue gas field, Sichuan Basin, SW China[J]. Petroleum Exploration and Development, 2017, 44(3):398-406.

[14] Zhang Chun, Yang Changcheng, Liu Yicheng, Yang Xuefeng, Wang Bei, Zhu Zhanmei. Controlling Factors of Fluid Distribution in the Lower Cambrian Longwangmiao Formation, Moxi Area, Sichuan Basin[J]. Geology and Exploration, 2017, 53(3):599-608.

[15] Yu Zhongren, Yang Yu, Xiao Yao, He Bing, Song Linke, Zhang Minzhi, et al. High-yield well modes and production practices in the Longwangmiao Fm gas reservoirs, Anyue Gas Field, central Sichuan Basin [J]. Natural Gas Industry, 2016, 36(9):69-79.

[16] Huang Wensong, Wang Jiahua, Chen Heping, Xu Fang, Meng Zheng, Li Yonghao. Big data paradox and modeling strategies in geological modeling based on horizontal wells data[J]. Petroleum Exploration and Development, 2017,44(6):1-9.

[17] Wei Guoqi, Yang Wei, Du Jinhu, Xu Chunchun, Zou Caineng, Xie Wuren, et al. Tectonic features of Gaoshiti-Moxi paleo-uplift and its controls on the formation of a giant gas field, Sichuan Basin, SW China [J]. Petroleum Exploration and Development, 2015, 42(3):257-265.

A Dynamic Classification Method of the Sinian Dengying Formation Heterogeneous Carbonate Reservoir

Jichen Yu　Ruilan Luo　Lin Zhang

(Research Institute of Petroleum Exploration and Development, CNPC)

Abstract: The Sinian Dengying Formation carbonate reservoir dominated by matrix pores and vugs in the Gaoshiti-Moxi area is characterized by strong heterogeneity. Such reservoirs with their tight matrix is identified as low-porosity and low-permeability, and yet with naturally-occurring fractures and dissolution vugs. To improve the reservoir exploitation, optimal production parameters specific to each type of gas wells are required. This paper summarized the geological and production indexes of this reservoir, classified the gas well into varied types based on the pressure build-up well testing, modern production decline analysis and reservoir geological data analysis, and also concluded the identification method of the gas well type. The gas wells in this reservoir were divided into four types, which respectively present the fluid flow characteristics of drilling through the large fracture-vug system, drilling through the fracture-vug with connectivity to the surrounding, drilling through the isolated fracture-vug and at last drilling through the reservoir matrix. The dynamic reserves of different types of gas wells vary considerably, while a positive correlation is seen between the dynamic reserves and effective reservoir thickness in terms a specific type of gas wells. This research carried out classification of the gas well, and correspondingly proposed the identification method, on the basis of the analysis on the geological and production data of the gas reservoir, which lays down the foundation for further production parameter optimization for the production well in the Sinian gas reservoir of this area and accelerates the production capacity building progress of the reservoir in a scientific manner.

Keywords: Sinian Dengying Formation, Dynamic Evaluation, Heterogeneity, Reservoir Classification

1 Introduction

The Sinian Dengying Formation gas reservoir in the Gaoshiti-Moxi area is an important area to scale up the production of the conventional gas reservoirs in the Sichuan Basin. At present, the gas reservoir is at the key stage of scaling up production. It is expected to complete 4 billion square meters of capacity construction by the end of 2020. The rapid capacity construction of the Sinian Dengying Formation gas reservoir is an important part of the overall long-term stable production of the Anyue gas field, and it is of great significance for the PetroChina Southwest Oil & Gasfield Company to reach 30 billion square meters' gas production in 2020[1,2].

The Sinian Dengying Formation gas reservoir develops mound and bank facies dolomite reservoir, and the reservoir is mainly controlled by the sedimentary facies and karstification. The fractures and dissolution vugs are developed, and the horizontal and vertical heterogeneity is strong[3]. The reservoir matrix is dense, according to the development of fractures and dissolved vugs, the reservoir can be divided into three types, pore type, pore-vug type and fracture-vug type. As the gas wells are put into production, the classification based on the static data of the reservoir does not match the actual production characteristics of the gas well. This situation is mainly cause by two reasons, first, the identification of the reservoir type is only due to the logging data and the core data of few wells, which is not accurate enough; Second, the gas well productivity varies greatly, making it difficult to determine the production characteristics of a certain type of reservoir.

In this paper, the author classified the reservoir into varied types based on the pressure build-up well testing, modern production decline analysis and reservoir geological data analysis, concluded the identification method of the gas well type, evaluated the development potential of each type, and finally proposed development suggestion for different types gas well.

2 Reservoir Characteristics

The Sinian Dengying is a deep fractured carbonate rock reservoirs controlled by sediments and palaeokarstic. The mainly lithology are algal gurumous dolomite, algae stromatolite dolomite, algal dolarenite, and sedimentary facies are algal mound subfcies and grain beach subfacies. The porosity ranges from 2.00% to 13.90%, with an average of 3.91%, and the permeability ranges from 0.01 to 10mD with an average of 1.02 mD. Overall the reservoir is low porosity and low permeability (Fig. 1&2)[4,5].

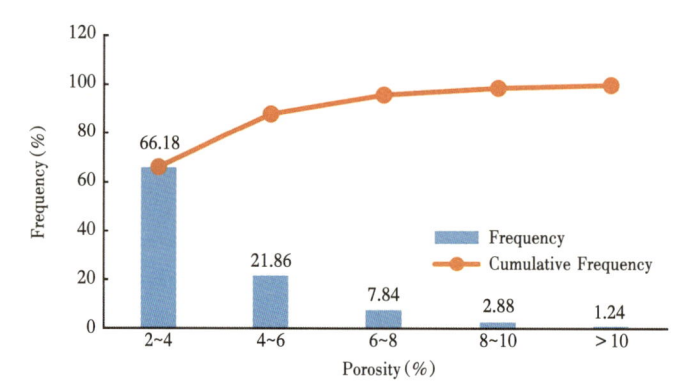

Fig. 1 Porosity Distribution of Dengying Formation

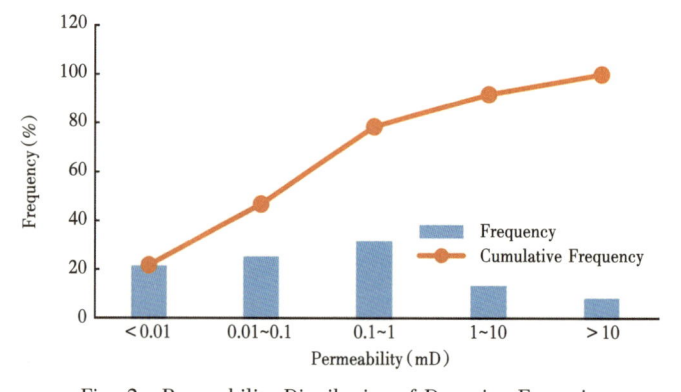

Fig. 2 Permeability Distribution of Dengying Formation

According to the development and matching of fractures and dissolution vugs, the reservoir can be divided into three types: fractured-vug type, pore-vug type and pore type. The fractured-vug type and pore-vug type reservoir are the key factors determining the high production of gas wells. However, according to the dynamic analysis of the production wells, the high production of gas wells is not directly related to the stable production of gas wells, which lead to the classification of reservoirs by static data cannot accurately evaluate the development potential of gas wells. Therefore, in this paper, the author adopts the gas reservoir engineering method to reclassify the types of reservoirs encountered, and evaluate the development potential of different types of reservoirs.

3　Characteristics of Reservoir and Permeable Body

According to the production dynamics of gas wells and pressure build-up well tests, the reservoir and permeable bodies which the gas wells drill through are divided into four types: the large fracture-vug system, the fracture-vug with connectivity to the surrounding, the isolated fracture-vug and matrix (Table 1).

Table 1　Classification characteristics of different reservoir and permeable bodies

Type	Reservoir and permeable body model	Theory curves of numerical well test	Practioal curves of build-up well test	Dynamic reserve ($10^8 m^3$)
Large fracture-vug system				20~70
Fracture-vug with connectivity to the surrounding				8~35
Isolated fracture-vug				3~10
Matrix				<3

3.1　Large fracture-vug system

The gas wells exhibiting the characteristics of drilling through the large-seam system can be easily identified. From the logging data and the core observation, both the fracture and the dissolution vug are developed in the reservoir and permeable body drilling through large fractured-vug system, and have good connectivity with each other. In addition, this type of reservoir and permeable bodies has a large lateral distribution around the gas well (Fig. 3).

Fig. 3 The comparison between logging date and core of reservoir and permeable body drilling through large fractured-vug system

Well A is a gas well that drills through the reservoir of the large fracture system. From the log-log pressure curve of the well A (Fig. 4), the following phenomenon can be found. The curve shows

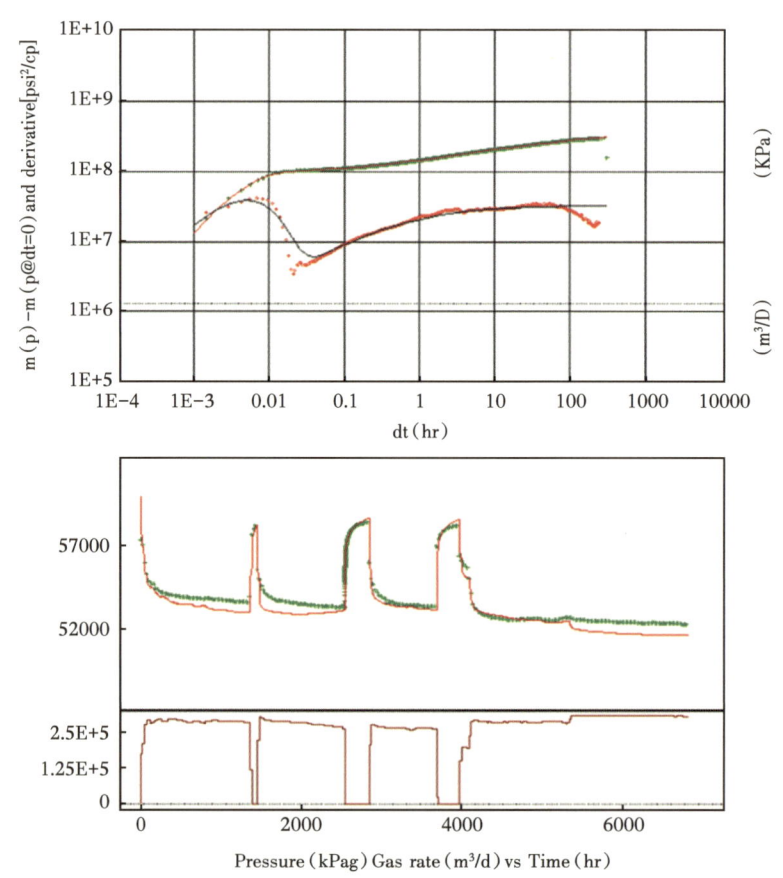

Fig. 4 Log-log pressure curve and pressure history fitting curve of well A

obvious radial composite characteristics, and the physical properties of the inner zone are better than the outer zone, this mainly because of two points, one is that the gas wells generally drill the reservoirs which develop fractures and vugs, and the other is that all the gas wells adopt the acidification process, which greatly improves the reservoir physical properties in the near-wellbore area. The pressure derivative curve in the late stage is basically a straight line with a slope of 0, showing the characteristics of apparent homogeneity. This indicates that the reservoir has a good connection, which is the most recognizable characteristic of this type of reservoir.

3.2 Fracture-vug with connectivity to the surrounding

Well B is a gas well that drills through fractured-vugs with connectivity to the surrounding. The log-log pressure curve of the well B (Fig. 5) also shows the characteristics of radial composite, and its physical property of the inner zone is also better than that of the outer zone. The fracture-vug shows obvious fracture flow characteristics, proving fractures connect to the inn zone. And the pressure derivative curve decreases in the later stage, indicating that the peripheral physical properties are getting better. For the carbonate reservoirs which developed dissolved vugs, this phenomenon indicates that the fractures connect with other vugs in the periphery.

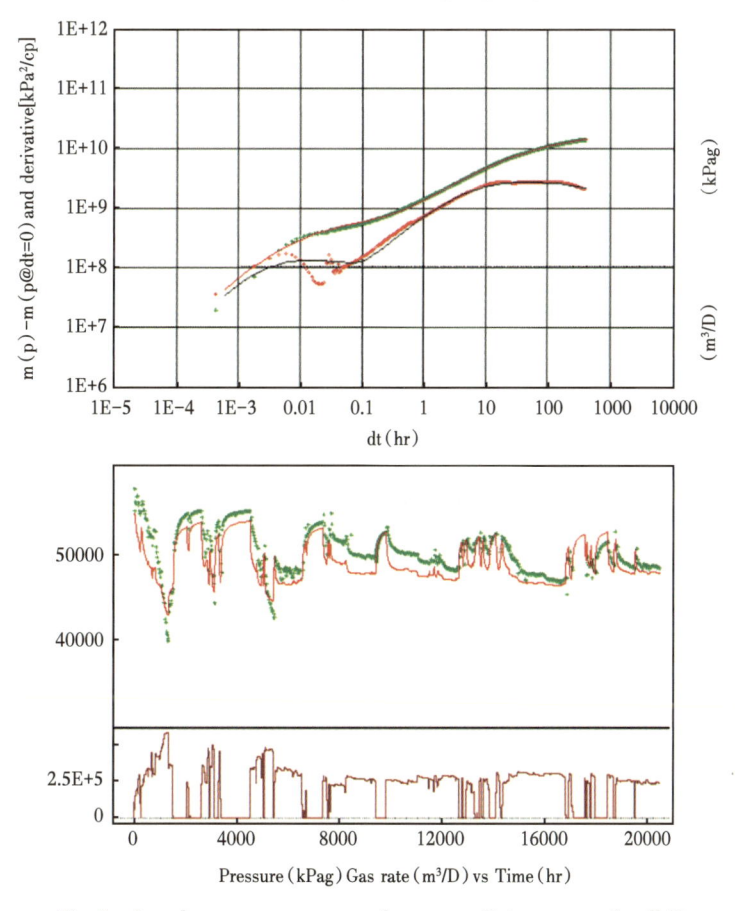

Fig. 5 Log-log pressure curve and pressure fitting curve of well B

3.3 Isolated fracture-vug

Well C is a gas well that drills through isolated fracture-vug. The log-log pressure curve of the well C (Fig. 6) is similar to the log-log pressure curve of well B in the early stage of the curve. This phenomenon indicates that fractures connect to the inn zone, even though a gas well drills through isolated fracture-vug. However, the difference between the log-log pressure curves of well B and well C is in the later stage of the curve. The pressure and pressure derivative curves of well C are obviously upturned in the later stage, indicating that the physical properties of the periphery reservoirs are significantly getting worse, and the fractures which connect to the inner zone do not have a connection with peripheral fracture-vug system.

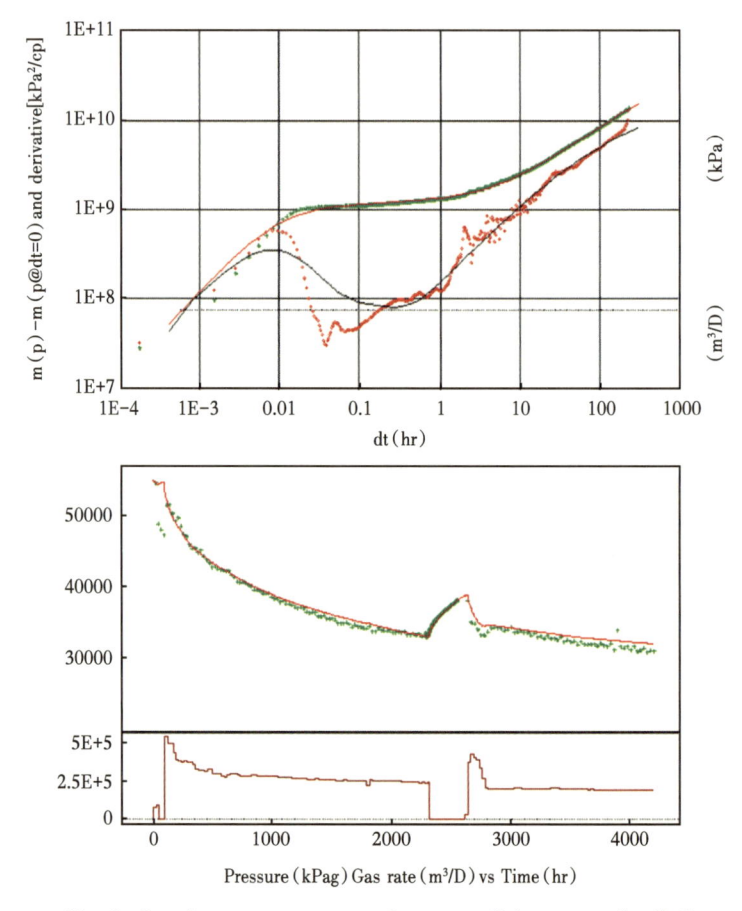

Fig. 6 Log-log pressure curve and pressure fitting curve of well C

3.4 Matrix

Well D is a gas well drills through matrix. The pressure and pressure derivative curves of the log-log pressure curve of Well D (Fig. 7) are almost completely coincident, and do not exhibit significant radial flow characteristics. Compared to the previous three types of the reservoir and permeable bodies, the physical properties of the inner zone are not significantly better than the outer zone, indicating that the acidification process has no obvious improvement on the near-wellbore reservoir. It also proves that the fractures and dissolution vugs of the reservoir are not developed. By observing the core of the gas well, the same point of view is drawn (Fig. 8).

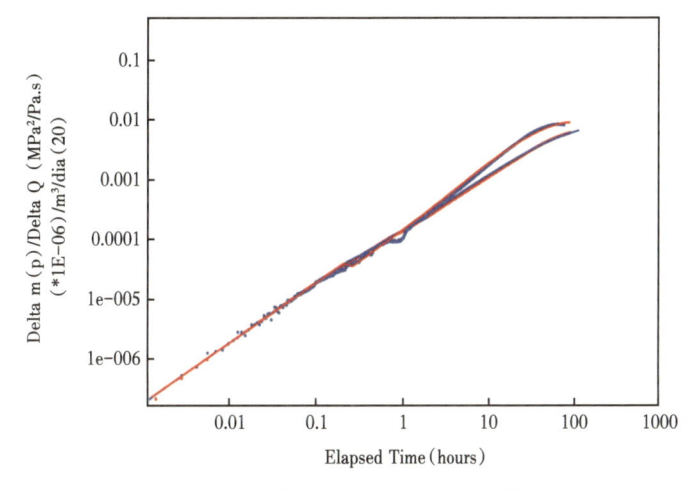

Fig. 7 Log-log pressure curve of well D

Fig. 8 Core of gas well that drills through matrix

4 Development Potentiality

The dynamic reserve of gas wells is the core indicators for evaluating the development potential of gas wells. The core of evaluating the development potential of different types of reservoir and permeable bodies is to evaluate their dynamic reserves. By analyzing the log-log pressure curves of the gas wells, it can be seen that when the gas well drilled through fracture-vugs, the absolute open flow is generally greater than $50\times10^4 m^3/d$, and when the matrix is drilled, the absolute open flow is generally less than $10×10^4 m^3/d$. According to absolute open flow rate in the gas well test, the gas well drilling through matrix can be easily identified, and the gas well cannot be developed economically[6-8].

Figure 9 shows the relationship between the absolute open flow and the dynamic reserve of the production gas well. It can be seen from the analysis that the dynamic reserve of the gas well drilling through the large fracture system is the highest, rang from $20×10^8 m^3$ to $70×10^8 m^3$; followed by the gas wells with the fracture-vug with connectivity to the surrounding, their dynamic reserves range from $8×10^8 m^3$ to $35×10^8 m^3$; and when drilling through isolated vugs, the gas well has the lowest dynamic reserves, range from $3×10^8 m^3$ to $10×10^8 m^3$. In the further development, according to the characteristics of different types of reservoir and permeable bodies, the production of gas wells drilling through large fracture-vug system should be appropriately increased, and the well spacing should also be increased. For gas wells that drill through isolated fracture-vugs, the production should be appropriately reduced to increase the stable production period.

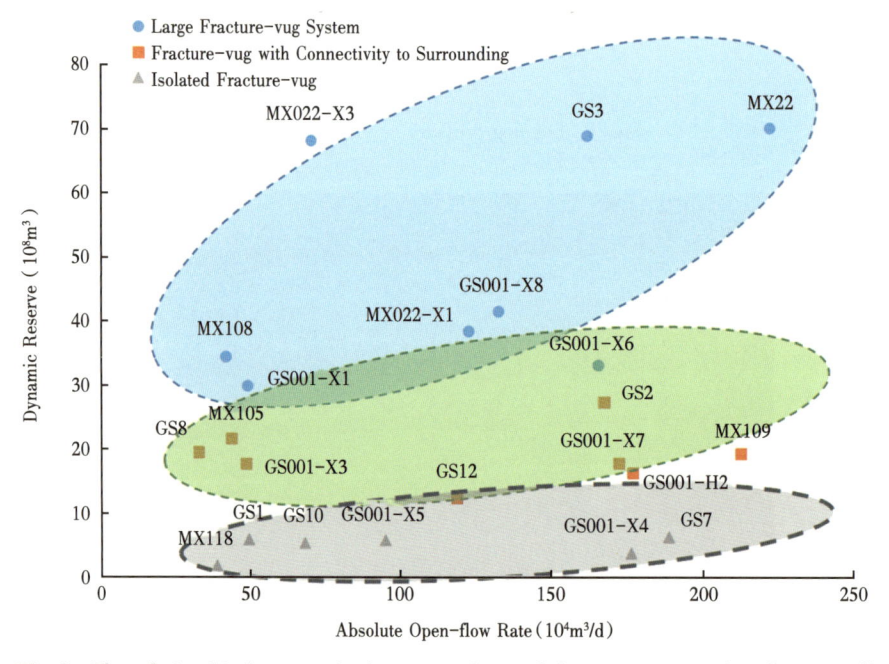

Fig. 9 The relationship between absolute open-flow and dynamic reserve of production wells

5 Conclusion

(1) The Sinian Dengying Formation fracture-vug carbonate reservoir is heterogeneous. The classification of reservoirs by static data cannot accurately evaluate the development potential of gas wells. Therefore, the dynamic evaluation method is used to reclassify the types of gas reservoirs and to improve the accuracy of gas well evaluation.

(2) According to the gas well log-log pressure curves, combined with the geological condi-

tions, reservoir and permeable bodies that gas wells drill through are divided into four types, respectively, large fracture-vug system, fracture-vug with connectivity to the surrounding, isolated fracture-vug and matrix.

(3) According to the dynamic reserves, the development potentiality is evaluated. The development potentialities from high to low is the large fracture-vug system, fracture-vug with connectivity to the surrounding, isolated fracture-vug and matrix.

References

[1] Xinhua Ma. Natural gas development in the Sichuan Basin has entered a golden Age[J]. Natural Gas Industry, 2017,37(02):1-10.

[2] Guoqi Wei, Jinhu Du, Chunchun Xu, et al. Characteristics and accumulation modes of large gas reservoirs in Sinian-Cambrian of Gaoshiti-Moxi regin, Sichuan Basin[J]. Acta Petrolei Sinica, 2015,36(01):1-12.

[3] Long Wen, Wenzhi Wang, Jian Zhang, et al. Classification of Sinian Dengying Formation and sedimentary evolution mechanism of Gaoshiti-Moxi area in central Sichuan Basin[J]. Acta Petrologica Sinica, 2017,33(04): 1285-1294.

[4] Fusen Xiao, Kang Chen, Qi Ran, et al. New understanding of the seismic modes of high productivity wells in the Sinian Dengying Fm gas reservoirs in the Gaoshiti area, Sichuan Basin[J]. Natural Gas Industry, 2018, 38 (02):8-15.

[5] Zheng Zhou F, Xingzhi Wang S, Lin Xie, et al. Reservoir Features and Physical Influences of the Sinian Dengying Formation(Sinian) in Central Sichuan, China[J]. Natural Gas Geoscience, 2014,25(05):701-708.

[6] Xiaohua Liu. A discussion on several key parameters of gas reservoir dynamic reserves calculation[J]. Natural Gas Industry, 2009,29(9):71-74.

[7] Xi Feng, Wei He, Qingyong Xu, et al. Discussion on Calculating Dynamic Reserves in the Early Stage of Heterogeneous Gas Reservoir Development[J]. Natural Gas Industry, 2002,22(z1): 87-90.

[8] Minglong Nie, Yisheng Fang, Yuwei Jiao, et al. Dynamic-static analysis of heterogeneous carbonate rock gas reservoir: Taking gas reservoir F as an example[J]. Reservoir Evaluation and Development, 2017,7(2):36-40.

气藏应用篇

低渗致密气藏开发动态物理模拟实验相似准则

焦春艳[1,2,3]　刘华勋[1,2]　刘鹏飞[4]　宫红方[5]

(1. 中国石油勘探开发研究院;2. 中国石油集团科学技术研究院有限公司;
3. 中国石油天然气集团公司天然气成藏与开发重点实验室;
4. 中国石油长庆油田分公司第二采气厂;
5. 中石化胜利油田石油开发中心有限公司)

摘要:低渗致密气藏地质条件复杂,普遍含有孔隙水,渗流规律不清,开发动态在早期难以预测。根据低渗致密气藏地质与开发特征,筛选出影响气藏开发动态的主要影响因素,并依据π定理确定了气藏开发物理模拟实验相似准数,阐述了其物理意义;以鄂尔多斯盆地低渗气藏X井为例,根据相似性准则,开展了气藏开发物理模拟实验研究,并与X井生产动态进行对比。结果表明:应用所建相似准则进行气藏开发物理模拟可以较好地预测气藏开发动态,得出的相似准则合理;本文得出的相似准则中:关键相似准数为动力相似、运动相似和含水饱和度相似。研究成果对于低渗致密气藏有效开发具有重要的理论指导意义。

关键词:低渗致密气藏;物理模拟;π定理;相似准数;相似准则

物理模拟实验技术在油气田开发领域被广泛应用,尤其是低渗致密气藏,由于储层基质十分致密,非均质性强,普遍含水,渗流规律复杂,难以通过数值模拟和气藏工程方法进行气藏开发动态预测,多借助于物理模拟方法。模拟实验的操作是以相似理论为基础,当同一类物理现象的单值条件相似,并且对应的相似准则(由单值条件中的物理量组成)相等时,这些现象必定相似,这是判断2个物理现象是否相似的充分必要条件[1]。但是如何确定物理模拟中能反映矿场实际情况的各项参数,以及模拟结果如何在矿场应用,是目前所面临的重要问题。换句话说,我们需要建立物模实验参数与矿场参数的有效换算关系。目前,关于低渗气藏物理模拟的研究很多[2-15],但是针对低渗气藏物理模拟相似准则方面的研究则较少。因此,以低渗致密气藏为研究对象,首先根据气藏压裂后流动特征分析、气藏工程方法和相似性理论,确定气藏开发动态相似准数;然后根据相似准则,建立模型参数与原型参数之间换算关系及气藏开发动态物理模拟方法;最后选择鄂尔多斯盆地低渗致密岩样,开展了不同条件下气藏开发动态物理模拟实验,验证相似准则的合理性,并预测了气藏开发动态。

1 低渗致密气藏开发相似性实验相似准数

1.1 相似准则建立

低渗致密气藏储层致密,渗透率小于1mD,其中致密储层渗透率小于0.1mD,储层流动性差,自然产能低,普遍采取压裂增产措施后再投产[12],裂缝半长50~100m,裂缝面为主要泄流面,储层流动以垂直裂缝的直线流为主,因此,当以规则的矩形井网开发时,低渗致密气藏储层渗流问题可简化为若干个一维直线渗流问题,直线渗流宽度为 b(排距),厚度为 h,均匀布井时渗流长度压裂直井为 1/2 的井距或裂缝到流动单元边界距离,压裂水平井为 $1/2n$ 的井距或 1/2 的裂缝间距,n 为裂缝条数,压裂直井对应的 n 为 1,井距等于裂缝间距,故在下文统一称为裂缝间距,图 1 为压裂直井近似流场示意图,压裂水平井可简化 n 个如图 1 所示流动单元。

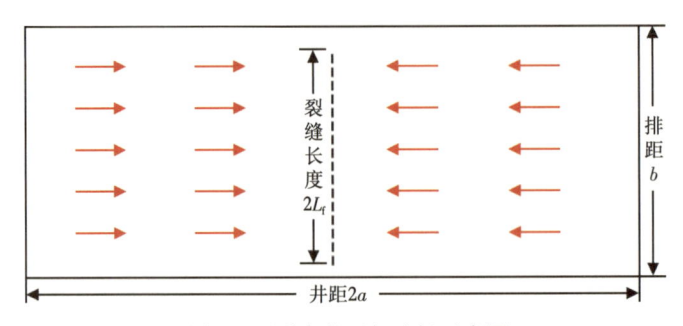

图 1 压裂直井近似流场示意图

假定储层为均质储层,以图 1 中 1/2 的直线流为研究对象,根据渗流力学理论和油气藏工程理论,气藏气井井底压力(对应着物模岩心出口压力)P_w 主要影响因素为:

(1) 渗透率 K,量纲为 $[L^2]$;
(2) 孔隙度 ϕ,量纲为 1;
(3) 含气饱和度 S_g,无量纲;
(4) 渗流长度 a(物模实验为岩心长度,矿场压裂直井为气藏边界距裂缝距离,压裂水平井为相邻两条裂缝间距),量纲为 $[L]$;
(5) 渗流面宽度 b,量纲为 $[L]$;
(6) 厚度 h,量纲为 $[L]$,厚度与渗流面宽度乘积对应着物模岩心渗流截面面积;
(7) 原始地层压力 p_i,量纲为 $[M/T^2/L]$;
(8) 产气速度 q,量纲为 $[L^3/T]$,需要注意的此处流量为气井流量的 $1/2n$,其中,n 为裂缝条数,压裂直井 $n=1$;
(9) 时间 t,量纲为 $[T]$;
(10) 气体压缩因子 z,无量纲;
(11) 储层温度 T,量纲 $[K]$;
(12) 标准温度 T_{sc},量纲为 $[K]$;
(13) 标准大气压,P_{sc},量纲为 $[M/T^2/L]$。

以上共 13 个自变量(当选用模拟气藏储层岩心时,气相相对渗透率 K_{rg} 只是含水饱和度 S_w 的函数,非独立变量,也不予考虑),加上因变量 P_w,共 14 个变量。

存在 4 个基本量纲,分别为长度量纲 $[L]$、质量量纲 $[M]$、时间量纲 $[T]$ 和温度量纲 $[K]$,根据相似理论,有 10 个相似准数,任何一个相似准数 π 表达式为:

$$\pi = K^{x_1}\phi^{x_2}S_g^{x_3}a^{x_4}b^{x_5}h^{x_6}P_i^{x_7}q^{x_8}t^{x_9}z^{x_{10}}T^{x_{11}}T_{sc}^{x_{12}}P_{sc}^{x_{13}}P_w^{x_{14}} \tag{1}$$

根据齐次原理,对应的线性方程组如下:

长度量纲为1:
$$2x_1 + x_4 + x_5 + x_6 - x_7 + 3x_8 - x_{13} - x_{14} = 0 \quad (2)$$

质量量纲为1:
$$x_7 + x_{13} + x_{14} = 0 \quad (3)$$

时间量纲为1:
$$-2x_7 - x_8 + x_9 - 2x_{13} - 2x_{14} = 0 \quad (4)$$

温度量纲为1:
$$x_{11} + x_{12} = 0 \quad (5)$$

式(2)—式(5)分别为长度量纲、质量量纲、时间量纲和温度量纲的齐次方程,对应的方程组为齐次线性方程组,根据矩阵论,有10个基础解系,即存在10个独立的相似准数,解方程得低渗致密气藏开发相似性物理模拟实验相似准数,见表1。

表1 气藏物理模拟相似准数

序号	相似准数	相似属性	用途	物模取值	矿场取值
1	$\pi_1 = \phi$	孔隙度相似	确定模型孔隙度	0.02~0.2	0.02~0.2
2	$\pi_2 = S_g$	含气饱和度相似	确定模型饱和度	0.4~0.8	0.4~0.8
3	$\pi_3 = z$	气体压缩性相似	确定模型气体	0.9~1.2	0.9~1.2
4	$\pi_4 = T/T_{sc}$	温度相似	确定模型温度	1~1.1	1.1~1.3
5	$\pi_5 = b/h$	几何相似	确定模型尺寸	1	10~50
6	$\pi_7 = b/a$	几何相似	确定模型尺寸	0.3~1	0.3~1
7	$\pi_7 = P_{sc}/P_i$	动力相似	确定模型原始地层压力	0.002~0.01	0.002~0.005
8	$\pi_8 = P_w/P_i$	动力相似	建立井底压力换算关系	0~1.0	0.1~1.0
9	$\pi_9 = \dfrac{q}{\dfrac{bhKK_{rg}T_{sc}P_i^2}{a\mu ZTP_{sc}}}$	运动相似	确定模型采气速度	0~0.5	0.1~0.3
10	$\pi_{10} = \dfrac{qt}{\dfrac{abh\phi S_g T_{sc}P_i}{zTP_{sc}}}$	采出程度相似	建立时间换算关系	0~1.0	0~0.95

1.2 相似准数物理意义

由相似准则表可以看出:根据定义,相似准数 π_1 为孔隙度相似,取模拟气藏主力层位岩心可实现物模模型与气藏原型相似准数一致。

相似准数 π_2 为含气饱和度相似,通过物模岩心抽真空饱和地层水,再气驱水实现物模岩心含气饱和度与矿场气藏储层含气饱和度一致,由于含气饱和度对低渗致密气藏储层气体渗流及开发影响显著,因此,低渗致密气藏开发相似性物理模拟实验中应做到含气饱和度一致,即相似准数 π_2 一致。

相似准数 π_3 为气体偏差因子,即气体偏离理想气体程度,根据油层物理,在一定温压条件下,氮气和地层天然气偏差因子在1附近变化,选择 N_2 基本可实现模型与原型相似准数 π_3 一致,避免使用易燃易爆的天然气,提高气藏开发相似性物理模拟实验安全性。

相似准数 π_4 为温度与标准温度比值,相似性物理模拟实验温度一般在50℃(323.15K)左右,气藏储层温度一般在100℃(373.15K),物模模型与气藏原型储层温度差50K,相对于分母标准温度 $T_{sc}=293.15K$ 来说相对较小,模型与原型相似准数 π_4 也基本一致。

相似准数 π_5 为渗流面宽度 b 与厚度 h 比值,根据压裂后流场分析(图1),低渗致密气藏渗流面宽度 b 为排距,一般在500m左右,厚度一般在10m左右,相应的气藏原型相似准数 π_5 取值在50左右,而实验多采用柱状岩心,渗流截面为圆形,宽度与厚度比为1,模型相似准数 π_5 为1,模型相似准数与原型差异较大,但相似准数 π_5 主要反映垂直流动方向的几何相似,主要用于气藏三维空间流动规律研究,而对低渗致密气藏近似一维流动影响较小,相似性可以放宽要求。

相似准数 π_6 为渗流面宽度 b 与渗流长度 a 比值,反映的是流动平面的几何相似性,气藏原型渗流面宽度为排距,渗流长度为1/2井距,根据低渗致密气藏开发实践,气藏排距与井距比值一般在1∶2左右,相似准数 π_6 取值在1左右,岩心模型泄流面宽度为岩心直径、渗流长度为岩心长度。因此,根据相似性准则,岩心长度与岩心直径相当即可,较为容易实现。

相似准数 π_7 和 π_8 为动力相似,其中 π_7 为标准压力与原始压力之比,反映气体被压缩程度,由于气藏原型和物模模型标准压力 P_{sc} 都一样,均为0.101MPa,因此,根据相似准数 π_7,要求物模实验原始地层压力与气藏原始地层压力一致或基本一致,而一般低渗致密砂岩气藏原始压力30MPa左右,实验室能满足要求,实现相似准数 π_7 一致;相似准数 π_8 为井底压力 P_w 与原始地层压力 P_i 的比值,气藏生产过程中井底压力一般介于 $0.10\sim 1.0P_i$,相应的相似准数 π_8 为 $0.1\sim 1.0$;物模实验井底压力(出口压力)介于 $P_{sc}\sim P_i$,相应的物模模型相似准数 π_8 介于 $0\sim 1.0$,物模模型与气藏原型相似准数 π_7、π_8 也基本一致。另外,动力相似准数 π_8 也建立了物模岩心出口压力与气藏井底压力换算关系,为低渗致密气藏开发相似性物模实验关键相似准数,而且,通过相似准数 π_8、气藏原始地层压力和废弃井底压力以及物模实验原始地层压力可确定物模实验出口废弃压力。

当储层渗流为达西渗流时,相似准数 π_9 表达式分母为气井无阻流量表达式,即 π_9 为产气速度与无阻流量比值,这与依据无阻流量1/3~1/6配产观点一致,反映的是运动相似,后续实验也将证明相似准数 π_9 是相似性实验一个重要的相似准数。根据矿场生产统计,原型取值一般为1/3~1/10,低渗致密岩心由于渗透率低,无阻流量相对较小,流压30MPa时全直径岩心无阻流量10000mL/min左右,物模实验流量1000~3000mL/min即可满足模型与原型相似准数一致,实验上可行。

相似准数 π_{10} 分母为天然气地质储量,分子为累计采气量,即相似准数 π_{10} 为累计采气量与储量比值,反映气藏采出程度,根据统计,低渗致密气藏原型相似准数 π_{10} 介于0~0.6,物模模型相似准数 π_{10} 介于0~0.95,模型可做到与原型相似准数一致。

从表1中矿场原型相似准数和物模模型相似准数对比可以看出,两者基本一致,即低渗致密气藏开发动态物理模拟实验基本可以满足相似准则。

2 低渗致密气藏开发实验方法

根据低渗致密气藏开发动态相似性物理模拟实验相似准数,建立相应的相似性物理模拟实验流程。

(1)根据气藏开发与地质参数和表1中相似准数计算公式,计算气藏原型上述10个相似准数;

(2)根据气藏原型相似准数 π_1、π_2、π_4、π_5、π_6、π_7、π_8 确定物模全直径岩心长度、孔隙度、含气饱和度、初始饱和流体压力 P_i、温度 T 和出口压力取值范围;

(3)根据物模实验温度和初始饱和流体压力 P_i 计算实验气体偏差因子 Z、物模相似准数 π_3 和黏度 μ;

(4)根据气藏原型相似准数 π_9、π_{10} 和步骤(2)确定的物模实验参数,计算确定物模实验流量 q_m 和物模实验产气时间 t_m;

(5)将物模实验全直径岩心放置如图2所示物模实验装置的全直径岩心加持器中,并按照示意图连接好储气罐、压力传感器、质量控制流量计和阀门,并依次加围压、打开入口阀门、关闭出口阀门,注气直至初始饱和流体压力达到 P_i;再关闭入口阀门,打开出口阀门,以流量 q_m 恒定生产,记录岩心两端压力,直至生产至废弃时。

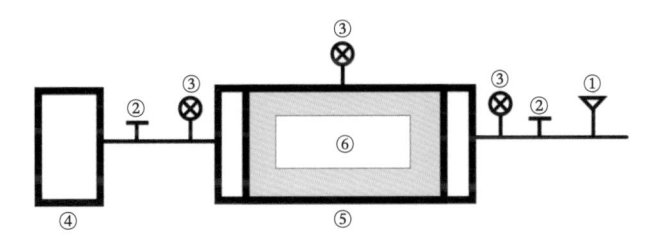

图2 低渗致密气藏开发动态物模实验装置示意图
①—质量控制流量计;②—阀门;③—压力传感器;④—储气罐;⑤—岩心夹持器;⑥—物模岩心

物模实验可获取物模岩心入口压力 P_1、出口压力 P_2、累计产气量和采出程度等关键开发动态数据,其中,物模岩心出口压力 P_2 对应着气藏井底压力 P_w,物模岩心入口压力 P_1 对应着气藏边界压力 P_e,因此,可根据物模实验结果和相似准数相似性换算获取矿场气井生产动态数据,其中根据相似准数 π_9 和物模岩心流量 q_m 计算矿场气井日产气量 q,公式为:

$$q = \frac{bhK_{rg}KT_{sc}P_i^2}{a\mu ZTP_{sc}} \left(\frac{a\mu ZTP_{sc}}{bhK_{rg}KT_{sc}P_i^2} q \right)_m \tag{6}$$

式中 m——表示括号里面参数为物模模型参数。

根据相似准数 π_{10} 和物模实验产气时间 t_m 计算矿场生产时间 t:

$$t = \frac{abh\phi S_g T_{sc} P_i}{qzTP_{sc}} \left(\frac{qzTP_{sc}}{abh\phi S_g T_{sc} P_i} t \right)_m \tag{7}$$

根据相似准数 π_8 和物模岩心出口压力 P_2 计算矿场气井井底压力 P_w:

$$P_w = P_i \left(\frac{P_w}{P_i} \right)_m \tag{8}$$

3 低渗致密气藏开发实验及应用

为了验证低渗致密气藏开发相似准则的合理性,以鄂尔多斯盆地低渗致密砂岩气藏某压裂直井(X井)为模拟对象,储层原始地层压力 30MPa,厚度 11.2m,含水饱和度为 40%,孔隙度 8%,根据试井解释成果,储层渗透率 0.2mD,裂缝半长 125m,无阻流量 $18×10^4m^3/d$;产气量由初始 $4×10^4m^3/d$ 降到 $2×10^4m^3/d$,少量产水,生产比较平稳,累计生产 3879 天,累计采气 $8769×10^4m^3$,平均日产气量 $2.26×10^4m^3$,图 3 为 X 井生产动态曲线。

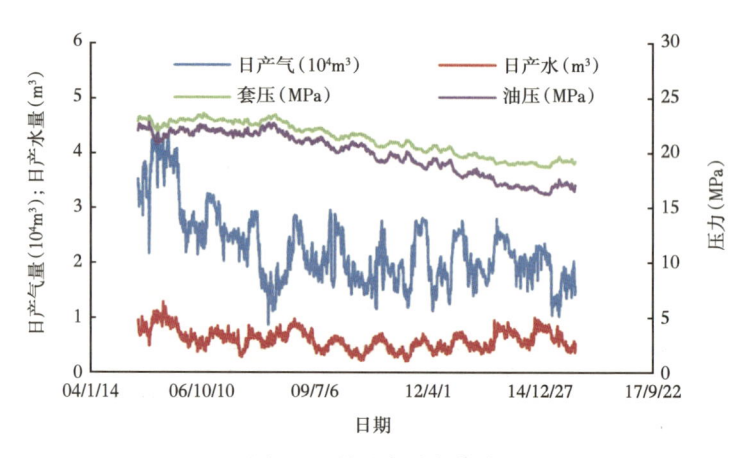

图 3 X 井生产动态曲线

选取 X 井主力储层全直径岩心开展相似性物理模拟实验,岩心覆压渗透率 0.18mD,孔隙度 7.8%,岩心长度 15cm,实验前先采用气驱水的方法建立 40%含水饱和度,物模岩心孔渗饱基本与储层平均孔渗饱相当;实验初始流压 30MPa,与气藏原始地层压力一致,饱和进气量 15798mL,无阻流量 7600mL/min,物模实验流量 400、954、1500、2000、2500mL/min,共 5 组;根据相似准数 π_9 和 X 井储层物性参数计算,物模实验流量对应着矿场日产气量 $(0.9～5.9)×10^4m^3$,其中,X 井平均日产气量 $2.26×10^4m^3$,对应着物模实验流量 954mL/min。

图 4 为物模实验流量 954mL/min 实验曲线及相似性转换曲线,可以看出:依据物理模拟实验结果与相似准则计算得到的生产动态曲线与实际气井生产动态曲线基本吻合,早期预测的井底压力略微偏高,这是

(a) 物模实验曲线

(b) 根据相似准则转换的矿场生产曲线

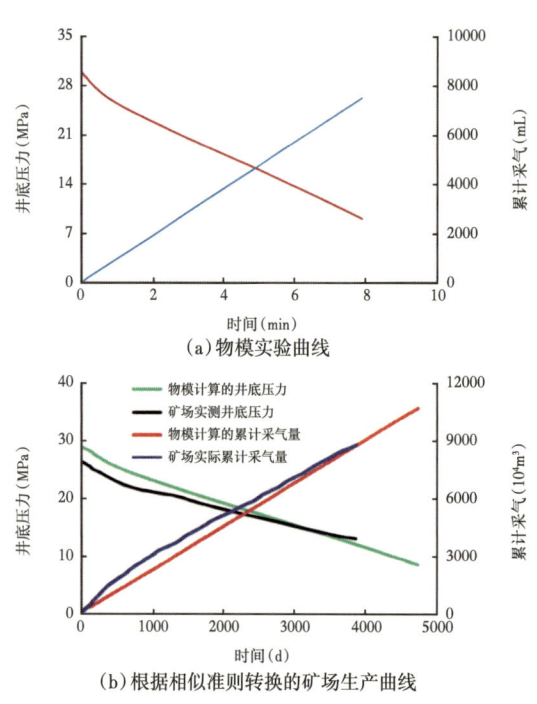

图 4 X 井物模实验及根据相似准则转换结果

由于 X 井早期日产气量高于平均日产气量(约为平均日产气量的 2 倍),整体还是比较吻合,按当前采气速度继续生产的话,井底压力降到原始地层压力 1/3 时还可采出 $1934×10^4m^3$,因此,本文中相似准则可靠,可依据本相似准则进行物理模拟实验,进而进行气藏(井)开发动态预测。

通过对比不同物模流量相似性转换曲线还可用于分析采气速度对气井开发的影响,确定合理采气速度,图 5 为 X 井不同流量时物模实验曲线及根据相似准则转换的矿场曲线,可以看出:不同采气速度下物模模型与气藏原型压降曲线差异较大,具体表现为采气速度越高,X 井井底压降速率越大,相同井底压降条件下采出程度越低,以井底压力降到原始地层压力 1/3 为例,气井日产气$(0.9~5.9)×10^4m^3$ 对应的采出程度为 30.3%~61.5%,相差 1 倍,采气速度对 X 井生产影响明显,从另一侧面反映运动相似准数 $π_6$ 是相似准则中的关键参数,是建立物模实验流量与矿场气井日产气量关系的关键参数;当前采气速度下井底压降相对平缓,采气速度比较合理,可取得一个相对较高的采出程度,约为 50% 左右。

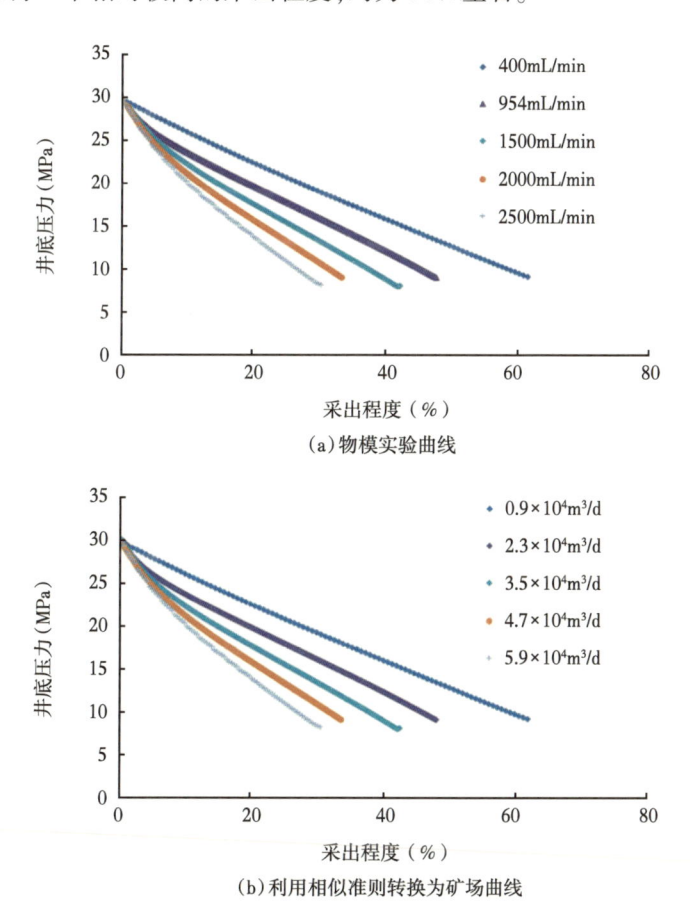

(a)物模实验曲线

(b)利用相似准则转换为矿场曲线

图 5　X 井不同流量物模实验及利用相似准则转换结果

4　小结

(1)气藏主要利用气体膨胀能量开发,油藏多依靠外界补充能量开发,开发方式不同是导致气藏开发相似准数与油藏开发相似准数不同的根本原因,气藏开发主要相似准数为动力相似性(π_8),含水饱和度相似(π_2)和运动相似(π_9)。

(2)根据相似性理论,建立了低渗致密气藏开发物理模拟的相似准则,利用该准则可进行物模实验流量、压力和时间与矿场气井日产气量、压力和生产时间的相互换算,实现了物模实验结果到矿场生产的直接应用,利用相似准则得到的转化曲线可用于指导气井生产,确定气井合理产能和采出程度等关键开发指标。

(3)本文针对均质程度好的低渗致密气藏建立了相似性物理模拟技术,也没有考虑井筒流动对气井生产的影响,而实际很大一部分低渗致密气藏储层非均质性强,气井普遍产水,井筒流动对气井生产影响大,尤其低产井,井筒积液易造成停产或间歇性生产,气藏开发物理模拟相似准则有待于进一步完善。

参 考 文 献

[1] 徐挺.相似理论与模型实验[M].北京:中国农业机械出版社,1982.
[2] 胡勇,李熙喆,李跃刚,等.低渗致密砂岩气藏提高采收率实验研究[J].天然气地球科学,2015,26(11):2142-2148.
[3] 胡勇,郭长敏,徐轩,等.砂岩气藏岩石孔喉结构及渗流特征[J].石油实验地质,2015,37(3):390-393.
[4] 胡勇,李熙喆,卢祥国,等.砂岩气藏衰竭开采过程中含水饱和度变化规律[J].石油勘探与开发,2014,41(6):723-726.
[5] 胡勇,李熙喆,卢祥国,等.高含水致密砂岩气藏储层与水作用机理[J].天然气地球科学,2014,25(7):1072-1076.
[6] 胡勇,李熙喆,万玉金,等.致密砂岩气渗流特征物理模拟[J].石油勘探与开发,2013,40(5):580-584.
[7] 朱华银,朱维耀,罗瑞兰.低渗透气藏开发机理研究进展[J].天然气工业,2010,30(11):44-47,118-119.
[8] 朱华银,胡勇,朱维耀,等.气藏开发动态物理模拟技术[J].石油钻采工艺,2010,32(S1):54-57.
[9] 朱华银,徐轩,安来志,等.致密气藏孔隙水赋存状态与流动性实验[J].石油学报,2016,37(2):230-236.
[10] 朱华银,徐轩,高岩,等.致密砂岩孔隙内水的赋存特征及其对气体渗流的影响——以松辽盆地长岭气田登娄库组气藏为例[J].天然气工业,2014,34(10):54-58.
[11] 朱华银,付大其,卓兴家,等.低渗气藏特殊渗流机理实验研究[J].天然气勘探与开发,2009,32(3):39-41+74.
[12] 刘华勋,任东,高树生,等.边、底水气藏水侵机理与开发对策[J].天然气工业,2015,35(2):47-53.
[13] 叶礼友,高树生,杨洪志,等.致密砂岩气藏产水机理与开发对策[J].天然气工业,2015,35(2):41-46.
[14] 高树生,叶礼友,熊伟,等.大型低渗致密含水气藏渗流机理及开发对策[J].石油天然气学报,2013,35(7):93-99.
[15] 李熙喆,万玉金,陆家亮,等.复杂气藏开发技术[M].北京:石油工业出版社,2010.

裂缝性边水气藏水侵机理及治水对策实验

徐 轩[1,2]　万玉金[1,2]　陈颖莉[3]　胡 勇[1,2]　梅青燕[3]　焦春艳[1,2]

(1. 中国石油勘探开发研究院；2. 中国石油天然气集团公司天然气成藏与开发重点实验室；3. 中国石油西南油气田分公司勘探开发研究院)

摘要：针对裂缝性边水气藏主要治水措施建立了物理模拟方法并开展实验，系统测试了气藏内部动态压降剖面，对比分析了不同水体、不同治水措施下气藏开采动态及储量动用规律。研究表明：(1)水体能量不同时，相同的控气排水措施将导致完全不同的实际效果；30倍水体时，采收率可提高10.8%，而无限大水体时采收率反而降低15.6%。生产参数和动态压降剖面揭示无限大水体时，过分控制生产压差不仅难以减缓水侵，相反还会导致采速降低，延长水侵时间，加剧水侵对开发影响。(2)多井协同排水采气治水效果显著，裂缝性储层中的水会在自身弹性能和剩余气驱动下大量排出，大幅提升气相渗流能力，促使封闭气重新产出，采收率可再提高约10%~30%。水侵影响越严重的气藏，采取排水采气措施越早治水效果越好。(3)裂缝贯通水体和气井时，地层水主要沿裂缝向气井侵入，外围基质区含水饱和度增量低于5%，压降剖面显示基质区仍有大量封闭剩余气，这些未动用储量是后期开展排水采气等增产措施的重要物质基础。

关键词：裂缝性气藏；水侵；治水对策；排水采气；压降剖面

我国大多数气藏均属不同程度的水驱气藏，其中边底水活跃的气藏占40%~50%[1]。此类气藏多有断层、裂缝发育，采气过程中，边水或底水容易沿裂缝侵入、分割气藏，造成气井产水并加速递减，储量难以有效动用，对采气危害很大。因此，开展裂缝性有水气藏水侵规律与治水对策的物理模拟，掌握水侵规律和开发机理，对于制定针对性治水对策、改善有水气藏开发效果尤为关键[2-4]。

前人[5-8]通过物理模拟在裂缝性储层微观渗流规律和宏观水侵特征方面均取得了较多的研究成果。在开发治水方面，成果则主要集中于现场开发实践和应用，形成了包括气水关系描述、水侵动态分析预测、治水对策优化等特色技术[9-15]。然而，由于出水规律的复杂性和实验技术方法的局限性，实验室对于有水气藏开发治水对策缺乏针对性理论研究，如对于裂缝性有水气藏开采全生命周期(水侵及治水)包括控气排水(控制配产和压差)和排水采气等治水措施改善开发效果的室内机理性研究，目前尚未见相关报道。

基于此，本文首次以川东石炭系典型气藏为例建立了裂缝性边水气藏水侵及治水全周期物理模拟实验方法并开展实验。采用多个测压探头的长岩心夹持器，开展不同水体条件下，裂缝性边水气藏采气物理模拟，模拟控气排水和排水采气等不同治水措施。实验揭示了此类气藏水侵动态、水封气机理和储量动用机理，对于气藏后期部署加密井、制定排水采气方案等增产措施意义重大。

1　现场主要治水对策及实例

自 20 世纪 70 年代威远震旦系气藏表现出严重水侵影响以来,我国油气开发工作者针对气藏水侵及治水开展了大量的攻关研究[16]。目前治水对策归纳起来有三大类:控气排水、排水采气和堵水。

控气排水是通过控制气井产量,即抬高井底回压来减小水侵压差,从而减缓水侵。其实质是控气控水或控压控水,现场有时也称为"控水采气"。

排水采气则是利用水井主动采水来消耗水体能量,减小气区和水区的压差控制水侵。排水采气既可以是气井自身的排水采气,也可以是多口水井、气井联合进行的协同排水采气。

堵水则是通过注水泥桥塞或高分子堵水剂堵塞水侵通道,以达到控制水侵的目的。大量的生产实践证实,在裂缝性储层中,裂缝既是气流的主要通道,也是水侵的唯一通道,堵水的同时往往会造成产气量也大幅减少。因此,堵水的方法不适用于裂缝水窜型出水气井[17]。

基于此,本文主要针对裂缝性气藏主要的两种治水对策,控气排水(或控制井口压力)和排水采气展开研究和讨论。

1.1　控气排水实例——胡家坝气藏七里 24 井[18]

川东石炭系气田胡家坝构造是七里峡构造带南段的一个潜伏构造,裂缝发育,以构造缝为主,中、小缝居多。该气藏于 1994 年投入试采,方案执行前期,气藏只有七里 7 井一口井生产,该井于 1994 年 9 月投产,投产时的产气量为 38.39×10^{4}m^3/d,此后两年多中,产气量均在(30~40)×10^{4}m^3/d。1997 年 5 月,七里 7 井开始产出地层水,产水后,该井采取了控气(控压)开采的治水措施:于 1998 年 6 月降低配产至 25.0×10^{4}m^3/d 生产,但产水量仍然逐渐增加,产水量由初期的 2.2m^3/d,上升到 2004 年 6 月的 10.5 m^3/d。因此,在 2002 年 9 月再次主动降低配产到 20.0×10^{4}m^3/d 生产,产水量在上升到 12.69m^3/d 后开始下降,并稳定在 11 m^3/d 左右,此阶段不仅产水量得到有效控制,同时其生产压差明显下降,从调产前的 5MPa 左右下降到 3.5MPa 左右。七里 7 井治水实践表明该井控气排水的治水措施达到预期,实现了产量、压差、水量"三稳定"。

1.2　排水采气实例——龙吊气藏池 27 井和 39 井协同排水采气[19]

池 39 井位于川东石炭系气田吊钟坝高点北端,单井控制储量 26.5×10^{8}m^3,于 1992 年 3 月投产,初期日产气量 35.0×10^{4}m^3/d,1994 年 3 月突然产出地层水,日产水 3 m^3/d,日产气降到 7.3×10^{4}m^3/d(图 1)。

研究表明池 39 井属典型的大裂缝导通型水侵,针对这种情况,气藏的水侵治理方案是:于 1998 年 5 月对裂缝上游位于水层的水井池 27 井大规模排水泄压,同时气井池 39 井进行气举排水,两口气井协同整体治水。采气动态监测曲线表明机抽排水后,池 27 井水区压力得到明显消耗,池 39 井日产水增幅明显减小;1999 年 10 月停抽后,池 27 井水区压力迅速恢复,池 39 井地层渗滤条件迅速恶化,生产套压下降加快,产水量由停抽时的 18 m^3/d 上升到 40 m^3/d 左右。正、反两方面的生产变化表明机抽排水泄压对抑制水侵进一步恶化、降低水侵危害作用明显。虽然排水初期曾出现了有利的变化趋势,但经过近 4 年多的试验,池 27 井区治水效果总体未达到预期目的,分析主要原因为池 27 井的排水量未达到设计的要求,同时可动水体能量

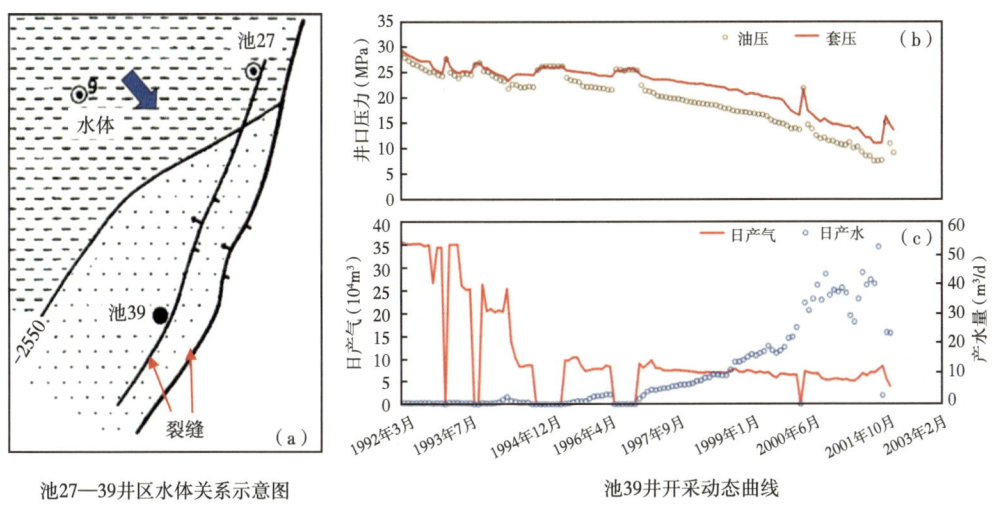

图 1 川东石炭系气田池 27—39 井区协同排水采气模式图及采气曲线

比预测的要强。由此可见,水体能量预测和排水量是否充分是排水采气是否成功的重要影响因素。

由于地质条件和气水渗流规律的复杂性,加之现场治水见效缓慢,影响因素众多,给治水策略制定带来极大困难,实际工作中难以简单套用固定的治水模式,需开展治水机理研究。

2 气藏水侵与控气排水物理模拟

2.1 实验方法设计

实验装置如图 2 所示,主要包括高压水体、储层模型、围压控制系统、出口回压控制装置、出口计量与采出系统等组成。

水体大小设计:水体是影响气藏生产的重要因素,通常采用物质平衡法进行计算。国内气藏开发经验表明,由于气藏水体和储量差异,气藏水体倍数变化显著,从不足 1.0 倍到数十倍均有实例[20]。而对于裂缝性气藏,一旦单口气井直接经裂缝与水体连通,整个水体能量主要作用于单井,此时单井相对水体倍数将大幅增加,极端情况甚至相当于无限大恒压水体。综合以上分析,不失一般性,实验设计了 30 倍有限水体和恒压无限大水体。

储层模型:由基质储层和裂缝性储层两部分组成。近井部分为裂缝区,直接连通气井和水体,用来模拟贯通缝水侵;远端为基质区,模拟气藏水侵后被水侵段切割、封闭的外围基质气区。近井部分裂缝区为长度 21.2cm,直径 3.8cm 的裂缝岩心段,采用基质岩心人工压裂形成贯通缝,压裂前基质渗透率 0.28mD,压裂造缝后平均渗透率为 34.8mD,孔隙度为 12.2%。外围基质区为长度 5.3cm,直径 3.8cm 的基质岩心,渗透率 0.28mD,孔隙度为 9.5%。

采气速度:按气体渗流动力相似原理,将实验配产和裂缝气井产量进行折算。具体方法为,考虑实验室和井底气体状态差异,根据气体运动方程,将井底气层平均供气速度转化为岩心端面气体渗流速度。经计算典型气井配产 $10×10^4 m^3/d$,约对应于实验室产气速度 400mL/min。

模拟模型夹持器采用中国石油勘探开发研究院研制的新型多测压点长岩心夹持器,布设多个测压探头可实时监测生产过程中气藏压力剖面,直观反映不同采气方式下气藏内部储量动用情况和剩余气位置。

设计 5 组实验,分别模拟:无限大水体和有限水体(30 倍)条件下无回压定产生产和控气排水开采,作为对比,开展一组无水体条件的控气开采。无限大水体采用高压气瓶连接水体,由于气体压缩系数大,可在实验期间保持水体压力恒定不变,从而模拟无限大水体;关闭高压气瓶,中间容器中一定体积的水体即为有限水体(图2)。

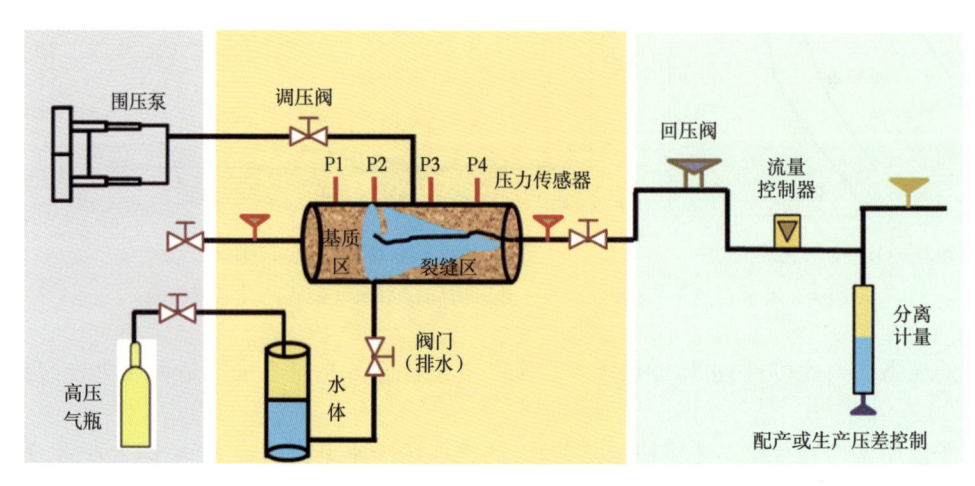

图 2 裂缝性气藏控气排水和排水采气开采实验示意图

2.2 实验流程及步骤

第一步:根据实验方案准备岩心模型,将全部岩心装入岩心夹持器并加围压至 35MPa。

第二步:对岩心模型从两端缓慢饱和气至 30MPa。

第三步:将模拟地层水装入耐高压中间容器,加压至 30MPa,根据需要设置水体,若为恒压水体则通过中间容器连接恒压气源持续提供压力。

第四步:将中间容器水体与饱和气后的岩心模型连通;按配产 400mL/min 生产,模拟气藏衰竭开采。出口压力根据实验设计分别采用无回压定产开采和控气排水开采两种方式。控气排水实验通过出口端回压阀设置不同压力,控制出口压差,出口压力分别设置为 20MPa、15MPa、10MPa、5MPa 和 0.1MPa。开始生产后,当出口压力降至 20MPa 时气井产气至衰竭,此时降低出口压力至 15MPa,重新产气,至气井再次停产后将出口压力降低到下一个点,继续开采,如此重复至 0.1MPa。

第五步:开采过程中,通过夹持器上设置的测压探头实时记录岩心沿程压力剖面,出口流量计和气水分离器记录瞬时气,水产量,累计气、水产量,见水时间等参数。当出口端检测不到气流量时,继续观察 10min 以上,看是否复产气或复产水,否则停止实验。

第六步:实验结束后,取出岩心分别称重,获得不同位置处岩心平均含水饱和度。

2.3 不同水体及采气方式实验结果分析

2.3.1 有限水体气藏生产动态与储量动用机理

(1)有限水体气藏生产动态。

30倍水体条件下,无回压定产采气和控气排水采气生产曲线如图3所示,统计不同阶段生产参数见表1。

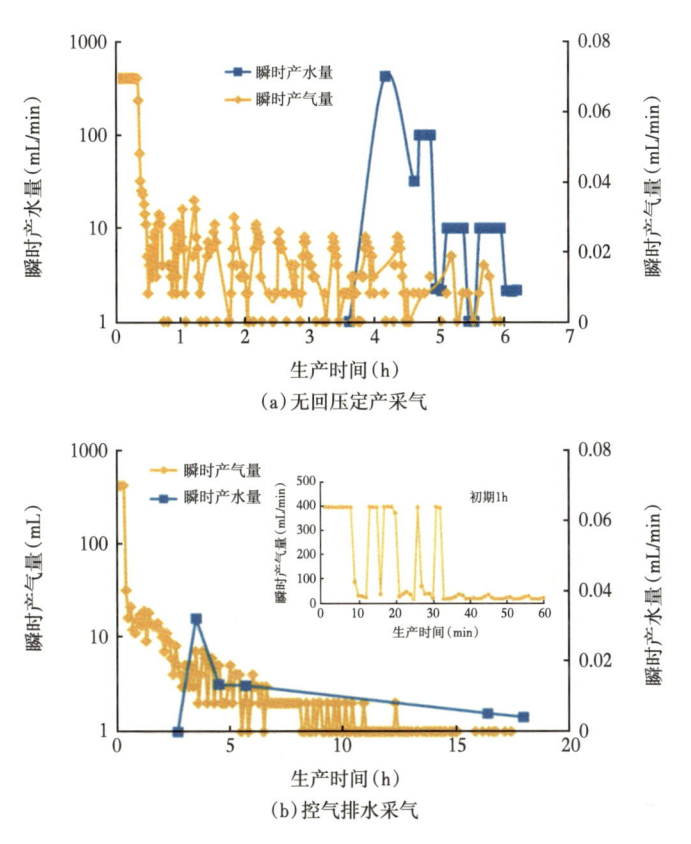

图3 30倍水体两种开采方式生产曲线

表1 不同采气方式实验生产参数

水体能量	生产方式	稳产时间(min)	稳产期产气量(L)	无水采气期(min)	无水期采出程度(%)	水侵速度(cm/min)	平均产水速度(mL/min)	累产时间(h)	累计产水量(mL)	累计产气量(L)	采收率(%)
有限水体	无回压定产	20	8.16	217	69.8	0.10	0.02	6.1	6.0	9.4	72.3
	控气排水	8	3.45	184	71.5	0.12	0.01	17.9	7.1	10.81	83.1
无限水体	无回压定产	19	7.69	45	60.9	0.60	0.16	1.3	10.2	7.81	60.9
	控气排水	8.2	3.29	35	39.8	0.47	0.11	1.4	9.5	5.8	45.3

不同采气方式气、水产出特征及采收率存在明显差异:

无回压定产生产,气体以400mL/min稳产20min,稳产期产量高达8.16L;稳产结束后产量在20min内迅速由400mL/min递减到约5mL/min,此后一直以较低的产量生产。无水采气期217min,产气量9.04L,采出程度为69.8%;水侵前缘推进速度为0.10cm/min,初期产水较快,达到0.07mL/min,此后缓慢下降到0.01~0.03mL/min,平均0.02mL/min;气水同产期约

3h,阶段产气量仅 0.36L;最终累产 6.1h,累计产气 9.4L,采收率 72.3%。

控气排水生产,出口初始压力为 20MPa,此阶段仅稳产 8min。快速衰竭后根据实验设计将出口压力依次降至 15MPa、10 MPa、5MPa 和 0.1MPa,生产曲线如图 3b 所示。气井无水产气期 184min,产气量 9.3L,与无回压生产接近;水侵前缘推进速度变化不大,为 0.12cm/min,初期瞬时产水速度 0.03mL/min,此后快速下降到 0.01mL/min 以下;平均 0.01mL/min,约为无回压生产的 50%;气水同产期大幅延长至 15h,阶段产气量大幅增加至 1.51L;最终累产 17.9h,累计产气 10.81L,采收率 83.1%,较无回压生产增加了 10.8%。

总体而言,对于有限水体,采用控气排水生产虽大幅缩短了稳产期,但有效抑制了水侵量,延长了气井生产时间,使得平均日产水量减小 50%,采收率增加 10% 以上,治水效果明显。

(2)有限水体气藏储量动用机理。

实验过程中实时监测了供气路径上不同位置的动态压力。通过动态压降剖面则能够实时、直观反映气藏内部剩余气位置和储量动用情况,为研究气藏水侵规律、水封气机理及储量动用机理提供重要分析手段和依据。

动态压降剖面绘制方法为:将实验过程中各测压点压力按距岩心出口端面距离依次绘制,为显示直观性,通过坐标对称方法得到以生产井(出口岩心端面)为中心的,两侧对称的"压降漏斗",见图 4。图 4 分别显示了无水体控压、30 倍水体无回压定产和控气排水生产 3 种实验条件下的动态压降过程。压降剖面差异显著,显示出不同采气方式,不同时期水侵对生产的影响,反映了丰富的气藏内部信息,下文进行详细分析。

图 4a 无水体条件下,气藏供气路径上各测点压力均匀下降,显示生产过程中整个气藏储

(a)无水体控压(45min)

(b)30 倍水体无回压定产(6.2h)

(c)30 倍水体控气排水(18h)

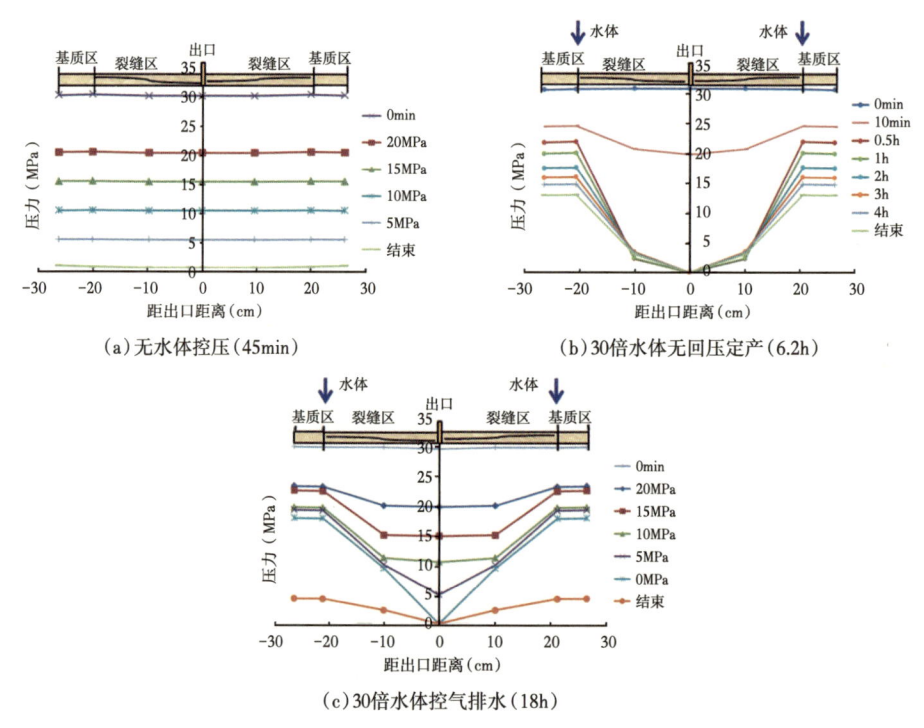

图 4 不同水体及采气方式动态压降过程(对称作图)

量动用均衡,生产结束后,几乎没有剩余压力,表明储量均得到有效动用。图4b和4c则显示了水侵对裂缝性气藏储量动用的显著影响,压力剖面均显示了储量动用的非均衡性:近井裂缝区(0~21cm)由于水的侵入,形成了气水两相渗流,使得沿程阻力逐渐增大,压降漏斗也随之增大;裂缝区水侵同时也导致外围基质区(21~26cm)储量难以有效动用,形成了所谓的"水封气";直至生产结束,整个气藏仍有大量剩余气难以动用。相对无回压采气,控气排水生产时整个气藏压力梯度和压降漏斗更小,表明由于控制了生产压差,水侵速度和规模放缓(平均产水速度0.01mL/min,仅为无回压采气的50%),水体得以缓慢、均衡的沿裂缝性储层侵入气井,在生产上则表现为控气排水使气藏采收率提高10.8%。

压降剖面动态变化还反映出水沿裂缝侵入距离由近及远,侵入规模由小到大的发展历程:开始生产后,水体沿裂缝(距井口21cm处)开始向气井侵入,初期仅裂缝区近水段(21~10cm)受影响明显,压力梯度逐渐增大,此时远水段(10~0cm)压力剖面平缓,表明水侵前缘尚未波及近井段。随生产进行,侵入规模变大,影响加剧:无回压生产(图4b),30min后裂缝区近水段(21~10cm)压力梯度大幅增至2MPa/cm,导致外围基质区(21~26.5cm)储量难以有效动用,形成"水封气",这部分"水封气"直至生产结束也难以动用。裂缝区远水段(0~10cm),压力梯度也增加至0.2MPa/cm左右,显示水侵已影响到近井段,但影响程度较近水段大幅度减小。控气排水生产过程(图4c),当出口压力降至5MPa后,整个裂缝区(0~21cm)压力梯度基本达到一致,约为1MPa/cm。

2.3.2 无限大水体气藏生产动态与储量动用机理

(1)无限大水体气藏生产动态。

水体能量大小是影响裂缝水侵和气藏生产的重要因素,模拟无限水体条件下,无回压定产生产和控气排水采气,两种采气方式生产曲线见图5,统计参数见表1。结合上文30倍有限水体生产过程,综合分析不同水体能量,采气方式对裂缝边水气藏开发的影响。

无限大水体条件下,相对于无回压采气,控气排水生产并没有使生产得到明显改善,反而较大幅度降低了稳产期产量和采收率:稳产期采气量从7.69L下降到3.29L;无水采气期采出程度由60.9%大幅下降至39.8%,生产结束后累计产量从7.8L下降到5.8L;相应地,采收率也大幅减少了15.6%。分析产水数据表明由于水体能量充足,加之贯通缝沟通作用强,控气排水生产对水体侵入速度和规模限制作用并不明显:水侵前缘推进速度仅由0.6cm/min减少到0.47cm/min,平均产水量从0.16mL/min减少到0.11mL/min,累计产水量仅减少0.7mL。

对比30倍水体采气过程,可见水体能量对于气藏生产影响巨大,水体能量越大,采气效果越差,而且这种影响越到后期越显著:初期(稳产期),由于地层水尚未大量侵入,水体能量影响体现不明显,相同生产措施下稳产时间差距不大。但是,随着生产的进行,稳产期结束后,水体能量的巨大影响很快显现出来,相较于30倍有限水体,无回压采气和控气排水两种生产措施,无限大水体水侵速度均增加5~6倍;相应的见水时间缩短,无水期采出程度锐减(由70%左右锐减到60.9%和45.3%);产水速度则增加10倍左右(分别从0.02mL/min和0.01mL/min增加到0.16mL/min和0.11mL/min);产气时间大幅缩短(从6.1h和17.9h下降到1.3h和1.4h),采收率大幅降低(由72.3%和83.1%下降到60.9%和45.3%)。

水体能量差异导致相同的治水对策产生了完全不同的生产效果:30倍水体控气排水生产,采收率提高10.8%,无限大水体控气排水生产则减少15.6%,这种影响机理需要结合动态

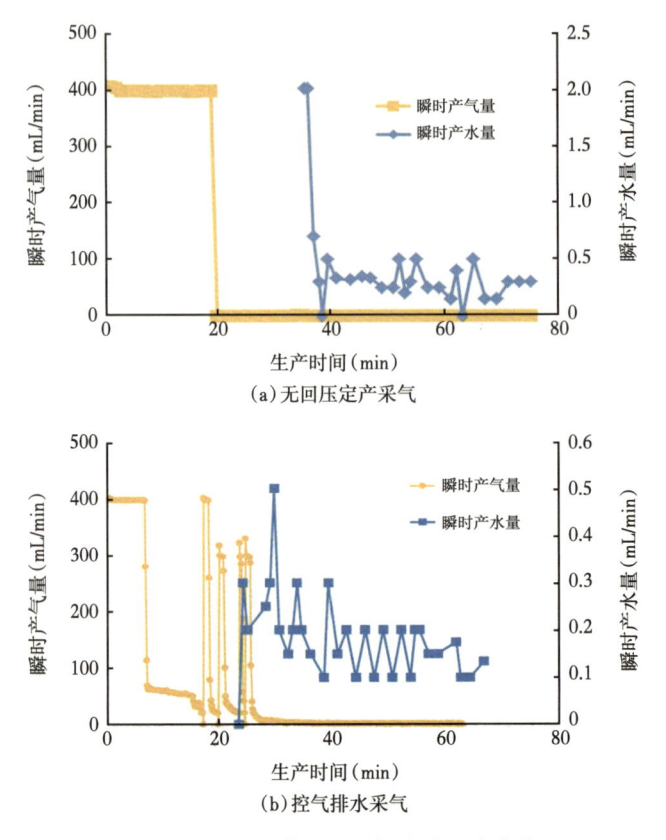

图 5 无限大水体两种采气方式生产曲线

压降剖面深入分析。

（2）无限大水体气藏储量动用机理。

相对于 30 倍水体（图 4b、c），无限大水体的动态压降梯度（图 6）更"陡"，"压降漏斗"更大，直观显示出水侵对于气井生产及储量动用影响尤为强烈。

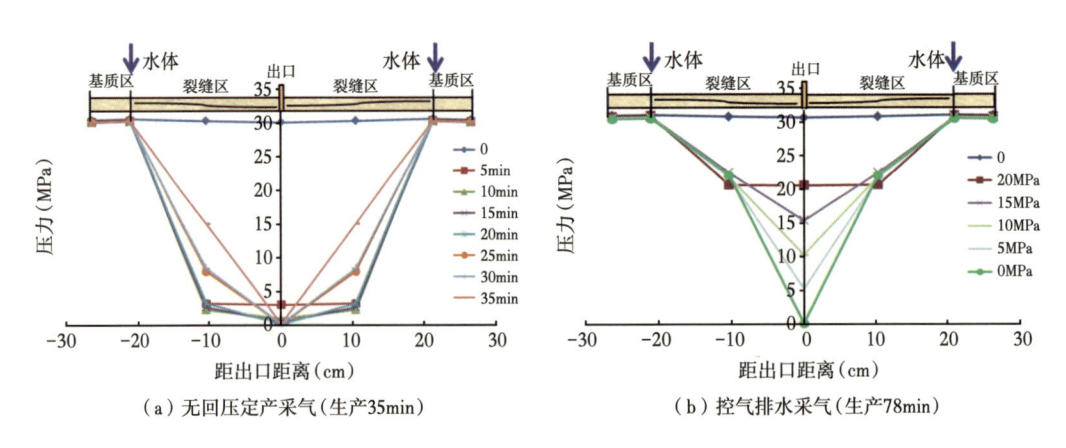

图 6 无限大水体两种采气方式动态压降过程（对称作图）

无回压定产生产,巨大的水体能量和生产压差使得地层水迅速沿裂缝向气井侵入,前5min整个裂缝区(0~21m)就形成巨大的渗流阻力,形成斜率约1.5MPa/cm的压降漏斗,10min后出口压力迅速衰减为0。由于水体侵入速度快,范围大,裂缝外围基质区(26.5~21m)的气完全来不及流向裂缝,储量到生产结束都完全无法动用,剩余压力始终为30MPa。

控气排水生产,一方面,由于水体能量大,控压对水体侵入速度和规模限制作用并不明显(上文已论述),另一方面,由于降低生产压差减缓了产气速度,造成储层中的气体,即使是近井区域(0~10cm范围)的气体都来不及产出(剩余压力梯度达2MPa/cm)。随着生产进行,水体侵入范围扩大,使得从井口到远端大量剩余气体被切割、封锁在基质中无法采出。

对比两种生产方式,无回压生产中虽然也存在大量未动用储量,但由于初期采气速度较快,使得近井区域的气体在水侵前缘到达前基本被采出(无剩余压力),水侵的影响程度相对小一些。因此,在水体能量大且贯通缝传导率高的情形下,如无法降低水体能量,就应保持较高的生产压差和采气速度。否则,过分控制生产压差不仅难以减缓水侵速度,相反还会导致采气速度降低,影响基质中气体产出,延长水侵时间,进一步加剧水侵对气藏影响,反而不利于生产。

3 气藏排水采气物理模拟

3.1 实验方法设计

排水采气实验主要模拟水侵入气藏后在来水方向部署排水井,与气井协同生产,延缓或阻止水继续沿裂缝侵入。为模拟这一过程,在上文所述30倍水体和无限大水体无回压定产采气实验结束以后,连续开展排水采气实验。

具体方法为:水侵实验后,将水体(储水中间容器)与裂缝性储层间的阀门关闭,阻断水体的继续侵入(类似上文1.2中所述川东石炭系池27井排水),出口持续开井至缓慢恢复生产(类似池39井生产)。实验通过关闭水体客观达到了排水井排水阻断水体沿裂缝侵入的效果,从机理上模拟气藏排水井与采气井协同治水。

3.2 实验流程及步骤

分别在30倍水体无回压定产采气370min,无限大水体无回压定产采气60min后,连续开展排水采气物理模拟实验:

第一步:水侵实验结束,观察一段时间,确定出口无法连续产气后,关闭储水中间容器与岩心夹持器之间的阀门,阻断水体。观察出口端产水状况和复产气时间,实时记录岩心沿程压力剖面,出口瞬时气、水产量等参数。

第二步:当装置出口端再次长时间检测不到气流量时,结束实验。

第三步:实验结束后,取出岩心称重,获得不同位置处含水饱和度。

3.3 实验结果分析

3.3.1 气藏排水采气阶段生产动态

绘制两种水体能量下气井从水侵至衰竭,再到排水采气措施后复产气的全生命周期气、水生产曲线如图7、图8所示,图中标出了开展排水采气的时间。统计排水采气措施前后生产参数见表2。两种水体排水措施前生产特征上文已论述，下面重点分析排水采气措施对气井增产作用。

(a) 30倍水体排水采气

(b) 无限大水体排水采气

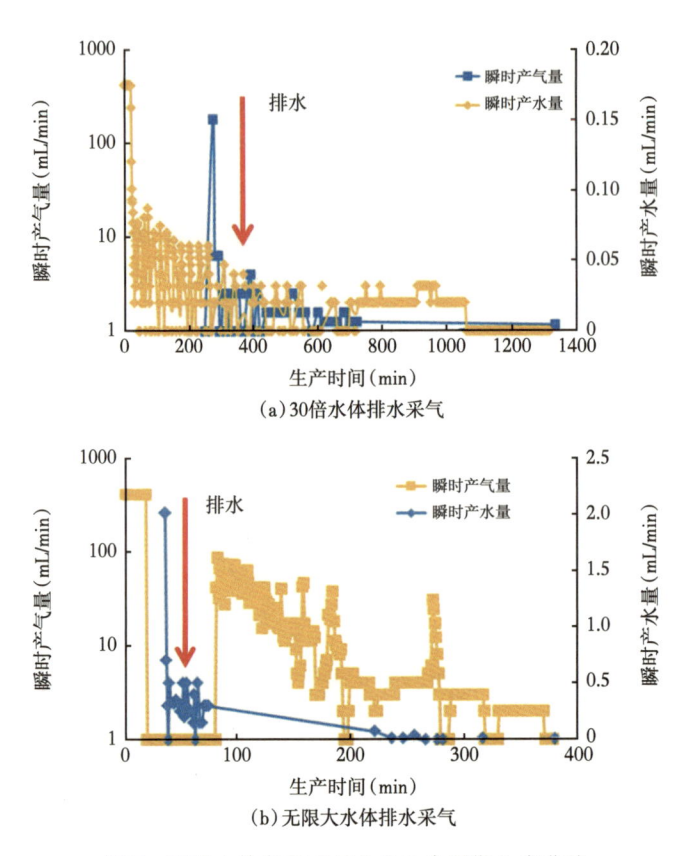

图7 两种水体条件下气井全生命周期生产曲线

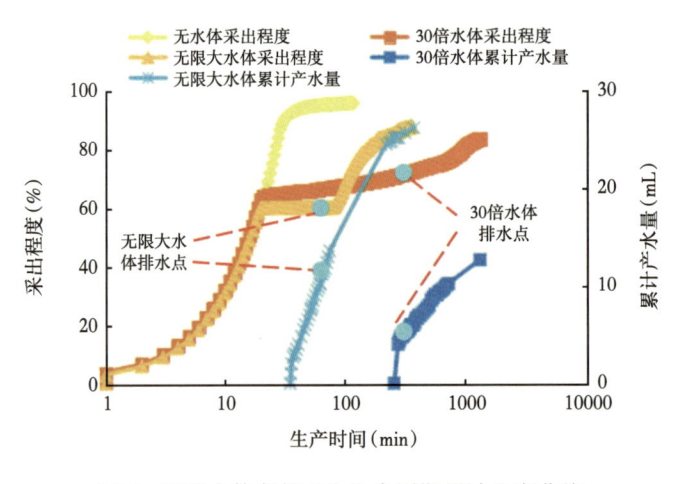

图8 两种水体条件下全生命周期累计生产曲线

30倍水体，排水前无水产气期和气水同产期持续时间较长，气井采出程度达72.2%。由于气藏剩余储量有限，排水后气井产量并未大幅提升，仅以原产量1~5mL/min 持续低产约

— 270 —

940min，措施后累计产气 1.44L，阶段采出程度 11.21%。最终通过排水采气措施，气井全生命周期累计产气 10.84mL，采收率达到 83.41%。统计产水数据，关水体后累计排水约 6.67mL，相当于 0.221 倍孔隙体积。实验结束后，称重计算裂缝区含水饱和度分布在 20%~40%，平均为 30.2%，而外围基质区含水仅为 4.5%，表明水体主要沿裂缝侵入井底方向，基本未侵入外围基质区。

表 2 两种水体排水采气措施前后生产参数

水体能量	排水前无回压定产生产参数				排水阶段增量					全程累计生产参数			
	累产时间（min）	累计产水量（mL）	累计产气量（L）	采出程度（%）	排水开始时间（min）	累计产时间（min）	累计产水量（mL）	累计产气量（L）	采出程度（%）	累产时间（min）	累计产水量（mL）	累计产气量（L）	采收率（%）
有限水体	360	5.98	9.4	72.2	370	940	6.67	1.44	11.21	1300	12.65	10.84	83.41
无限水体	20	10.21	7.8	60.9	60	320	15.99	3.62	26.85	340	26.2	11.42	87.75

无限大水体，排水前气井受水侵影响严重，停产时累计产水达 10.2mL，累计产气仅 7.8L，采出程度仅 60.9%。排水措施约 20min 后气井才开始复产气，产量一度恢复到较高水平，达到 80mL/min，后逐渐递减，以 10~50mL/min 生产近 100min，此后又以较低的产量持续产气近 200min。排水措施后，累计产气量 3.62L，阶段采出程度达 26.85%，增产效果显著。最终通过排水采气措施，气井全生命周期累产 340min，累计产气 11.42mL，采收率达到 87.75%，高于 30 倍水体时措施后采收率。从关水体到复产气，排水量达到 15.99mL，是 30 倍水体排水量的 2.4 倍，相当于 0.527 倍孔隙体积水量。实验结束后，称重计算裂缝区平均含水饱和度为 30.7%，外围基质区含水饱和度仅为 1.6%，同样表明水体主要沿裂缝侵入井底，没有大量侵入外围基质区。

3.3.2 气藏排水采气阶段储量动用机理

上文图 4(b) 和 6(a) 分别为 30 倍水体和无限大水体排水采气措施前压降剖面，图 9(a) 和图 9(b) 则是开展排水采气后的压降剖面。

压降剖面显示，采取排水采气治水措施，一方面水体无法继续侵入，另一方面储层中已侵入的水由于自身弹性膨胀和剩余气的驱动得以持续、大量排出（30 倍水体时和无限大水体产

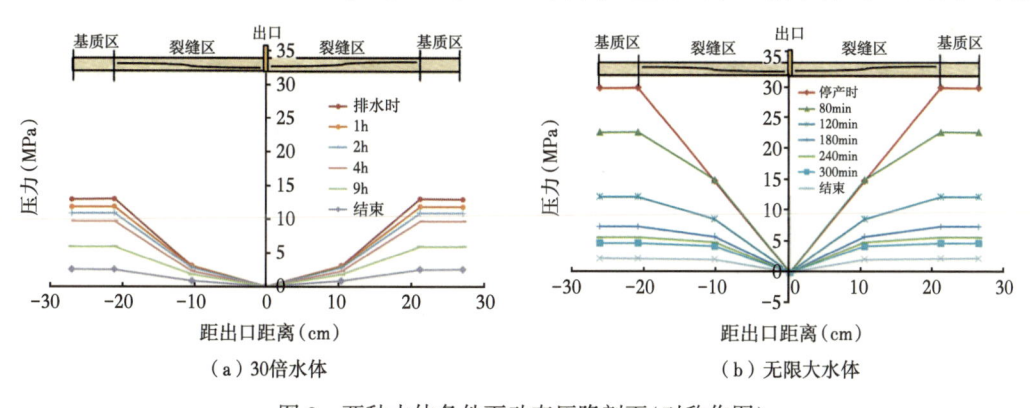

（a）30 倍水体

（b）无限大水体

图 9 两种水体条件下动态压降剖面（对称作图）

水速度分布为 0.01mL/min 和 0.05mL/min），裂缝区储层含水饱和度大幅下降（分别下降了 22.1%和 52.7%）。大量排水极大降低了裂缝系统的压力和含水饱和度，增大了基质岩块和裂缝间的压差，提高了气相的渗透能力，促使封闭气重新开始流动，基质中水封气得以释放。

气井生产参数和压降剖面上均充分体现出相对于有限水体，无限大水体时，气藏前期受水侵影响更严重，剩余未动用储量更多，因此，排水采气措施后可动用的物质基础更充足，增产效果更好。

4 现场治水实例

攻关研究表明，由于裂缝性气藏地质条件、水体能量等的复杂性，治水措施应因地制宜，因井施策。大量治水实践经验及成果范例与实验结论具有一致性，对比分析可进一步为此类气藏制定排水采气方案提供借鉴[2,16]。

地层水体封闭、能量有限的裂缝性气藏可采取控制气井的生产压差来控制地层水的水侵，提高气藏的采收率。以双家坝气田石炭系气藏为例，该气藏 1992 年 11 月投入开发，1994 年 5 月西北翼七里 43 井出水后，控气生产，日产气由 1994 年 5 月的 $12.5 \times 10^4 m^3/d$ 下降到 1997 年 4 月的 $5.5 \times 10^4 m^3/d$。南翼边部七里 7 井 1997 年 4 月出地层水后，控气生产，日产气量由 1997 年 4 月的 $9.7 \times 10^4 m^3/d$ 下降到 1998 年 5 月的 $6.2 \times 10^4 m^3/d$。气藏出水前及出水后阶段平均采气速度基本一致（表3）。表明气藏尽管出水，但控制边部气井的产量后，能较好地控制边水的侵入，能取得较高的最终采收率。

表3 双家坝气田石炭系气藏出水前后开发参数对比表[2]

开发阶段	时间	阶段产气量 ($10^8 m^3$)	阶段产水量 (m^3)	平均采气速度 (%)	阶段年平均产水量 (m^3)
出水前	1992年11月—1994年5月	4.55	2413	2.83	1609
出水后	1994年6月—1998年12月	12.44	15433	2.89	3770

早期边部多井联合排水是裂缝性边水活跃气藏提高气藏采收率的有效途径。仍以上文所述龙吊气藏池 27 井和 39 井协同排水采气为例。前人数值模拟研究结果发现，采用控制池 39 井气产量不利于充分利用气井能量、提高气藏稳产期的采出程度和经济效益。而另一方面，生产动态表明池 27 井机抽排水后，池 39 井日产水增幅明显减小；停抽后池 27 井水区压力迅速恢复，池 39 井生产套压下降加快，产水量上升。正、反两方面的生产变化表明两口或多口井联合排水对抑制水侵进一步恶化、降低水侵危害作用明显[19]。生产实践过程中由于其他客观原因导致水井池 27 井排水效果不理想，但并不能否定其治水的有益效果。

5 结论与建议

实验系统测试了储层内部动态压降剖面，对比了不同水体，不同治水措施下的开发效果，分析了水侵规律和储量动用机理。研究结果表明：

（1）裂缝性边水气藏，采用控气排水措施治水应谨慎，需根据地层条件和水体能量因井施策。水体能量有限时，控气排水生产能够抑制水侵前缘推进，使储量动用更均衡，采收率更高；

而水体规模较大时,由于裂缝渗透率高,控气排水已难以有效抑制水侵,此时小压差生产反而降低采速使得储层中的气体来不及在水侵入前采出,导致大量"水封气",反而降低采收率。

(2)多井协同排水采气治水效果显著,采收率可提升约10%～30%。水侵影响越严重的气藏,剩余未动用储量越高,越应尽早开展排水采气。上游大量排水可阻断水体侵入,已侵入的水则在自身弹性能和剩余压差驱动下排出,使储层含水降低,气相渗透能力提高,封闭气重新开始流动,从而大幅提升采收率。

(3)裂缝贯通水体和气井时,水侵主要发生在近井区裂缝带,外围基质区可作为实施加密布井,产量接替的重点区域。动态压降过程显示,压差和水侵主要集中在近井裂缝区,外围基质区通常不会被大量水侵。而由于水封气作用,外围基质区仍有大量剩余封闭气,是后期开展增产措施的重要基础。

参 考 文 献

[1] 郭平,景莎莎,彭彩珍. 气藏提高采收率技术及其对策[J]. 天然气工业,2014,34(2):48-55.

[2] 夏崇双. 不同类型有水气藏提高采收率的途径和方法[J]. 天然气工业,2002,(S1):73-77,6.

[3] 李熙喆,郭振华,胡勇,等. 中国超深层构造型大气田高效开发策略[J]. 石油勘探与开发,2018,45(1):111-118.

[4] 孙志道. 裂缝性有水气藏开采特征和开发方式优选[J]. 石油勘探与开发,2002,29(4):69-71.

[5] 樊怀才,钟兵,李晓平,等. 裂缝型产水气藏水侵机理研究[J]. 天然气地球科学,2012,23(6):1179-1184.

[6] 方飞飞,李熙喆,高树生,等. 边、底水气藏水侵规律可视化实验研究[J]. 天然气地球科学,2016,27(12):2246-2252.

[7] 胡勇,李熙喆,万玉金,等. 裂缝气藏水侵机理及对开发影响实验研究[J]. 天然气地球科学,2016,27(5):910-917.

[8] 刘华勋,任东,高树生,等. 边、底水气藏水侵机理与开发对策[J]. 天然气工业,2015,35(2):47-53.

[9] 闫海军,贾爱林,郭建林,等. 龙岗礁滩型碳酸盐岩气藏气水控制因素及分布模式[J]. 天然气工业,2012,32(1):67-70,124.

[10] 徐轩,王继平,田姗姗,等. 低渗含水气藏非达西渗流规律及其应用[J]. 西南石油大学学报(自然科学版),2016,38(5):90-96.

[11] 冯曦,杨学锋,邓惠,等. 根据水区压力变化特征辨识高含硫边水气藏水侵规律[J]. 天然气工业,2013,33(1):75-78.

[12] 徐轩,胡勇,万玉金,等. 高含水低渗致密砂岩气藏储量动用动态物理模拟[J]. 天然气地球科学,2015,26(12):2352-2359.

[13] 李熙喆,郭振华,万玉金,等. 安岳气田龙王庙组气藏地质特征与开发技术政策[J]. 石油勘探与开发,2017,44(3):398-406.

[14] 胡勇,李熙喆,卢祥国,等. 砂岩气藏衰竭开采过程中含水饱和度变化规律[J]. 石油勘探与开发,2014,41(6):723-726.

[15] Kabir CS, Parekh B & Mustafa MA. Material-balance analysis of gas reservoirs with diverse drive mechanisms[C]//SPE Annual Technical Conference and Exhibition, 28-30 September 2015, Houston, Texas, USA. DOI: https://dx.doi.org/10.2118/175005-MS.

[16] 冯曦,钟兵,杨学锋,邓惠. 有效治理气藏开发过程中水侵影响的问题及认识[J]. 天然气工业,2015,35(2):35-40.

[17] 李川东. 裂缝性有水气藏开采技术浅析[J]. 天然气工业,2003(S1):123-126.
[18] 贾长青. 胡家坝石炭系气藏水侵特征及治水效果分析[D]. 西南石油学院,2005.
[19] 苟文安,冉宏,李纯红. 大池干井气田石炭系气藏水侵早期治理现场试验及成效分析[J]. 天然气工业,2002,22(4):67-70.
[20] 吴克柳,李相方,范杰,等. 异常高压凝析气藏水侵量及水体大小计算方法[J]. 中国矿业大学学报,2013,42(1):105-111.

致密砂岩气藏可动流体分布特征及其控制因素
——以苏里格气田西区盒 8 段及山 1 段为例

柳 娜[1]　周兆华[2]　任大忠[3,4]　南珺祥[1]　刘登科[4]　杜 堃[4]

(1. 中国石油长庆油田分公司勘探开发研究院；2. 中国石油勘探开发研究院廊坊分院；
3. 西安石油大学陕西省油气田特种增产技术重点实验室；
4. 西北大学大陆动力学国家重点实验室)

摘要：鄂尔多斯盆地致密砂岩气藏开发前景良好，但储层广泛发育的微纳米孔喉使得多孔喉介质空间内流体赋存、运移规律复杂，导致天然气开采难度较大。为明确储层可动流体分布特征及其控制因素，对苏里格气田西区主力产气层盒 8 段及山 1 段储层开展核磁共振、扫描电镜、物性测试及恒速压汞等实验研究。结果表明：(1)盒 8 段及山 1 段储层可动流体饱和度特征差异明显，前者(平均为 48.75%)明显高于后者(平均为 23.64%)。(2)盒 8 段可动流体分布特征受物性及孔喉结构控制明显，优势渗流通道的广泛发育及相对丰富的较大孔喉是储层较高可动流体饱和度的重要控制因素，复杂的孔喉配置关系导致山 1 段可动流体赋存特征影响因素难寻。(3)可动流体综合评价模型表明，强粒间孔—溶孔信号，高过渡半径及高过渡进汞饱和度是较大可动流体饱和度的关键控制因素。研究成果明确了不同段致密砂岩气藏可动流体控制因素，为致密砂岩气藏"甜点"预测提供理论依据，对致密砂岩气藏开发具有的指导作用。

关键词：致密砂岩气藏；可动流体；物性；孔喉结构；苏里格气田西区

随着天然气消费需求快速增加、常规气藏的衰减及勘探开发技术的进步，非常规气藏逐渐成为近年研究热点[1,2]。作为非常规气藏的典型代表，致密砂岩气藏储量巨大，开发技术相对成熟，成为当前重要的开发目标[3,4]。致密砂岩气藏具有物性差，孔喉配置关系复杂，渗流孔喉半径均值小等特点，较差的宏观物性和较强的孔喉非均质性是导致致密砂岩气藏内流体分布规律复杂及开发难度增大的重要因素[5,6]。致密砂岩可动流体分布特征主要依据核磁共振实验结果进行研究，结合图像分析及恒速压汞等实验能够明确储层可动流体分布控制因素[7,8]。油气储层品质评价的主要是储集空间大小、孔喉连通性、流体可动性，而孔喉结构微观非均质性是制约上述评价的关键，不同孔隙类型对可动流体影响不同[4,9]。溶蚀孔的存在可以改善储层孔隙结构，在一定程度上提高储层内流体渗流能力[6]。碎屑矿物及黏土矿物的类型及含量对可动流体赋存同样具有一定影响[6,9]。近年来学者利用拟合方法将核磁共振 T_2 谱转化为样品孔径分布，明确不同孔喉半径下流体的赋存特征及流体运移半径下限，对储层开发方案的设计具有较好的指导作用[10,11]。

鄂尔多斯盆地苏里格气田作为我国主要致密气产区之一，属于典型的致密砂岩气藏[12]。在强烈的成岩作用下[13,14]，苏里格气田物性较差，宏观、微观非均质性强。孔喉尺寸较小，以微—纳米孔隙为主，孔喉配置关系复杂。成岩作用差异明显，可动流体饱和度低，可动流体在储层中的赋存特征受到了多种因素的共同制约,主控因素不明,严重影响致密砂岩气藏的开发效果[15-21]。选取鄂尔多斯盆地苏里格气田西区主力层位盒 8 段及山 1 段作为研究对象,利用核磁共振对两个层位的可动流体赋存特征进行对比分析,结合扫描电镜、物性测试及恒速压汞实验,从宏观物性及微观孔喉特征等多个方面剖析可动流体主控因素,为致密气藏的高效开发提供理论依据。

1 区域地质背景

苏里格气田西区位于鄂尔多斯盆地伊陕斜坡西北部,紧邻天环坳陷(图 1)。构造形态整体呈西倾单斜构造,幅度较低(地层倾角<1°),部分地区发育鼻状隆起[19,22]。研究区主力产气层位盒 8 段以及山 1 段沉积均以曲流河三角洲平原亚相为主,各层砂体间具有较好的继承性[23,24]。砂体厚度受沉积微相控制明显,盒 8 段砂体厚度平均为 27.1m,山 1 段砂体厚度平均

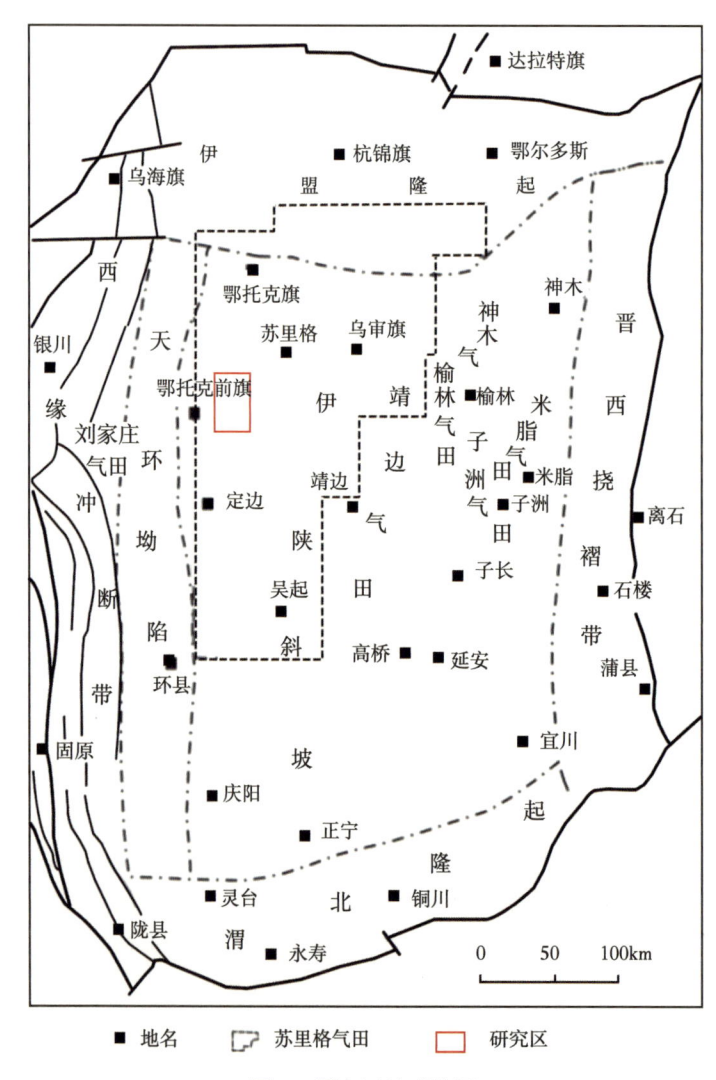

图 1 研究区地理位置

为 15.4m。研究区各井间产量及含水率差异较大,采出程度较低,对研究区增产稳产起到了明显的制约作用。

2 储层微观孔喉结构定性及定量特征

2.1 储层孔喉类型定性特征

本次研究中样品取自苏里格气田西区盒 8 段及山 1 段储层,碎屑组分以石英为主,变质岩岩屑占岩屑体积分数主导地位,,高岭石、伊利石、绿泥石及伊/蒙混层黏土矿物发育。研究区两段目的层孔喉类型差异不明显,复杂的成岩作用及胶结物分布导致储层孔喉类型多样化,粒间孔由于强烈的压实作用保存情况较差,溶蚀孔隙占主导地位,其中长石溶孔广泛发育(图 2a),偶见岩屑溶孔(图 2b)。与溶蚀—胶结作用相伴生的黏土矿物及硅质矿物是研究区目的层晶间孔广泛发育的基础,长石溶孔内部或周缘常见蠕虫状高岭石堆积(图 2c),次生石英发育部位则与岩屑溶孔有密切关联(图 2d)[25]。长石的绿泥石化是绿泥石矿物的重要来源(图 2a),晚期充填式绿泥石由于大面积团状堆积,对晶间孔的贡献比例相对较高(图 2e)。伊利石及伊/蒙混层松散堆积或桥状产出,所贡献的晶间孔较少(图 2f)。

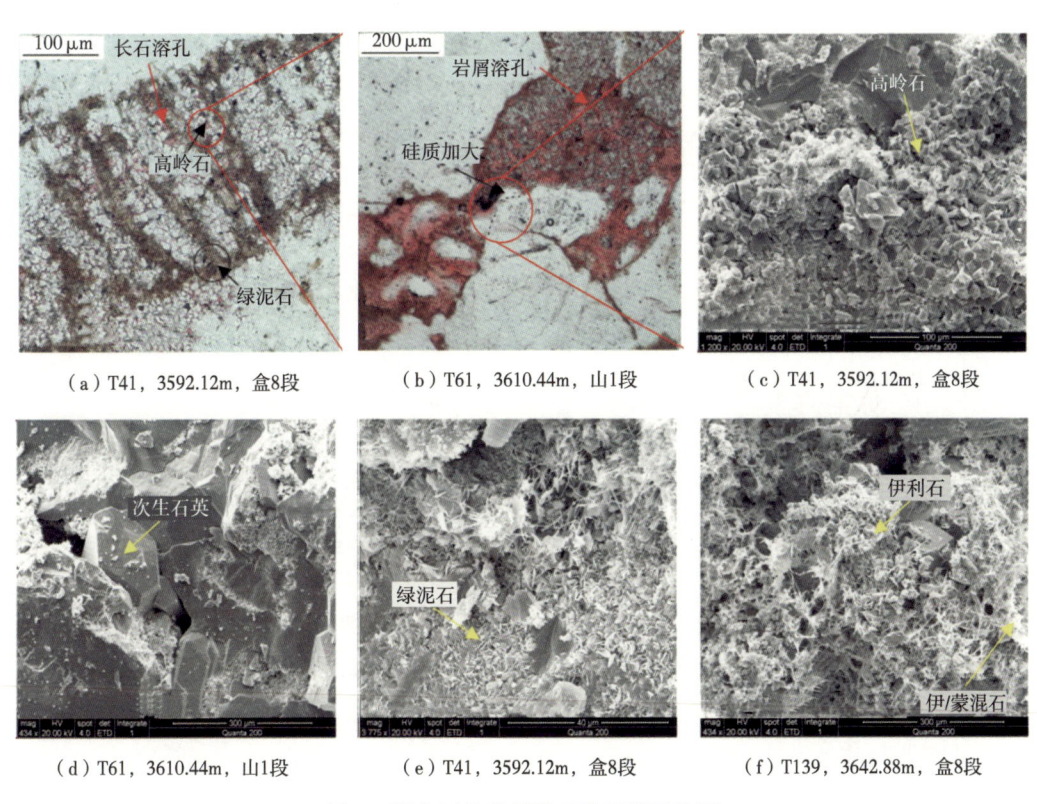

(a) T41, 3592.12m, 盒8段　　(b) T61, 3610.44m, 山1段　　(c) T41, 3592.12m, 盒8段

(d) T61, 3610.44m, 山1段　　(e) T41, 3592.12m, 盒8段　　(f) T139, 3642.88m, 盒8段

图 2 研究区目的层孔喉类型镜下特征

2.2 基于恒速压汞实验的孔喉结构定量评价

2.2.1 孔喉大小参数分布特征

利用恒速压汞实验所得孔喉特征参数可以有效表征储层微观孔喉结构特征（表1，图3）。鄂尔多斯盆地苏里格西区盒8段与山1段各个样品孔隙半径分布差异较小，呈准高斯分布，主要分布在 100~210μm，盒8段样品孔隙半径相对较大，均值为 158.98μm，山1段样品孔隙半径相对较小，平均为 148.98μm。各样品孔隙半径分布区间的弱非均质性表明，孔隙半径不具备差异化表征致密砂岩气藏孔喉结构特征。研究区目的层喉道半径分布差异较为明显，不同样品喉道分布区间及峰值点差异较大，其中盒8段样品喉道分布主要介于 0.3~2.7μm 之间，喉道半径均值为 0.998μm，山1段样品喉道分布区间较窄，主要介于 0.2~1.1μm 之间，喉道半径均值仅为 0.692μm。喉道分布区间的较强非均质性表明，致密砂岩气藏喉道半径是控制储层微观孔隙结构的关键参数。盒8段及山1段主流喉道均值半径分别为 1.264μm 及 0.749μm，主流喉道半径下限分别为 0.993μm 及 0.597μm（表1）。主流喉道均值半径普遍高于喉道平均半径，表明研究区致密砂岩储层渗流能力仍然是由相对较大的喉道所贡献。由于喉道均值半径能够表征具备储集能力的空间的喉道均值，即喉道平均半径所对应的孔喉空间，其具有储集能力的孔隙比例最高，因此，主流喉道半径下限与喉道平均半径之间的喉道区间值可定义为优势渗流区，即属于该区间的喉道所连通的孔喉空间既具有较强的渗流能力，又包含较多的数目，优势渗流区域越宽，表明越多的孔喉只贡献储集能力而不提供渗流通道（图4）。盒8段平均喉道半径与主流喉道半径下限普遍相近，且部分样品主流喉道半径下限远高于喉道平均半径，优势渗流区较窄，山1段喉道平均半径明显高于主流喉道半径下限，优势渗流区较宽，表明山1段有大量孔隙属于只具备储集能力而不具有渗流能力的微毛细管孔隙（表1，图4）。

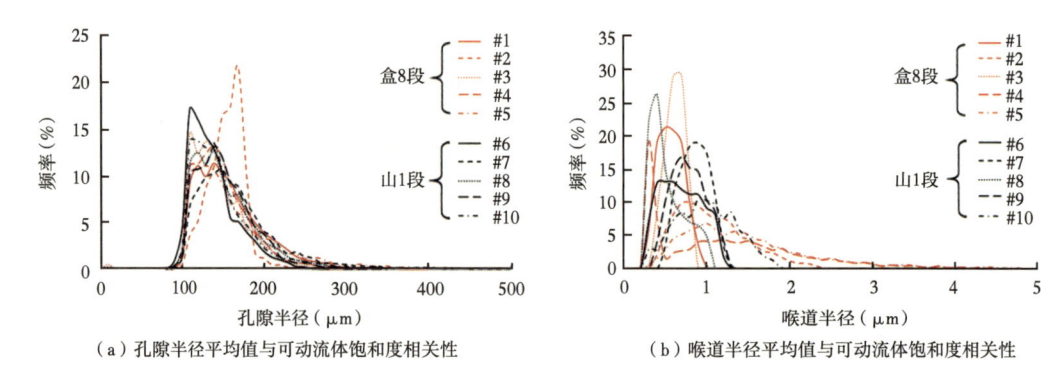

（a）孔隙半径平均值与可动流体饱和度相关性

（b）喉道半径平均值与可动流体饱和度相关性

图3 致密砂岩储层孔隙、喉道分布特征

2.2.2 孔喉非均质性参数分布特征

微观均值系数、分选系数及孔隙喉道半径比（以下简称孔喉比）是恒速压汞实验所得到的关键的孔喉非均质性参数。如表1及图5所示，鄂尔多斯盆地苏里格气田西区盒8段微观均值系数均值为 0.447，山1段均值为 0.560；盒8段分选系数均值为 0.499，山1段均值为 0.241。盒8段偏小的微观均值系数及偏大的分选系数表明，该层段相对较大孔喉发育情况较好。同时,盒 8 段孔喉比均值(276.3)明显小于山 1 段均值(331.0),表明整体孔喉配置关系较好,孔隙喉道非均质性较弱。综上所述,研究区盒 8 段储层属于相对均质发育的孔喉结构,山 1 段储层微毛细管孔喉所占比例相对较大,导致其微观孔喉结构复杂,"大孔小喉"甚至"大孔单面喉道"(墨水瓶结构)所占比例较高。

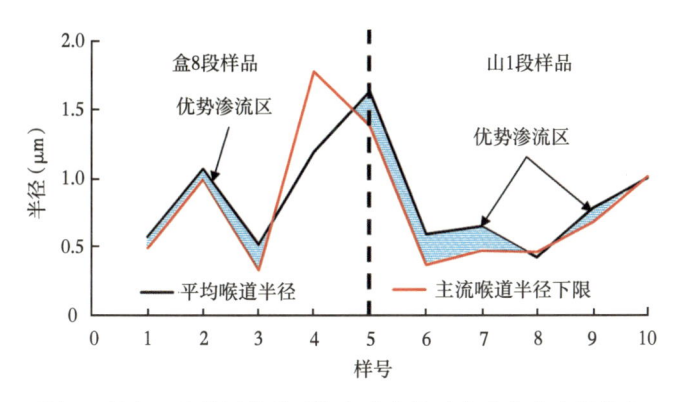

图 4 研究区目的层样品平均喉道半径及主流喉道半径分布

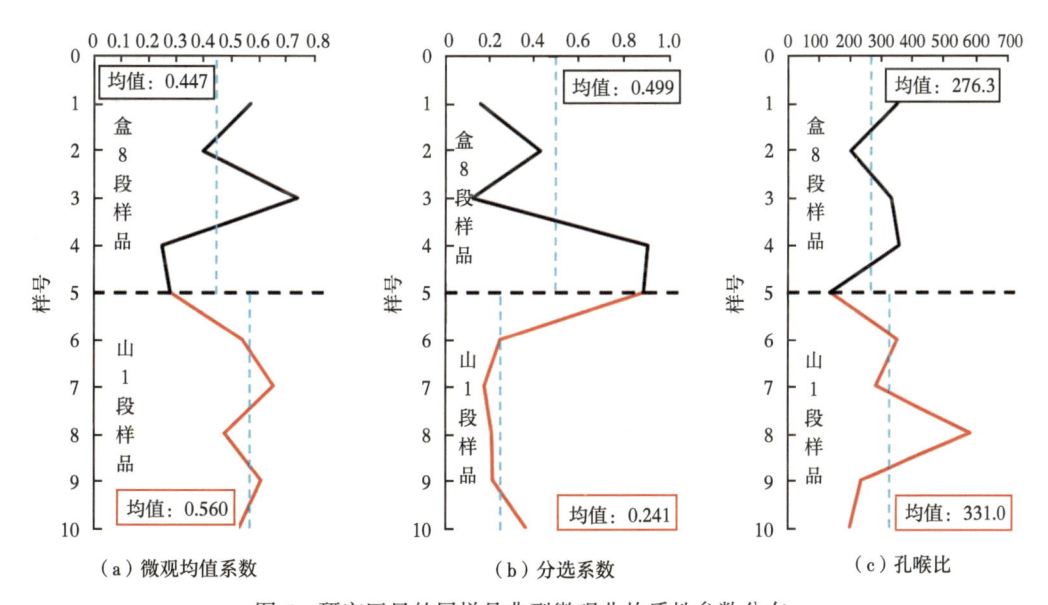

图 5 研究区目的层样品典型微观非均质性参数分布

(a)微观均值系数 (b)分选系数 (c)孔喉比

表 1 研究区典型样品恒速压汞实验结果

样号	深度 (m)	层位	孔隙度 (%)	渗透率 (mD)	孔隙半径平均 (μm)	喉道半径平均值 (μm)	主流喉道半径 (μm)	主流喉道半径下限 (μm)	微观均值系数	分选系数	孔喉比
1	3625.06	盒 8 段	8.16	0.126	159.95	0.570	0.546	0.489	0.570	0.156	350.7
2	3666.42	盒 8 段	6.61	0.369	168.74	1.071	1.294	0.988	0.397	0.428	201.8
3	3635.68	盒 8 段	12.74	0.084	145.93	0.517	0.433	0.326	0.739	0.118	332.0

— 279 —

续表

样号	深度（m）	层位	孔隙度（%）	渗透率（mD）	孔隙半径平均（μm）	喉道半径平均值（μm）	主流喉道半径（μm）	主流喉道半径下限（μm）	微观均值系数	分选系数	孔喉比
4	3610.44	盒8段	7.81	1.416	152.61	1.196	2.191	1.777	0.249	0.907	359.7
5	3642.88	盒8段	6.80	0.586	167.64	1.636	1.856	1.383	0.282	0.886	137.1
6	3690.87	山1段	6.60	0.299	138.81	0.595	0.590	0.369	0.541	0.248	351.2
7	3686.83	山1段	7.10	0.138	152.64	0.653	0.596	0.469	0.653	0.177	284.1
8	3836.13	山1段	9.31	0.231	155.49	0.427	0.588	0.456	0.474	0.209	583.4
9	3635.38	山1段	8.89	0.104	152.57	0.788	0.803	0.678	0.606	0.214	235.5
10	3657.40	山1段	15.52	0.450	149.23	0.999	1.169	1.015	0.526	0.359	200.6

3 储层可动流体赋存特征及主控因素

3.1 储层可动流体赋存特征

由于核磁共振技术具有快速、无损的特点，近年来常被用来定量表征岩心样品流体的全孔径分布特征[26,27]。在静态磁场中，流体中氢质子自旋轴平行于磁场方向，在后续脉冲磁场的作用下，质子自旋轴随之变化。自旋轴恢复到原始状态时所需的时间即为弛豫时间，弛豫时间包括横向弛豫时间及纵向弛豫时间[27-29]。由于测量速度较快，因此常采用横向弛豫时间 T_2 表征多孔介质流体赋存特征。T_2 弛豫时间主要由体积弛豫时间、扩散弛豫时间以及表面弛豫时间组成[30,31]，可以表示为

$$\frac{1}{T_2} = \frac{1}{T_{2B}} + \frac{1}{T_{2D}} + \frac{1}{T_{2S}} \tag{1}$$

式中　T_{2B}——体积弛豫时间，ms；

　　　T_{2D}——扩散弛豫时间，ms；

　　　T_{2S}——表面弛豫时间，ms。

由于体积弛豫时间及扩散弛豫时间通常与表面弛豫时间具有量级差异，即，前两者远大于后者，因此在实验中 T_2 弛豫时间可近似等价于表面弛豫时间的倒数：

$$\frac{1}{T_2} = \frac{1}{T_{2S}} = \rho \frac{c}{r} \tag{2}$$

式中　ρ——弛豫率，μm/ms；

　　　c——常数项，无量纲；

　　　r——孔喉半径，μm。

因此，弛豫时间大小与孔喉半径呈正比例关系。

为了得到研究区可动流体分布特征，对研究区样品进行筛选后，对10块具有代表性岩心样品进行核磁共振实验。10块样品中，1~5号样品为盒8段储层样品，6~10号样品为山1段储层样品。在实验数据分析中，结合地区经验及前人研究成果[32]，将13.895ms作为实验中 T_2

截止值，即认为 T_2 时间大于 13.895ms 所得信号为岩心中可动流体信号，当 T_2 时间小于 13.895ms 所得信号为岩心中束缚水信号，据此对岩心中可动流体赋存状态及饱和度进行分析。

实验结果表明，10 块饱和样品核磁共振 T_2 谱以双峰分布为主，盒 8 段储层样品右偏双峰及单峰比例较高，而山 1 段储层样品均为左偏双峰或单峰，表明盒 8 段储层可动流体含量相对较高，赋存在大孔喉中的流体占多数，而山 1 段储层束缚水比例相对较大，储层流体的可动能力相对较弱（图6）。统计结果表明（表2），样品可动流体饱和度主要分布在 5.46%~83.62% 之间，盒 8 段可动流体饱和度均值为 49.75%，山 1 段平均值为 23.64%，同样表明盒 8 段可动流体含量较高。标准差可以描述样品中数据点的离散程度。根据样品可动流体饱和度数据计算可得，盒 8 段可动流体饱和度标准差为 28.34，山 1 段饱和度标准差为 18.43。盒 8 段样品间饱和度差异相对较大，饱和度差异明显，部分异常高可动流体饱和度值增加了数据离散程度；山 1 段样品可动流体饱和度差异相对较小，整体属于低可动流体饱和度储层，储层中流体可动能力相对较差。

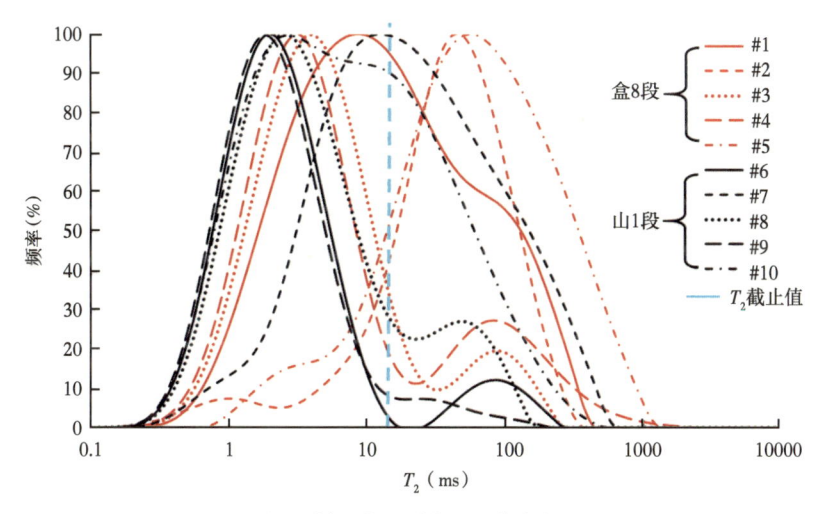

图 6　样品核磁共振 T_2 谱分布图

表 2　研究区典型样品核磁共振实验结果

样号	深度（m）	层位	孔隙度（%）	渗透率（mD）	可动流体饱和度（%）	束缚水饱和度（%）
1	3625.06	盒8段	8.16	0.126	44.53	55.47
2	3666.42	盒8段	6.61	0.369	81.29	18.71
3	3635.68	盒8段	12.74	0.084	15.60	84.40
4	3610.44	盒8段	7.81	1.416	23.69	76.31
5	3642.88	盒8段	6.80	0.586	83.62	16.38
6	3690.87	山1段	6.60	0.299	7.73	92.27
7	3686.83	山1段	7.10	0.138	55.15	44.85
8	3836.13	山1段	9.31	0.231	17.18	82.82
9	3635.38	山1段	8.89	0.104	5.46	94.54
10	3657.40	山1段	15.52	0.450	32.68	67.32

3.2 储层可动流体饱和度影响因素分析

可动流体饱和度作为评价致密砂岩储层流体赋存规律的重要参数,其影响因素历来为研究人员所重视。总体而言,可动流体饱和度大小影响因素可分为两类,一类为宏观尺度影响因素,主要探讨沉积特征、岩性组合、物性分布等参数与可动流体饱和度的关系,另一类为微观尺度影响因素,主要研究微观孔喉大小、孔喉配置关系、孔喉形状分布等参数对储层可动流体的控制作用。本次研究利用物性测试、图像分析及压汞实验等所得到的参数,开展了研究区致密砂岩储层可动流体饱和度影响因素分析,对比了不同层位相同宏观及微观参数对可动流体赋存特征的差异化影响,并从本质上探讨了造成该差异化的原因。

3.2.1 储层物性对可动流体饱和度的影响

致密砂岩储层物性参数是储层储集能力及渗流能力的重要指标,通过开展可动流体饱和度与孔隙度及渗透率相关性分析,可以明确样品宏观物性参数与储层有效孔喉中流体流动能力之间的关系。结果表明,苏里格气田西区盒8段样品孔隙度介于6.61%~12.74%之间,平均为8.42%。山1段孔隙度介于6.60%~15.52%之间,平均为9.48%。两段储层孔隙度与可动流体饱和度相关性差异明显,盒8段两者呈中等负相关性,相关系数$R^2=0.5842$,山1段没有明显的相关关系(图7a)。盒8段样品可动流体饱和度与孔隙度之间呈负相关性表明,样品内储集空间受孔喉配置关系控制,虽然高孔隙度样品含有较多的储集空间,但致密砂岩储层丰富的黏土矿物所提供的储集空间占据原生孔隙,切割喉道,导致其主导的孔喉空间难以形成有效的流体渗流通道,可动流体饱和度降低。山1段样品两者关系不明显的原因可能在于黏土矿物配置关系的差异,以及由于较大埋深造成的孔喉结构复杂程度发生变化,需要后续更加细致讨论。

(a) 孔隙度与可动流体饱和度相关性　　(b) 渗透率与可动流体饱和度相关性

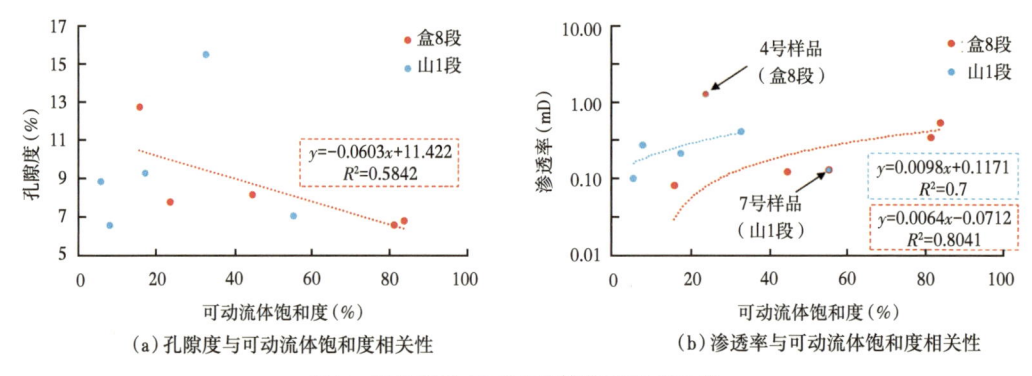

图7　样品物性与可动流体饱和度相关性

盒8段样品渗透率介于0.08~1.42mD之间,平均为0.52mD。山1段渗透率较小,介于0.10~0.30mD之间,平均仅为0.24mD。两段储层均含有单一异常点,其余样品渗透率与可动流体饱和度均具有较好的正相关性($R^2=0.7$及0.8041),表明可动流体饱和度与渗透率物理意义类似,均能在一定程度上反映储层渗流能力(图7b)。两段储层异常点特征不同,其中,山1段7号样品具有低渗透率高饱和度特征,这是由于样品较好的孔喉配置关系造成,镜下丰富的长石溶蚀孔及高岭石是储层孔隙结构改善的重要指标(图8a)。微裂缝的存在盒8段4号样品异常高渗的根本原因(图8b)。由此表明,致密砂岩储层复杂的孔喉网络以及由于强压实作用所形成的微裂缝是造成储层可动流体赋存规律难寻的重要原因,因此,需要开展微观参数与可动流体饱和度关系方面的研究,挖掘流体运动规律的控制因素。

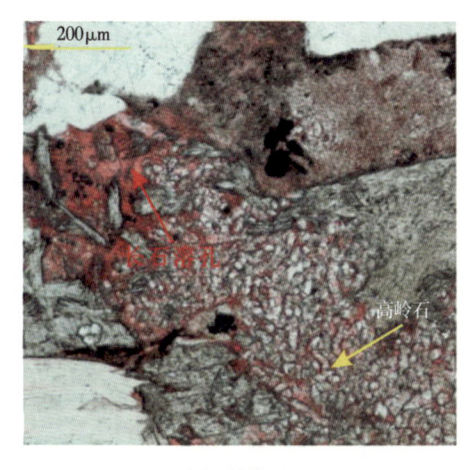

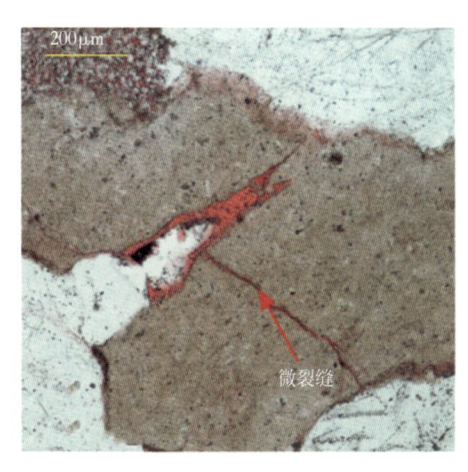

(a)4号样品　　　　　　　　　(b)7号样品

图8　研究区异常值对应样品镜下特征

3.2.2　储层孔隙结构对可动流体饱和度的影响

前述研究表明,致密砂岩储层可动流体赋存特征与宏观参数的关系从本质上而言,需要通过微观孔喉特征来解释,通过压汞实验所得到的各项储层孔喉参数是表征致密砂岩储层孔喉分布情况的重要指标。本次研究从孔喉大小及孔喉配置关系两个角度出发,从数量关系及整体搭配综合探讨致密砂岩储层微观孔隙结构对可动流体赋存规律的影响。

(1)孔喉半径对可动流体饱和度的影响。

孔喉半径直接影响流体在储层中赋存及渗流通道的大小,进而影响可动流体在储层中的赋存特征。盒8段可动流体饱和度与孔隙半径具有强正相关性,与喉道半径均值同样具有正相关性,但相关程度弱于孔隙半径(图9a、b)。可动流体饱和度与孔喉半径呈正相关表明,盒8段层内孔隙半径较大,溶蚀孔发育,溶蚀作用不但能形成次生孔隙,还能提高孔隙间连通能力,增强流体在层内的运移能力,可动流体饱和度与孔隙半径相关性好于喉道半径,表明对于孔喉配置关系相对较好的储层,孔隙的大小是决定储层孔隙流体流动能力的关键因素。山1段可动流体饱和度与孔、喉半径相关性均较差,几乎无相关性,由此表明,对于微孔发育的储层,较差的孔喉配置关系严重制约了孔喉半径评价可动流体饱和度的能力,孔隙半径较大的储层可能由于微毛细管喉道发育导致孔隙流体可动能力下降,因此无规律可循。

主流喉道半径能够表征样品中流体主要渗流通道的结构特征,通常而言,当主流喉道半径较大时,主要渗流通道截面积增加,流体可动能力增加。前人研究表明,可动流体饱和度与主流喉道半径呈正相关性,且主流喉道半径与各参数之间的相关性通常好于平均喉道半径,而鄂尔多斯盆地苏西地区盒8段及山1段储层可动流体饱和度与主流喉道半径及其下限相关性均不明显(图9c、d)。这种与前人研究矛盾的结果表明,无法直接套用过去的研究成果来评价当前研究区可动流体赋存特征,需要寻找新的评价体系,更加全面准确地开展研究区储层可动流体饱和度评价。

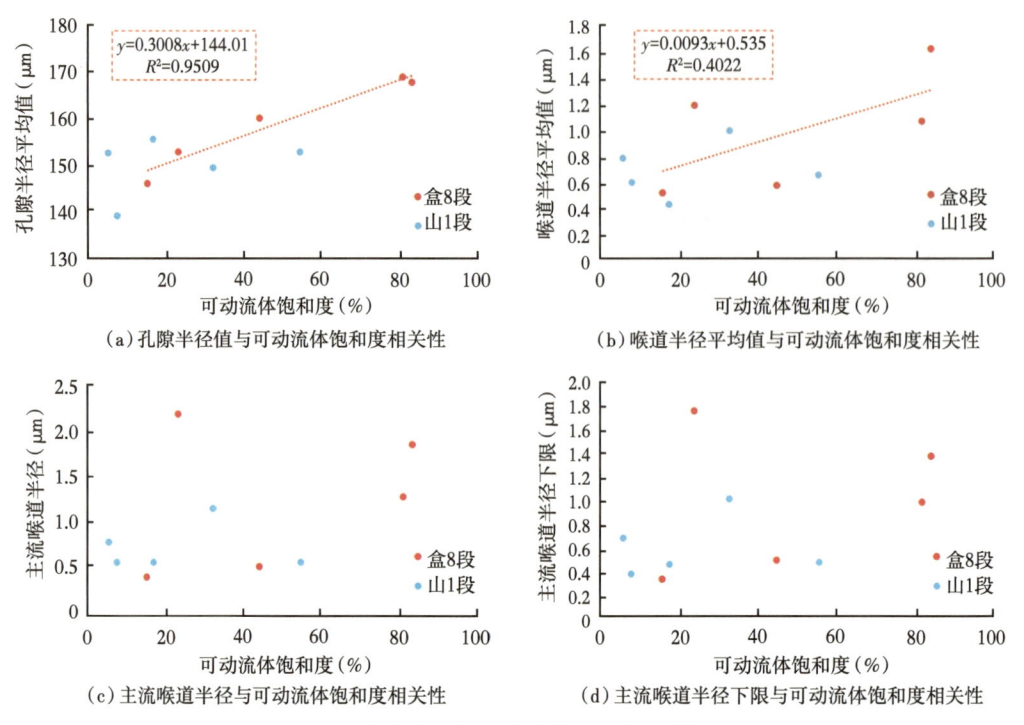

图9 孔喉半径与可动流体饱和度相关性

(2)非均质性参数对可动流体饱和度的影响。

可动流体的渗流能力不但受到孔喉半径大小的影响,孔喉间的配置关系(连通关系)及微观非均质特征均会对其造成影响。微观均值系数能够表征各喉道半径与最大喉道半径的偏离程度,当均值系数越小,样品喉道半径越趋近于最大喉道半径,喉道非均质性越弱[33]。分选系数则表征喉道的分选特征,分选系数越大,孔喉分选越差,在致密砂岩储层中,则代表大孔隙比例相对较高[34]。两段储层可动流体饱和度与微观均值系数及分选系数相关性趋势差异明显,盒8段储层可动流体饱和度与微观均值系数呈较弱的负相关性,与分选系数呈中等偏弱负相关性,山1段无明显相关性(图10a、b)。盒8段负相关性表明,喉道越大且喉道非均质性越弱则可动流体含量越高,正相关性则说明较高比例的大孔隙的存在能有效提升储层可动流体饱和度。类似于微观均值系数及分选系数,盒8段孔喉比与可动流体饱和度呈很好的负相关性,山1段无明显相关性(图10c)。孔喉半径比能够反映储层中孔隙、喉道半径的差异特征,随孔喉比减小,孔隙与喉道间半径差异越小。较小的半径差异减小流体在孔喉间流动时的附加阻力,提高了流体的渗透能力。因此,上述分析表明,"大喉道—小孔隙—均质孔喉配置"是研究区致密砂岩储层高可动流体饱和度的关键,但对于孔喉配置关系复杂的层段而言,用单一参数依然无法判断可动流体饱和度影响因素,需要开展进一步研究。

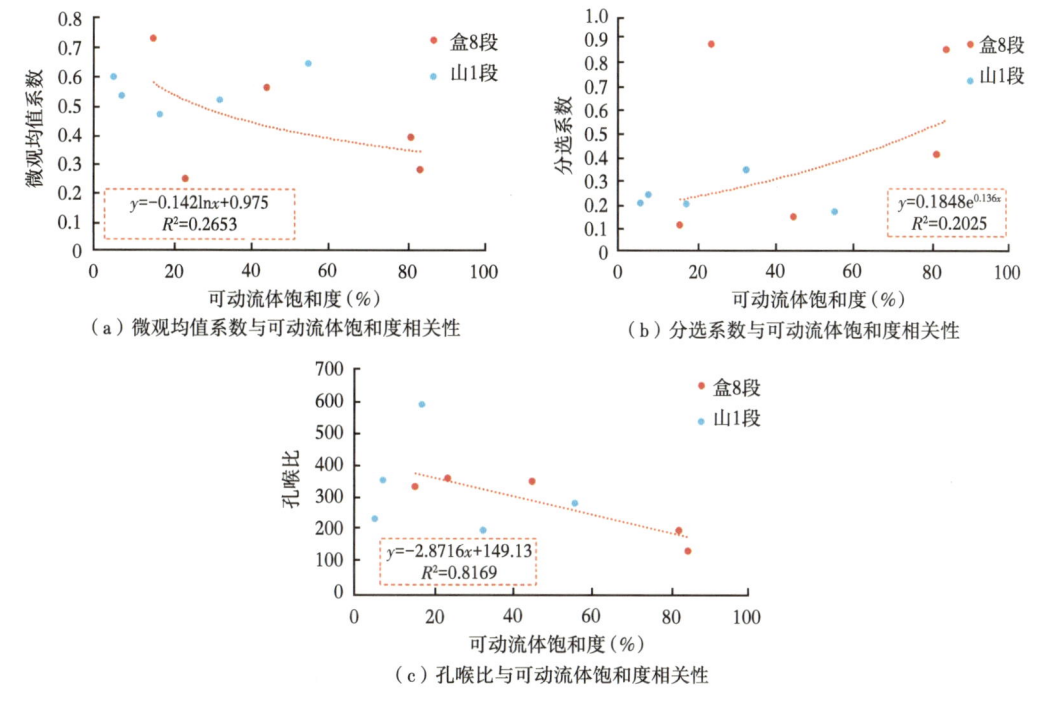

图 10　微观非均质性参数与可动流体饱和度相关性

3.3　可动流体赋存特征综合评价

　　单一孔喉结构参数往往难以有效评价储层可动流体赋存特征,对于孔喉网络多变、孔喉配置关系复杂、填隙物改造孔喉结构较为严重的样品而言更加如此。在在此背景下,需要利用新的实验参数及综合的评价机制,来更加准确高效地推测致密砂岩气藏可动流体赋存特征。如图 11 所示,不同的孔喉组合类型对应着不同的恒速压汞进汞信号,推导出不同的毛细管压力曲线,对应着不同的核磁共振 T_2 谱形态特征。对于粒间孔相对发育的储层,孔隙信号相对强烈,进汞压力随饱和度升高呈现剧烈地波动上升。以孔隙进汞饱和度曲线随压力升高变化不明显的转折点作为界线,将孔喉网络分为两个部分,转折点向进汞压力方向坐标轴的投点定义为过渡半径(或过渡压力),向进汞饱和度方向坐标轴的投点定义为过渡饱和度。粒间孔相对发育的储层过渡半径及过渡饱和度均较大,孔隙线和喉道线几乎无重叠区域。核磁共振 T_2 谱体现出可动区占比超过 70%(图 11a)。对于溶蚀孔占主导地位的储层,由于溶蚀孔隙相对于粒间孔而言较小,且多呈连续态分布,因此孔隙信号相对较弱,且进汞体积—压力线同样呈震动上升趋势。过渡半径明显降低(过渡压力升高),过渡饱和度小幅下降,孔隙及喉道线在初始进汞区域重叠,约一半左右的孔隙流体可动(图 11b)。致密样品晶间孔隙占主导地位,由于原生孔隙几乎消失殆尽,次生溶蚀孔不发育,孔隙信号几乎不可见。过渡半径升高(过渡压力降低),过渡饱和度显著下降,孔隙及喉道线重叠区域进一步加大。核磁共振 T_2 谱显示,不超过 30%的孔隙区间包含可动流体(图 11c)。综上所述,基于孔喉组合类型的可动流体综合评价具有一定现实意义:粒间孔—溶孔信号越强,过渡半径越高(过渡压力越低),过渡饱和度越大,则可动流体含量通常越高。

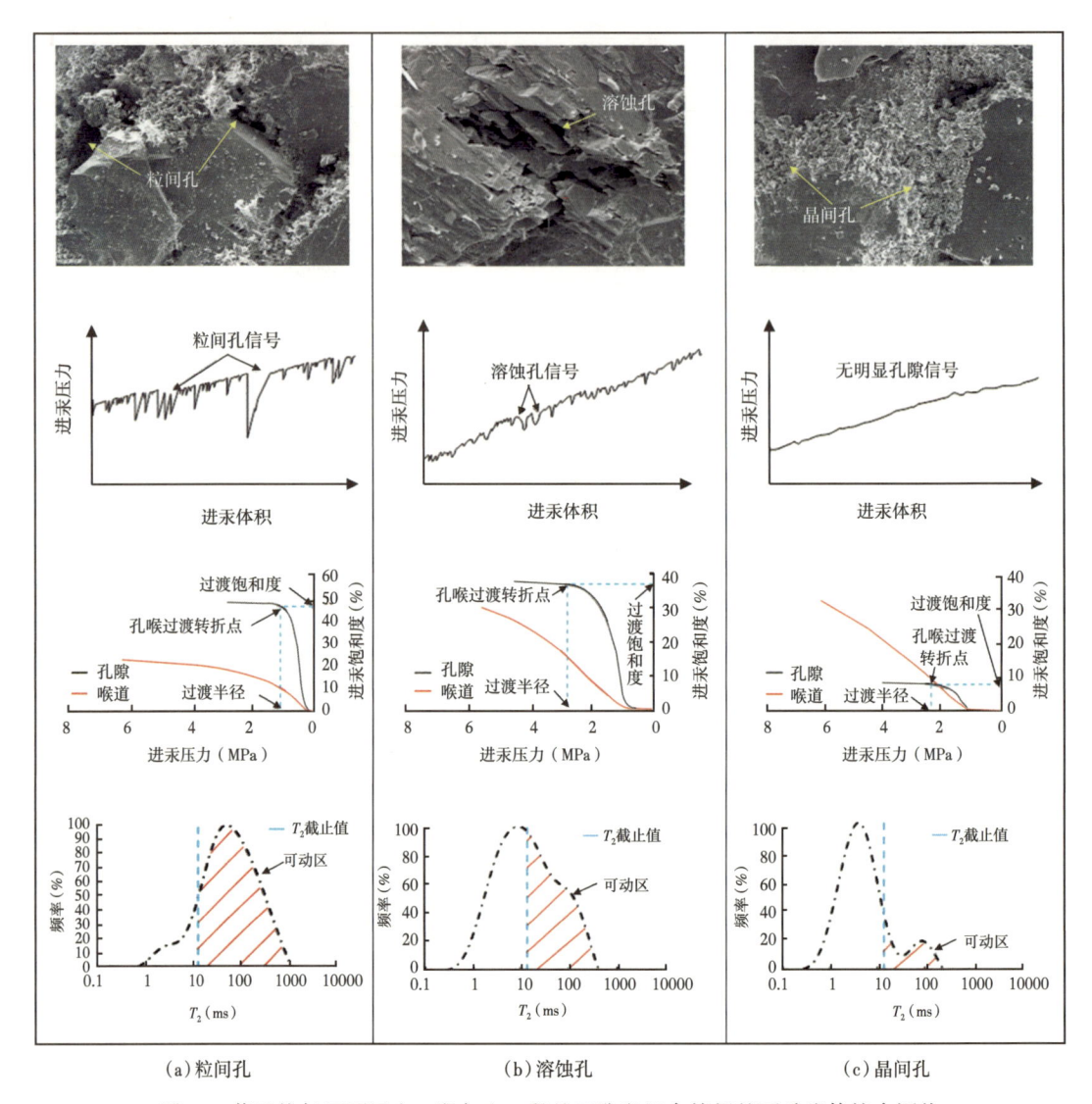

(a)粒间孔　　　　　　　　(b)溶蚀孔　　　　　　　　(c)晶间孔

图 11　苏里格气田西区盒 8 段与山 1 段基于孔喉组合特征的可动流体综合评价

4　结论

(1)苏里格西区盒 8 段致密砂岩气藏 T_2 谱分布主要以右偏双峰为主,可动流体饱和度较高;山 1 段以左偏双峰为主,可动流体饱和度较低。

(2)物性及孔隙结构是盒 8 段储层可动流体赋存特征的重要控制因素,丰富的优势渗流通道及较大的孔喉是高可动流体饱和度的关键因素。复杂的孔喉配置关系导致单一因素无法有效表征山 1 段储层可动流体赋存特征影响因素。

(3)可动流体综合评价模型能有效开展致密砂岩储层可动流体赋存特征评价,粒间孔—溶孔信号越强,过渡半径越高,过渡饱和度越大,通常可动流体含量通常越高。

参 考 文 献

[1] 邹才能,朱如凯,吴松涛,等. 常规与非常规油气聚集类型、特征、机理及展望——以中国致密油和致密气为例[J]. 石油学报, 2012, 33(2), 173-187.

[2] 赵靖舟. 非常规油气有关概念、分类及资源潜力[J]. 天然气地球科学, 2012, 23(3), 393-406.

[3] Jin L, Wang G, Chao C, et al. Diagenesis and reservoir quality in tight gas sandstones: The fourth member of the Upper Triassic Xujiahe Formation, Central Sichuan Basin, Southwest China[J]. Geological Journal, 2017, (5):629-646.

[4] Rezaee, Reza, Saeedi, et al. Tight gas sands permeability estimation from mercury injection capillary pressure and nuclear magnetic resonance data[J]. Journal of Petroleum Science & Engineering, 2012, 88-89(2):92-99.

[5] 李闽,王浩,陈猛. 致密砂岩储层可动流体分布及影响因素研究——以吉木萨尔凹陷芦草沟组为例[J]. 岩性油气藏, 2018, 30(1), 140-149.

[6] 任大忠,孙卫,卢涛,等. 致密砂岩气藏可动流体赋存特征的微观地质因素:以苏里格气田东部盒8段储层为例[J]. 现代地质, 2015,29(6), 1409-1417.

[7] Lyu C, Ning Z, Wang Q, et al. Application of NMR T_2 to pore size distribution and movable fluid distribution in tight sandstones[J]. Energy & fuels, 2018, 32(2):1395-1405.

[8] Gao H, Li H Z. Pore structure characterization, permeability evaluation and enhanced gas recovery techniques of tight gas sandstones[J]. Journal of Natural Gas Science and Engineering, 2016, 28(1):536-547.

[9] 盛军,徐立,王奇,等. 鄂尔多斯盆地苏里格气田致密砂岩储层孔隙类型及其渗流特征[J]. 地质论评, 2018, 64(3), 764-776.

[10] Xiao D, Jiang S, Thul D, et al. Combining rate-controlled porosimetry and NMR to probe full-range pore throat structures and their evolution features in tight sands: A case study in the Songliao Basin, China[J]. Marine and Petroleum Geology, 2017, 83(5)111-123.

[11] Daigle H, Johnson A. Combining Mercury Intrusion and Nuclear Magnetic Resonance Measurements Using Percolation Theory[J]. Transport in Porous Media, 2015, 111(3):1-11.

[12] 杨特波,王继平,王一,等. 基于地质知识库的致密砂岩气藏储层建模——以苏里格气田苏X区块为例[J]. 岩性油气藏, 2017,29(4), 138-145.

[13] 叶成林,王国勇,何凯,等. 苏里格气田储层宏观非均质性——以苏53区块石盒子组8段和山西组1段为例[J]. 石油与天然气地质, 2011, 32(2):236-244.

[14] 王猛,唐洪明,刘枢,等. 砂岩差异致密化成因及其对储层质量的影响——以鄂尔多斯盆地苏里格气田东区上古生界二叠系为例[J]. 中国矿业大学学报, 2017,46(6). 1282-1300.

[15] 王猛,唐洪明,卢浩,等. 苏里格气田东区盒8段—山1段—山2段储集层致密化差异性及影响因素研究[J]. 矿物岩石地球化学通报, 2017,(5):163-174.

[16] 李璐,龚福华,张争航,等. 苏里格东三区盒8—山1段成岩作用及储层物性[J]. 四川地质学报, 2017, 37(1). 19-23.

[17] 马志欣,朱亚军,杜鹏,等. 鄂尔多斯盆地上古生界致密砂岩气藏储层成岩作用及成岩相——以苏里格气田桃X区块为例[J]. 湖北大学学报(自然科学版), 2015,37(6):520-526.

[18] 唐颖,侯加根,任晓旭,等. 沉积、成岩作用对致密储层质量差异的控制——以苏里格气田东区为例[J]. 西安石油大学学报(自然科学版), 2015,30(6):26-32.

[19] 赵璇,张金亮,郑晨晨,等. 苏里格气田苏6区块盒8储层物性及其主控因素[J]. 中国科技论文, 2018,13(3):321-327.

[20] 白慧,颜学成,王龙,等.苏里格气田东区奥陶系马家沟上组合储层特征及主控因素分析[J].西北地质,2015,48(1):221-228.

[21] 王若谷,廖友运,尚婷,等,苏里格气田东二区山西组砂岩储层特征及主控因素分析[J].西安科技大学学报,2016,36(3):385-392.

[22] 王晓梅,赵靖舟,刘新社,等.苏里格气田西区致密砂岩储层地层水分布特征[J].石油与天然气地质,2012(5):802-810.

[23] 刘琦,孙雷,罗平亚,等.苏里格西区含水气藏合理产能评价方法研究[J].西南石油大学学报(自然科学版),2013,35(3):131-136.

[24] 王继平,李跃刚,王宏,等.苏里格西区苏X区块致密砂岩气藏地层水分布规律[J].成都理工大学学报:自然科学版,2013,40(4):387-393.

[25] Shoval, S. Deposition of volcanogenic smectite along the southeastern Neo-Tethys margin during the oceanic convergence stage[J]. Applied Clay Science,2004,24(3/4), 299-311.

[26] 黄文明,马文辛,徐邱康,等.苏里格气田西部二叠系盒8—山1段天然气成藏过程及富集主控因素[J].地质科学, 2016, 51(2):521-532.

[27] Daigle H, Thomas B, Rowe H, Nieto M. Nuclear Magnetic Resonance Characterization of Shallow Marine Sediments from the Nankai Trough, Integrated Ocean Drilling Program Expedition 333[J]. Journal of Geophysical Research:Solid Earth,2014, 119(3):2631-2650.

[28] Dillinger A, L Esteban. Experimental Evaluation of Reservoir Quality in Mesozoic Formations of the Perth Basin (Western Australia) by Using a Laboratory Low Field nuclear magnetic resonance[J]. Marine and Petroleum Geology,2014,57(11). 455-469.

[29] 高洁,任大忠,刘登科,等.致密砂岩储层孔隙结构与可动流体赋存特征:以鄂尔多斯盆地华庆地区长63致密砂岩储层为例[J].地质科技情报, 2018, 37(4), 184-189.

[30] 白云云,孙卫,任大忠.马岭油田致密砂岩储层可动流体赋存特征及控制因素[J].地质勘探,2018,25(4), 455-458.

[31] Jin Lai, Guiwen Wang, Ziyuan Wang, et al. A Review on Pore Structure Characterization in Tight Sandstone [J]. Earth-Science Reviews, 2018, 177: 436-457.

[32] 任淑悦,孙卫,刘登科,等.苏里格西区苏48区块盒8段储层微观孔隙结构及对渗流能力的影响[J].地质科技情报, 2018, 37(2): 123-128.

[33] Dazhong Ren, Desheng Zhou, Dengke Liu, et al. Formation mechanism of the Upper Triassic Yanchang Formation tight sandstone reservoir in Ordos Basin—Take Chang 6 reservoir in Jiyuan oil field as an example [J]. Journal of Petroleum Science and Engineering, 2019,178,497-505.

[34] 任大忠,孙卫,黄海,等.鄂尔多斯盆地姬塬油田长6致密砂岩储层成因机理[J].地球科学(中国地质大学学报) 2016, 41(10):1735-1744.

裂缝边底水气藏水侵机理及控制水侵技术对策研究

胡勇[1] 梅青燕[2] 陈颖莉[2] 郭长敏[1] 徐轩[1] 焦春艳[1] 贾玉泽[3]

(1. 中国石油勘探开发研究院;2. 中国石油西南油气田分公司勘探开发研究院;
3. 中国科学院大学地球科学与行星学院)

摘要:作为绿色、低碳、清洁的天然气资源是我们改善环境、应对气候变化和实现"蓝天工程"的重要能源基础。作为世界重要的天然气生产国,近年来,中国天然气快速上产,天然气开发已步入关键机遇期。其中,裂缝边底水气藏储量丰富,产量高,对天然气上产稳产发挥了重要引领作用。但是这类气藏多为构造型气藏,储层以裂缝—孔隙(孔洞)型为主,非均质性强,气水分布复杂,高效开发面临重要的裂缝水侵风险,气藏稳产和采收率均面临巨大挑战。因此,针对裂缝边底水气藏水侵机理认识及"控水"提高开发效果面临的技术难题,本文采用物理模拟实验与数学计算相结合的方法,系统研究了裂缝对气水渗流的作用、裂缝与基质渗透率级差对水侵前缘推进速度的影响,在此基础上提出了"控制水侵"提高气藏开发效果的技术对策。研究成果对于类似气藏科学开发具有重要指导意义。

关键词:边底水气藏;裂缝;水侵机理;控制水侵;技术对策

近年来,国内外学者对气藏水侵机理的研究越来越重视,开展了许多的气藏水侵机理物理模拟研究工作,为揭示气藏水侵机理,提高底水气藏采收率开辟了重要途径。乐长荣[1]提出了要研究气水界面的移动规律,首先要认识和掌握水驱气的渗流机理。他将水驱气过程分为两个阶段:(1)第一阶段,地层压力下降时,破坏了毛细管压力的平衡状态,在毛细管渗吸作用下,水驱替岩块孔隙中的天然气,该过程主要取决于地层压力(其中包括裂缝、孔隙中的压力)的下降和毛细管力的作用;(2)第二阶段,依靠水动力作用,水驱替裂缝中的天然气,其饱和度由临界饱和度变为残余气饱和度。巴斯宁耶夫等[2]在水驱气机理研究方面作了大量的研究工作。他们通过岩心驱替试验对水驱气机理进行了研究,结果表明:在低驱动速度范围内气的采收率随着驱动速度提高而迅速上升,经过最高值后又稍微降低,在超过速度的合理值后孔隙介质的非均质性就开始表现出来,残余气的饱和度除与原始含气饱和度有关外,还与驱替条件以及地层本身特性等有关。Persoff和Pruess[3]采用了激光刻蚀技术制成物理模型进行可视化微观渗流模拟实验,通过观测裂缝性多孔介质的气、水两相渗流规律,结果发现裂缝内润湿相开始聚集,并逐渐演变为段塞,在后续压力作用下气从孔隙的轴心突破段塞。

周克明、李宁等[4]采用现代激光刻蚀技术,研制了均质孔隙模型和裂缝—孔隙模型地层的气水两相可视化人工物理模型,开展了气水两相微观渗流机理及封闭气形成机理的试验研究,结果认为:(1)均质模型中,水侵作用形成封闭气的主要原因是指进、卡断和贾敏效应,不连通孔隙和孔隙角隅以及"H"形孔道也会形成大量的封闭气;(2)裂缝—孔隙模型中,水窜作用会形成大量的封闭气,孔隙盲端和连通性较差的孔隙也会形成大量的封闭气;(3)卡断、指进以及"H"形孔道形成的封闭气可以通过提高驱替压差和降低井底压力将其采出,但均质孔隙中小孔道形成的封闭气却很难采出;(4)死孔隙中形成的封闭气只能通过降低井底压力或气藏废弃压力才能采出。孙志道、夏崇双[5,6]对裂缝性有水开采特征进行了分析,认为:裂缝性有水气藏的地层水首先沿裂缝快速突进,水侵有两种形式,一是边、底水大面积侵入含气区;二是生产压差使底水很快沿裂缝窜至局部气井,生产压差越大,水窜越快,很多气井投产短时间就见水而气水同产,不久就被水淹。吴建发、郭建春等[7]通过采用激光刻蚀技术制成透明微观玻璃板物理模型观察气水两相在裂缝性地层中的水窜、绕流和卡断3种微观渗流现象,利用能量守恒原理分析了裂缝性地层中气水两相的渗流机理,证明了裂缝性地层中气水两相的渗流具有不连续性的特征。余进[8]通过激光刻蚀可视化气水两相人工物理模型水驱气等大量实验,研究了水驱气藏水侵过程和封闭气形成机理。在结合对水驱气藏地质特征、水侵特征和开采特征的研究,指出裂缝水窜是形成气藏水侵活跃的主要原因,影响气藏采收率的主要机理是地层水沿裂缝窜入气藏后占据了气流的主要通道,造成气藏死气区块的气难以采出。

李登伟、张烈辉等[9]采用激光刻蚀的均质微观孔隙模型对低渗透油气藏岩心进行了气水两相渗流试验,研究结果表明:在驱替压差不大的情况下,无论是孔隙还是喉道,气水分布及流动方式主要为水包气,水沿管壁流动,气体在孔道中央流动;水驱气过程中封闭气的形成方式主要有绕流形成的封闭气、卡断形成的封闭气、孔隙盲端和角隅形成的封闭气、"H"形孔道形成的封闭气;同时,水锁也是多孔介质中两相渗流的主要特征,可以通过降低压力使气体充分膨胀和提高驱替压差来提高采收率,降低封闭气量。朱志强[10]采用全直径岩心对底水气藏进行物理模拟,结果表明:对于避水高度较大的底水气藏,底水能量及气藏本身渗透率等地质因素是水侵大小的最敏感因素,开发因素影响不明显;而对避水高度较小后期容易发生水淹的底水气藏,允许范围内采取较高的采气速度可以有效减小水侵量和降低废弃压力而获得较高的采收率。鄢友军[11]等通过制作的激光刻蚀微观鲕粒模型研究气水两相渗流在鲕粒灰岩中形成封闭气和残余水的机理,结果表明:对于鲕粒模型,水驱气时卡断、绕流是形成封闭气的主要原因,盲端和不连通的孔隙也会形成封闭气;在气驱水时,细长孔道、狭窄喉道处以及卡断都有可能形成残余水。焦春燕[12]和Fang[13]等人采用全直径岩心进行水侵规律实验,研究了不同因素对孔隙型气藏开发的影响。

1 裂缝对储层渗透率的贡献研究

国内外大量的研究成果表明,裂缝是天然气藏的有效储集空间和重要渗流通道,对天然气资源的运移、储集、开发发挥着举足轻重的作用。我国气藏开发实践表明:多数气藏储层均发育裂缝,如我国库车深层碎屑岩、四川石炭系碳酸盐岩以及威远震旦系等气藏储层裂缝均十分发育。裂缝系统的存在对于增加地层岩石渗透率十分重要,对气藏高产的贡献十分明显,因此裂缝研究是气藏高效开发不可缺少的重要工作之一,意义十分重大。

目前,关于储层裂缝评价以及对气井产能影响等方面的研究已有大量的报道,主要通过气藏工程以及试井分析等方法,在裂缝描述、裂缝储层渗透率评价以及裂缝对气藏产能的贡献等方面均取得了较好认识。但是,如何通过室内岩心实验实现对岩心定量造缝并进行渗透率测试,量化分析裂缝对气藏储层渗透率及气井产能贡献仍是科研工作者面临的难题,也是气藏科学开发工作必须要解决的关键技术问题。本文尝试性的采用人工岩心定量造缝的方法,综合考虑裂缝尺度(缝高、缝宽、裂缝贯通程度),对造缝后的岩心模型开展气测渗透率实验测试,分别研究了裂缝贯通和非贯通两种情景下对储层渗透率的贡献,在实验测试的基础上,综合考虑裂缝导流能力、裂缝沟通能力和基质供气能力三方面因素,建立了裂缝对岩石渗透率贡献的数学评价模型,实现了裂缝对岩石渗透率贡献的量化评价。研究成果对于认识和评价地层岩石渗透性具有一定指导作用,对于裂缝气藏科学开发具有现实意义。

实验用岩心为人造砂岩岩心,在岩心制作过程中实现定量造缝,然后分别测试基质岩心和裂缝岩心的渗透率,评价裂缝对岩心渗透率的贡献。

表 1 中:
(1)基质岩心渗透率分别为 0.83mD、3.76mD、9.44mD、13.88mD。
(2)裂缝贯通程度(裂缝长度/岩心长度的比值):20%、40%、60%、100%。
(3)裂缝开度 = 裂缝高度 H × 裂缝宽度 W。

表 1　实验用岩心及裂缝形态特征

岩心描述	岩心直径(cm)×长度(cm)	岩心模型
基质岩心	2.5×9.5	
非贯通裂缝岩心	2.5×9.5	
贯通裂缝岩心	2.5×9.5	
裂缝尺度示意图		裂缝高度,h_f；裂缝长度,L_f；裂缝宽度,W_f；裂缝描述
岩心模型示意图		基质岩心　裂缝岩心

以渗透率为 3.76mD 的岩心基质为例,实验测试了裂缝贯通程度对岩心渗透率的贡献,结果如图 1 所示。分析可以看出,相对于岩心基质来讲,非贯通裂缝(贯通程度 20%、40%、60%、80%)对储层渗透率也存在一定贡献,可以改善储层的整体渗透率,随贯通程度增加,对渗透率的贡献也增加,但对储层渗透率的贡献有限,非贯通裂缝岩心渗透率是基质渗透率的 10 倍以内;当岩心存在贯通裂缝(即贯通程度 100%)时,其渗透率是基质岩心的几十至上百倍,对储

层渗透率贡献一般在 80% 以上。

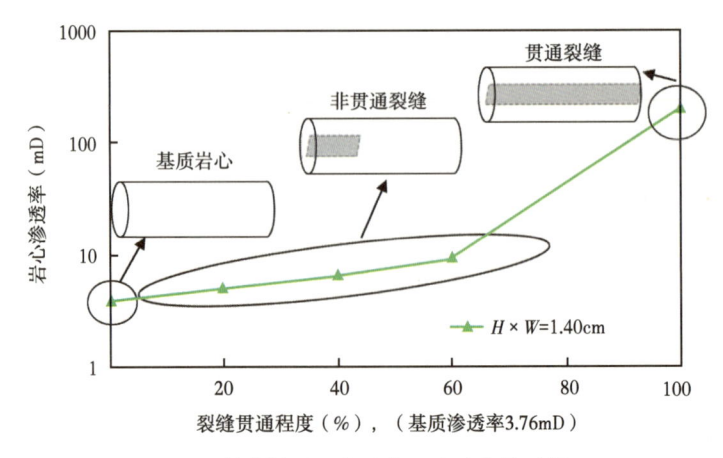

图 1 裂缝贯通程度对岩心渗透率的贡献

2 渗透率级差对水侵前沿推进速度的影响

选择不同渗透率基质岩心及通过对基质岩心造缝后开展水侵物理模拟实验,岩心基质渗透率分别为 0.012mD、0.3mD,造缝后岩心渗透率与基质渗透率比分别为 42mD/0.012mD、203mD/0.00264mD、445mD/0.012mD,实验结果表明渗透率级差对水侵前缘推进速度的影响十分明显,特别是当岩心存在裂缝时,与基质渗透率级差较大导致水侵前缘推进速度快速增加(图 2)。总体规律表现出:(1)基质中水均匀推进,水侵前缘推进速度慢(约 0.01m/d);(2)裂缝中非均匀突进,水侵速度是基质中的几十甚至几百倍(可以达到几十米/d)与裂缝渗透率关系十分密切。

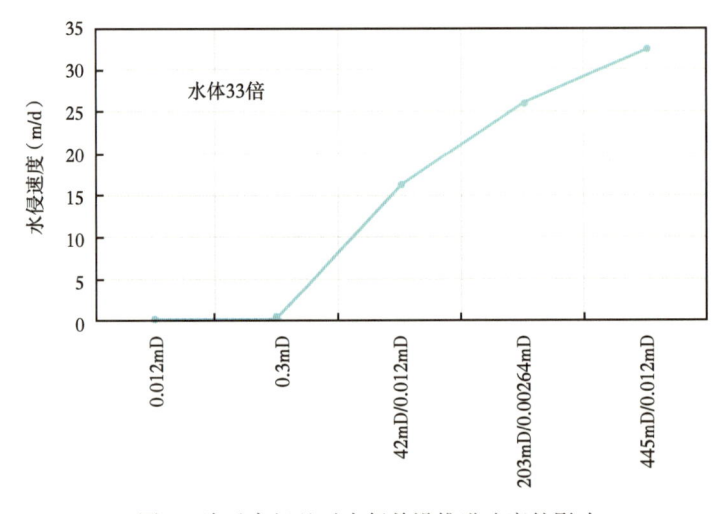

图 2 渗透率级差对水侵前沿推进速度的影响

3 控制裂缝水侵的技术对策分析

裂缝水侵对气藏开发影响机理:具有统一气水界面的构造气藏,科学控制采气速度,优化井位,防止水体沿断裂与高渗带水侵突进、气水界面失衡形成"水封气",能够最大限度地提高气藏采收率。

根据产量公式与物质平衡方程得出水侵前缘推进速度计算公式,从公式的参数组合来看,水侵前缘推进速度主要与水体能量、采气速度和渗流通道三者有关。由此可见,可以通过降低采气速度的方式来减缓水侵速度(图3)。

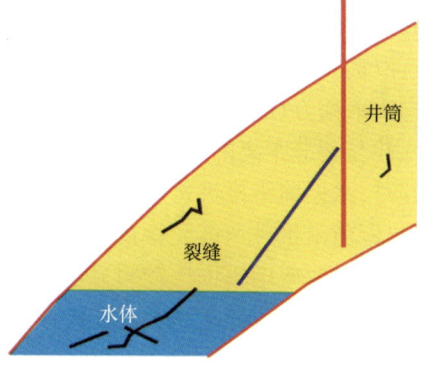

图 3 水侵模型示意图

3.1 优化配产延缓水侵前缘推进速度

通过物理模拟实验,系统研究了不同配产对水侵前缘推进速度及采收率的影响,结果表明:通过优化气井配产,可以实现延缓水侵前沿推进速度,提高气藏采收率。本文根据实验研究结果,结合储层裂缝参数,模拟计算了对于裂缝长度10m,裂缝通道0.2m,水体倍数51倍的气井,在不同配产条件下的水侵前缘推进速度及采收率,给出了气井配产不高于$40.3×10^4 m^3/d$的建议(图4)。

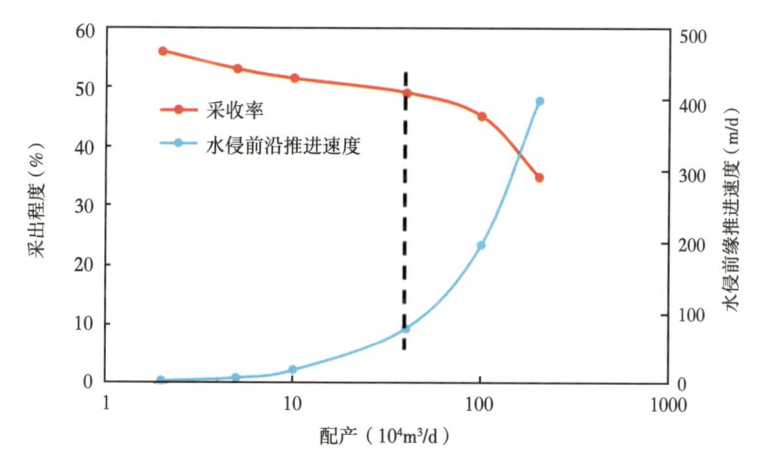

图 4 配产对水侵前沿推进速度及采收率的影响

3.2 优化井位部署,确定合理避水高度,降低水侵风险

国内外构造边、底水气藏开发实践表明[15-18],在弹性水驱、储层纵横向非均质较强的情况下,采气速度和井网部署对气田采收率有很大影响。在构造高部位集中布井,可以保持边缘带高压以阻止边水推进,延长无水采气期。根据气、水两相二维数值模拟计算结果,对于产能较高的气藏,采用中央布井方式,采收率可高达90%,采用均匀布井方式,采收率则为82%。

对于双孔单渗型构造边、底水气藏开发,气井部署时还需要考虑井位与断裂的位置关系。设计平面二维大型物理模拟实验模型如图5所示,根据物理模拟实验认识到:水在基质中呈活塞式推进,裂缝与水体连通时,开采过程中水体沿裂缝非均匀突进,水侵前缘推进速度是基质中的几十至上百倍,气井与裂缝的距离对水侵前沿推进速度及气藏采收率影响明显。根据物理模拟实验结果,综合考虑模型形态、气藏条件及气水渗流等相似性,结合气、水产量计算公式和物质平衡方程,建立了简化的裂缝性气藏水侵数学模型进行评价,计算结果如图 6 所示:随着气井与裂缝距离的增加,水侵前缘推进速度在不断下降结果表明:(1)断裂同时沟通水体和气井时,水侵前沿推进速度最快,采收率最低;(2)当断裂沟通水体,但与气井保持一定距离时,水侵前沿推进速度大幅度下降,且距离越大,水侵前沿推进速度越缓慢;(3)随着距离减小,气藏采收率增幅也比较明显(从 13.1% 上升至 27.4%),当距离达到一定程度时,采收率增幅明显放缓,表明此时断裂对提高储层供气能力发挥的作用有限。因此,开发井位部署时要根据断裂裂缝预测成果,使井位与断裂保持一定距离,既利用基质降低水侵前沿非均匀推进速度,也要利用断裂周缘裂缝提高基质供气能力。

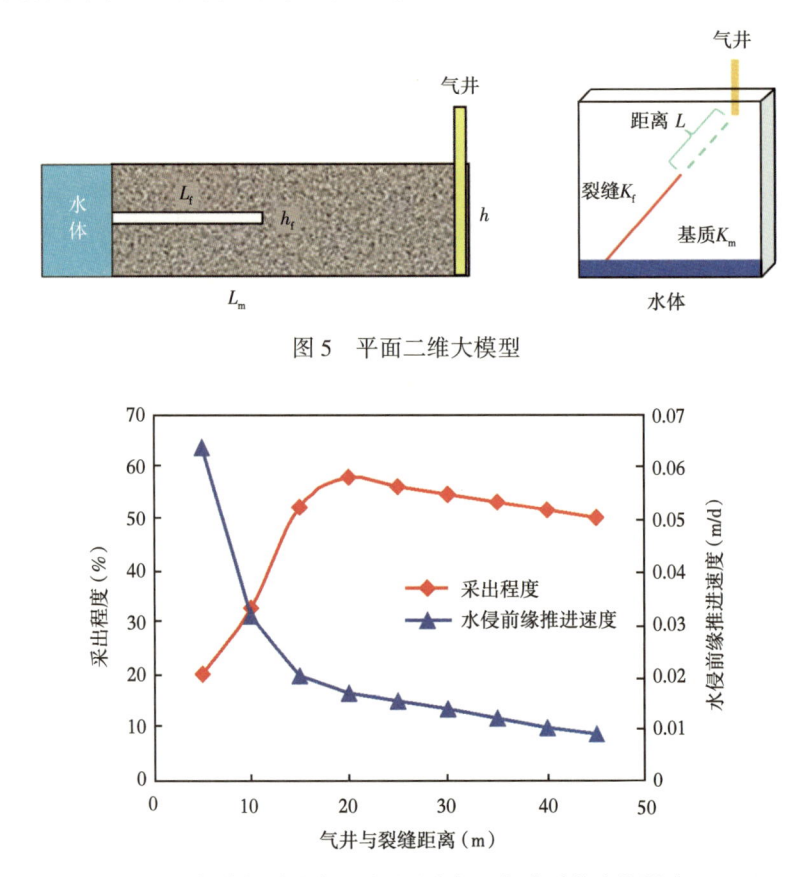

图 5 平面二维大模型

图 6 气井与裂缝位置关系对水侵及气藏采收率的影响

4 结论与认识

(1)系统研究了裂缝对储层渗透率的贡献,明确了不同贯穿程度的裂缝对储层的改善作用。

（2）揭示了基质和裂缝水侵的差异，基质中水侵前沿推进较均匀，且速度缓慢；裂缝储层水侵前沿非均匀推进，且推进速度是基质的几十至上百倍，主要受储层渗透率级差影响。

（3）根据水侵物理模拟实验，明确了控制水侵提高采收率两项技术对策：

①优化气井配产，延缓水侵前沿推进速度，提高气藏采收率。

②优化井网部署，确定合理避水高度，气井与裂缝、水体之间合理位置关系，降低水侵风险，提高气藏采收率。

参 考 文 献

[1] 乐长荣. 气水界面移动及气井水淹研究 [J]. 天然气勘探与开发, 1981.

[2] 巴斯宁耶夫,等著. 张永一, 赵碧华, 译. 地下流体力学 [M]. 北京：石油出版社, 1992.

[3] Persoff P K, Pruess K. Two-Phase Flow Visualization and Relative Permeability Measurement in Natural Rough-Walled Rock Fractures [J]. Water Resources Research, 1995, 31 (5)：1175-1186.

[4] 周克明, 李宁, 张清秀, 等. 气水两相渗流及封闭气的形成机理实验研究 [J], 天然气工业, 2002, 22（增刊）：122-125.

[5] 孙志道. 裂缝性有水气藏开采特征和开发方式优选 [J]. 石油勘探与开发, 2002, 29 (4)：69-71.

[6] 夏崇双. 不同类型有水气藏提高采收率的途径和方法 [J]. 天然气工业, 2002, 22（增刊）：73-77.

[7] 吴建发, 郭建春, 赵金洲. 裂缝性地层气水两相渗流机理研究 [J]. 天然气工业, 2004, 24 (11)：85-87.

[8] 余进. 水驱气藏渗流机理及模拟理论与方法研究 [D]. 西南石油大学, 2005, 5.

[9] 李登伟, 张烈辉, 周克明, 等. 可视化微观孔隙模型中气水两相渗流机理 [J]. 中国石油大学学报, 2008, 3 (32)：80-83.

[10] 朱志强. 底水气藏水侵规律研究 [D]. 中国科学院研究生院, 2012.

[11] 鄢友军, 陈俊宇, 郭静姝, 等. 龙岗地区储层微观鲕粒模型气水两相渗流可视化实验及分析 [J]. 天然气工业, 2012, 32 (1)：64-66.

[12] 焦春艳, 朱华银, 胡勇, 等. 底水气藏水侵物理模拟实验与数学模型 [J]. 科学技术与工程, 2014, 14 (10)：191-194.

[13] Fang F F, Shen W J, Gao S S, et al. Experimental Study on the Physical Simulation of Water Invasion in Carbonate Gas Reservoirs[J]. Applied Sciences, 2017, 697(7)：1-12.

[14] 李熙喆, 郭振华, 胡勇, 等. 中国超深层构造型大气田高效开发策略[J]. 石油勘探与开发, 2018, 45 (1)：111-118.

[15] 李熙喆, 郭振华, 万玉金, 等. 安岳气田龙王庙组气藏地质特征与开发技术政策[J]. 石油勘探与开发, 2017, 44(3)：398-406.

[16] 李熙喆, 刘晓华, 苏云河, 等. 中国大型气田井均动态储量与初始无阻流量定量关系的建立与应用[J].石油勘探与开发, 2018, 45(6)：1020-1025.

[17] 胡勇, 李熙喆, 万玉金, 等. 致密砂岩气渗流特征物理模拟[J]. 石油勘探与开发, 2013, 40(5)：580-584.

[18] 胡勇, 李熙喆, 卢祥国, 等. 砂岩气藏衰竭开采过程中含水饱和度变化规律[J]. 石油勘探与开发, 2014, 41(6)：723-726.

[19] 胡勇, 李熙喆, 万玉金, 等. 裂缝气藏水侵机理及对开发影响实验研究[J]. 天然气地球科学, 2016, 27 (5)：910-917.

多层系低渗—致密砂岩透镜体气藏丛式井组高效开发技术对策

王国亭[1]　孙建伟[2]　黄锦袖[2]　韩江晨[1]　朱玉杰[2]

(1. 中国石油勘探开发研究院气田开发研究所；2. 中国石油长庆油田公司)

鄂尔多斯盆地低渗、致密砂岩气资源丰富，先后发现了榆林、子洲、苏里格、大牛地等多个探明储量超千亿立方米的气田[1-3]，目前探明(含基本探明)储量超过$5×10^{12}m^3$。近年来，盆地东部神木地区逐渐成为长庆气区增储上产的重要组成部分[4]。与盆地中部苏里格气田相比，东部气田储层发育特征、主力含气层系等都有明显差异，开展神木气田主力层位储层特征研究，确定有效储层物性下限、规模及叠置类型，对盆地东部地区储量评价、开发方式确定等具有重要意义，也可为国内外其他类似气田的开发提供借鉴。此外，水平井已成为长庆气区低渗、致密气藏开发的重要手段，开展盆地东部水平井适用性评价，明确合理的水平井开发方式，对神木气田的高效开发具有重要意义。

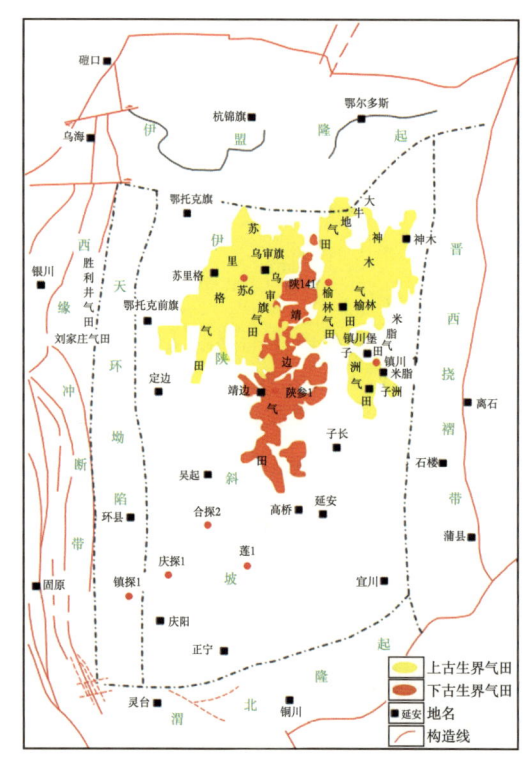

图1　鄂尔多斯盆地神木气田位置图

1 气田概况

神木气田位于陕西省榆林市榆阳区和神木县境内，西邻榆林气田、南抵米脂气田、西北接大牛地气田，勘探开发面积约$2.5×10^4 km^2$(图1)。构造位置处于鄂尔多斯盆地次级构造单元伊陕斜坡东北部，为宽缓西倾斜坡，倾角小足1°。神木地区内上古生界石炭系、二叠系主要发育一套海陆交互相含煤地层，自下而上为本溪组(C_2b)、太原组(P_1t)、山西组(P_1s)、石盒子组(P_1sh)及石千峰组(P_3q)，2007年双3井区的勘探突破标志着神木气田的发现[1]。截至目前，气田探明储量规模达$3334×10^8 m^3$，叠合含气面积$4069 km^2$，属千亿立方米级特大型气田。气田纵向发育太原组、山西组、石盒子组等多套含气层系，其中山西组、太原组为神木地区主力产层，平均产量贡献率分别为53%、33%，是研究的重点目标(图2)。气田于

2009年开展前期评价,历经试采、规模建产后,2014年底井口建成 $20 \times 10^8 \mathrm{m}^3/\mathrm{a}$ 产能,初步实现规模开发。

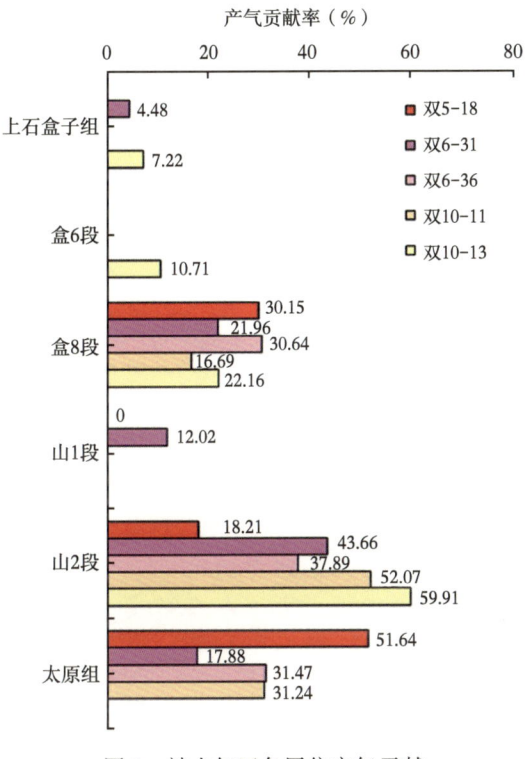

图 2　神木气田各层位产气贡献

2　储层地质特征

晚古生代受沉积物供给、构造沉降及海平面升降等多因素影响,鄂尔多斯盆地发育多种沉积体系,经历了由海相潟湖、潮坪、三角洲沉积体系到陆相河流、三角洲体系的演变,形成了大面积分布的河流—三角洲储集砂体[5-12]。神木地区太原组沉积期主要发育海相潮控三角洲沉积,山2段沉积期演变为海相河控三角洲沉积,山1段沉积期海水退出鄂尔多斯盆地,研究区以湖相三角洲沉积为主。

2.1　储层基本特征

2.1.1　岩石学特征

神木地区太原、山西组储层岩性主要为岩屑石英砂岩、岩屑砂岩及石英砂岩(图3)。碎屑颗粒总量平均为83.0%,以石英颗粒为主,平均为64.4%;岩屑次之,平均为18.4%;长石较少,平均为0.3%,从山1段到太原组石英含量逐渐增大,岩屑、长石含量依次降低(图4)。岩屑类型包括岩浆岩岩屑、变质岩岩屑及沉积岩岩屑,其中变质岩岩屑含量最高,平均为10.7%,以片岩、千枚岩、变质砂岩及板岩为主,岩浆岩岩屑含量次之,平均为5.5%,以喷发岩和隐晶岩为主,沉积岩岩屑含量最低,平均为0.6%,以粉砂岩和泥岩为主。填隙物总量平均为17.0%,以水云母为主,其次为硅质、高岭石、铁方解石及铁白云石。碎屑颗粒以中粒、粗粒结构为主,分选中等,磨圆以次棱状—次圆状为主,胶结方式以孔隙式为主。太原组砂岩颗粒接触方式以点、点—线接触为主,山西组以点接触为主。

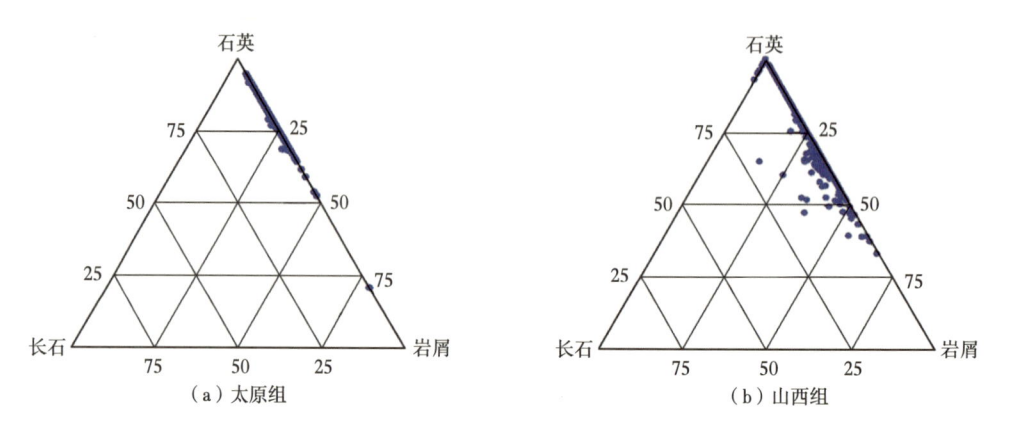

图3 神木气田太原—山西组储层岩石分类

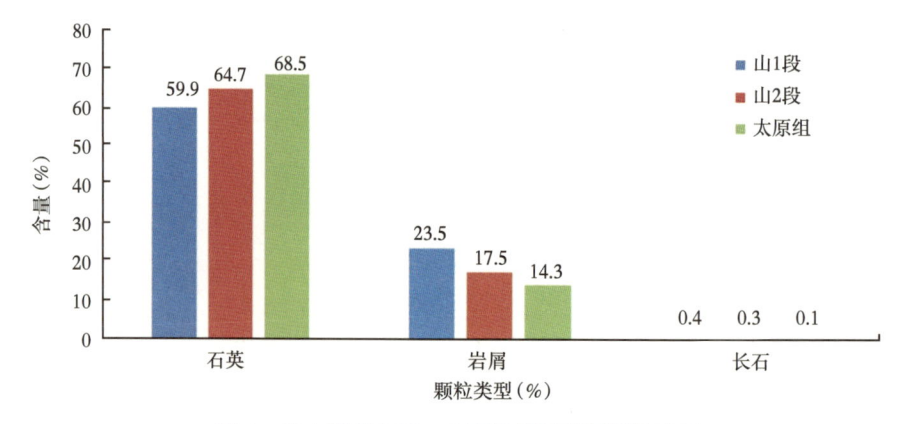

图4 神木气田太原—山西组储层碎屑颗粒特征

2.1.2 孔隙结构特征

薄片鉴定及扫描电镜分析表明,神木气田山西、太原组储层孔隙类型由溶蚀孔、晶间孔及粒间孔为组成,其中溶蚀孔包括岩屑溶蚀孔、长石溶蚀孔、杂基溶蚀孔及粒内溶孔,并以岩屑溶蚀孔为主体,晶间孔以高岭石、伊利石等黏土矿物晶间孔为主。不同层位孔隙类型不同,其中山1段以岩屑溶孔、晶间孔为主,分别占总孔隙比例的62%、26%,山2段以岩屑溶孔、晶间孔、粒间孔为主,分别占总孔隙比例的58%、15%、8%,太原组则以岩屑溶孔为主,占总孔隙比例的84%,其他类型孔隙较少。从山1段到太原组岩屑溶孔的比例逐渐增加、晶间孔比例逐渐降低。压汞实验分析表明,神木气田山西组、太原组储层中值半径为0.15μm,分选系数为2.13,变异系数为0.23,排驱压力为1.17MPa,最大进汞饱和度为66.38%(表1)。总体而言,神木气田山西组、太原组储层孔隙中值半径较小,最大进汞饱和度较低,无效孔隙占比相对较高。

表1 神木气田碎屑岩储层孔隙结构参数表

层位	孔隙度（%）	渗透率（mD）	中值半径（μm）	分选系数	变异系数	排驱压力（MPa）	最大汞饱和度（%）
山1段	6.77	0.74	0.07	2.44	0.29	0.97	60.60
山2段	6.65	0.68	0.13	1.94	0.20	1.69	63.01
太原组	8.10	0.55	0.24	2.01	0.20	0.87	75.52
平均	7.17	0.65	0.15	2.13	0.23	1.17	66.38

2.1.3 有效储层物性下限评价

神木地区山西组、太原组储层物性统计分析表明,孔隙度分布于2%~10%,平均为6.6%,渗透率分布于0.1~1.0mD,平均为0.83mD。依据砂岩储层划分标准,神木气田整体属于低孔、低渗—致密砂岩气藏。根据产气效果的差异,将储层划分为气层、差气层及干层,气层物性及含气性最好、单位厚度产气量高,差气层次之,干层则不具备产气能力。气层、差气层统称为有效储层,是气井产量的主要贡献作,其对应的孔隙度、渗透率、含气饱和度最低界限值为有效储层物性下限。明确有效储层物性下限对于储层类型划分、储量评价具有重要意义。结合神木气田储层物性、含气性数据和试气效果资料,开展有效储层物性下限评价。统计分析表明,当储层孔隙度低于5%、渗透率小于0.1mD,含气饱和度低于45%时,储层基本已不具备产气能力,已属无效干层。故将孔隙度5%、渗透率0.1mD、含气饱和度45%确定为有效储层物性下限(图5)。

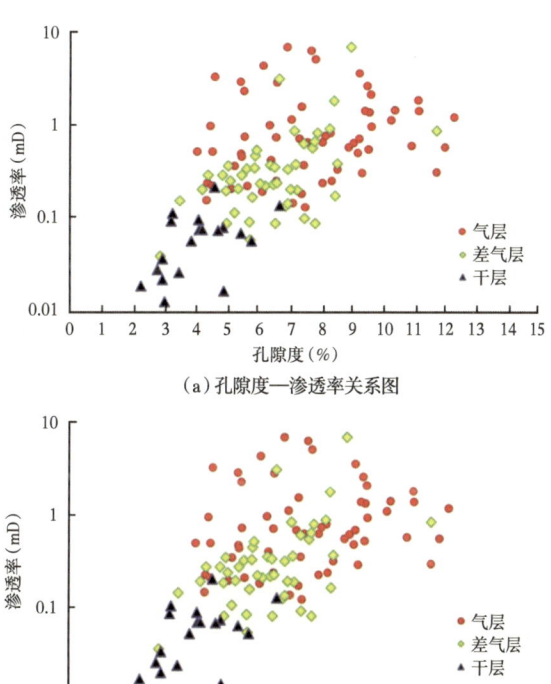

(a)孔隙度—渗透率关系图

(b)孔隙度—含气饱和度关系图

图5 神木气田有效储层物性下限确定

2.2 有效储层规模

鄂尔多斯盆地苏里格气田开发不断深入,井网加密试验、井间干扰试验及野外露头描述等动静态资料逐渐丰富,为有效储层规模精细描述创造了条件,支撑了气田合理开发技术对策的制定[13-16]。神木气田处于早期开发阶段,储层地质条件与盆地中部地区具有较大差异,开展神木地区有效储层规模分析并建立空间发育模式,可为气田合理开发方式的确定奠定基础。

2.2.1 有效储层规模

有效储层规模分析包括厚度、宽度、长度等定量参数的评价。结合岩心、测井、局部密井网解剖等手段开展神木气田山西组、太原组有效储层规模评价。分析结果表明:神木气田山1段有效单砂体厚度范围为0.5~4.5m,平均约为2.5m,宽度范围为300~500m,平均约为400m,长度范围为400m~700m,平均约为600m;山2段有效单砂体厚度范围为0.8~6.5m,平均约为3.5m,宽度范围为400~800m,平均约为600m,长度范围为600~1000m,平均约为800m;太原组有效单砂体厚度范围为0.6~5.0m,平均约为2.8m,宽度范围为300~600m,平均约为450m,长度范围为500m~800m,平均约为600m(表2)。比较而言,山2段有效单砂体规模较大、太原组次之,山1段最小。总体而言,神木气田山西组、太原组有效单砂体规模有限,但多期单砂体复合叠置可形成相对较大规模复合有效砂体。

表2 神木气田有效储层规模解剖参数表

层位	有效砂体类型	厚度(m)	宽度(m)	长度(m)	展布面积(km^2)
山1段	单期	0.5~4.5	300~500	400~700	0.20~0.40
	复合	1.0~7.0	600~1000	900~1500	0.50~1.50
山2段	单期	1.0~6.5	400~800	600~1000	0.20~0.80
	复合	2.5~12.5	800~1600	1200~2000	0.80~3.00
太原组	单期	0.6~5.0	300~600	500~800	0.20~0.50
	复合	1.5~8.5	600~1200	1000~1600	0.60~2.00

2.2.2 有效储层空间叠置类型

受沉积环境、古地貌、可容纳空间等因素综合影响,神木地区上古生界发育多种形态砂体,精细表征砂体空间叠置类型可有效指导气田合理开发技术对策的制定。自河道砂体构型提出概念以来,国内外学者通过沉积露头和现代沉积特征的研究,依据垂向叠置和侧向叠置作用程度的强弱将河道砂岩的叠置模式划分成孤立式、多层式、多边式[17-20]。河道下切作用利于孤立式、多层式砂体形成,河道侧积作用利于多边式砂体形成。

神木气田储层表现出"二元"结构特征,有效储层呈透镜状包裹于背景砂体之中。结合砂体空间叠置类型,开展神木地区各层有效储层空间叠置方式分析。将神木地区有效储层空间结构类型划分为多层孤立分散型、垂向多期叠加型、侧向多期叠置型3种主要类型(图6)。多层孤立分散型有效储层呈多层系分散分布,以彼此孤立、不接触为主要特征;垂向复合叠加型有效储层多期垂向切割连通,多层系可复合叠加发育;侧向复合叠置型多期有效储层侧向切割连通,多层系可复合叠置发育。解剖分析表明,神木气田不同层系发育的有效储层空间结构类型具有一定差异,总体而言多层系孤立分散型是主要的有效储层结构类型,侧向叠置及垂向叠加型在山2段、太原组局部发育,山1段发育相对有限。多层孤立分散型有效单砂体通常规模较小、呈透镜状,多层系叠置后平面上表现为大面积连片分布的特征,适宜采用直井/定向井开发。垂向多期叠加式有效储层顺物源方向延伸较远,表现出"带状"分布特征,可采用水平井开发,水平段应以平行于物源方向为主。侧向多期叠置式有效储层垂直物源方向延伸较远,表现出"片状"分布特征,可采用水平井开发,水平段应以垂直于物源方向为主。

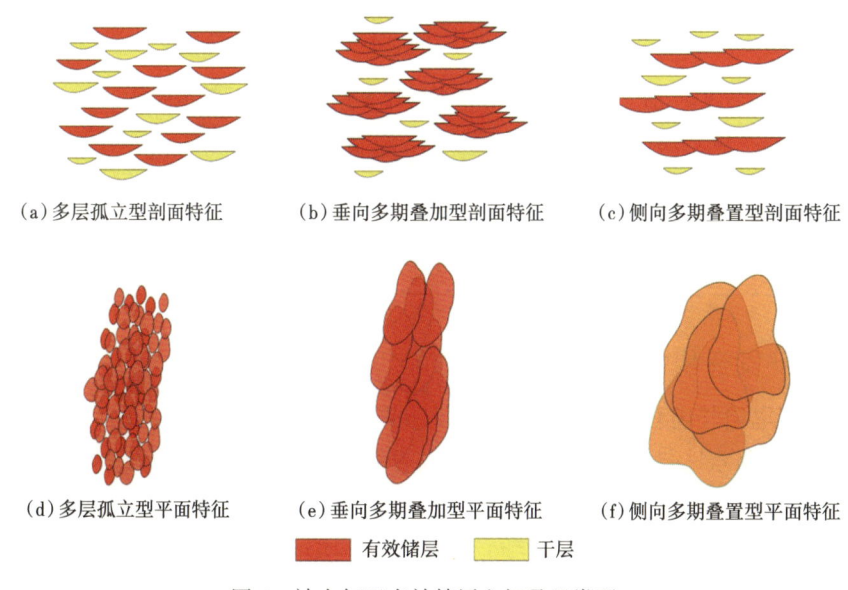

(a) 多层孤立型剖面特征　　(b) 垂向多期叠加型剖面特征　　(c) 侧向多期叠置型剖面特征

(d) 多层孤立型平面特征　　(e) 垂向多期叠加型平面特征　　(f) 侧向多期叠置型平面特征

■ 有效储层　　□ 干层

图 6　神木气田有效储层空间叠置类型

3　水平井开发适用性评价

近年来,长庆气区水平井获得大规模推广应用,助推了气区天然气产量的快速上升,在产能建设中发挥了重要作用[21-26]。与直/定向井相比,水平井具有单井产量高、产能建设工作量低的特点。同时也面临着一定的开发风险,若开发地质目标选择不当,会造成气井产量低、经济效益差、储量大量遗留等问题。因此,结合实际开发区储层地质特征,开展水平井开发适用性评价对降低开发风险具有重要意义。

3.1　水平井地质目标筛选标准

长庆气区苏里格气田水平井推广深度最大,针对水平井开发地质目标筛选的研究也最深入,筛选参数主要包括主力气层厚度、含气面积、物性、储层连续性、夹层厚度及储量集中度等指标。借鉴苏里格气田水平井开发实践,同时紧密结合神木气田有效储层结构特征,建立了水平井地质目标筛选标准,明确了适合水平井开发的有效储层叠置类型(表3)。统计分析表明,水平井产量与主力气层连续有效厚度、物性、有效水平段长度密切相关。为保证开发效益,开发地质目标应具备连续较大的有效厚度、较好的物性及含气性,同时兼具较长的有效延伸范围。综合分析认为,神木气田水平井开发地质目标至少应具备 8m 的连续有效厚度,孔隙度大于 6.5%、渗透率大于 0.5mD、含气饱和度大于 60%,气层有效延伸范围大于 1km。为保证水平井产量的稳定性,开发地质目标内部应相对均质,泥质夹层厚度以小于 2m 为宜。有效储层空间叠置类型应主要以侧向多期叠置和垂向多期叠加型为主。

苏里格气田长期水平井开发实践表明,水平井虽可有效提高主力层段储量的动用程度,但同时也会造成非主力层储量的大量遗留。在目前经济技术条件下,缺乏动用此类遗留储量的有效技术手段,最终导致水平井开发方式下储量总体动用程度相对偏低。因此,尽可能提高储量总体动用程度、减少非主力层段储量遗留是水平井开发地质目标筛选需要考虑的重要问题。综合分析认为,水平井主力开发层段储量集中度应不低于75%(表2)。

表3 神木气田低渗致密砂岩气藏水平井地质目标筛选标准

连续有效厚度(m)	孔隙度(%)	渗透率(mD)	含气饱和度(%)	有效延伸长度(km²)	泥质夹层厚度(m)	叠置类型	储量集中度(%)	初期日产(m³)
>8.0	>6.5	>0.5	>60.0	>1.0	<2.0	侧向多期叠置、垂向多期叠加	>75.0	>5.0

3.2 水平井开发适用性评价

盆地中部苏里格气田有效储层主要发育于下石盒组盒8段和山西组山1段,单井最多可钻遇气层6层,大部分气井钻遇2~4层,气层发育数量相对较少。盆地东部神木地区气层发育状况发生较大变化,石千峰组至马家沟组等都有气层发育,单井最多可钻遇23层,大部分井钻遇7~13层,多层系含气特征明显。结合纵向含气层的叠置模式,以多层系兼顾、提高储量动用程度和单井产量为原则,目前以多井型大井组立体式开发作为神木气田主体开发方式。该方式节约大量井场、集输、道路等费用,有效推进产建进程,实现了神木气田的低成本开发,有效缓解了矿区叠置复杂的难题[19]。

水平井部署技术包括整体式部署、局部式部署两种方式,整体部署适合于储层整体地质条件满足水平井地质目标筛选标准的面积较大的新建产区,局部式部署则适合于的满足筛选标准的小面积局部井区。结合神木气田水平井地质目标筛选标准,按重点层位开展气田山西组、太原组水平井开发区优选。结果表明,神木气田适合水平井开发的地质目标规模较小、呈小面积零星分布,且储量占比、面积占比都较低,总体不适合大面积整体式部署,可进行局部式"甜点"部署(表4)。

表4 神木气田水平井开发地质目标筛选

层位	面积(km²)范围	面积(km²)平均值	储量占比(%)	面积占比(%)
山1	2.0~3.4	2.7	2.6	1.7
山2	6.9~13.9	8.4	3.9	2.2
太原	7.8~14.7	11.3	4.5	2.7

基于神木气田多井型大井组立体式开发方式,以多层兼顾、提高储量动用程度为核心,将局部式水平井部署划分为3种类型:孤立水平井、复合水平井及丛式水平井组。对于垂向主力层系单独发育的井区而言,适合采用孤立式水平井开发,对于垂向多套主力层发育井区而言,采用复合式水平井开发,而对于空间上多方向都发育主力层系的井区而言,则适合采用丛式水平井组开发(图7)。3种水平井局部式部署方式与井区直/定向井部署有机结合,可有助于实现神木地区多层系低渗、致密气藏的高效开发。

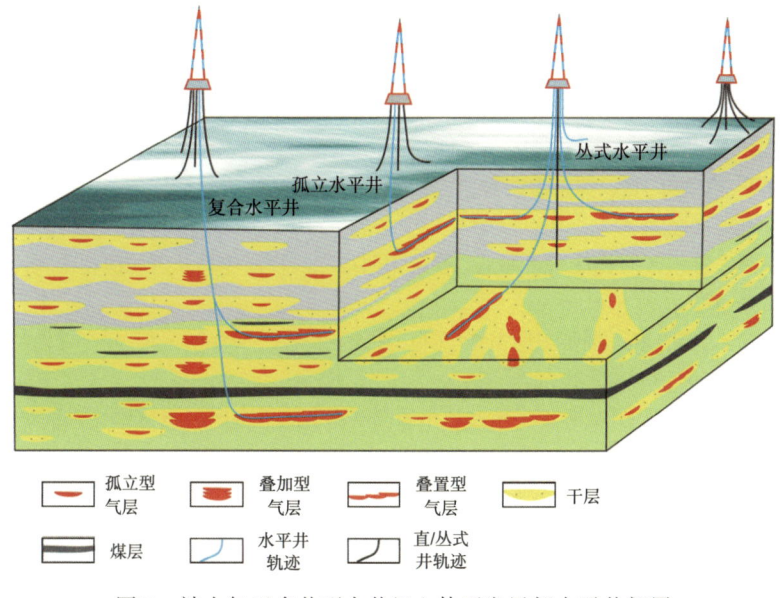

图 7　神木气田多井型大井组立体开发局部水平井部署

4　结论

（1）神木气田是鄂尔多斯盆地增储上产的重要组成部分，具有多层系含气特征。储集岩性主要为岩屑石英砂岩、岩屑砂岩及石英砂岩，孔隙类型主要为岩屑溶蚀孔及晶间孔，整体属于低孔、低渗致密砂岩气藏。分析表明，孔隙度5%、渗透率0.1mD、含气饱和度45%为神木气田有效储层物性下限。

（2）山西组、太原组有效单砂体规模较小，多期叠置可形成较大规模复合有效储层。将神木地区有效储层空间结构类型划分为多层孤立分散型、垂向多期叠加型、侧向多期叠置型3种主要类型。不同类型有效储层适宜采用的开发方式具有一定差异。

（3）建立了神木地区低渗砂岩气藏水平井地质目标筛选标准。分析认为，避免储量大量遗留，水平井主力开发层段储量集中度应不低于75%。评价表明，神木气田总体不适合整体式水平井部署，应以局部式部署为主。结合主力层系发育特征，提出了孤立式、复合式及丛式井组式3种水平井部署方式。

参 考 文 献

[1] 杨华,刘新社.鄂尔多斯盆地古生界煤层气勘探进展[J].石油勘探与开发,2014,41(2):129-138.
[2] 杨华,付金华,刘新社,等.苏里格大型致密砂岩气藏形成条件及勘探技术[J].石油学报,2012,31(S1):27-36.
[3] 杨华,付金华,魏新善,等.鄂尔多斯盆地奥陶系海相碳酸盐岩天然气勘探领域[J].石油学报,2011,32(5):733-741.
[4] 杨华,刘新社,闫小雄,等.鄂尔多斯盆地神木气田的发现与天然气成藏地质特征[J].天然气工业,2015,35(6):1-13.
[5] 沈玉林,郭英海,李壮福,等.鄂尔多斯地区石炭纪—二叠纪三角洲的沉积机理[J].中国矿业大学学报,

2012,41(6):936-942.

[6] 席胜利,李文厚,刘新社,等.鄂尔多斯盆地神木地区下二叠统太原组浅水三角洲沉积特征[J].古地理学报,2009,11(2):187-194.

[7] 刘锐娥,黄月明,卫孝锋,等.鄂尔多斯盆地北晚古生代物源区分析及其地质意义[J].矿物岩石,2003,23(3):82-86.

[8] 刘锐娥,肖红平,范立勇,等.鄂尔多斯盆地二叠系"洪水成因型"辫状河三角洲沉积模式[J].石油学报,2013,34(S1):660-666.

[9] 王香增,周进松.鄂尔多斯盆地东南部下二叠统山西组二段物源体系及沉积演化模式[J].天然气工业,2017,37(11):9-17.

[10] 郝爱武,蒲仁海,郭向东.鄂尔多斯盆地中部山西组三角洲—曲流河沉积[J].西北大学学报(自然科学版),2011,41(3):480-484.

[11] 苏东旭,于兴河,李胜利,等.鄂尔多斯盆地东南部本溪组障壁海岸沉积特征与展布规律[J].天然气工业,2017,37(9):48-56.

[12] 兰朝利,张君峰,陶维祥,等.鄂尔多斯盆地神木气田太原组沉积特征与演化[J].地质学报,2011,85(4):533-542.

[13] 何东博,贾爱林,冀光,等.苏里格大型致密砂岩气田开发井型井网技术[J].石油勘探与开发,2013,40(1):79-89.

[14] 何东博,王丽娟,冀光,等.苏里格致密砂岩气田开发井距优化[J].石油勘探与开发,2012,39(4):458-464.

[15] 卢涛,刘艳侠,武力超,等.鄂尔多斯盆地苏里格气田致密砂岩气藏稳产难点与对策[J].天然气工业,2015,35(6):43-52.

[16] 谭中国,卢涛,刘艳侠,等.苏里格气田"十三五"期间提高采收率技术思路[J].天然气工业,2015,36(3):30-40.

[17] Miall A D. Architectural-element analysis:A new method of facies analysis applied to fluvial deposits [J]. Earth-Science Reviews, 1985, 22(4):261-308.

[18] Miall A D. Reconstructing the architecture and sequence stratigraphy of the preserved fluvial record as a tool for reservoir development:A reality check[J]. AAPG Bulletin, 2006, 90(7):989-1002.

[19] 武力超,朱玉双,刘艳侠,等.矿权叠置区内多层系致密气藏开发技术探讨——以鄂尔多斯盆地神木气田为例[J].石油勘探与开发,2015,42(6):826-832.

[20] 侯加根,唐颖,刘钰铭,等.鄂尔多斯盆地苏里格气田东区致密储层分布模式[J].岩性油气藏,2014,26(3):1-6.

[21] 卢涛,张吉,李跃刚,等.苏里格气田致密砂岩气藏水平井开发技术及展望[J].天然气工业,2013,34(4):660-666.

[22] 费世祥,王东旭,林刚,等.致密砂岩气藏水平井整体开发关键地质技术——以苏里格气田苏东南区为例[J].天然气地球科学,2014,25(10):1620-1628.

[23] 李建奇,杨志伦,陈启文,等.苏里格气田水平井开发技术[J].天然气工业,2011,31(8):60-64.

[24] 刘群明,唐海发,冀光,等.苏里格致密砂岩气田水平井开发地质目标优选[J].天然气地球科学,2016,27(7):1360-1366.

[25] 郝骞,卢涛,李先锋,等.苏里格气田国际合作区河流相储层井位部署关键技术[J].天然气工业,2017,37(9):39-47.

[26] 位云生,贾爱林,何东博,等.苏里格气田致密气藏水平井指标分类评价及思考[J].天然气工业,2013,34(4):660-666.